HANDBUCH MOTORRADFAHRWERKE

EINSTELLEN • OPTIMIEREN • REPARIEREN

Paul Thede und Lee Parks

HEEL

Widmung

Dieses Buch ist all jenen gewidmet, die einen offenen Geist und einen Durst nach Wissen haben. Für die Enthusiasten, die schneller, geschmeidiger und sicherer unterwegs sein wollen.

Impressum

HEEL Verlag GmbH
Gut Pottscheidt
53639 Königswinter
Tel.: 02223-9230-0
Fax: 02223-923026
E-Mail: info@heel-verlag.de
Internet: www.heel-verlag.de

Englischer Originaltitel:
Race Tech's Motorcycle Suspension Bible

Deutsche Übersetzung: Wolf Töns
Lektorat: Joachim Hack
Satz: Muser Medien GmbH, Mannheim

Erstveröffentlichung 2010 bei Motorbooks, einer Marke von MBI Publishing Company, 400 First Avenue North, Suite 300, Minneapolis, MN 55401 USA

ISBN: 978-3-86852-383-6

Chefredakteur: Darwin Holmstrom
Gestaltung: Danielle Smith
Printed in China

Über die Autoren

Paul Thede ist weithin als absoluter Fahrwerksguru anerkannt. Er ist Besitzer und Chefingenieur der Firma Race Tech, des weltgrößten Spezialunternehmens für die Optimierung von Motorrad-Fahrwerkskomponenten. Er lebt in Corona, Kalifornien.

Lee Parks ist Autor des Motorrad-Fahrtechnik-Handbuchs „Total Control", das von vielen als das beste auf dem Markt erhältliche betrachtet wird. Er lebt in Apple Valley, Kalifornien.

Inhalt

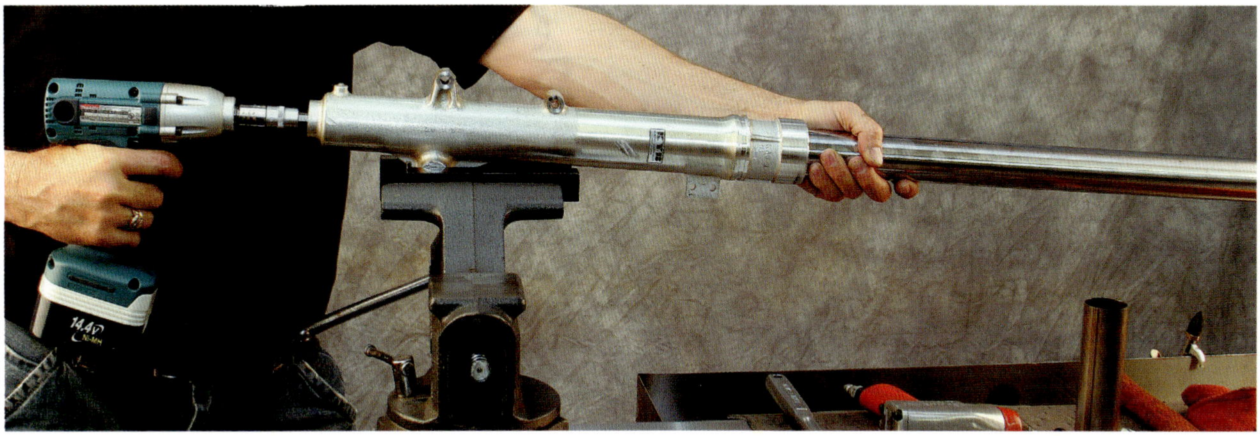

Vorwort des Autors

Als ich zehn Jahre alt war, schwang ich mich zum ersten Mal auf ein Minibike. Auf der Stelle war ich infiziert. Von da an hatte mein Leben eine Richtung. Ich fuhr professionell Moto Cross und gab in der Schule alles, denn ich wollte in der Branche arbeiten. An der Universität arbeitete ich noch härter und erwarb an der California Polytechnic University in Pomona meinen Bachelor in Maschinenbau mit der höchsten Auszeichnung. Als nächstes eröffnete ich zusammen mit Partnern eine Firma, die sich auf Hochleistungsmotoren und Fahrwerke spezialisierte. Und 1984 gründete ich Race Tech.

Ganz schnell fand ich heraus, dass ich meine Rundenzeiten viel effektiver durch Arbeit an der Fahrwerksabstimmung als durch das Bauen superschneller Motoren verbessern konnte. Irgendwann in dieser Zeit erkannte ich, dass ich nicht der nächste Champion werden würde. Ich bestritt zwar weiter Rennen, aber mindestens ebenso viel Freude bereitete es mir, anderen zu helfen, schneller zu werden und Fahrer zu betreuen.

In den frühen Neunzigern lenkten wir unsere Aufmerksamkeit auf Renn- und Straßenmotorräder und waren von den Ergebnissen selbst überrascht. In der Zeit erfand ich das „Gold Valve" und den „Gold Valve Cartridge Emulator" und begann Teile zu produzieren – darunter eine Produktlinie von Fahrwerk-Tools – die anderen helfen sollten, ihre Fahrwerke abzustimmen. 1994 rief ich das erste „Technical Edge"-Fahrwerk-Seminar ins Leben. Von da an hielt ich mehr als hundert Fahrwerk-Seminare ab und vermittelte mein Wissen mehr als 1000 Studenten auf der ganzen Welt.

In all den Jahren hatte ich das Vergnügen mit zahlreichen Spitzenfahrern wie Doug Dubach, Gary Denton, Mike Beier, Jeremy McGrath, Tallon Vohland, Rodney Smith, Ty Davis, Danny „Magoo" Chandler, Jamie James, James Randolph, Tom Kipp, Lee Parks, Rich Oliver, David Anthony, Micky Dymond, Darryl Atkins, Benny Carlson, Josh Brooks, Mike Metzger, Jordan Szoke, der Bonneville-Legende Paul Livingston, Mike und Jeff Alessi, Jake Weimer, Eric und Ben Bostrom, Kerry Peterson und der Peterson-Gang, Malcolm und Alexander Smith, Brandon Thede (mein sechsjähriger Sohn) und Fahrern wie Ihnen zusammenzuarbeiten.

Auf den nächsten Seiten, das verspreche ich, werde ich keine großartigen Fachbegriffe verwenden. Denn Sie haben nichts davon, wenn ich Sie mit meinem Wortschatz beeindrucke. Manche Abschnitte werden Sie mehr als einmal lesen wollen, und tatsächlich kann es Ihnen passieren, dass Sie das ganze Buch mehr als einmal lesen werden. Scheuen Sie sich nicht, die Formblätter zu benutzen, die Sie als Download auf www.racetech.com finden. Wenn Sie testen, arbeiten Sie mit dem Kapitel zu Fehlersuche und Testarbeit, denn es hilft Ihnen, sich zurechtzufinden. Schlagen Sie auf unserer Internetseite unsere Empfehlungen zu Federraten nach und sehen nach, was es für Ihr Motorrad Passendes gibt. Scheuen Sie sich nicht, Kontakt mit uns aufzunehmen und spezifische Fragen nach genau Ihrem Motorrad zu stellen – unser technischer Support ist großartig. Und wenn Sie wirklich alles ganz genau wissen wollen, besuchen Sie eines unserer Fahrwerk-Seminare – viele Top-Tuner auf der ganzen Welt haben das schon vor Ihnen getan.

Über die Jahre hinweg habe ich die Erfahrung gemacht, dass viele der Informationen, die es zum Thema Fahrwerk gibt, schwer verständlich, unvollständig und teilweise auch widersprüchlich sind. Tatsächlich waren die wichtigsten Informationen nicht einmal für Jedermann zugänglich. Deswegen halten auch viele das Fahrwerks-Handwerk für eine Art „schwarzer Magie". Es ist mein Ziel, Ihnen von diesem zugegebenermaßen anspruchsvollen Fachgebiet ein tieferes Verständnis zu vermitteln, als Sie es jetzt haben. Natürlich müssen Sie auch den Willen haben, etwas Neues zu lernen. Denken Sie daran, dass Sie Ihr Verständnis immer noch verbessern können – ebenso wie Ihre Fahrwerksabstimmung. „Jeder hält das für das Beste, was er selbst schon gefahren ist". Aber: Besser geht immer.

In meinen Augen kann man Fahrwerke aller Hersteller dazu bringen, gut zu arbeiten. Meistens liegt es an der Abstimmung. Natürlich bringt jede Bauweise ihre Möglichkeiten und Grenzen mit sich. Dennoch habe ich einen ungeheuren Respekt für andere Fahrwerkshersteller und -tuner. Und ich hoffe, dass dieses Buch ihre Arbeit ergänzt und auch verbessert.

Dieses Buch werden Menschen mit ganz unterschiedlichen Voraussetzungen und Interessen lesen. Vielleicht wollen Sie einfach ein anspruchsvolles Thema etwas besser verstehen. Oder vielleicht lesen Sie dieses Buch, weil Ihr Kind Rennen fährt. Vielleicht verdienen Sie aber auch Ihren Lebensunterhalt mit der Arbeit an Fahrwerken (oder haben vor, das zu tun). Wenn Sie ein Fahrwerks-Guru werden wollen, müssen Sie vieles anderes sein: Detektiv, Verkäufer, Psychiater, Techniker. Aber vor allem dürfen Sie nicht aufhören, zu lernen (wie mein Sohn Brandon).

Viel Glück und noch mehr Fahrspaß wünscht Ihnen

Paul Thede

Vorwort des Autors

Wenn man verstehen will, wie die Race Tech-Fahrwerksbibel entstand, muss man in die Köpfe dreier Personen schauen, die alles lieben, was schnell ist und nach heißem Öl riecht: Paul Thede, Al Lapp, und ich selbst.

In meinem ersten Buch, „Total Control“, bestand mein Ehrgeiz darin, den Schleier des Geheimnisses um die Kunst des schnellen Fahrens auf zwei Rädern zu lüften. Dazu fand ich es unausweichlich, jeweils ein Kapitel über Fahrwerkstheorie und -abstimmung in dieses Buch zu integrieren. Denn ein großer Teil der richtigen Fahrtechnik besteht darin, die Fahrwerksbewegungen so gering wie möglich zu halten, so dass der begrenzte Federweg, den man zur Verfügung hat, für optimale Traktion sorgen kann. Das legte den Schluss nahe, dass ich den Fahrern helfen musste, ihr Fahrwerk zu optimieren, damit sie ihre Fahrtechnik optimieren konnten. Und weil ich lieber den Leuten das Fischen beibringe, als ihnen den Fisch zu schenken, habe ich in meinem „Total Control Advanced Riding Technique Seminar“ (www.totalcontroltraining.net) dem Thema von Federung und Dämpfung eine volle Stunde gewidmet.

Als ich den Rat eines Experten suchte, um den Lehrplan für diesen Teil meines Seminars zu gestalten, ging ich gleich zum Besten des Fachs: Paul Thede. Paul hat zum Thema Fahrwerksabstimmung schon mehr vergessen, als die meisten je wissen werden. Sein Talent, sein Wissen der echten Welt verständlich zu machen wird nur noch durch seine unerschöpflichen Kenntnisse von den Gesetzen der Mechanik übertroffen. Meine Herausforderung bestand also darin, einen kleinen Ausschnitt aus Pauls unendlichem Wissensschatz zu nehmen und daraus ein Buch zu machen, dass jeder Motorradfahrer verstehen kann.

Paul ist ein echter Pionier. Völlig selbstlos gibt er sein Wissen über Motorradfahrwerke weiter. Er lehrt viele seiner bestgehüteten Geheimnisse in seinen international anerkannten Race Tech Suspension-Seminaren (www.racetech.com). Dabei kann es nicht ausbleiben, dass er eine große Mehrheit seiner künftigen Kunden – aber auch Mitbewerber – ausgebildet hat. Inzwischen findet man keine moderne Firma im Fahrwerkssektor, die er nicht auf die eine oder andere Weise beinflusst hat.

Da ich lange Zeit als Fotograf gearbeitet habe, sorgte ich mich nicht um eine gute Bildqualität bei der Illustration einzelner Begriffe und Arbeitsschritte. Unsicherer war ich mir da schon bei den technischen Zeichnungen. Für diese Mammutaufgabe brauchte ich jemanden mit richtig viel Talent – und eben hier kommt „Big Al“ Lapp ins Spiel. Al ist ein langjähriger Freund, ein Kumpel von der Rennstrecke und ein unglaublich talentierter Zeichner. Glücklicherweise ist er auch als Schrauber eine ziemliche Nummer, und mit einem Schweißgerät geht er genauso souverän um wie mit seinem Macintosh-Computer. Tatsächlich hat Al die Gedanken und Worte dieses Buches so großartig mit Leben gefüllt, wie das nur jemand kann, der beides nicht nur versteht, sondern auch liebt.

Mark Kelan filmte Pauls sechstägiges Seminar, und dieses Video diente als Grundlage für das vorliegende Buch. Viele Menschen brachten unzählige Stunden damit zu, die Informationen und Fotos in leicht verdauliche Häppchen zu verarbeiten. An dieser Stelle möchte ich Matt Wiley, Tracy Martin, Michael „Pilot“ Nelson, Rachel Westfall, Jim Barg und Lenny Albin für ihre wertvollen Beiträge zu diesem Projekt danken.

Und zu guter Letzt hoffe ich, dass Sie als Leser dieser Abhandlung über Fahrwerkstechnik nicht so sehr von unserem Wissen beeindruckt sind, sondern vielmehr von dem, was Sie wissen. Zu viele Autoren haben ihre durchschnittlichen Leser mit dem Versuch vergrault, die Experten ihres Fachs zu beeindrucken. Wir hoffen, wir haben nicht nur verständlich und ausführlich genug für Neulinge auf dem Gebiet geschrieben, sondern auch ein paar provozierende Thesen für die technische Elite aufgestellt. Sollten wir eines von beiden nicht geschafft haben, so lag dies bestimmt nicht daran, dass wir uns zu wenig Mühe gegeben hätten.

Lee Parks

Kapitel 1
Fahrwerks-Grundlagen

Warum brauchen wir überhaupt Federung und Dämpfung? Schließlich kommen ja Karts auch ohne aus, und die sind verdammt schnell. Eine einfache Antwort? Wegen der Buckel. Und natürlich auch wegen der Löcher.

Ganz zu Beginn war schon das Rad eine richtige Revolution. Aber Räder aus Holz und starre Achsen machten die Fahrt nicht gerade komfortabel. Als man dann Federn verwendete, war das schon etwas besser – doch die Räder tanzten ziemlich unkontrolliert herum. Luftgefüllte Reifen stellten einen großen Durchbruch sowohl in Sachen Komfort als auch Haftung dar, doch die Räder sprangen immer noch zu viel. Als nächstes kam die Dämpfung hinzu, um die Schwingungen zu kontrollieren – und das war die Geburtsstunde des modernen Radaufhängungs-Systems.

DAS ZIEL

Wenn wir eine ideale Radaufhängung beschreiben sollten, dann würde sie ein Maximum an Traktion bieten, minimale Härte (oder größtmögliche Weichheit), kontrolliertes Durchfedern, Beständigkeit (sie würde nie nachlassen), das Gieren (die Bewegung von vorne nach hinten) des Motorrades kontrollieren, ein hervorragendes Gefühl für die Straße vermitteln, und so weiter. Sie sehen selbst: Einige dieser Forderungen sind widersprüchlich – beispielsweise das Minimieren der Härte und das Vermeiden von Durchschlagen – und daran können Sie schon ablesen, dass wir hier einer ziemlich großen Aufgabe gegenüberstehen.

Die grundsätzlichen Ziele von Federung und Dämpfung sind dieselben bei jeder Art von Fahrzeug, vom Motorrad bis hin zum Lastwagen. Natürlich würden wir einen Chopper nicht so abstimmen wie ein Superbike, und eine Enduro nicht wie ein Supercross-Motorrad. Aber die Beschreibung der perfekten Fahrt ist immer dieselbe: Ein Buckel ist ein Buckel, und Traktion ist Traktion.

Beginnen wir zunächst mit der Definition von gefederten und ungefederten Massen. Gefederte Massen sind die Massen oberhalb der Feder. Das schließt den Motor mit ein, den größten Teil des Rahmens, den Benzintank, die Sitzbank, den Fahrer, und so weiter. Die ungefederten Massen sind die Massen, die sich mit dem Rad auf und ab bewegen. Hierzu gehören die Räder, die Achsen, die Gleitrohre einer Telegabel, die Bremszangen, ein Teil der Schwinge, und so weiter.

Die beiden Hauptbestandteile einer Radaufhängung – die Federung und die Dämpfung – können unterschiedliche Formen haben. Doch ihre wichtigste Aufgabe besteht immer darin, die gefederten Massen vom Boden fernzuhalten.

Allgemein könnte man sagen, dass sich in einer perfekten Welt die gefederten Massen in einer geraden Linie (im Falle einer Kurve: in einem sanften Bogen) vorwärtsbewegen, und die ungefederten Massen sollten sich im Verhältnis zum Boden auf und ab bewegen. Idealerweise bleibt beim Fahren über eine Unebenheit der Druck, den der Reifen auf die Fahrbahn ausübt, immer gleich, mit ebenso viel Last auf der oberen wie auf der unteren Seite. (Eine der wenigen Ausnahmen hierbei sind die Waschbrett-Abschnitte beim Supercross, in denen der schnellste Weg hindurch darin besteht, von einem Buckel zum nächsten zu springen, ohne dazwischen in den tiefen Passagen aufzusetzen.)

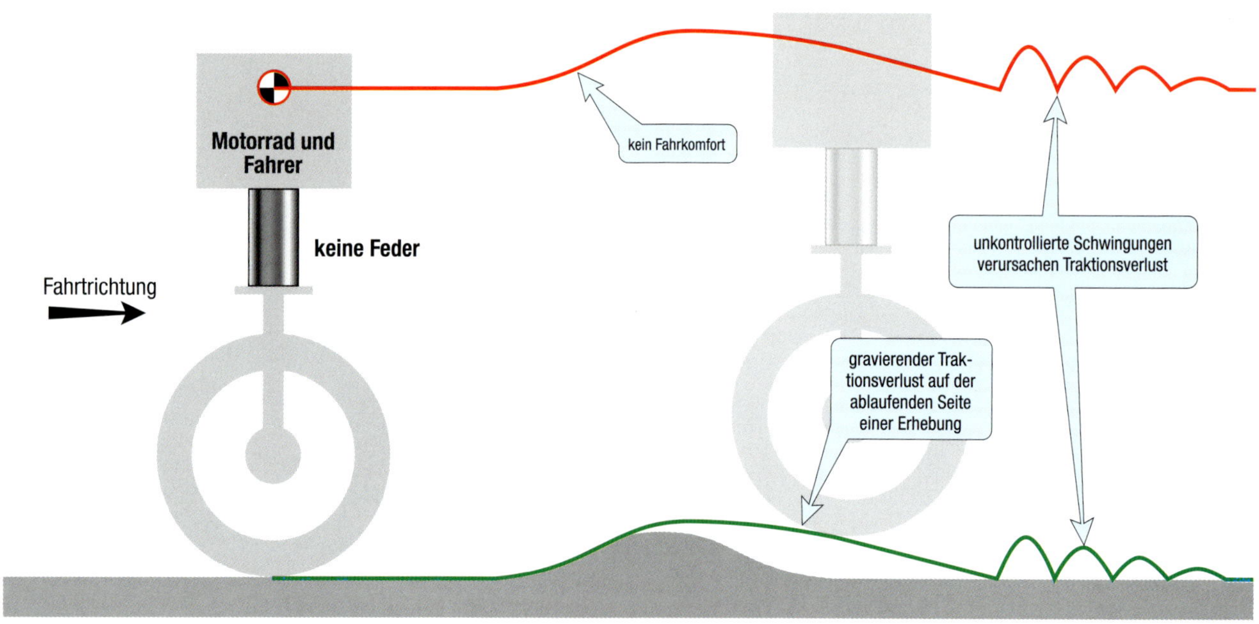

1.1 Ohne Federung ist das Rad fest mit dem Fahrwerk verbunden. Wenn das Rad auf eine Unebenheit trifft, bewegt sich das Fahrwerk abrupt. Es setzt seine Aufwärtsbewegung hinter dem höchsten Punkt der Erhebung fort. Das Rad verliert Bodenkontakt. Beim Zurückkommen springt es.

Zwar ist dies immer noch nicht die perfekte Technologie, um perfekt zu fahren (das gilt insbesondere für Motorräder), doch genau hierin besteht das Ziel.

Und jetzt die Millionen-Dollar-Frage. Wie kommen wir dorthin? Schauen wir uns erst einmal die Kräfte an, die auf die Federung einwirken. Sicherlich gibt es der Struktur innewohnende Kräfte – lineare wie auch kreisförmige –, aber konzentrieren wir uns auf die drei Hauptkräfte, die zu einer Radaufhängung gehören: Federkräfte, Dämpfkräfte und Reibungskräfte. Fertig. Mehr gibt es nicht. Fahrwerk ist eine einfache Angelegenheit, oder?! Aber bevor Sie jetzt ganz schnell zum Ende des Buches blättern, um zu sehen, wie es ausgeht, wollen wir doch einmal genauer hinsehen.

FEDERKRAFT

Wir kennen zwei grundsätzlich unterschiedliche Arten der Federung: die mechanische Federung und die Luftfederung. Die mechanische Federung kann mit einer Spiralfeder, einer Blattfeder oder einem Torsionsstab arbeiten, wobei die Spiralfeder bei Motorrädern am häufigsten vorkommt. Die Härte einer Spiralfeder hängt von der Stärke des Federdrahts und dem Durchmesser der Feder ab, von der Anzahl der Windungen und vom Material.

Die Luftfederung hingegen arbeitet mit anderen Größen – wie dem Eingangsdruck, dem Kompressionsverhältnis und der effektiven Kolbenfläche. Das Wichtigste, was man über Federkraft wissen muss, ist, dass sie abhängig von der jeweiligen Position der Feder ist – demnach, um wie viel die Feder zusammengedrückt ist.

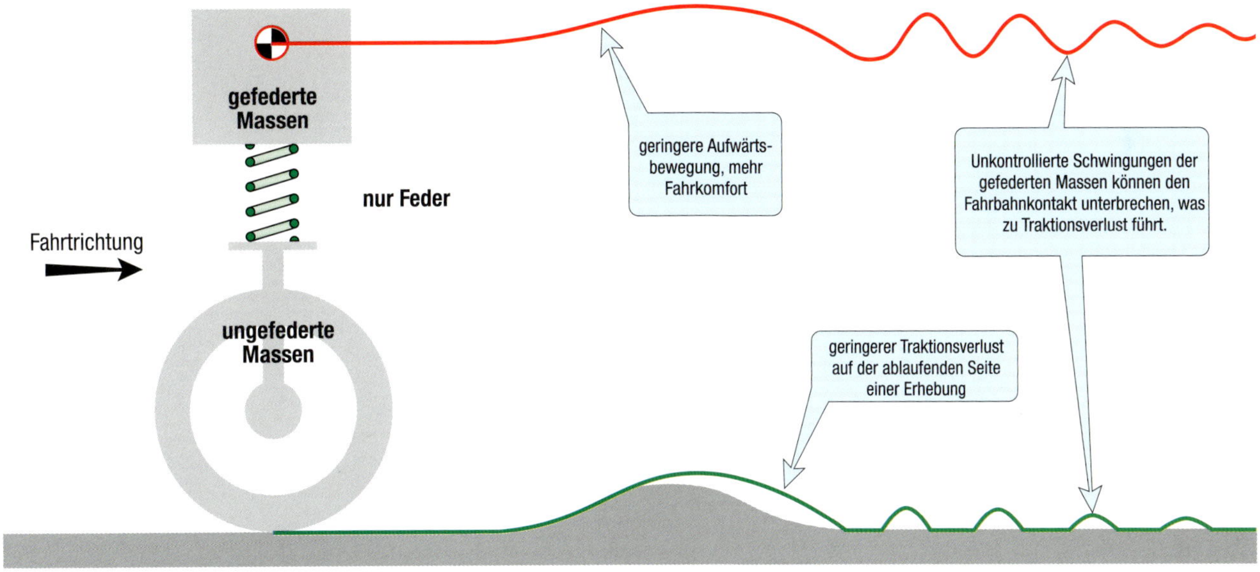

1.2 Mit eingebauter Feder bewegt sich das Fahrwerk zunächst aufwärts, nicht jedoch in dem Umfang wie ohne Feder. Der Fahrkomfort ist größer. Wenn das Fahrwerk einmal seine Aufwärtsbewegung aufgenommen hat, schwingt es unkontrollierbar nach. Das Rad verliert noch immer den Bodenkontakt, jedoch weniger. Beim Aufkommen springt es jedoch weniger.

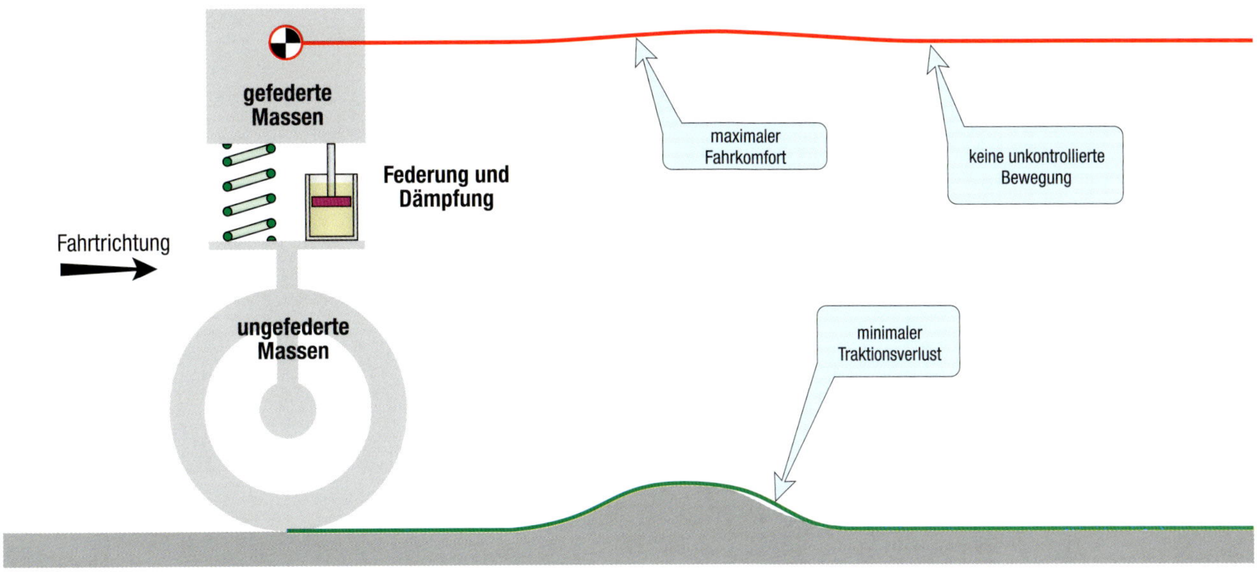

1.3 Mit hinzugefügter Dämpfung werden alle unangenehmen Eigenschaften verringert, jedoch nicht beseitigt. Die gefederten Massen bewegen sich nur leicht nach oben. Das Rad verliert noch immer Bodenkontakt, jedoch für einen viel kürzeren Zeitraum. Nach dem Aufkommen bleibt es am Boden.

DÄMPFUNGSKRAFT

Dämpfungskräfte hängen ab von der Viskosität des Öls, der Größe der Bohrungen, durch die das Öl fließt, von der Größe des Kolbens, von der Ventil- und Shim-Konfiguration und insbesondere von der Geschwindigkeit. Es ist unbedingt wichtig, sich zu merken, dass wir, wenn wir im Folgenden über Geschwindigkeit sprechen, immer über die Dämpfergeschwindigkeit sprechen, nicht über die Fahrzeuggeschwindigkeit.

REIBUNGSKRÄFTE

Reibungskräfte hängen von den sich berührenden Materialien ab (der Koeffizient für Reibung), der normalen Kraft (die Kraft im rechten Winkel zu den sich berührenden Materialien) und davon, ob es Bewegung gibt oder nicht (d. h. ob die Kräfte statisch oder dynamisch sind).

ENERGIE

Von der Energieseite her betrachtet, können wir festhalten, dass Federungssysteme Energie speichern. In anderen Worten: Sie wandeln kinetische Energie (bewegungsabhängige Energie) in potenzielle oder gespeicherte Energie um. Dämpfungen wie auch Reibung wandeln kinetische Energie in Hitze um. Aber warum befassen wir uns jetzt auf einmal mit Energie? Darum: Wenn man es ganz vereinfacht betrachtet, ist Federungs- und Dämpfungseinstellung nichts weiter als ein Kräfte- und Energie-Management.

Eine subtile Anmerkung in diesem Zusammenhang. Wenn ein Stoßdämpfer im Betrieb heiß wird, dann liegt das daran, dass er seinen Job tut. Mehr Dämpfung bedeutet mehr Hitze. Je größer und zahlreichen die Bodenunebenheiten sind und je schneller Sie auf diese treffen, um so mehr Energie wird in Hitze verwandelt. Eine ganze Menge Fahrer haben sich schon über ein heiß gewordenes Federbein erschrocken und gedacht, etwas stimme nicht damit.

Im folgenden Kapitel werden wir damit beginnen, das Geheimnis um die schwarze Kunst des Federns und Dämpfens zu lüften. Beginnen wir mit den Federn.

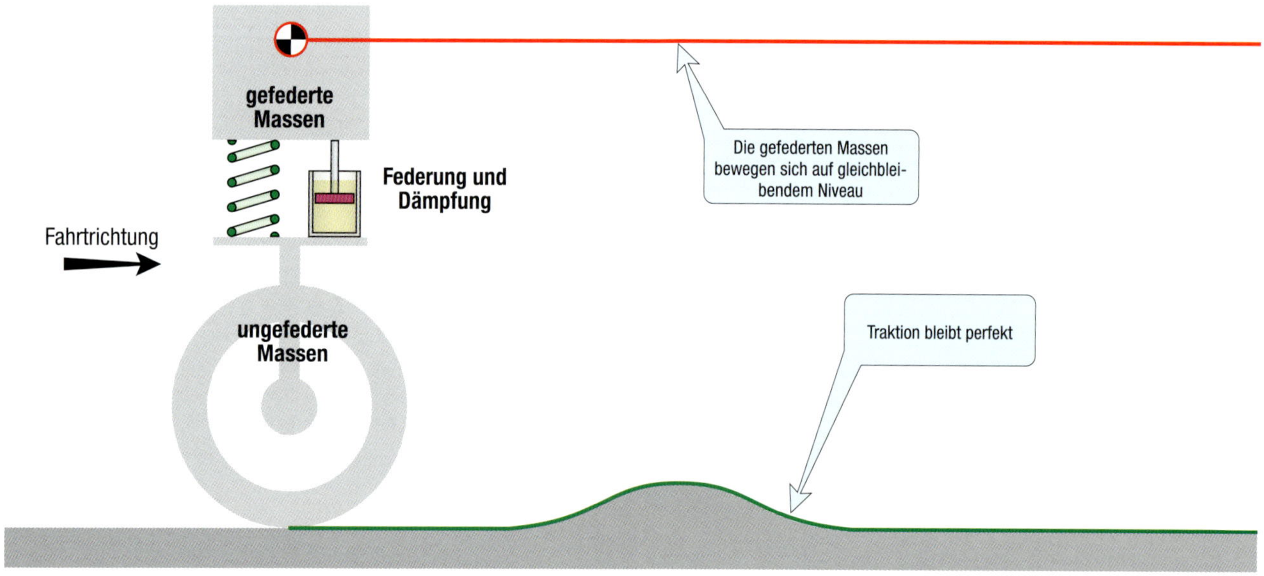

1.4 In der perfekten Welt bewegt sich der Schwerpunkt der gefederten Massen nicht in vertikaler Richtung. Das Rad behält jederzeit Bodenkontakt. Dies kann nur mit einer arbeitenden Federung erzielt werden, bei der das Rad die Erhebung an ihrer auflaufenden Seite schluckt und auf der ablaufenden Seite immer Fahrbahnkontakt hält. Die Technik dazu ist noch nicht da, aber dies ist das endgültige Ziel.

Kapitel 2
Die Tragfeder

Als Tragfeder wird die Feder in einer Gabel oder einem Stoßdämpfer bezeichnet. Aber während jeder weiß, was eine Feder ist, versteht längst nicht jeder, welche Auswirkungen die Feder auf den Vorgang der Federung hat. Auf den folgenden Seiten werden wir uns genauer mit den Federkräften und den unterschiedlichen Federtypen, die am Motorrad Verwendung finden, befassen.

FEDERKRAFT

Als erste der drei Kräfte, die in einer Federung wirken, werden wir uns die Federkraft näher ansehen. Beim Abstimmen eines Fahrwerks ist die Wahl der richtigen Federrate und -Vorspannung am wichtigsten. Diese sollte daher vor allen anderen Veränderungen kommen.

Als erstes muss man wissen, dass die Federkraft davon abhängt, um wie viel die Feder zusammengedrückt – also eingefedert – ist. Dies bezeichnen wir als Federhub. Ein Beispiel: Wenn ein Druck von 10 Kilogramm (kg) eine Feder um einen Millimeter (mm) zusammendrückt, beträgt die Federrate 10 kg pro mm. Wie viel Druck würde demnach die Feder um 5 mm zusammendrücken? Die Antwort ist: 50 kg. Für 10 mm Federvorspannung ist demnach ein Druck von 100 kg erforderlich, und so weiter. Die Kraft, mit der die Feder in ihre Ausgangsposition zurückdrängt, hängt also davon ab, um wie viel sie zusammengedrückt, sprich: eingefedert ist. Halten Sie sich also immer vor Augen, dass eine Feder auf Druck und damit den jeweiligen Grad des Einfederns reagiert.

Die gesamte Federkraft, die in einer Teleskopgabel entsteht, geht jedoch darüber hinaus. Das liegt daran, dass ein gewisses Volumen von Luft, genannt „Luftpolster", in der Gabel enthalten ist, das wie eine zusätzliche Feder wirkt. Wenn die Gabel zusammengedrückt wird, steigt der Luftdruck in der Gabel progressiv an – auch dann, wenn zunächst kein Luftdruck vorhanden war. Je mehr die Gabel zusammengedrückt wird, um so größer wird der Anteil des Luftpolsters an der Federung. Das heißt, dass in einer Telegabel zwei Federkräfte wirken: 1. die mechanische Federkraft und 2. die Luftfederung.

FEDERRATE

Als Federrate bezeichnen wir die „Härte" einer Feder. Sie wird normalerweise in Kilogramm pro Millimeter (k/m) gemessen, Pfund pro Inch oder Newtons pro Millimeter. Ein Weg, die Federrate zu messen, besteht darin, zunächst einmal die „freie Länge" der Feder (in nicht eingebautem Zustand) zu messen, dann die Feder mit einem bekannten Gewicht zu belasten und zu messen, um wie viel dieses die Feder einfedert. Die Federrate errechnet sich nun, in dem man das ausgeübte Gewicht durch den zurückgelegten Federweg dividiert. Anmerkung: Die gebräuchlichere Methode zum Errechnen der Federrate besteht darin, die Feder in festgelegten Schritten einzufedern und die jeweilige Druckzunahme zu messen.

Indem man ein immer größeres Gewicht auf die Feder legt und misst, um wie viel sie einfedert, lässt sich das Verhältnis von Kraft gegen Federweg grafisch darstellen. Wenn wir die Feder mit 10 Kilogramm Gewicht belasten und diese sich dadurch um 20 mm zusammendrückt, wird die Federrate wie folgt berechnet: 10 kg/20 mm = 0.5kg/mm. Eine Feder mit einer Federrate von 1 kg/mm wür-

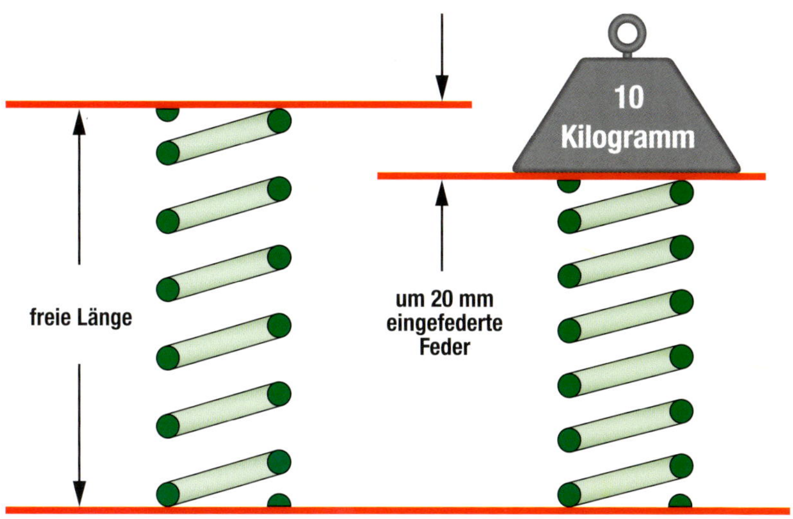

$$K\ (\text{Federrate}) = \frac{10\ \text{kg}}{20\ \text{mm}} = .5\ \text{kg/mm}$$

2.1. Ein Weg, die Federrate zu errechnen, besteht darin, eine Kraft in bekannter Größe wirken zu lassen und diesen Wert durch den zurückgelegten Federhub zu dividieren.

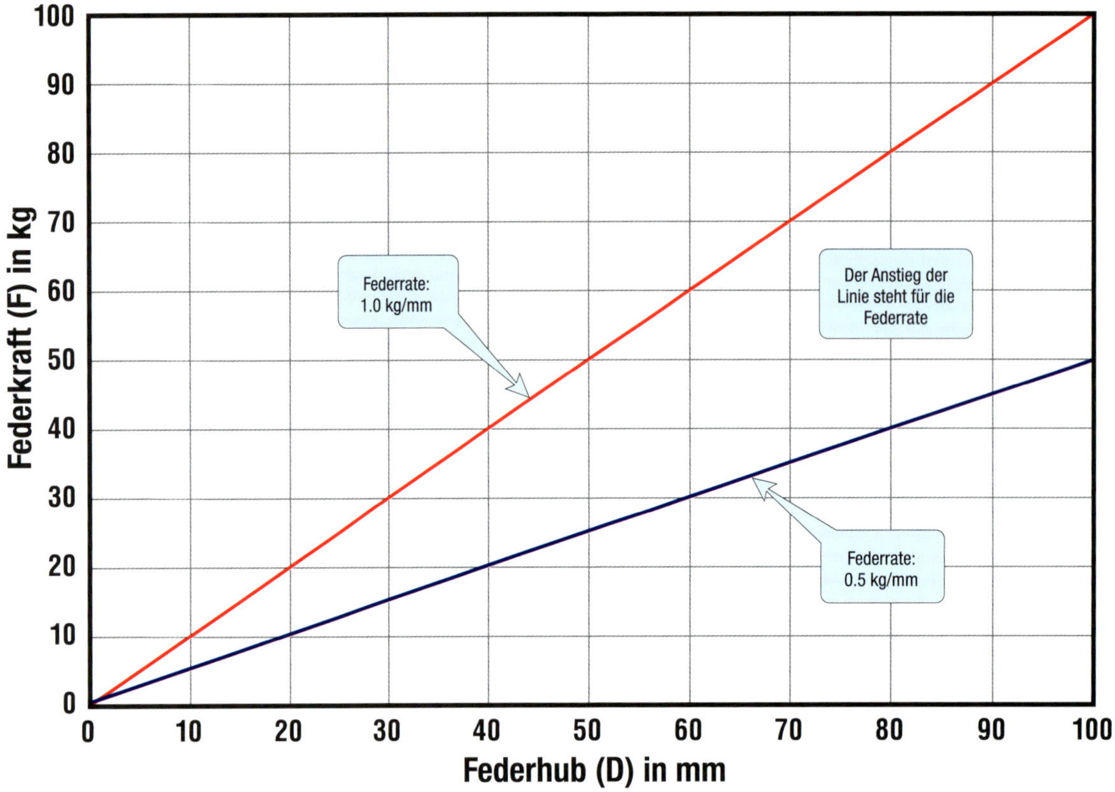

2.2 Diese Kurve zeigt die unterschiedliche Druckeinwirkung von Federn mit unterschiedlicher Federrate: Die blaue Feder erfordert über ihren gesamten Weg einen um 5 kg steigenden Druck pro 10 mm Federhub. Die rote Feder ist doppelt so hart – damit verdoppelt sich der Druckanstieg auf 10 kg pro 10 mm Hub.

de durch dasselbe 10-kg-Gewicht um 10 mm zusammengedrückt: 10 kg/10 mm = 1 kg/mm. Mehr darüber im Abschnitt zum Messen der Federrate.

Wir unterscheiden zwischen drei unterschiedlichen Federkonstruktionen: linear, zweistufig progressiv, und stufenlos progressiv. Eine lineare Feder behält ihre Federrate über den gesamten Federweg bei und findet insbesondere im Rennsport Verwendung. Der Abstand zwischen den Federwindungen bleibt immer gleich. Für jedes schrittweise Einfedern (in Millimetern oder Inch) wird dieselbe Menge zusätzlichen Drucks benötigt, um sie bis zu ihrem Anschlag einzufedern.

Bei progressiven Federn hingegen ändert sich die Federrate je nach genutztem Federweg. Wir unterscheiden zwei Typen der progressiven Feder: zweistufig progressiv und stufenlos progressiv. Eine zweistufig progressive Feder hat zwei unterschiedliche Abstände zwischen den Federwindungen – bei einem Teil liegen die Federwindungen dichter, beim anderen weiter auseinander. Wird die Feder zusammengedrückt, verringert sich auch der Abstand zwischen den Federwindungen in gleichem Maße. Der Federweg des Teiles mit den enger zusammenliegenden Federwindungen ist als erstes aufgebraucht (die Windungen berühren sich, es bleibt kein Federweg). Die Feder ist dann „auf Block" und federt nicht mehr. Jetzt federt nur noch der härtere Teil der Feder mit den weiter auseinanderliegenden Windungen. Man kann auch zwei unterschiedliche Federn übereinander einbauen, um eine zweistufige Progression zu erzielen.

Bei einer Feder mit stufenloser Progression liegen die Federwindungen zunächst eng beieinander, und im weiteren Verlauf

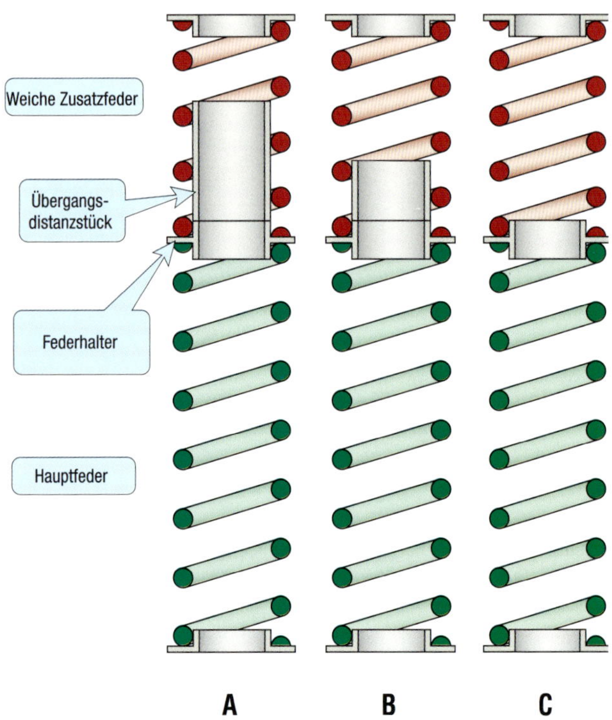

2.3 Ein Weg, eine Feder mit zweistufiger Federrate zu schaffen, besteht darin, zwei unterschiedliche Federn übereinander anzuordnen. Der Übergangspunkt lässt sich mit Distanzstücken unterschiedlicher Länge bestimmen, die die weiche Zusatzfeder blockieren.

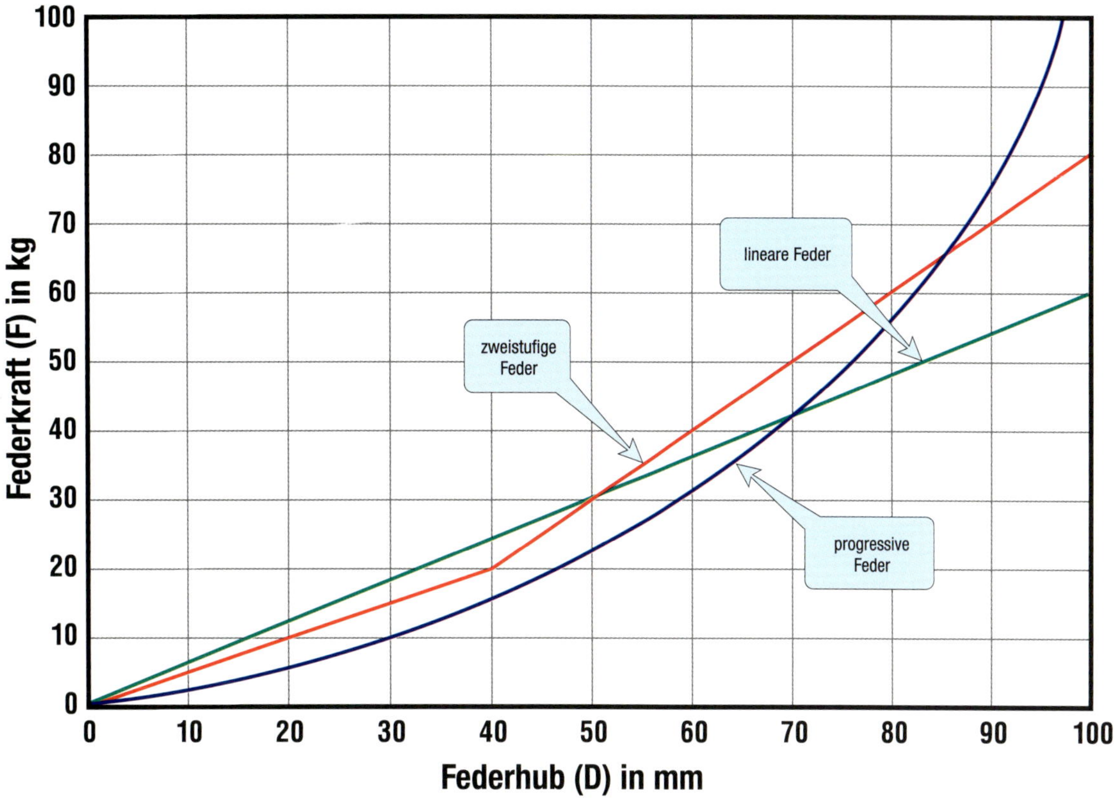

2.4 Bei progressiven Federn steigt die Federrate mit zunehmendem Druck über den gesamten Federweg, während Federn mit zweistufiger Federrate einen definierten Übergangspunkt – „crossover point" – haben, an dem die Rate sich ändert. Bei linearen Federn bleibt die Federrate stets gleich.

Von links nach rechts: Lineare Feder, zweistufige Feder, kombinierte zweistufige Feder, progressive Feder.

wächst der Abstand zwischen den Windungen. Eingangs verändert sich die Federkraft nur geringfügig mit zunehmendem Federweg. Mit zunehmendem Einfedern geht Windung für Windung auf Block und verändert (verhärtet) so die Federrate. Eine progressive Federrate kann auch durch eine konusförmige Wicklung erzielt werden. Doch dies ist um ein Vielfaches aufwändiger und damit teurer.

Welche Federkonstruktion die richtige ist, ist eine Frage des Einsatzgebietes und des persönlichen Geschmacks. Aber Race Tech empfiehlt linear-progressive Federn für die meisten Telegabeln. Bei der Wahl einer Federrate ist die Abstimmung mit einer ausreichenden, aber nicht zu starken Progression ideal. Eine Federrate, die nicht progressiv genug ist, wird immer ein Kompromiss sein. Bei kleinen Unebenheiten kann sie sich zu hart anfühlen, jedoch durchschlagen, wenn sie auf eine größere Unebenheit trifft. Eine zu progressive Federrate hingegen kann den Effekt haben, dass sie zu Beginn des Federwegs zu weich ist und so kein präzises Gefühl vermittelt. Mit ansteigender Kompression jedoch kann sie sich zu schnell verhärten und nicht sanft genug ansprechen.

Erinnern Sie sich nun daran, dass in einer Telegabel zwei Arten von Federkräften wirken: Die mechanische Tragfeder und die Luftfederung durch das Luftpolster. Dieses arbeitet naturgemäß bereits stark progressiv und kann leicht durch den Ölstand in der Gabel beeinflusst werden. Wir bei Race Tech haben herausgefunden, dass die Kombination aus einer linear progressiven Feder in Kombination mit dem progressiv arbeitenden Luftpolster die beste Kombination für die Telegabel bietet. Tatsächlich reicht oft schon ein Anheben des Ölstandes, um eine stärkere Progression zu erzielen.

Am Hinterrad von Geländemaschinen und Quads ohne Umlenkung hingegen haben Tests gezeigt, dass progressive Federraten oder sogar zwei- oder dreistufig progressive Federn die besten Ergebnisse bringen, da sie beim Einfedern wie eine Hebelumlenkung arbeiten. Die Hinterradfederung an Straßen- oder Rennmotorrädern hingegen braucht, wenn überhaupt, nur eine geringe Progression und funktioniert einwandfrei mit linear progressiven Federn.

Federn mit linearer Progression haben darüber hinaus den Vorteil, dass sie hinsichtlich ihrer Federrate einfacher zu verstehen sind.

Denn um wirklich und genau zu sehen, wie die Federrate einer progressiven Feder sich mit zunehmendem Einfedern verändert, ist es unerlässlich, eine Feder auf den Prüfstand zu stellen und die Kurve grafisch darstellen zu lassen.

Wenn zum Beispiel eine zweistufig progressive Feder eine Federrate von 0,5 kg/mm bis 1,0 kg/mm hat, beträgt ihre Federrate zu Beginn des Einfederns 0,5 kg/mm. Aber wo fängt die Federrate von 1,0 kg/mm an? Um das herauszufinden, muss man entweder den Hersteller fragen oder die Feder selbst testen.

Oft wird gefragt, wie die Federrate zu Beginn und zum Ende des Einfederns ist. Doch diese Information ist irreführend. Die Zeichnung 2.5 veranschaulicht das Problem. Hier haben wir die Federrate von drei zweistufig progressiven Federn grafisch dargestellt. Zu Beginn des Federhubs weisen alle drei Federn eine Federrate von 0,5 kg/mm auf, zum Ende des Federwegs beträgt die Federrate jeweils 1,0 kg/mm. Allerdings unterscheiden sie sich grundlegend durch ihren Blockwert, d.h. durch den Punkt, an dem die eng gewickelten Federwindungen auf Block gehen und somit die Federrate der weiter gewickelten (weicheren) Federwindungen zum Tragen kommt. Die beiden Federraten beschreiben die Feder also nur sehr unzulänglich. Denn der Punkt, an dem die Federrate sich verändert, beeinflusst die Abstimmungsarbeit ganz bedeutend. Also ist die Sache nicht ganz so einfach.

Eine linear progressive Feder hingegen ist viel einfacher zu verstehen. Eine Feder mit einer Federrate von 0,5 kg/mm wird bei einer Druckerhöhung um 0,5 kg immer um einen weiteren Millimeter einfedern. In der Folge ist die Abstimmungsarbeit sehr viel einfacher.

Denken Sie daran, dass wir genügend, aber nicht zuviel Progression haben wollen. Darum arbeiten die Schwingen an Motorrädern mit einer Umlenkung, die auf Druck mit einer sehr schwachen Progression reagiert. An der Vorderradaufhängung mancher Quads gibt es dasselbe Problem. In solchen Fällen kann eine progressive oder zweistufig progressive Federrate – oder sogar eine dreistufig progressive Federrate – durchaus angemessen sein.

Wie findet man nun heraus, welche Federrate für das eigene Motorrad die richtige ist? Die Vorgehensweise, um herauszufinden, ob die Federrate zu gering oder zu hoch ist, finden Sie im Abschnitt „Messen des Negativfederwegs" später in diesem Kapitel. Und dann schätzen Sie selbst, welche Federrate die richtige sein müsste.

Leichter geht es, wenn Sie auf www.racetech.com die Online-Federratenberechnung nutzen. Sie brauchen dazu nur unter Hersteller, Modell und Baujahr Ihres Motorrades nachzusehen, und Fahrstil und Fahrergewicht (ohne Bekleidung) einzugeben. Das Programm verrät Ihnen mit einer Abweichung von wenigen Prozent (allerdings nicht genau) die ideale Federrate. Jetzt wählen Sie unter den erhältlichen Federraten diejenige aus, die der Empfehlung am nächsten kommt. Zum Vergleich wird Ihnen auch immer die Federrate des Serienmotorrades angezeigt.

KOMBINATION VON FEDERN

Die Federrate wird durch mehrere konstruktive Parameter bestimmt. Eine ist die Anzahl der Wicklungen. Je mehr Wicklungen eine Feder aufweist, um so weicher ist sie. Wir haben herausgefunden, dass viele Fahrer das Gegenteil annehmen. Sie denken, dass

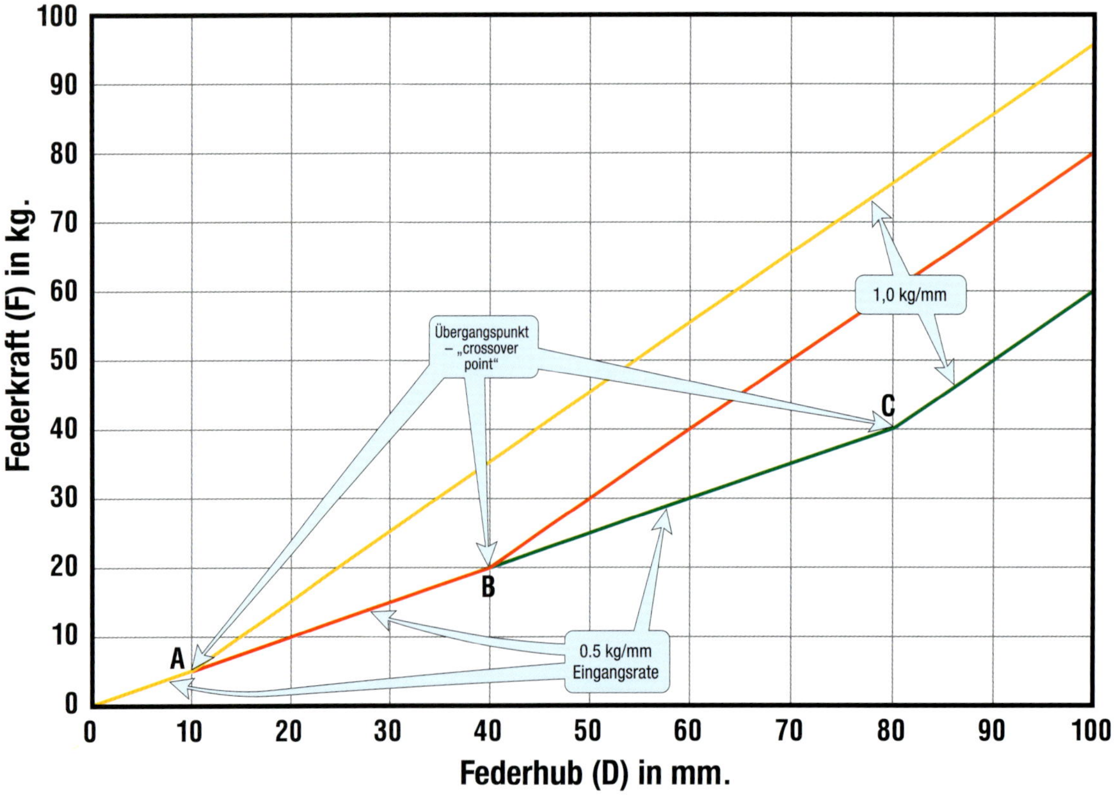

2.5 Die drei Federn haben jeweils eine identische Anfangsrate (0,5 kg/mm) und Endrate (1,0 kg/mm), aber unterschiedliche „Crossover"-Punkte. Das zeigt die Schwierigkeit auf, diese Federn korrekt zu benennen. Beachten Sie: Diese dualen Federraten ließen sich ebenfalls mit kombinierten Federn anstatt mit jeweils einer Feder erzielen.

die Federrate mit der Anzahl der Wicklungen zunimmt – doch das Gegenteil ist der Fall. Stellen sie sich eine Feder mit einer Federrate von 10 kg/mm vor und dass Sie diese mit 10 kg belasten – der Einfederweg betrüge 1 mm.

Jetzt nehmen Sie in Gedanken eine weitere Feder mit derselben Federrate und stellen sie auf die erste. Wenn wir die erste Feder mit 10 kg belasten, beträgt der Federhub je Feder 1 mm, an beiden zusammen 2 mm. Die kombinierte Federrate beträgt nun 5 kg/mm (K= Druck/Federhub oder 10 kg/2mm = 5 kg/mm). Durch die Kombination zweiter Federn verringert sich die gesamte Federrate. Dies nennen wir „Anordnung von Federn in Reihe".

Die anzuwendende Formel lautet:

$$\frac{1}{K_t} = \frac{1}{K_1} + \frac{1}{K_2} + \frac{1}{K_{...}} + \ldots$$

K_t = Gesamtfederrate
K_1 = Federrate der ersten Feder
K_2 = Federrate der zweiten Feder
$K_{...}$ = Federrate der weiteren Federn

In unserem Beispiel der zwei kombinierten 10 kg/mm-Federn sähe die Formel dann so aus:

$1/K = 1/10 + 1/10 = 0{,}1 + 0{,}1 = 0{,}2$
$K = 1/0{,}2 = 5 kg/mm$

Vielleicht ist es einfacher, sich eine Drehstabfeder (auch „Torsionsstab" genannt) vorzustellen, wie es sie zum Beispiel beim VW Käfer gab. Die Feder ist hier keine Spiralfeder, sondern eine lange, gerade Eisenstange. In Gedanken befestigen Sie die Drehstabfeder am einen Ende in einem Schraubstock, am anderen schweißen Sie eine Sechskantmutter an. An diesem Ende könnten Sie nun einen Drehmomentschlüssel ansetzen und durch die mögliche Drehbewegung die Federrate messen. Bei einem Torsionsstab mit demselben Durchmesser aber der doppelten Länge, wäre die mögliche Drehbewegung doppelt so groß, wenn Sie das Drehmoment unverändert beibehalten.

Die Länge des Torsionsstabes entspricht der Anzahl von Wicklungen bei einer Spiralfeder – je geringer die Zahl der Wicklungen (oder je kürzer der Torsionsstab ist), um so härter ist die Federrate. Und andersherum gilt: Je größer die Zahl der Wicklungen (oder je länger der Torsionsstab ist), um so weicher ist die Federrate. Stapelt man zwei Federn übereinander, erhöht man die Zahl der Wicklungen, und dadurch verringert sich die Federrate.

Andersherum gilt: Durch Reduzieren der Wicklungen steigt die Federrate. Race Tech hat einen Gabelfedersatz mit dreistufiger Progression entwickelt, der das Konzept veranschaulicht. Dieser Kit ist nicht so progressiv, wie es auf den ersten Blick scheint. Vielmehr ist er so ausgelegt, dass er mit mehr als einer Federrate arbeitet. Er enthält eine Hauptfeder – eine ganze normale Gabelfeder in voller Länge, und zwei kurze Sekundärfedern, die sich auf die Hauptfeder setzen lassen. Je nachdem, wie man die Federn kombiniert, erhält man eine unterschiedliche Federrate. Verwendet man nur die Hauptfeder, erhält man die höchste Federrate (in diesem Beispiel 0,46 kg/mm). Durch Hinzunahme einer der kleineren Federn reduziert sich die Federrate auf 0,43 kg/mm. Werden alle drei Federn zusammen eingebaut, liegt die neue Federrate bei ca. 0,40 kg/mm.

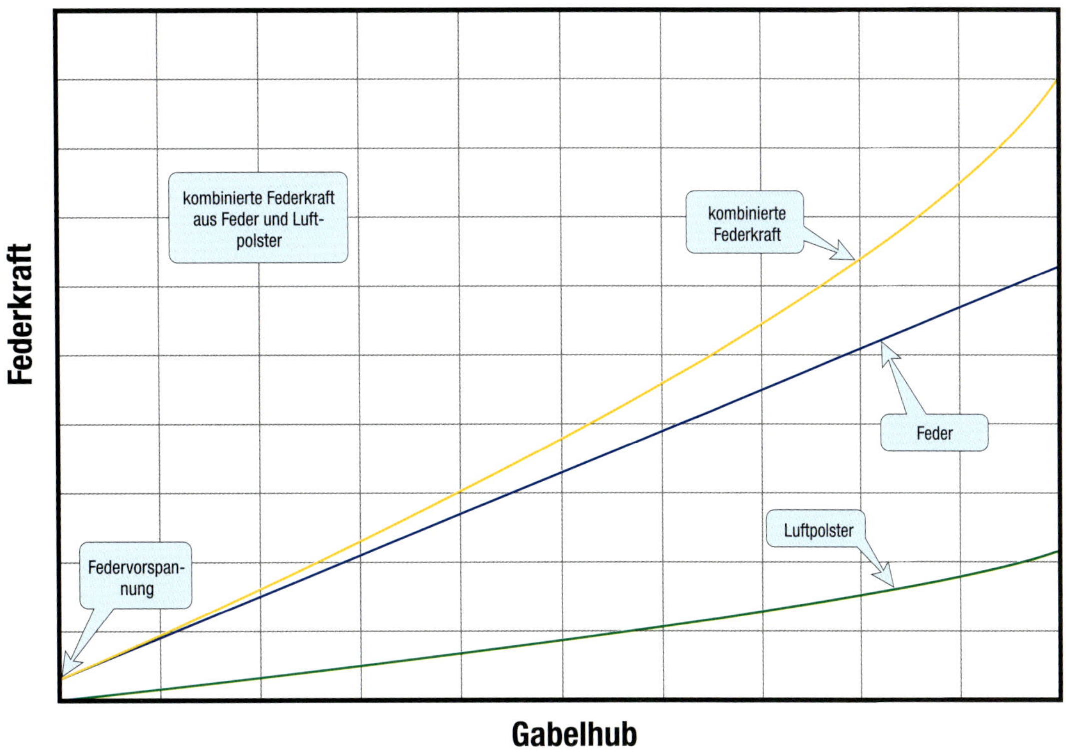

2.6 Die gesamte Federkraft setzt sich zusammen aus der Kraft der mechanischen Feder und der des Luftpolsters.

Durch Hinzufügen jeder weiteren Feder verringert sich also die Federrate, durch Weglassen jeder Zusatzfeder vergrößert sie sich.

Viel interessanter und aufschlussreicher ist es aber zu sehen was passiert, wenn man zwei Federn parallel anordnet (zum Beispiel an einer Telegabel). Dann nämlich addiert sich die Federrate, die Gesamtfederrate wird also härter. Wenn Sie in jedem Gabelholm der Telegabel an Ihrem Geländemotorrad eine Feder mit einer Rate von 0,46 kg/mm einsetzen, ergibt sich eine doppelt so hohe Gesamtfederrate, nämlich 0,92 kg/mm. Diese Technik verwendet man normalerweise, um Federraten zu teilen. Eine Federrate von 0,95 kg/mm in einem Holm und eine von 1,0 kg/mm im anderen ergibt einen Gesamtwert von 1,95. Und das ist dasselbe wie zwei Federn mit einer Rate von 0,975 kg/mm.

LUFT ALS FEDER, ÖLSTAND

Alle Telegabeln haben ein Luftpolster – wenn die Gabel zusammengedrückt wird, verringert sich sein Volumen und der Luftdruck steigt. Auch durch das Einfüllen von Öl in den Gabelholm verringert sich das Luftpolster und vergrößert sich der Luftdruck. Die Luftfederung in einer Gabel arbeitet parallel zu der mechanischen Federung, und insofern hat der Ölstand einen unmittelbaren Einfluss auf die Gesamthärte der Gabel.

Bei Motorrädern mit eingebauten Ventilen in den Gabelkappen ist es im Allgemeinen nicht empfehlenswert, Luft als etwas anderes als Abstimmungsmaßnahme für den Notfall einzusetzen. Das liegt daran, dass durch zusätzliche Luft die Gabel fühlbar härter werden kann (wegen erhöhten Dichtungswiderstandes oder zu starker Durchschlagneigung). Doch solange der Druck nicht übermäßig hoch ist, ist der Schutz gegen ein Durchschlagen der Gabel relativ gering. Das Auffüllen mit Luft kommt in etwa dem Erhöhen der Federvorspannung (nicht der Federrate) gleich. Sinn macht die zusätzliche Luftbefüllung hingegen bei Tourenmaschinen zur Anpassung an erhöhte Gepäcklast oder an den Zweipersonenbetrieb. Praktisch sind Luftventile auch, um überschüssigen Druck abzubauen, der durch einen Temperaturanstieg oder Höhenunterschied entstanden ist oder um Druckverlust aufgrund verschlissener Dichtungen auszugleichen.

KONSTRUKTION UND HERSTELLUNG VON FEDERN

In fast allen Motorrad-Federelementen kommen spiralförmige Federn zum Einsatz. Aber Federn gibt es auch in zahlreichen anderen Formen – zum Beispiel Torsionsstabfedern (axial verdrehte Rundeisen), Blattfedern (gerade oder gebogene Flacheisen, zumeist an älteren Autos und Lkw verwendet), Belleville-Membran-Federungen (konisch geformte Ringfedern, die an einigen Motorrad- und Autokupplungen verbaut werden) und nicht zuletzt luft- oder stickstoffgefüllte Gummibälge oder Kammern.

Federn werden aus einer Vielzahl von Materialien hergestellt, insbesondere Stahl, Titan oder sogar Kohlefaser. Hitzebehandelte Stahlfedern kommen bei Motorrädern und anderen sportlichen Kraftfahrzeugen am häufigsten zum Einsatz. Hochleistungs-Federn sind die begehrtesten – und auch am schwierigsten herzustellen. Nach unserer Definition ist eine Hochleistungsfeder eine Feder, die im Verhältnis zu ihrem geringen physikalischen Gewicht eine hohe Federrate aufweist. Die nachstehende Formel verwenden Hersteller zur Konstruktion von Spiralfedern aus Federdraht mit rundem Querschnitt:

$$K = \frac{d^4 \times G}{8\,D^3 \times N}$$

K – Federrate
d – Federdrahtdurchmesser
G – Festigkeitsmodule, eine Materialeigenschaft
(G bei Chromsilizium-Federstahl – 8,102 kg/mm^2
oder 11,5 x 106 lbs/in^2
N – Anzahl der aktiven Federwicklungen
(minus 2 Wicklungen oben und unten)
D – Mittlerer Federdrahtdurchmesser

Das sieht kompliziert aus, erklärt bei näherer Betrachtung aber eine ganze Menge. Als erstes fällt uns auf, dass der Federdrahtdurchmesser zu den Werten oberhalb des Bruchstriches gehört. Das heißt also, dass mit wachsendem Drahtdurchmesser die Federrate höher wird. N hingegen (die Anzahl der aktiven Federwicklungen) steht unter dem Bruchstrich. Je mehr aktive Wicklungen eine Feder hat, um so weicher ist sie (darüber haben wir im Zusammenhang mit dem Stapeln von Federn gesprochen). Unterm Strich heißt das also, dass Federn unterschiedlich konstruiert sein können, aber dennoch dieselbe Federrate haben. Zwei Federkonstruktionen, eine mit großem Federdrahtdurchmesser und vielen Wicklungen kann also genauso hart sein wie eine Feder mit kleinem Federdrahtdurchmesser und wenigen Wicklungen.

Und wie wichtig ist das jetzt im richtigen Leben? Ziemlich wichtig. Denken Sie nur mal an das Gewicht einer Feder. Eine Feder aus dickem Draht mit vielen Wicklungen wiegt um einiges mehr als eine Feder aus dünnem Draht mit wenig Wicklungen. Das spricht schon mal für die zweite Feder. Und hinzu kommt, dass die Feder aus dünnem Draht mit weniger Windungen mehr Federweg bietet.

Der Nachteil des Federdrahts mit geringem Durchmesser besteht darin, dass höherwertiges (und daher teureres Material)

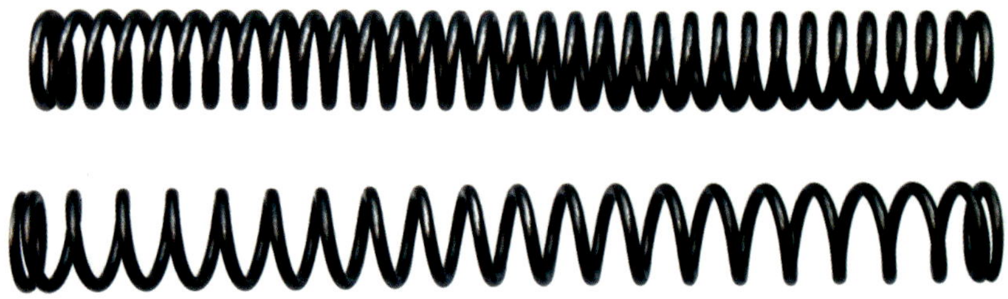

Die obere Feder besteht aus eng gewickeltem Federdraht und ist eine Low-Performance-Feder. Die untere Feder ist eine Hochleistungsfeder mit dünnem Federdraht und weniger Wicklungen. Auch wenn es überraschend wirkt, die beiden Federn haben dieselbe Federrate.

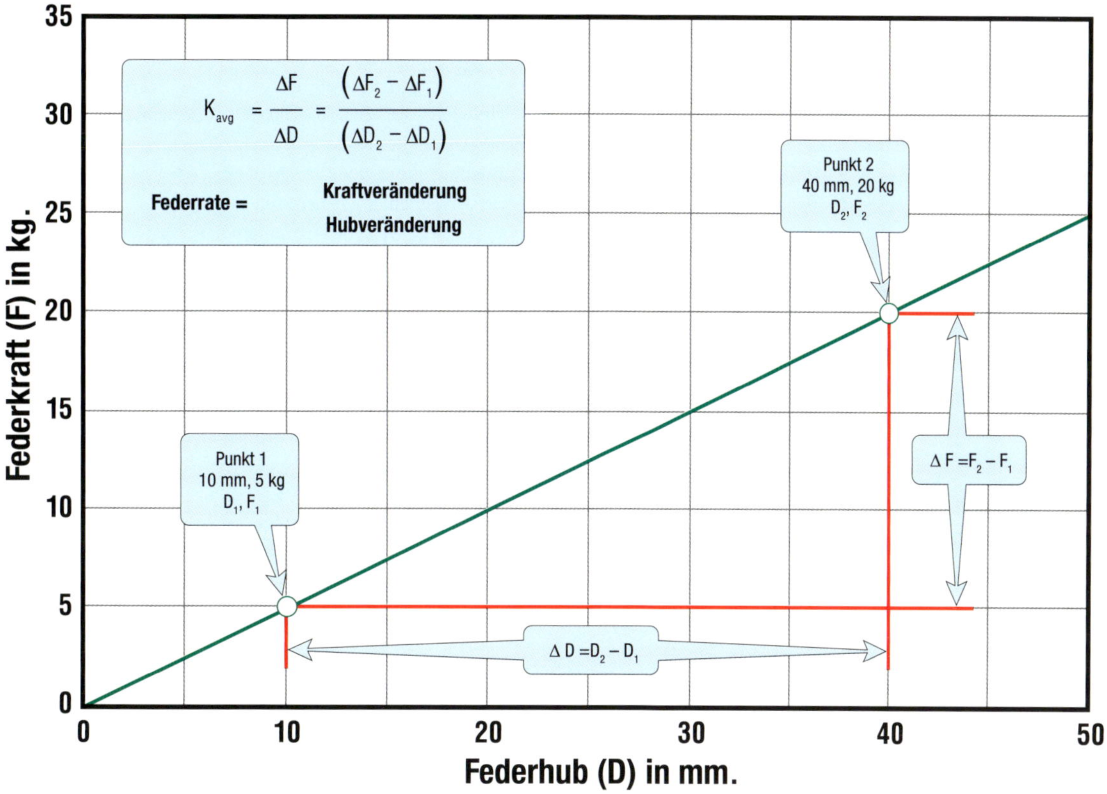

2.7 Berechnung der Federrate

gebraucht wird. Und weil außerdem der Ölpegel in der Gabel bei entnommener Feder gemessen wird, beeinträchtigt dieser Volumenunterschied die Kompression des Luftpolsters in der Gabel (eine schwerere Feder braucht mehr Volumen = höheres Verdichtungsverhältnis = höherer tatsächlicher Ölpegel).

Hier ein Beispiel aus einer ganz anderen Welt, warum es wichtig sein kann, eine Hochleistungsfeder zu verwenden: Die alten 35mm-Gabeln von Harley-Davidson haben für ein 300 Kilo schweres Motorrad einen ziemlich dünnen Standrohrdurchmesser. Daher fällt die Wandstärke ziemlich groß aus, um das Gewicht tragen zu können. Beides zusammen lässt wenig Raum für eine Feder und ein effektives Ölvolumen.

Manche Federn, die auf dem Zubehörmarkt für diese Motorräder angeboten werden, arbeiten mit einem ziemlich dicken Federdraht. Diese sind natürlich günstig in der Herstellung – doch viel erwarten kann man von ihnen nicht. Diese Federn beanspruchen zuviel Volumen in der Gabel, es bleibt also nicht genügend Volumen für eine Ölfüllung, die die Kolbenstange vollständig bedeckt. Befüllt man die Gabel bis zum empfohlenen Ölstand und federt sie dann ein, ist das Luftpolster zu gering und die Gabel-Hydraulik geht auf Block, obwohl noch Federweg zur Verfügung stehen sollte.

Das bringt uns zu einem ausgezeichneten Punkt. Je nach Volumen beansprucht eine Feder ein bestimmtes Volumen in der Gabel. Wenn aber die Feder gegen eine andere ausgewechselt wird, die mehr Volumen beansprucht, dann muss die Ölbefüllung entsprechend angepasst werden.

Um den Volumenbedarf einer Feder zu berechnen, kann man die Feder wiegen und ihr Gewicht durch die spezifische Dichte des Materials dividieren. Wenn beispielsweise eine Feder 282 Gramm wiegt und die Dichte des verwendeten Stahlmaterials 7,87 Gramm pro Kubikzentimeter beträgt, würde man 282 Gramm durch 7,87 Gramm teilen und erhielte als Ergebnis 37,1 ccm. In einer 41-Millimeter-Gabel entsprechen 10 ccm ungefähr 10 mm an Ölstand. Verwendet man eine Feder mit größerem Volumen – beispielsweise 67 ccm anstatt 37 ccm – beträgt der Unterschied 30 mm. Also muss der Ölpegel um 30 mm angepasst werden. Und das ist eine ganze Menge.

Ein kritischer Punkt im Umgang mit Gabelfedern ist auch die Toleranz der Federrate. Der in der Industrie übliche Standard definiert diese Toleranz mit bis zu 5 Prozent (+/- 5 Prozent). Wird die Härte einer Feder mit 5,0 kg/mm angegeben, dann kann die tatsächliche Federrate zwischen 4,75 und 5,25 kg/mm liegen. Die Härte einer Feder mit angegebenen 5,2 kg/mm kann tatsächlich zwischen 4,94 und 5,46 kg/mm liegen. Die tatsächlichen Werte können sich also überschneiden. Der einzig mögliche Weg, die korrekte Federrate zu ermitteln, führt demnach über einen geeichten Federprüfstand.

Manchmal verkürzen sich Federn auch im Betrieb. Das nennt man das „Einsacken“ der Feder. Das stellte schon immer ein gewisses Problem dar, und daher wird in Handbüchern üblicherweise auch die Mindestfederlänge als Referenzwert angegeben. Wichtig in diesem Zusammenhang ist allerdings, dass „eingesackte“ Federn zwar kürzer sind, aber noch immer dieselbe Federrate aufweisen. (Das gilt nicht für Ventilfedern. Diese „sacken ein“, weil sie hohen Temperaturen ausgesetzt sind).

Allerdings verringert sich mit dem „Setzen“ einer Feder ihre Vorspannung, die Gabel fühlt sich weniger straff – weicher – an. Manche Federn aus dem Tuningbereich sind bereits ab Werk „eingesackt“ oder „gesetzt“. Sie verändern demnach im Betrieb ihre Länge nicht mehr. Bei diesem Verfahren wird die Feder wiederholt bis auf Block (das heißt, alle Wicklungen berühren sich) komprimiert, bis sie sich auf ihre endgültige Länge „gesetzt“ hat. Wenn die Feder einmal „gesetzt“ ist, sackt sie nicht mehr ein. Das Problem ist damit behoben.

MESSEN DER FEDERRATE

Die in diesem Absatz gezeigte Grafik und Tabelle sollen veranschaulichen, wie die Federrate gemessen wird. Wenn wir eine Feder auf dem Prüfstand messen, messen wir den Hub und den ausgeübten Druck. Anders als beim ersten Beispiel messen wir den Druck bei schrittweise vergrößertem Einfedern. (Beim vorherigen Beispiel haben wir bei festgelegtem Druck den dadurch zurückgelegten Einfederweg gemessen.) Die durchschnittliche Federrate zwischen zwei Punkten (K) ist definiert als Druckzunahme dividiert durch die Hubzunahme.

So errechnen wir die durchschnittliche Federrate zwischen zwei Punkten aus den Testergebnissen:

$$Kavg = \frac{\Delta F}{\Delta D} = \frac{(F2 - F1)}{(D2 - D1)} = \frac{\text{(Druckveränderung zwischen Punkt 1 und 2)}}{\text{(Hubveränderung zwischen Punkt 1 und Punkt 2)}}$$

Wir haben uns willkürlich für 10mm-Schritte bei der Hubveränderung entschieden. Der Ausgangspunkt dabei ist ein Federweg von Null. An diesem Punkt würde das digitale Display das Gewicht der Feder (die Federkraft) anzeigen. Indem wir an diesem Punkt den Druck auf den Wert 0 einstellen, subtrahieren wir das Gewicht von allen Messungen. Im nächsten Schritt komprimieren wir die Feder um 10 mm und lesen den Druck ab. In diesem Beispiel würde der Wert von 5 kg angezeigt. Wenn wir die Feder um 20 mm komprimieren, beträgt der angezeigte Wert 10 kg, bei 30 mm entsprechend 15 kg und so weiter. Der jeweilige Wert findet sich in der Spalte „Kraft“.

Für professionelle Fahrwerkstuner wird dieser kompakte digitale Federprüfstand angeboten, der zu einem Gabelprüfstand ausgebaut werden kann.

Wenn wir die Werte für Federhub und Druck haben, können wir diese in die Grafik eintragen und die Federrate berechnen. In der Tabelle auf der rechten Seite haben wir diese Rechenaufgaben schon gemacht. Die ΔD-Spalte bezeichnet die Zunahme des Federhubs. Das griechische Zeichen Δ für Delta wird offen verwendet, um eine Änderung zu bezeichnen. Die stufenweise Zunahme an Federkraft haben wir in der ΔF-Spalte ausgewiesen.

Die Federrate K berechnet sich aus der Kraftveränderung dividiert durch die Hubveränderung. Sie sehen, dass diese in diesem Beispiel 0,5 kg/mm beträgt. Wichtig ist festzuhalten, dass wir hier den Anstieg der Linie berechnen. Beachten Sie, dass wir hier eine lineare Feder berechnen: die Kurve verläuft linear. In diesem der „perfekten Welt“ entnommenen Beispiel können wir alle möglichen zwei Punkte aussuchen und bekommen immer dasselbe Ergebnis, nämlich 0,5 kg/mm.

Bei einer linearen Feder mit gleichbleibender Federrate wächst die Kraft mit zunehmendem Einfedern, doch die Federrate verändert sich nicht.

In der Zeichnung 2,2 haben wir zwei Federn abgebildet. Bei der blauen Linie beträgt der Druck 10 kg, wenn wir die Feder um 10 mm zusammendrücken und einen Druck von 40 kg, wenn wir die Feder um 40 mm zusammendrücken. Wenn wir diese Werte in eine Formel übertragen, errechnet sich eine Federrate von 1,0 kg/mm. Wie zuvor erwähnt, stellt der Anstieg der Linie die Federrate dar – je steiler die Linie ausfällt, um so härter ist die Feder. Im Falle der Feder in der Grafik ist sie doppelt so hart (und damit ist die Linie doppelt so steil) wie bei der ebenfalls dargestellten weicheren Feder.

FEDERVORSPANNUNG

Die Federvorspannung ist einer der am häufigsten missverstandenen Begriffe, wenn es um Federung geht. Oft schon haben wir mitbekommen, wie Fahrer sagen, dass sie ihre Federvorspannung verändern, um die Feder härter oder weicher zu machen. Aber hierin liegt das Missverständnis: Durch das Verändern der Federvorspannung ändert sich die Federrate keinesfalls. Gleich, wie die Federvorspannung eingestellt ist – die Federrate bleibt immer dieselbe.

Sehen wir uns mal genauer an, was wirklich passiert. Wenn eine Feder in einer Gabel oder einem Federbein montiert wird, wird sie hierfür normalerweise geringfügig eingefedert. Diese Länge, um die die Feder komprimiert wird, wird als „Vorspannung“ bezeichnet. Genauer gesagt: Die Federvorspannung bezeichnet den Wert, um den die Feder in ihrem eingebauten, entlasteten Zustand kürzer ist als in ihrem freien bzw. uneingebauten Zustand. Die meisten Fahrzeuge, einschließlich Motorräder, haben eine positive Vorspannung (negative Vorspannung bedeutet, dass die Federung komprimiert wird, bevor sie auf eine Unebenheit trifft). Das gilt auch für Motorräder ohne externe Einstellmöglichkeit der Vorspannung. Selbst Federelemente, bei deren externer Einstellmöglichkeit die Federvorspannung vollständig auf Null eingestellt ist, haben noch etwas Vorspannung.

Punkt	Hub (in mm)	Kraft (kg)	Hubveränderung in D (Δ D)	Federkraftveränderung in F (Δ F)	Δ F/Δ D	Federrate
1	0,0	0	–	–	–	–
2	10,0	5	10–0=10	5–0=5	5/10	0,5 kg/mm
3	20,0	10	20–10=10	10–5=5	5/10	0,5 kg/mm
4	30,0	15	30–20=10	15–10=5	5/10	0,5 kg/mm
5	40,0	20	40–30=10	20–15=5	5/10	0,5 kg/mm
6	50,0	25	50–40=10	25–20=5	5/10	0,5 kg/mm
7	60,0	30	60–50=10	30–25=5	5/10	0,5 kg/mm
8	70,0	35	70–60=10	35–30=5	5/10	0,5 kg/mm

2.8 So sieht die perfekte Welt der Federprüfstandmessung in der Theorie aus.

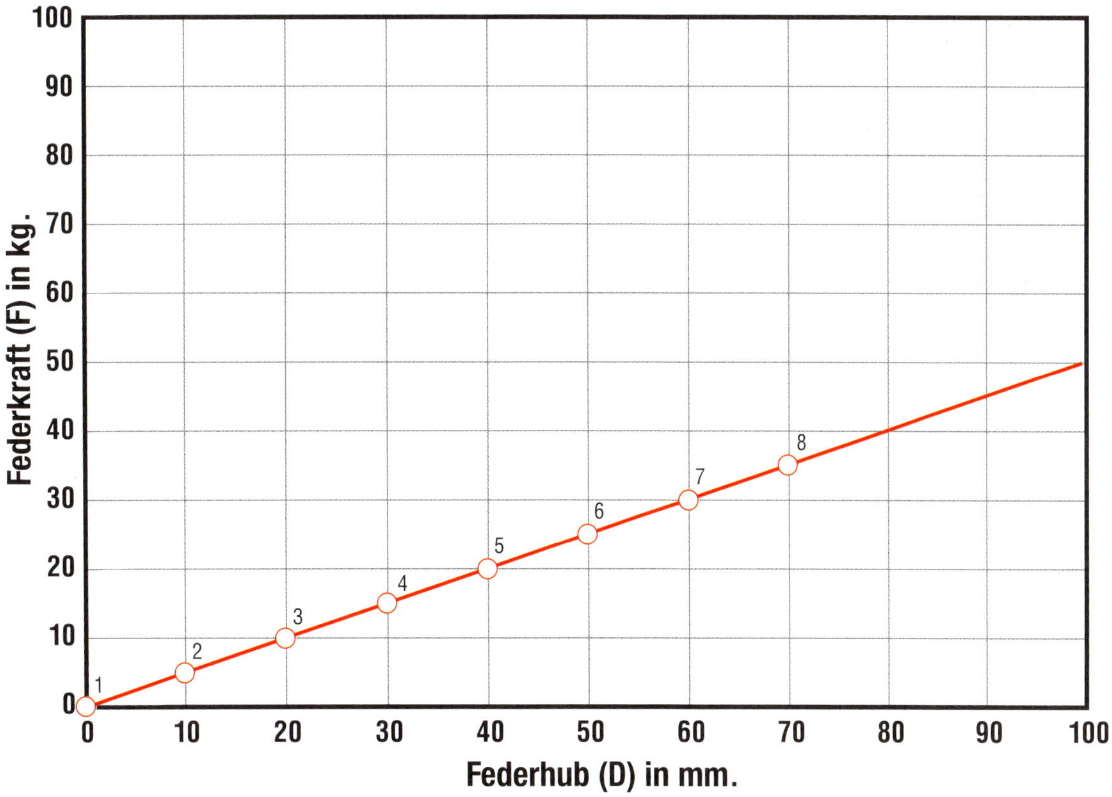

2.9 Die Abbildung zeigt die theoretischen Prüfstandswerte an und eine Linie, die diese miteinander verbindet.

Nun kommen wir zum Begriff des Vorspannungsdrucks (was etwas anderes ist als die Vorspannungslänge). Vorspannungsdruck ist der Eingangsdruck, den die Feder auf das Ende des Gabelholmes – oder auf die Federabdeckung eines Stoßdämpfers – ausübt. Diese Kraft ist leicht zu berechnen:

Kraft = Federrate x Federhub.

Bei einem gegebenen Vorspannungsdruck auf der Feder wird derselbe Druck zum Einleiten der Federbewegung benötigt wie bei vollständig entlasteter Feder. Erhöht man die Vorspannung, wird weniger Kraft benötigt, um eine Federbewegung einzuleiten. Wichtig ist festzuhalten, dass bei einem Motorrad mit darauf sitzendem Fahrer die Federelemente komprimiert sind. Durch Veränderung der Vorspannung werden die gefederten Massen höher oder niedriger gehalten. Das heißt, dass bei mehr Vorspannung keinesfalls mehr Kraft benötigt wird, um eine Federbewegung einzuleiten als bei einem Motorrad, bei dem allein das Fahrzeuggewicht die Federung komprimiert.

Bei zu starker Federvorspannung jedoch werden die Federelemente bereits so stark ausgefedert, dass diesen nicht mehr ausrei-

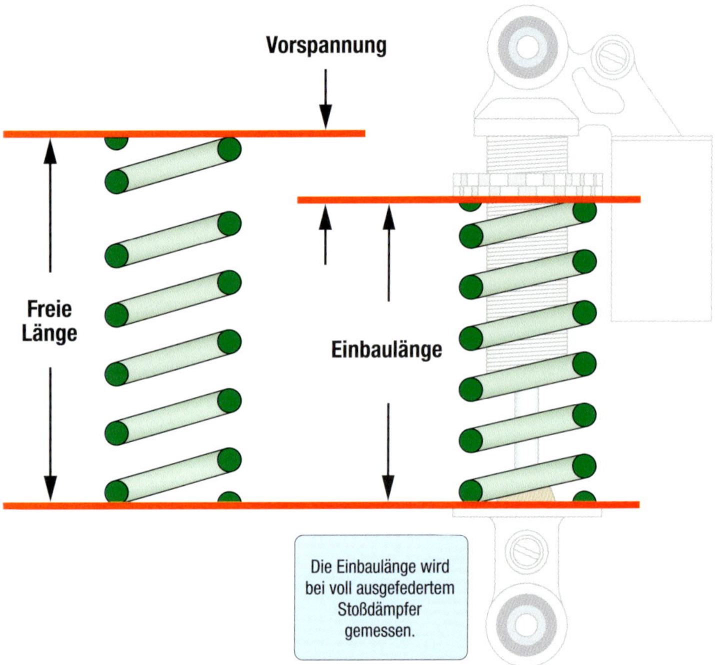

2.10 Als Federvorspannung wird der Hub bezeichnet, um den die Feder in eingebautem, aber vollständig ausgefedertem Zustand komprimiert ist. Sie bezeichnet den Unterschied zwischen der freien und „gesetzten" Federlänge.

chend Spielraum zum Ausfedern über Vertiefungen in der Fahrbahn zur Verfügung steht. In der Folge können die Reifen an Traktion verlieren, wenn sie über diese Vertiefungen springen. Auf der anderen Seite jedoch kostet zu wenig Vorspannung Bodenfreiheit in Schräglage und kann zum leichteren Durchschlagen der Federung führen.

Die Grafik 2.12 auf Seite 20 veranschaulicht den Unterschied zwischen erhöhter Vorspannung einer weicheren Feder (blaue Linie) im Vergleich zu einer härteren Federrate (rote Linie). Beachten Sie, dass die beiden Linien sich bei der Markierung von 30 mm Federweg überschneiden. Das bedeutet, dass beide Abstimmungen bei einem Einfedern um 30 mm das Motorrad mit demselben Druck aufrecht halten. Die härtere Feder baut den Druck schneller auf (weil sie härter ist), beginnt aber mit einer geringeren Eingangskraft. Daher wird sie sich progressiver anfühlen als die stärker vorgespannte, weichere Feder. Aber denken Sie daran: Progressiver ist nicht zwangsläufig besser.

NEGATIVFEDERWEG

In der Hauptsache führt die Veränderung der Vorspannung zu einer Veränderung der Bodenfreiheit des Motorrades. Mit der Veränderung der Bodenfreiheit bestimmen Sie, wie viel Prozent des Federwegs zum Abfedern von Unebenheiten oder Ausfedern über Fahrbahnvertiefungen zur Verfügung stehen. Um zu verstehen, welchen Einfluss dies auf das Vermögen der Federung hat, Fahrbahnunebenheiten auszugleichen, müssen Sie zunächst das Prinzip des Negativfederwegs (jeweils mit und ohne Fahrer) verstehen. Bedenken Sie, dass dieser auch Einfluss hat auf Fahrwerksgeometrie und Handling. Mehr Details finden Sie im Kapitel zur Fahrwerksgeometrie.

Das Prinzip des Negativfederwegs ist einfach. Wenn der Fahrer auf dem Motorrad sitzt, wird die Federung komprimiert. Sie „sackt ein". Als Negativfederweg wird die Hubdifferenz zwischen unbelasteter und mit dem Fahrergewicht belasteter Federung bezeichnet. Wie groß diese ist, hängt sowohl von der Federvorspannung ab als auch von der ungefederten Masse des Motorrades mit Fahrer.

Gehen wir zur Zeichnung 2.13. Die Grundlinie stellt das Niveau der Fahrbahn dar. Darüber können sich Erhebungen befinden, die durch das Einfedern absorbiert werden, darunter Vertiefungen, in die sich die Federung beim Fahren durch Ausfedern hineindrückt. Die Zeichnung veranschaulicht die Auswirkungen einer dreistufigen Federvorspannung. Beachten Sie, dass, wenn nur das Motorradgewicht auf die Federung einwirkt (in der Zeichnung ganz links) diese beinahe „ausgefedert" ist. Das heißt, das 75 Prozent des Federwegs Stöße absorbieren können und 25 Prozent zum Ausgleichen von Vertiefungen zur Verfügung stehen. In der nächsten Zeichnung ist die Vorspannung in ihrer schwächsten, der weichsten Stufe, eingestellt. Dieses verlagert den Punkt, an dem die Federung anspricht, weiter nach unten, so dass nun 65 Prozent des Federwegs zum Einfedern und 35 Prozent zum Ausfedern zur Verfügung stehen. Der Gesamtfederweg bleibt mit 100 Prozent jedoch immer gleich.

In der letzten Zeichnung der Reihe ist die Vorspannung in ihrer höchsten, sprich „härtesten" Position eingestellt. Der Ansprechpunkt für die Aus- und Einfederbewegung hat sich nun nach oben verlagert. Jetzt stehen 85 Prozent des Federwegs zum Einfedern und 15 Prozent zum Ausfedern zur Verfügung.

Der korrekte Negativfederweg bei einer Motorradfederung kann von vielen Dingen abhängen – einschließlich Fahrwerksgeometrie und Einsatzzweck – aber in der Regel sollte er etwa ein Drittel des Gesamtfederwegs betragen. Dieser Wert kann je nach Einsatzzweck variieren (siehe Grafik auf Seite 21). Aber man muss sich immer im Klaren darüber sein, dass alle diese Werte durch Tests ermittelt wurden. Wenn wir genügend Motorräder testen, können wir Trends herausfinden. Das Wissen um diese Trends hilft, den Testvorgang abzukürzen. Aber: Verlieben Sie sich niemals in eine bestimmte Zahl! Jede Situation hat ihre ganz eigenen Bestandteile, und der richtige Wert hängt immer von Fahrer und Einsatzzweck ab.

Es wird Ihnen auffallen, dass ein bestimmter Wert für den Negativfederweg mit komplett unterschiedlichen Federraten erzielt werden kann – beispielsweise mit einer zu weichen, aber stark vorgespannten Feder, oder einer sehr harten, wenig vorgespannten Feder. Im einen wie im anderen Fall wird das Fahrverhalten leiden. Die zu weiche Feder führt zu starkem Eintauchen und Durchschlagen. Die sehr harte Feder wird sich zäh anfühlen. Sie baut ihre Kraft zu schnell auf und spricht nicht genügend auf Stöße ins Fahrwerk an.

Nach einigen wenigen Negativfederweg-Messungen lässt sich bereits die ideale Federrate festlegen, doch dazu kommen wir später in diesem Kapitel. Der Stand der Dinge während des Entstehens dieses Buches ist der, dass die meisten Motorräder – natürlich gibt es Ausnahmen – serienmäßig mit Federn ausgeliefert werden, die für sportliches Fahren zu weich ausgelegt sind. Sportfahrer verwenden im Gegensatz zu Straßenfahrern im Allgemeinen härtere Federn mit wenig Vorspannung.

Persönlicher Geschmack, äußere Bedingungen und Fahrstil: Diese wichtigen Faktoren gilt es zu berücksichtigen, wenn man Federhärte und Negativfederweg einstellen will. Die Federrate serienmäßiger Federelemente moderner Moto-Cross-Maschinen ist normalerweise perfekt für Fahrer mit Idealgewicht. Enduros haben zumeist eine zu weiche Federung. Doch machen Sie nicht den Fehler, Ihr Straßenmotorrad wie ein Rennmotorrad abzustimmen, oder Ihre Enduro wie einen Supercrosser. Im Zweifelsfalle fragen Sie am besten einen Fahrwerksexperten oder sehen auf www.racetech.com nach.

Bis hierher haben wir uns ausschließlich mit dem statischen Negativfederweg befasst. Wichtiger für eine optimale Fahrwerkseinstellung sind jedoch Bodenfreiheit und Federweg im Fahrbetrieb, also die dynamischen Werte. Wir haben beschrieben, wie man den statischen Federweg beim stehenden Motorrad misst. Die dynamische Fahrhöhe ist, wie der Name schon sagt, die Höhe des Motorrades beim Fahren. Natürlich kann man Messungen schlecht während des Fahrens vornehmen, wenn man nicht über Data Recording und entsprechende Software verfügt. Statische Messungen des Negativfederwegs haben hingegen einen erheblichen Vorteil. Man braucht nur einen Helfer und ein Maßband.

Allerdings hat die Änderung des Negativfederwegs in erster Linie Einfluss auf die Fahrwerksgeometrie im Fahrbetrieb (siehe Kapitel zur Fahrwerksgeometrie).

Nehmen wir an, das Fahrwerk ist perfekt abgestimmt. Wenn nun ein schwererer Fahrer das Motorrad fährt, kann man über die Vorspannung das höhere Gewicht ausgleichen. Tut man das aber nicht, so verringert sich der Negativfederweg – der statische wie auch der dynamische. Das hat Auswirkungen auf die Schräglagenfreiheit, aber auch auf die Fahrwerksgeometrie: Lenkkopfwinkel und Nachlauf verändern sich, aber auch das Eintauchen und das Ausfedermoment an der Hinterhand. Tatsächlich hilft mehr Vorspannung gegen das Durchschlagen der Federung. Aber wenn die Federung durchschlägt, obwohl der Negativfederweg korrekt eingestellt ist, werden Sie das Problem kaum über die Federvorspannung lösen können. Wenn sich das Fahrergewicht erheblich verändert, braucht man eine andere Federrate.

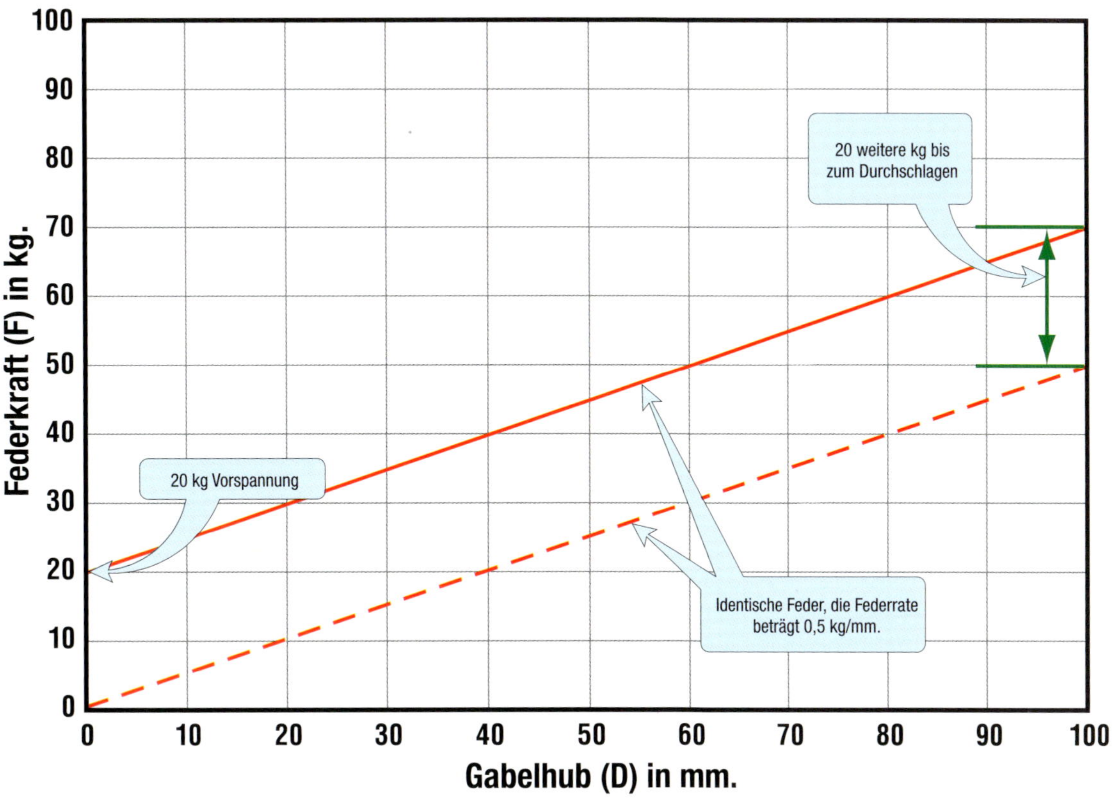

2.11 Auswirkungen der Vorspannung. Die Kurve steigt vertikal an. Beachten Sie, dass die Federrate immer gleich bleibt. Um 20 kg Vorspannungskraft zu erhalten, mussten wir die Feder mit einer Federrate von 0,5kg/mm um 40 mm vorspannen. Beachten Sie auch, dass die x-Achse jetzt den Gabelhub, nicht den Federhub bezeichnet.

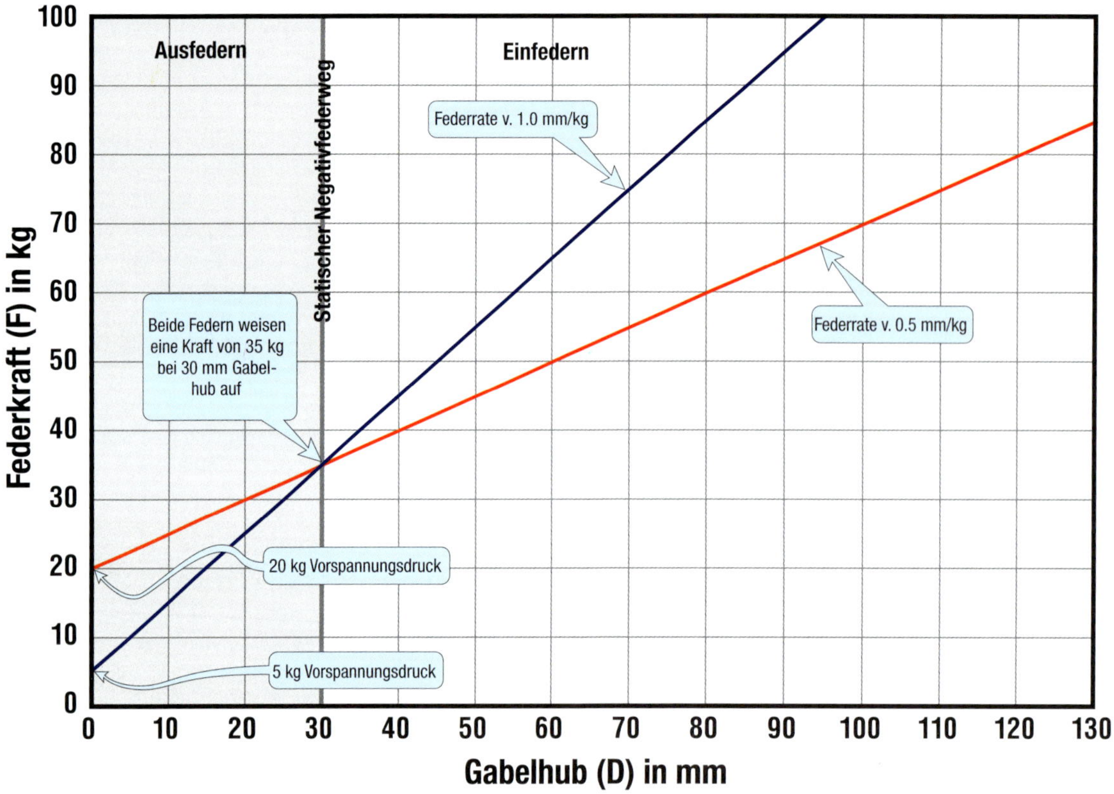

2.12 In der Abbildung erzeugen 40 mm Vorspannung an einer Feder mit einer Rate von 0,5 mm/kg eine Vorspannkraft von 20 kg, während in der Feder mit einer Federrate von 1,0 mm/kg 0,5 mm Vorspannung eine Vorspannkraft von 5 kg erzeugen. Beide Federn erzeugen dieselbe Kraft, um das Motorrad mit einem Federweg von 30 mm aufrecht zu halten.

EINE „SPEZIELLE METHODE" ZUM MESSEN DES STATISCHEN FEDERWEGS

Auf den ersten Blick scheint es einfach, den statischen Negativfederweg zu messen. Man misst im ausgefederten Zustand den Abstand zwischen der Achse und einem mehr oder weniger vertikalen Punkt an Rahmen oder Kunststoffteilen (weniger empfehlenswert, da die Reproduzierbarkeit unter der Biegsamkeit der Teile leidet) hinten und vorne an der verchromten Lauffläche der Gabel. Jetzt steigt der Fahrer auf und drückt die Federung einige Male durch, dann misst man die Abstände erneut. Die Differenz zwischen beiden Messungen ist der statische Negativfederweg.

Leider nur bekommt man so keine wirklich verlässlichen Werte. Und das liegt an der Reibung.

Reibung ist eine der drei Kräfte in einer Federung, und sie beeinflusst alle beweglichen Teile darin. Die Gabelholme bewegen sich in Buchsen, und dabei gleiten Dichtungen über die Gleitrohre. All das erzeugt Reibung. An der Hinterradfederung entsteht ebenfalls Reibung – und zwar durch Schwingenlager, Hebelumlenkungen sowie Dichtungen und Dämpferkolben im Federbein.

Wir unterscheiden zwei Arten von Reibung: die statische und die dynamische. Statische Reibung lässt sich leicht veranschaulichen. Stellen Sie sich neben Ihr Motorrad, ziehen die Bremse und tauchen Sie durch Druck an den Lenkerenden langsam die Gabel ein. Sie werden sehen, dass die Gabel nicht sofort eintaucht. Vielmehr braucht es eine gewisse Krafteinwirkung dazu. Wenn die Gabel sich erst einmal bewegt, ist der statische Reibungswiderstand der Dichtungen und Lager überwunden. Die dynamische Reibung hingegen ist der durch Bewegung erzeugte Widerstand, die im Regelfall geringer ist als die statische Reibung.

Diese Reibung beeinträchtigt die Funktion der Federung, aber sie erschwert auch das Messen des Negativfederwegs. Wenn man diesen wie zuvor beschrieben misst, reproduziert eine zweite Messung nicht dieselben Werte, denn die Einfederbewegung kann jedes Mal an einer anderen Stelle enden – wenn auch immer innerhalb desselben Bereiches. Zum Glück aber können wir mit der Race-Tech-Methode die Messung um die Auswirkungen der Reibung bereinigen. Anstelle von zwei Messungen (ausgefedert und mit aufsitzendem Fahrer) führen wir drei Messungen durch. Das folgende Verfahren ist nicht nur genauer, sondern garantiert auch reproduzierbare Messwerte.

Als erstes messen wir die Länge Eins (L1). Hierzu muss das Hinterrad entlastet über dem Boden schweben. Mit einem Hauptständer ist das einfach. Ist ein solcher nicht vorhanden, trommelt man am besten einige Freunde zusammen, die das Heck anheben. Verwenden Sie dabei keinen Hinterradständer wie im Rennsport üblich: Auch wenn das Hinterrad sich dabei frei über dem Boden bewegt, so drückt das Gewicht des Motorrades die Federung leicht in die Kompression.

Für die Messung am Heck verwenden Sie am besten ein Maßband, um den Abstand zwischen Hinterradachse und einem vertikal darüberliegenden Punkt an Rahmen oder Kunststoffteilen zu messen. Für die Messung an der vorderen Radaufhängung kann man den Abstand zwischen Vorderachse und unterer Gabelbrücke oder die freiliegende Lauffläche des Gleitrohres verwenden. Der sich hierbei ergebende Wert ist L1.

Bei allen drei Messungen bleiben die Messpunkte dieselben. Verwenden Sie ein Maßband mit Millimeter-Teilung, denn damit fällt es später leichter, wenn es ums Berechnen des Negativfederwegs geht.

Nun zur Messung von L2. Das Motorrad steht wieder auf dem Boden, der Fahrer nimmt seine Sitzposition ein und hält sich fest, um das Gleichgewicht zu halten. Alternativ kann auch eine Vorderradklammer verwendet werden. Nun drücken Sie die Federung um ca. 25 mm ein und lassen dann sehr langsam die Federung in ihre Ausgangsposition zurückkehren. Gäbe es keine Reibung in der Federung, würde die Federung weiter ausfedern. Am Ausfederpunkt (mit Fahrer) messen Sie L2, wobei die Messpunkte identisch bleiben. Wichtig dabei ist, dass der Fahrer sich nicht bewegt, denn dadurch würde die L2-Messung ungenau.

Ein kritischer Punkt bei dieser Messung des statischen Negativfederwegs ist, wo genau der Fahrer auf der Sitzbank sitzt. Bei Offroad-Motorrädern steht der Fahrer am besten in den Rasten. Setzt er sich aber hin, kann er seinen Allerwertesten an verschiedenen Stellen platzieren, und das bringt die Zahlen natürlich durcheinander. Bei Straßenmotorrädern ist es also wichtig, dass der Fahrer seine normale Sitzposition einnimmt.

Jetzt heben Sie die gefederten Massen des Motorrades um ca. 25 mm an und lassen es anschließend langsam wieder in seine Ausgangsposition zurücksinken. Da, wo es nicht mehr weitergeht, ist der Messpunkt für L3. Ohne Reibung würde es auch hier etwas weiter einfedern. Die Mitte zwischen L2 und L3 wäre die Position ohne Reibungsverluste. Errechnen sie nun den Mittelwert aus L2 und L3 und subtrahieren das Ergebnis von L1. Nun haben sie den exakten statischen Negativfederweg. Die Formel hierzu ist: $L1 - ((L2+L3)/2))$

Wenn Sie diese Messung gewissenhaft durchführen, werden Sie jedes Mal dasselbe Ergebnis mit maximal einem Millimeter Abweichung erhalten. Aber abgesehen von der Messgenauigkeit vermittelt Ihnen diese Methode andere wichtige Informationen über den Zustand der Federung (siehe auch den Abschnitt über Haftreibung).

Wie groß ist nun der ideale Negativfederweg? Das hängt vom Motorrad und dem Geschmack des Fahrers ab. Unsere Tests zeigen, dass ein Wert zwischen einem Drittel und einem Viertel des gesamten Federwegs ideal ist. Bei einem Sportmotorrad, Sporttourer oder Tourer sollte der Wert vorne und hinten jeweils 35 mm betragen. Rennmotorräder haben im Regelfall einen geringeren Negativfederweg, normalerweise zwischen 25 und 35 mm. Bei extremen Choppern mit stark gekürzten Federwegen kann der Wert auch, insbesondere hinten, unter 25 mm liegen. Geländemotorräder mit ihren erheblich längeren Federwegen können vorne zwischen 60 und 75 mm und hinten zwischen 95 und 105 mm aufweisen. Bei 80-ccm-Offroad-Bikes kann der Wert zwischen 55 und 60 mm vorne und 75 bis 80 mm hinten liegen.

Denken Sie daran, dass diese Werte bei Tests ermittelt worden sind, aber natürlich nur ein Fenster beschreiben können. Jede Abstimmung muss immer genau für Motorrad und Fahrer ausgearbeitet werden.

DER FREIE FEDERWEG

Der freie Federweg ist der Weg, den die Federung zwischen voll ausgefedertem Zustand und allein durch das Fahrzeuggewicht in eingefedertem Zustand zurücklegt. Dieses Maß, das man auch als Motorrad-Federweg bezeichnet, ist vor allem beim Abstimmen des Federbeines wichtig.

Wenn der Negativfederweg bei maximaler Federvorspannung zu groß ist (es bleibt dann kein Spielraum mehr im Einstellbereich), ist die Verwendung einer härteren Feder angeraten. Andersherum gilt: Wenn die Vorspannung vollständig zurückgenommen und der Negativfederweg zu klein ist, spricht dies für die Verwendung einer weicheren Feder. Aber wie können Sie feststellen, ob die Federrate richtig ist, wenn der Einstellbereich der Federvorspannung den Negativfederweg im richtigen Fenster hält? Die richtige Antwort hierauf kann das Prüfen des freien Federwegs geben.

Was sollte man zum Beispiel tun, wenn wir den statischen Negativfederweg am Hinterrad eines Geländebikes auf 100 mm justieren und dann messen, dass der freie Federweg nur 5 mm beträgt? Die Negativfederwegtabelle sagt uns, dass der freie Federweg bei einem Geländemotorrad zwischen 15 und 40 mm betragen sollte.

Empfohlene Werte für den Negativfederweg

Vorne	**Straßenrennen**	**Straße**	**Off Road - volle Größe**	**Off Road – 80 ccm Minibikes**
Negativfederweg	25–35 mm	30–35 mm	60–75 mm	55–65 mm
Vorspannung	5–25 mm	10–35 mm	3–15 mm	3–10 mm
Losbrechzone	5–15 mm	5–15 mm	10–25 mm	10–20 mm
Hinten				
Negativfederweg	25–35 mm	30–35 mm	95–100 mm	80–85 mm
Freier Negativfederweg – Anschlagpuffer	2–8 mm	2–8 mm	15–40 mm	10–25 mm
Freier Negativfederweg – negative Feder	10–15 mm	10–15 mm		
Losbrechzone	2–5 mm	2–5 mm	2–5 mm	2–5 mm

Diese Werte stellen eine gute Ausgangsbasis dar, sind aber nicht in Stein gemeißelt.

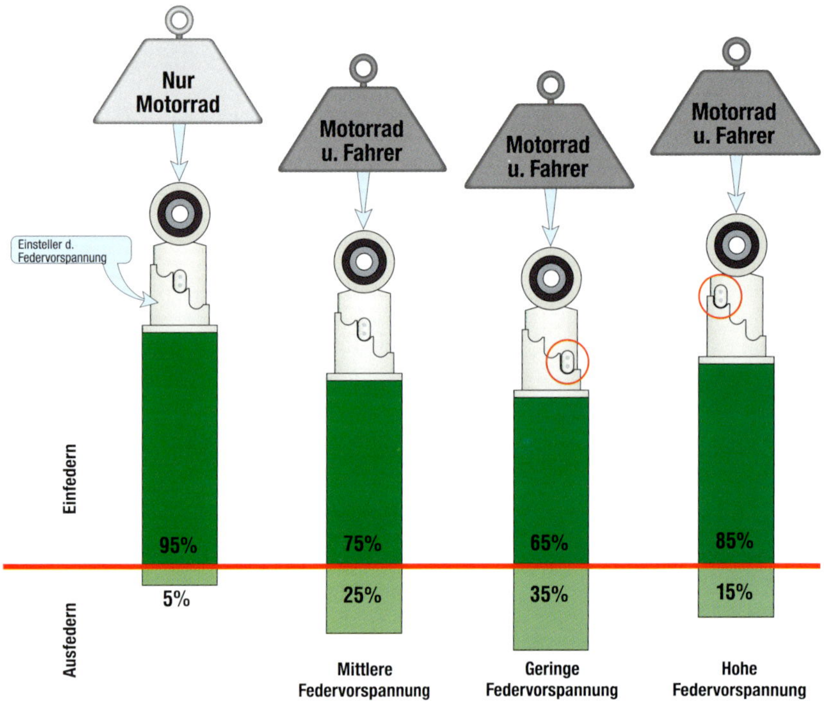

2.13 Die Abbildung zeigt das Verhältnis von Federvorspannung zu Negativfederweg. Sie zeigt auch, wie durch Ändern der Vorspannung der Prozentsatz des Federwegs verändert wird, der zum Ein- und Ausfedern zur Verfügung steht.

Also liegen wir außerhalb der empfohlenen Werte. Bräuchten wir demzufolge eine weichere oder eine härtere Feder? Die Antwort lautet: eine härtere Feder, jedoch mit weniger Federvorspannung. Das liegt daran, dass die ursprüngliche Feder zu weich ist und dass wir die Feder zu stark vorgespannt haben, um den statischen Negativfederweg in ein richtiges Fenster zu bekommen. Diese zu starke Vorspannung drückt das Motorrad aus den Federn, wenn der Fahrer abgestiegen ist. Das Beispiel soll Ihnen zeigen: Die Fahrwerksabstimmung kann jeder Intuition zuwiderlaufen, wenn man nicht die ihr zugrundeliegenden physikalischen Gesetze verinnerlicht hat.

Bedenken Sie, dass man zunächst den statischen Negativfederweg und dann den freien Federweg messen sollte. In anderen Worten: Wenn der statische Negativfederweg ohnehin aus dem Ruder läuft, rettet der freie Federweg auch nichts mehr.

Aber: Das sind alles nur Ausgangswerte. Sie sind nicht in Stein gemeißelt!

In letzter Zeit ist bei den Herstellern von Federelementen zu beobachten, dass sie lange, weiche „top out springs“ verwenden. Sowohl bei Gabeln als auch bei Federbeinen werden diese „Negativfeder“ genannt, denn sie wirken gegen die Hauptfeder. Mit einer Top-Out-Spring sind die bisherigen Werte für den freien Federweg völlig verzerrt. Und um alles noch komplizierter zu machen, brauchen Sie sich nur ein Bild davon zu machen, wie viele Top-Out-Federn von unterschiedlicher Länge und Federrate in der letzten Zeit auf den Markt gekommen sind.

Wenn eine Top-Out-Spring sehr hart ist, dann werden die Werte für den freien Negativfederweg ziemlich ähnlich ausfallen wie bei einem Gummi- oder Elastomer-Anschlagpuffer. Ist hingegen die Negativfeder sehr, sehr weich, können die Werte ähnlich ausfallen wie bei der Verwendung eines Top-Out-Anschlagpuffers oder als würde sie allein aufgrund ihrer Federvorspannung ausfedern. Nur wenn die Negativfeder lang und eher weich ist, wird sich ihr Wert eindeutig zuordnen lassen.

Stellen Sie Ihr Motorrad auf einen Haupt- oder Motorradständer, halten Sie den Rahmen fest und drücken nun mit ihrem Fuß die Schwinge an der Achse herunter. Wenn die Schwinge um 5 bis 10 mm ausfedert, dann haben Sie ein solches Federbein (oder die Schwinge ist so weich, dass sie sich schnell eine neue, steifere besorgen sollten). Wenn Sie festgestellt haben, dass Sie ein Motorrad mit einer negativen Feder haben und dass diese einen fühlbaren Effekt hat, dann verwenden Sie die Richtwerte aus der Tabelle für den freien Federweg auf Seite 21 auch für eine negative Feder.

Im Allgemeinen darf die nur durch das Motorrad komprimierte Federung nicht bis zum Anschlag ausfedern. Eine Ausnahme stellen hier nur Mini-Crosser wie die KLX 110 dar. Das liegt daran, dass solche Motorräder relativ wenig wiegen im Vergleich zu ihren Fahrern. Denn, obwohl diese Bikes eigentlich für Kinder gebaut werden, können ihre Fahrer schon mal 100 Kilo und mehr auf die Waage bringen.

DER BEREICH DER HAFTREIBUNG („STICTION“)

Die Differenz zwischen L2 und L3 ist ein Anhaltspunkt für das Maß an Haftreibung, die in den Bauteilen der Federung wirkt. Wir nennen dies den Bereich der Haftreibung. Das Maß des Haftreibungsbereiches eignet sich hervorragend als Indikator für den Zustand der Federelemente. Im Allgemeinen gelten 10 bis 20 mm Differenz als Indikator dafür, dass eine Telegabel korrekt funktioniert. Wenn die Messung aber 40 mm Differenz und mehr ergibt, dann gibt es ein ernstes Problem. Eine Ursache können verbogene Gabelholme oder verschlissene Bauteile (Holme, Buchsen, Dichtungen) sein oder eine nach einem Unfall verspannt eingebaute Gabel. Im Abschnitt über Fehlersuche und -behebung finden Sie mehr Informationen hierzu.

Im Falle der Hinterradfederung haben wir es mit viel geringeren Werten zu tun: 2 mm sind einwandfrei, aber mehr als 6 mm weisen darauf hin, dass etwas nicht stimmt. Eine übermäßige Haftreibung in der Hinterradfederung kann zurückzuführen sein auf eine verschmutzte oder verschlissene Umlenkhebelei oder ebensolche Lager an den Drehpunkten, eine krumme Dämpferstange oder defekte Dichtungen. Dass der Haftreibungsbereich vorne größer ist als hinten, liegt an dem grundsätzlichen Aufbau einer Telegabel. Auch wenn das Motorrad einfach auf seinen Rädern steht, übt dies eine seitliche Belastung (tatsächlich eine Vorwärtsbelastung) auf die Gabelhülsen aus, die versuchten, die Gabel zu blockieren. Hierzu kommt noch eine vergleichsweise große Dichtfläche durch die Dichtringe.

Wenn die Haftreibung die empfohlenen Werte übersteigt, gehen Sie nicht über LOS, ziehen Sie nicht 2000 € ein. Schenken Sie stattdessen den Bauteilen Ihrer Federelemente die gebührende Aufmerksamkeit.

Auch Gepäck spielt eine Rolle. Wenn Sie ein Topcase oder Koffer montiert haben, muss dieses Gewicht bei der Berechnung des Negativfederwegs berücksichtigt werden. Hinzu kommt auch noch das Fassungsvermögen des Tanks. Zwanzig Liter Benzin wiegen 15 Kilogramm – das macht schon einen Unterschied beim Berechnen des Negativfederwegs, vor allem bei einem großen Tourer, dessen Tank schon mal das doppelte Fassungsvermögen haben kann. Ein guter Kompromiss ist es, die Messungen mit halbvollem Tank durchzuführen. Auch die Position der Hinterradachse kann eine Rolle spielen. Messen Sie daher auch den Negativfederweg nach Gangwechseln.

EINSTELLEN DER FEDERVORSPANNUNG

Das Einstellen der Federvorspannung an einem Federbein ist vergleichsweise einfach. Wie in der Zeichnung 2.10 beschrieben, beginnen Sie mit dem Messen der Federlänge in uneingebautem Zustand, montieren die Feder und spannen dann durch Anziehen der Vorspannungsmuttern die Feder soweit vor, bis die eingebaute Länge um den Wert der Vorspannung geringer ist als die freie Federlänge.

An einer Gabel ist der Vorgang etwas umfassender. Wir unterscheiden zwei Arten der Telegabel: die konventionelle (Right-Side-Up) Gabel und die Upside-Down-Gabel (Tauchrohre unten). Als erstes müssen Sie wissen, was für eine Top-Out-Spring Sie haben. Gabeln mit Dämpferstange sind immer konventionell aufgebaut und haben eine externe Top-Out-Spring. Upside-Down-Gabeln hingegen haben immer eine interne Top-Out-Spring und ein Cartridge-System.

Nicht so klar hingegen ist die Angelegenheit bei konventionellen Gabeln mit Cartridge-System, denn sie können sowohl mit interner als auch externer Top-Out-Spring arbeiten. Bestimmen lässt sich der Typ, wenn Sie die Gabel auseinandernehmen. Schrauben Sie hierzu zunächst einmal die Gabelkappe ab. Halten Sie das untere Gabelrohr (Tauchrohr) und ziehen an der Gabelkappe. Wenn diese nachfedert, arbeitet die Gabel mit interner Top-Out-Spring. Wenn sie nicht nachfedert, ist die Top-Out-Spring extern. Bei diesem Typ sollte die Gabelkappe nachfedern, wenn Sie am Gleitrohr ziehen.

Externe Top-Out-Spring: Die Zeichnung 2.15 zeigt eine externe Top-Out-Spring in einer konventionellen Telegabel mit Kolbenstange. Am einfachsten messen Sie die Vorspannung, indem Sie die Tauchrohre gut gepolstert in einen Schraubstock einspannen. Schrauben Sie die Gabelkappe ab und lassen sie auf der Feder oder der Distanzbuchse aufliegen. Messen Sie nun vom oberen Ende des Gleitrohrs bis zu dem Dichtring der Gabelkappe (der Teil, der auf dem Holm aufliegt). Dies ist die direkte Methode, um die Vorspannung zu messen. Bevor Sie anfangen, stellen Sie auf jeden Fall sicher, dass die Einstellschraube völlig herausgedreht ist.

Interne Top-Out-Spring: Hierbei müssen Sie die Federlänge in eingebautem, jedoch komplett ausgefedertem Zustand messen. Aber zuerst stellen Sie, wenn möglich, die Vorspannung auf ihren Minimalwert ein.

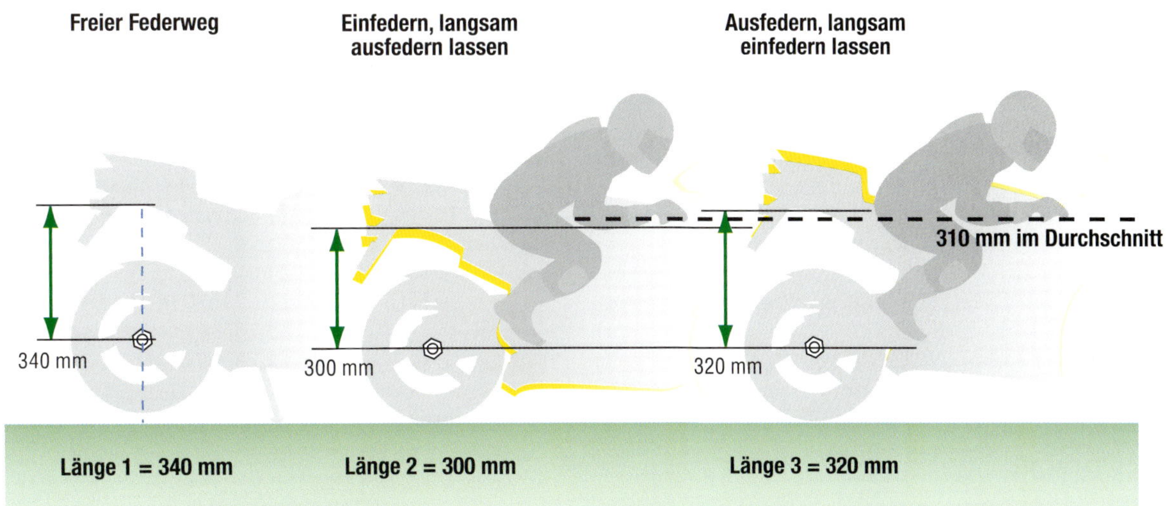

$$L1 - \left(\frac{L2 + L3}{2}\right) = Sag \qquad 340 - \left(\frac{300 + 320}{2}\right) = 30$$

2.14. Eine gute Methode, um den Negativfederweg einzustellen: Die Losbrechzone ist der Differenzbereich, der beim Einfedern bis L2 und Ausfedern bis L3 durch Reibung erzeugt wird. Die Größe der Losbrechzone zeigt Ihnen, ob es ein Problem mit der Umlenkung oder den Federelementen gibt.

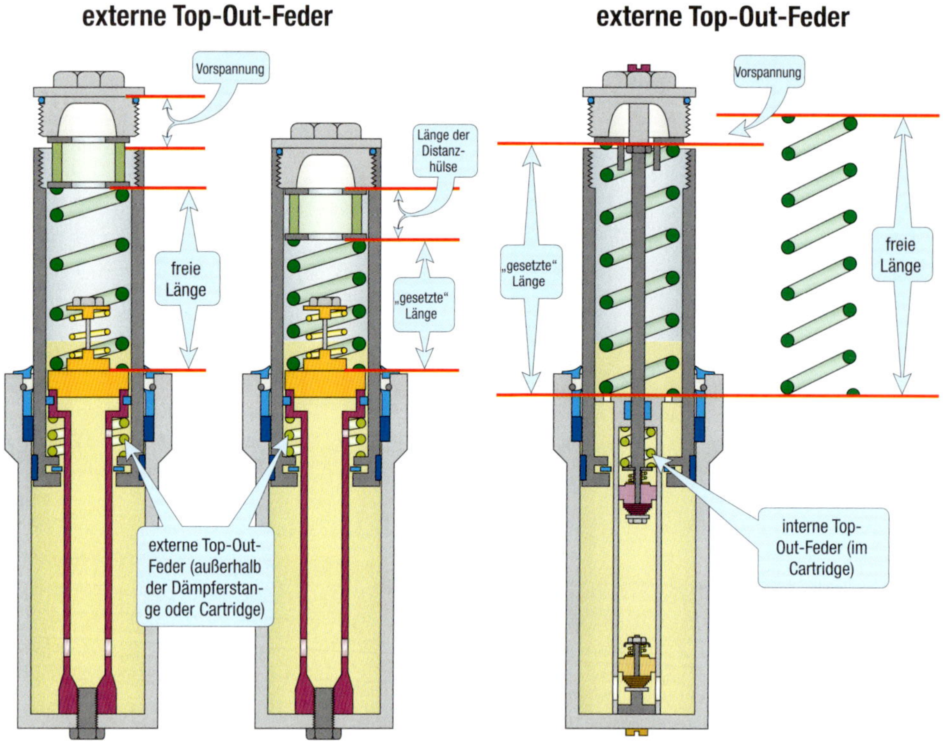

2.15 Beim Einstellen der Vorspannung müssen Sie als erstes wissen, mit welcher Art von Top-Out-Feder sie es zu tun haben. Gezeigt werden hier zwei Typen: Beachten Sie insbesondere die Methode zum Messen der Vorspannung. Eine andere Variante der internen Top-Out-Feder ist eine negative Feder (siehe Abbildung 2.16).

Die Einbaulänge misst man am besten mit herausgenommener Cartridge. Man kann sie aber auch bei herausgenommener Gabelfeder und gelöster Gabelkappe messen, wobei die Kappe an der Kolbenstange bleibt. Drücken Sie nun den Gabelholm zusammen. Die Einbaulänge wird nun gemessen von dem Punkt, an dem die Feder das obere Ende der Cartridge berührt bis zu dem Punkt, an dem die Feder die Kappe bei voll ausgefederter Kolbenstange berührt. (Zwischen Feder und Gabelkappe liegt oft ein spezieller Dicht- oder Federring). Ein Bandmaß kann nun bei ausgebauter Feder entlang des Gabelholms gelegt werden, wobei darauf zu achten ist, dass das Bandmaß dicht anliegt.

Haben Sie erst einmal die Einbaulänge gemessen, dann messen Sie als nächstes die Länge der Feder und subtrahieren diesen Wert. Wenn die Feder länger ist als die Einbaulänge, dann haben Sie nun die Vorspannung. Messen Sie unbedingt einschließlich der Höhe von Dicht- und Federringen.

Wenn Sie zusätzliche Ringe hinzufügen wollen, stellen Sie sicher, dass diese am richtigen Ort sind. Dies kann geschehen mit einer Bördelung an einem speziellen Dicht- oder Federring oder indem Sie den Ring bei einer Upside-Down-Gabel oben auf die Feder legen.

VORSPANNUNG OHNE LAST

Früher war das Leben einfacher. Die Vorspannung wurde ganz einfach gemessen (Zeichnung 2.15), indem man die freie Länge der Feder maß und die Einbaulänge davon abzog. Schon hatte man den Wert der Federvorspannung.

Aber heutzutage ist das nicht mehr so einfach. Heute hat man an aktuellen Sportmotorrädern lange, weiche Top-Out-Springs, die auch als „negative Federn" bezeichnet werden, wie in Abbildung 2.16 dargestellt. Wenn Sie also die Feder einbauen, haben Sie einen Längenzuwachs an Gabel oder Federbein. Wenn die Einbaulänge zunimmt, ist der Wert der Vorspannung, den Sie anhand der alten Methode errechnet haben, nicht mehr korrekt (die Vorspannung ist tatsächlich geringer als errechnet!)

Früher waren die Top-Out-Springs so hart, dass die Gabel kaum länger wurde, und deswegen mussten wir sie auch nicht berücksichtigen. Na gut. Und was machen wir jetzt?

Am besten definieren wir zunächst ein paar neue Begriffe:

Unbelastete Einbaulänge: Die gemessene Einbaulänge ohne eingebaute Top-Out-Spring (leicht zu messen).

Unbelastete Vorspannung: Die auf Grundlage der unbelasteten Einbaulänge errechnete Vorspannung (leicht zu berechnen).

Tatsächliche Einbaulänge: Die Federlänge bei eingebauter Top-Out-Spring (kann schwer zu messen sein).

Tatsächliche Vorspannung: Das Maß, um das die freie Federlänge (in nicht eingebautem Zustand) von der Länge in eingebautem, völlig entlastetem Zustand abweicht (schwer zu errechnen, weil die tatsächliche Einbaulänge zugenommen hat).

Tatsächliche Vorspannung = freie Länge – tatsächliche Einbaulänge

Eine Möglichkeit, mit diesem Problem umzugehen, besteht darin, die Längenzunahme der Cartridge bei eingebauter Feder zu messen und diesen Wert von der unbelasteten Vorspannung abzuziehen. Bei herausgenommener Feder, eingebauter Gabelkappe und vollständig komprimiertem Gabelholm messen Sie vom Ende der Gabel bis zur Gabelkappe. Bauen Sie nun die Feder ein und messen den Abstand erneut. Die Differenz zwischen den beiden Werten ergibt den Zuwachs.

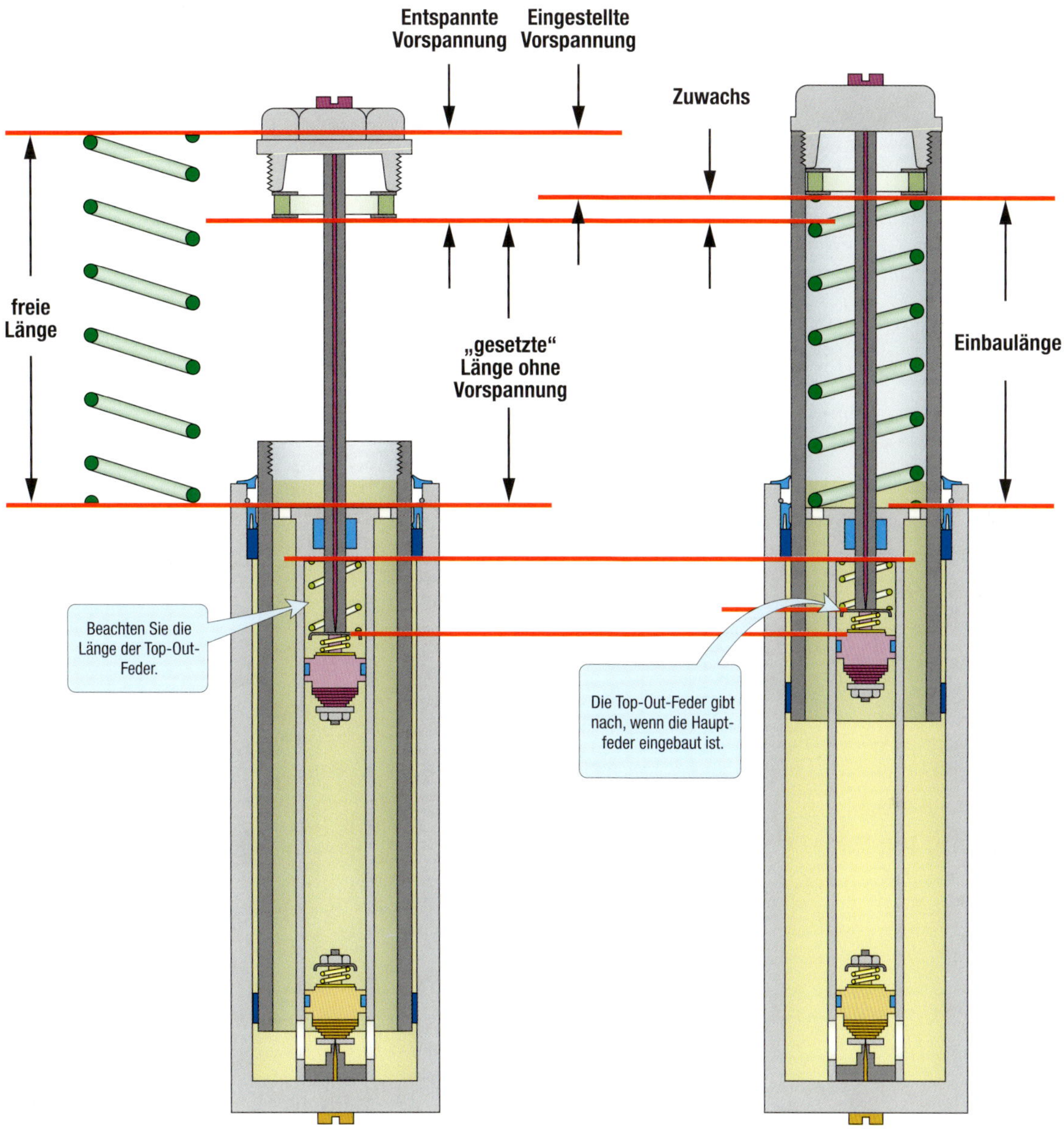

2.16 Gabeln mit weicher Top-Out-Feder werden länger, wenn der Gabelstopfen aufgesetzt wird. Wir haben den Begriff „entspannte Vorspannung" geprägt, um das Maß der Vorspannung zu bezeichnen, die entstünde, wenn die Gabel nicht länger würde. Die tatsächliche Vorspannung ist die Vorspannung bei montiertem Gabelstopfen.

FAHRERGEWICHT

Beim Messen von Negativfederweg und Einstellen der Vorspannung ist sowohl das Gewicht des Fahrers als auch der Fahrerausrüstung zu berücksichtigen. Der Fahrer muss beim Wiegen seine komplette Ausrüstung tragen. Diese kann bei Rennfahrern bis zu 35 Pfund wiegen, bei Motocrossern 10 – 20 Pfund. Bei Straßenfahrern sind im wesentlichen alle Werte möglich.

Wenn Sie auf der Race-Tech-Website in der DVS-Bewertungs-Rubrik nach Empfehlungen für die Federvorspannung suchen, dann finden Sie dort die Werte für die unbelastete Vorspannung, denn so ist es einfacher. Bei der Produkt- und Abstimmungsberatung geben wir üblicherweise den Hinweis, dass Sie hier mit langen, weichen Top-Out-Federn zu tun haben.

In den meisten Fällen ersetzen wir die serienmäßige lange, weiche Top-Out-Feder durch eine Feder aus unserer „Reactive Spring"-Reihe. Diese sind nicht so hart wie die früher, aber auch nicht so weich wie die neuen. Bei Testfahrten haben wir herausgefunden, dass die Wahl der richtigen Top-Out-Spring ganz drastischen Einfluss auf die Traktion, insbesondere in Schräglage, haben kann.

Kapitel 3
Dämpfung

Wenn es um Fahrverhalten und Handlingeigenschaften ganz allgemein geht, dann halten die meisten Tuner Dämpfung für den entscheidenden Faktor. Das Thema ist komplex, also beginnen wir mit den Grundlagen. Dämpfung ist eigentlich viskose Reibung. Sie wandelt kinetische Energie in Wärme um und ist allein abhängig von der Dämpfungsgeschwindigkeit, nicht jedoch vom Grad des Einfederns. Dadurch funktioniert sie schon einmal ganz anders als eine Feder, die Energie speichert und ausschließlich abhängig ist vom Grad des Einfederns.

Bei modernen Motorrad-Federungen kann Dämpfung auf unterschiedliche Weise erzeugt werden, zumeist jedoch spielt hierbei eine Flüssigkeit eine Rolle. Die Konfiguration besteht am einfachsten darin, dass Öl durch ein Loch gedrückt wird – wie bei alten Gabeln mit Kolbenstange – oder sie kann eine aufwändige mehrstufige biegsame Shim-Konfiguration sein mit von außen einstellbaren Kreisläufen für High-Speed- und Low-Speed-Dämpfung.

Allen Formen der Dämpfung haben jedoch eines gemeinsam: Sie verlangsamen die Federbewegung. Die Dämpfungs-Druckstufe verlangsamt das Einfedern, wenn ein Rad auf eine Unebenheit trifft, und die Dämpfungs-Zugstufe verlangsamt die Ausfederbewegung.

DÄMPFUNG UND ENERGIE

Wie wir zuvor festgehalten haben, speichern Federn die Energie, wenn das Rad auf eine Erhebung trifft. Wenn die Feder auf der ablaufenden Seite einer Erhebung ausfedert, gibt die Feder diese Menge an gespeicherter Energie wieder frei. Im Gegensatz dazu wandelt Dämpfung die kinetische Energie der Federungsbewegung in Wärme um. Da sich Energie nicht vernichten lässt, sondern nur eine andere Form annehmen kann (soweit Newton, die Quantenphysik lassen wir erst einmal beiseite), bleibt die Menge der Energie unverändert.

Diese Umwandlung der Energie von einer Form zu einer anderen lässt sich einfach beobachten. Wenn ein Motorrad über eine wellige Fahrbahn fährt, dann verursacht der Vorgang der Dämpfung ein Erwärmen des Federbeins. Nur wenn die Federung des Motorrades arbeitet, d.h. sich bewegt, wird Energie in Wärme umgewandelt.

EINFEDERN UND DÄMPFUNGSGESCHWINDIGKEIT

Sehen wir uns jetzt an, was passiert, wenn ein Rad auf einen Buckel trifft. Der Vorgang des Einfederns beginnt bei der statischen Bodenfreiheit bei Einfedergeschwindigkeit Null. Wenn das Rad auf den Buckel trifft, wird die Federung komprimiert. Irgendwo in der Mitte des Einfederns erreicht die Einfedergeschwindigkeit ihren höchsten Wert und verlangsamt sich dann wieder in Richtung Null, wenn die maximale Kompression erreicht ist. Die Federung komprimiert sich jedoch jenseits des höchsten Punktes des Buckels leicht weiter. Das Vorderrad verliert die Bodenhaftung, und wenn der Einfedervorgang abgeschlossen ist, beginnt die Federung wieder auszufedern. Sie beschleunigt dann auf maximale Zugstufengeschwindigkeit, verlangsamt sich wieder und ist gleich Null in voll ausgefedertem Zustand. Dort ist sie auch noch, wenn das Rad wieder auf dem Boden aufkommt, dann beschleunigt sie wieder auf maximale Geschwindigkeit und verlangsamt sich auf Null, wenn die maximale Kompression erreicht ist. Dieses Mal arbeitet die Zugstufendämpfung etwas langsamer, denn das Rad hat nun Bodenkontakt und hängt nicht frei in der Luft. Sie „schießt" ein wenig über das maximale Ausfedern hinaus und komprimiert sich dann wieder zu normaler Fahrhöhe und Geschwindigkeit Null.

FEDERUNG UND ÖL

Einen sehr großen Einfluss auf die Dämpfung hat Öl beziehungsweise die verwendete Hydraulikflüssigkeit. Öl lässt sich nicht komprimieren (stimmt nicht ganz, aber stimmt genug, um mit dieser Annahme weiterarbeiten zu können). Wenn Druck auf eine mit Öl gefüllte Kammer ausgeübt wird, verteilt sich der Druck in alle Richtungen. Wenn das Öl eine Öffnung findet, um die Kammer zu verlassen, dann wird es dadurch entweichen und dabei viskose Reibung erzeugen (Dämpfung oder Fließwiderstand). Der Grad der Dämpfung wird im Wesentlichen durch die Fließgeschwindigkeit bestimmt – mehr Dämpfung bedeutet eine geringere Durchflussmenge und sinngemäß andersherum.

„Ölviskosität" bezeichnet den Widerstand des Öls, zu fließen. Normalerweise wird sie auch Äquivalent zur Dicke (manchmal auch „Gewicht" genannt) der Flüssigkeit betrachtet. Je höher die Viskosität eines Öls, um so größer ist sein Widerstand, zu fließen.

Eine Maßeinheit für die Viskosität eines Öls ist „Seconds Saybolt Universal" (SSU) oder „Saybolt Universal Seconds" (SUS), benannt nach Edward Saybolt, der 1898 auf seine Methode stieß, die Ölviskosität zu messen. Er befüllte einen Behälter mit 60 ml Öl und erhitzte diesen auf 210 Grad Fahrenheit. Dann öffnete er ein Loch mit exakt bemessenem Durchmesser und nahm die Zeit, wie lange das Öl brauchte, um hindurchzuströmen.

Die Saybolt-Seconds-Messmethode gibt die Zeit an, die das Öl benötigt, um zu entweichen: Je dicker das Öl, um so länger braucht es – und anders herum. Wenn ein bestimmtes Öl gemessen wird, ergibt sich dabei eine spezifische Zahl von Saybold-Sekunden, zum Beispiel 75.

Die „Society of Automotive Engineers" (SAE) hingegen beschloss, dass es Sinn macht, Bereiche anzugeben – also 5W, 10W, 20, 30 usw …

Diese Messmethode für die Viskosität eines Öls misst tatsächlich die kinematische Viskosität (für die Zwecke dieses Buches müssen wir uns nicht mit der Unterscheidung zwischen absoluter und kinematischer Viskosität befassen).

Im metrischen Messsystem wird die kinematische Viskosität normalerweise in „Centistokes" gemessen, und ISO („International Organisation for Standardisation") hat Ölviskositäten in Bereichen

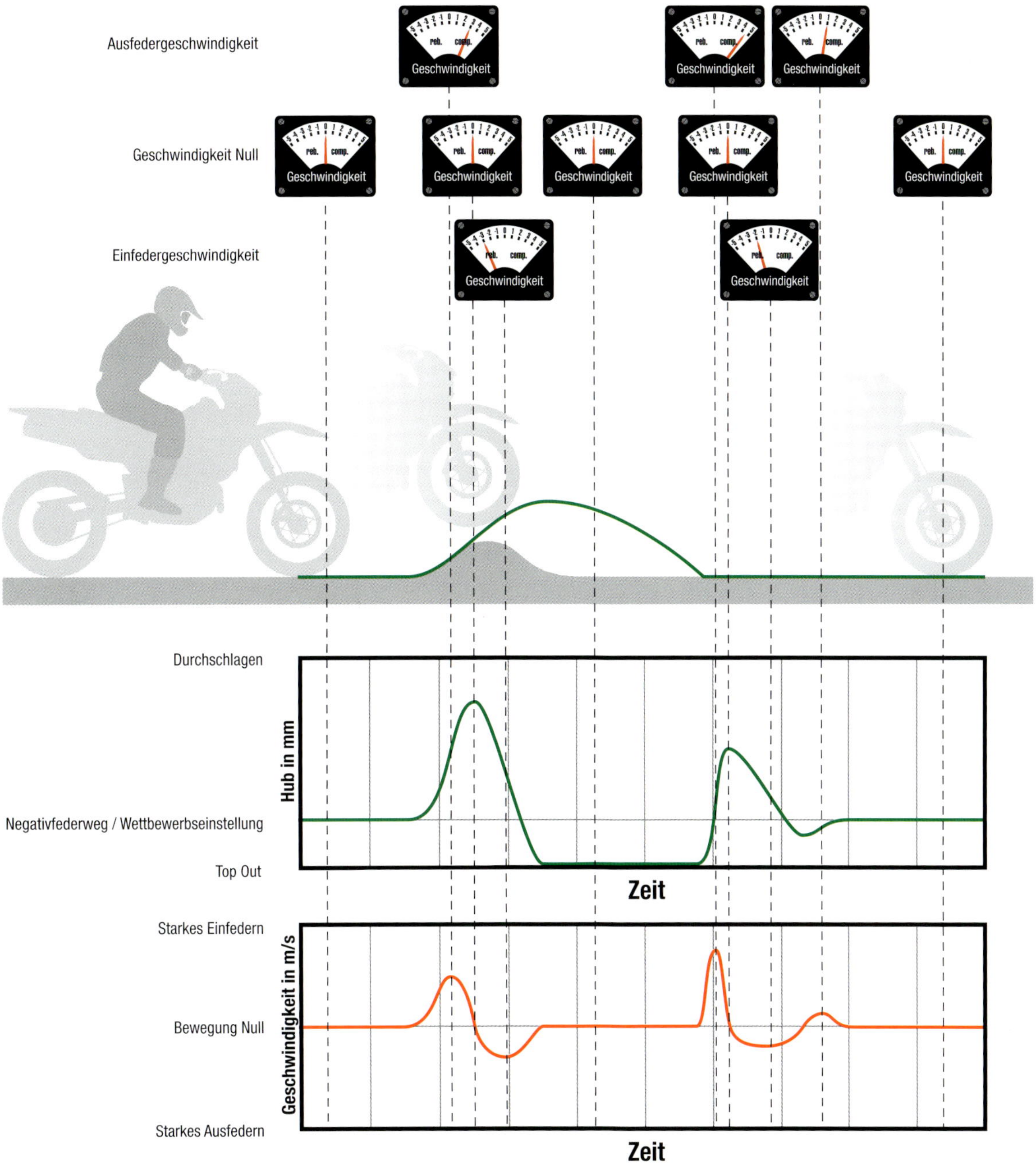

3.1. Dieses Motorrad traf auf einen Buckel oder einen Sprunghügel, stieg in die Luft, landete dann und federte aus. Beim ersten Auftreffen auf die Unebenheit schnellte die Einfedergeschwindigkeit nach oben, beruhigte sich dann und klang ab. Vor der Landung federte es vollständig aus, die Einfedergeschwindigkeit schnellte erneut hoch – diesmal bis zum Maximum. Es federte dann wieder aus und beruhigte sich bei einem Wert im Bereich der statischen Bodenfreiheit.

zusammengefasst, die nach dem Mittelpunkt des jeweiligen Bereiches benannt sind: 22, 32, 46 usw …

Die Ölviskosität hängt von der Temperatur ab. Wenn Öl erwärmt wird, wird es dünner. Je kälter es ist, um so dicker wird es. Der Viskositätsindex ist eine Zahl, die uns sagt, wie stabil die Viskosität bei einer bestimmten Temperatur ist: Je höher die Viskosität, desto stabiler ist das Öl.

Der Viskositätsindex wird bestimmt, indem man die Viskosität bei zwei Temperaturen misst, bei 20 Grad und 100 Grad Fahrenheit. Der bei 100 Grad gemessene Wert ergibt den W- (= Winter) Wert. Im Gegensatz zur landläufigen Meinung steht W nicht für „Weight“. Der Viskositätsindex wird dann auf der Grundlage dieser beiden Messungen zugeteilt. In der Terminologie von Motoröl nennt man ein Öl dann 10W30, wenn es bei dem Test unter niedrigen Temperaturen in den 10W-Bereich fällt und beim Test unter warmen Temperaturen in den 30W-Bereich. Das nennt man auch „Mehrbereichsöl“.

Man kann einem Öl auch eine höhere Temperaturstabilität verleihen, indem man Viskositätsindex-Modifikatoren verwendet, zu denen auch langkettige Polymere gehören. Diese langkettigen

Polymere kann man sich wie Spinnen mit langen Beinen vorstellen. Wenn das Öl kalt ist, sind die Spinnenbeine um den Körper der Spinne gewickelt, und ihre Anwesenheit hat keinen Einfluss auf den Flusswiderstand des Öls. Mit zunehmender Erwärmung des Öls streckt die Spinne ihre Beine aus und erhöht so den Fließwiderstand. Dadurch wird die Ölviskosität höher als sie es ohne Zugabe der Viskositätsindex-Modifikatoren wäre.

Nehmen wir als erstes ein nicht modifiziertes 10W-Öl auf Petroleum-Basis – dieses hat die Viskosität eines 10er-Gewichtes bei 100 Grad Fahrenheit. Erwärmen wir das Öl auf 210 Grad Fahrenheit, ist es dünner aber immer noch ein 10er Öl. An dieser Stelle würden wir es als 10W10 bezeichnen. Geben wir jedoch Modifikatoren hinzu, kann dasselbe Öl bei der höchsten Temperatur eine 30er Viskosität aufweisen (10W30).

In den Zahlenwerten des Viskositäts-Index hat ein auf Petroleumbasis hergestelltes, nicht modifiziertes Öl mit einer konstanten Viskosität einen Viskositätsindex von ca. 100. Das eben als Beispiel angeführte 10W30-Öl hat einen Viskositätsindex von ca. 140. Synthetische Öle haben in der Regel einen Viskositätsindex von 150 ohne Zugabe von Additiven, mit Viskositäts-Index-Modifikatoren kann der Wert jedoch bei über 400 liegen.

Das zugrunde gelegte Öl ist dünnflüssig, doch durch die Viskositäts-Index-Modifikatoren steigt die Viskosität. Wenn Öl verbraucht ist, zerbrechen die langen Polymer-Ketten – das ist dann so, als würden die Beine der Spinne abgehackt. Das Mehrbereichsöl verliert seine künstlich hinzugefügten Qualitäten, es wird wieder ein Einbereichsöl – das einstige 10W30-Öl wird wieder ein 10W10-Öl. Diese Minderung des Viskositätsindex ist ein Grund dafür, dass Flüssigkeiten in Federelementen regelmäßig erneuert werden müssen. Ein anderer Grund dafür ist, dass diese Öle durch internen Verschleiß verschmutzen (zum Beispiel durch Aluminium-Oxide) oder Schmutz, der durch die Dichtungen eindringt.

Wie zuvor erwähnt, bezeichnen Viskositätswerte einen Bereich und nicht einen spezifischen Wert. Daher kann es auch zu Abweichungen bei der Bezeichnung zwischen unterschiedlichen Herstellern kommen. Ein Öl mit einem 2er-Gewicht von einem Hersteller kann tatsächlich dicker sein als ein 5er Öl von einem anderen Hersteller. Eine Orientierung an den reinen Zahlenwerten bringt also überhaupt nichts – solange, bis man die Öle selbst getestet hat. Erschwert wird der Umgang dadurch, dass für Dämpfungsöle nicht dieselben strikten Klassifikationsgesetze gelten wie für Motoröle – die Hersteller von Dämpfungsölen können ihr Öl nennen, wie sie wollen. Daher ist es wichtig, sich für eine Marke zu entscheiden und dabei zu bleiben, wenn man vergleichbare Ergebnisse nach vorgenommenen Änderungen haben will.

WIE MAN DÄMPFUNG MISST

Lassen Sie uns nun mal die Dämpfung genauer betrachten. Zuvor haben wir schon gesagt, dass Dämpfung in direkter Abhängigkeit von der Geschwindigkeit der Dämpferstange steht. Eine Feder kann man leicht messen, aber wie misst man einen Dämpfer? Stellen Sie sich vor, wir haben einen sehr langen Dämpfer, halten ihn horizontal, ein Ende gegen eine Waage gedrückt, die an eine Wand gelehnt ist, und üben nun am anderen Ende einen gleichbleibenden Druck aus. Die Waage in unserem Aufbau würde anzeigen, wie hoch die Dämpfung bei der gegebenen Geschwindigkeit ist.

Wenn wir den Druck schrittweise erhöhen und die entsprechende Dämpfung in einer Tabelle notieren, können wir eine Kurve mit dem Anstieg der Dämpferwerte vergleichen mit einer Kurve mit dem Anstieg der Dämpfergeschwindigkeit. Für dieses Beispiel haben wir die Kompression willkürlich als positive Geschwindigkeit und die dafür ausgeübte Kraft als positiv definiert.

Für einen vergleichbaren Aufbau zur Messung der Zugstufe müssten wir die bisherige auf Druck reagierende Waage durch eine auf Zug reagierende ersetzen. Dann könnten wir die Prozedur wiederholen, indem wir die Zugstufendämpfung bei Schritt für Schritt gesteigerter Dämpfergeschwindigkeit messen. Beim Aufzeichnen dieser Daten erkennen wir gleich, dass das Ausfedern negativ ausgerichtet ist und dass die Zugstufen-Dämpfkraft ebenfalls negativ ist.

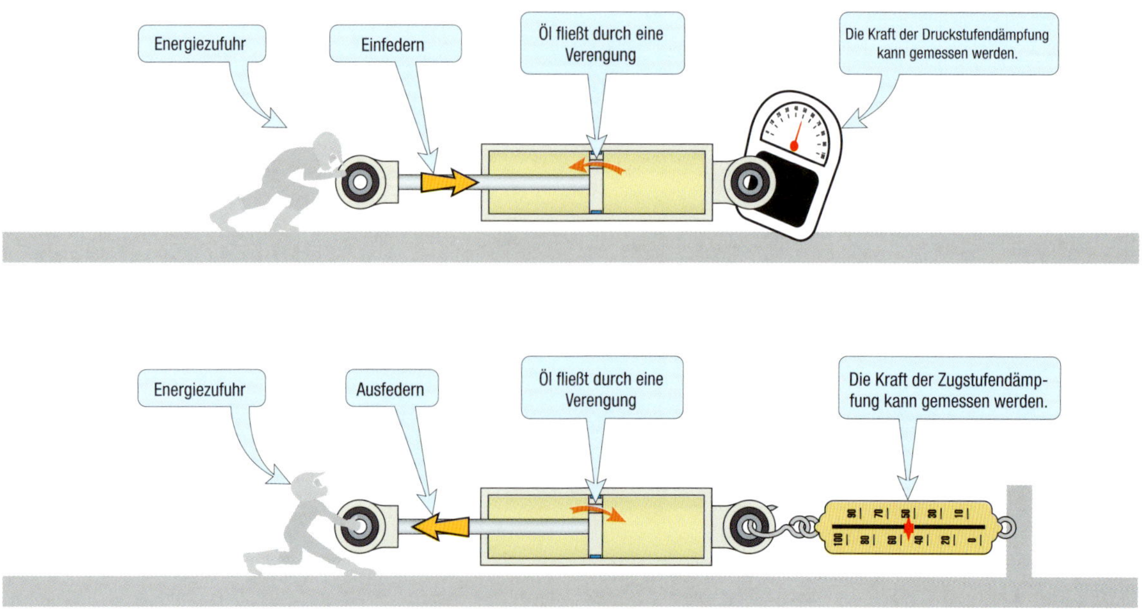

3.2 Dämpfung auf althergebrachte Weise. In Wirklichkeit federt ein Prüfstand den Stoßdämpfer schnell ein und aus und nimmt dabei die Werte mit sehr hoher Abtastrate.

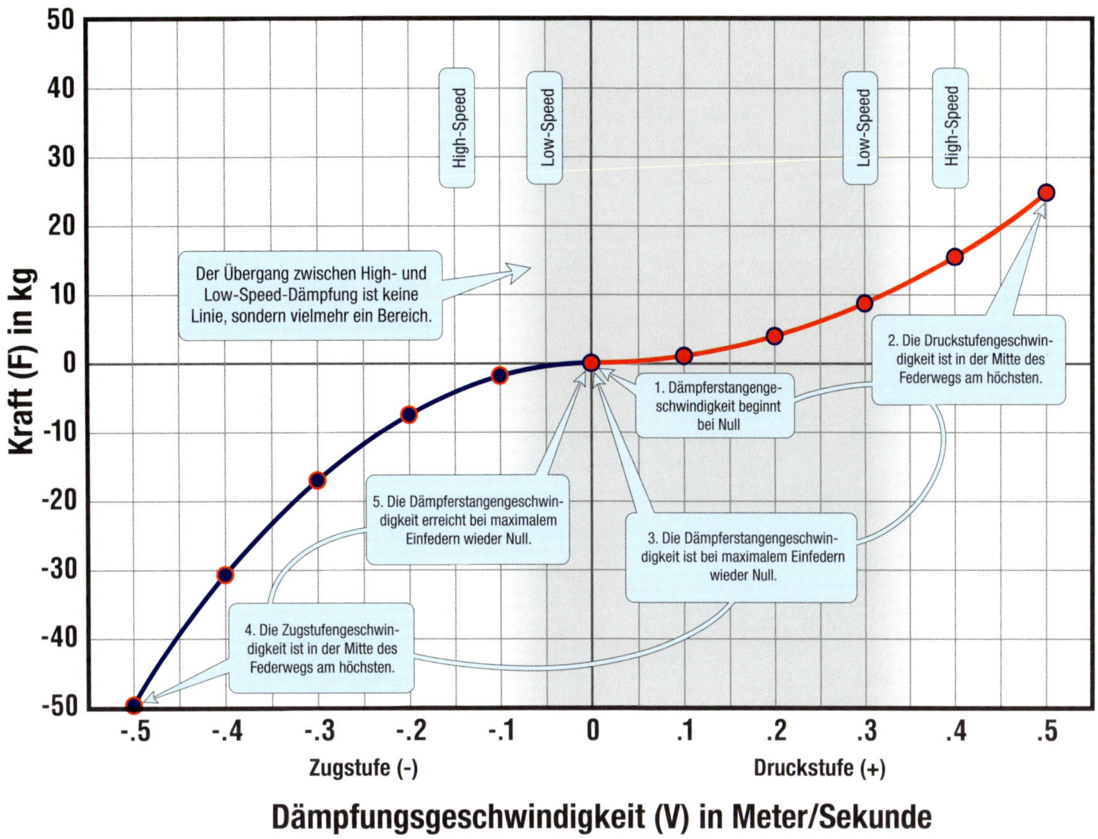

3.3. Diese Dämpfungskurve bildet einen vollständigen Zyklus ab. Die Kurve beginnt bei Null in voll ausgefedertem Zustand, beschleunigt dann mit zunehmendem Einfedern – nach rechts – bis zur maximalen Dämpfungsgeschwindigkeit von 0,5 m/sec. Dann verlangsamt sie sich – und zeichnet dabei die Kurve zurück zu Geschwindigkeit Null in voll eingefedertem Zustand. Danach ändert sie die Richtung und beginnt auszufedern, bis in der Mitte des Federwegs die höchste Ausfedergeschwindigkeit von 0,5 m/sec erreicht wird, um dann die Ausfederkurve nachzuzeichnen, bis sie in voll ausgefedertem Zustand wieder bei Null angelangt ist.

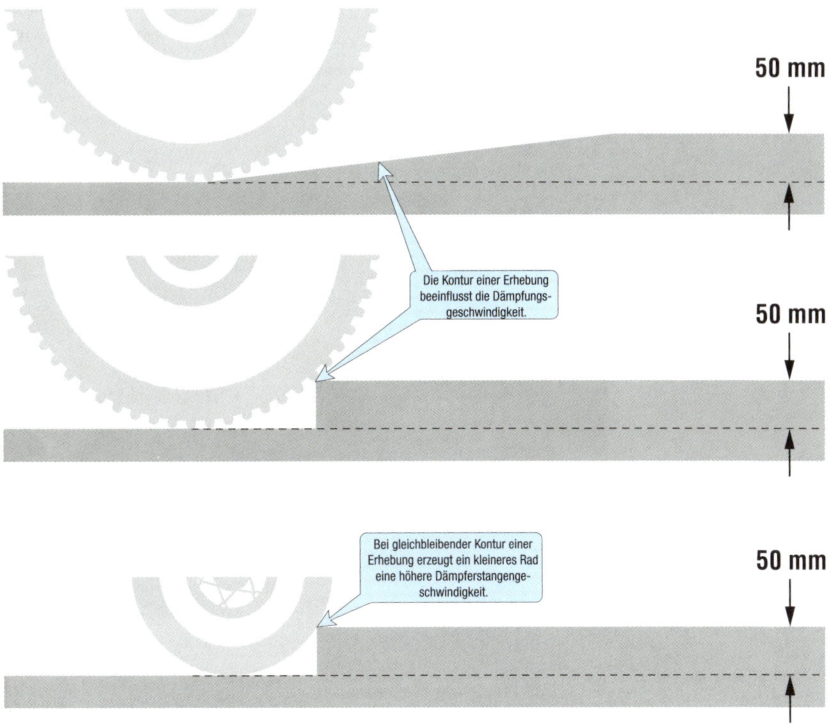

3.4 Die Kontur einer Unebenheit ist maßgeblich für die Höhe der Dämpfergeschwindigkeit. Je kantiger die Unebenheit ist, um so mehr Dämpfungsgeschwindigkeit wird erzeugt. Alles andere bleibt unverändert. Bei identischer Kontur einer Erhebung erzeugt ein kleineres Rad eine höhere Dämpferstangengeschwindigkeit.

Als nächstes verbinden wir die Punkte wie in Zeichnung 3.3, indem wir durch Glätten der Werte (also Auf- und Abrunden) die angenähert richtige Kurve zeichnen. Die Kombination aus den beiden schematisierten Kurven für Druck- und Zugstufe ist die Gesamt-Dämpfungskurve.

Professionelle Stoßdämpfer-Prüfstände arbeiten normalerweise mit einer von einem Elektromotor aktivierten Kurbel, einem hydraulischen Zylinder oder einem linear arbeitenden Elektromotor, um den Stoßdämpfer ein- und auszufedern. Sie messen Druck und Geschwindigkeit bei sehr hoher Abtastrate. Bei einem vollen Zyklus des Stoßdämpfers beginnen sie bei Geschwindigkeit Null, federn ein bis zur maximalen Geschwindigkeit, verlangsamen dann bis zum vollständigen Stillstand, bewegen sich dann in die entgegengesetzte Richtung, federn bis zur maximalen Zugstufengeschwindigkeit aus und verlangsamen abschließend bis zum Stillstand. So lassen sich in einem einzigen Zyklus jede Menge Daten sammeln. In der Grafik beginnt die Kurve mit der Ausgangsposition (Druck und Geschwindigkeit gleich Null). Die Kurve erreicht ihren Maximalpunkt und geht von da aus in die Ausgangsposition zurück, von dort aus geht sie zur maximalen Zugstufengeschwindigkeit und kehrt zur Ausgangssituation 0 zurück.

Im faktischen Einsatz wird die vollständige Dämpfungskurve (der komplette gemessene Bereich) nicht bei jeder Stoßdämpferaktivität gebraucht. Wenn die maximale Geschwindigkeit durch einen durch eine Erhebung eingeleiteten Schlag gering ist, steigt die Kompressionskurve nicht sehr weit an. Bei der Zugstufe hingegen wird die Energie in der Feder gespeichert. Je weiter diese einfedert, um so höher ist die maximale Ausfedergeschwindigkeit im Zugstufenbereich.

Will man eine Dämpfung feintunen, ist es sehr wichtig zu wissen, mit welchen Geschwindigkeiten man es zu tun hat. Insbesondere auf der Druckstufenseite hat die Kontur einer Unebenheit ebenso große Auswirkungen wie ihre Größe. Sie kann zum Beispiel eckig sein, abgerundet, rampenförmig – und alles irgendwo dazwischen. Je eckiger eine Unebenheit ist, um so schneller muss die Federung sich bewegen, damit das Rad darüber hinwegrollen kann, ohne dabei den Bodenkontakt zu verlieren.

Analog gilt: Bei einer Unebenheit mit einer runden Kontur wird die Federung langsamer arbeiten, wie in Zeichnung 3.5 zu sehen ist. Abgesehen von der Kontur der Unebenheit gilt aber auch: je schneller ein Fahrzeug, desto höher die Dämpfungsgeschwindigkeit. Verdoppelt ein Fahrzeug seine Geschwindigkeit, dann verdoppelt sich auch die Geschwindigkeit der Dämpferstange. (Das stimmt nicht ganz, vermittelt Ihnen aber den Zusammenhang. Tatsächlich spielen hier nämlich auch andere Einflüsse mit hinein, etwa der Luftdruck). Auch wenn Sie nicht über den Luxus einer „Shock-Clock" oder eines anderen Data-Recording-Systems verfügen, so ist es auf jeden Fall sinnvoll, wenn Sie beginnen abschätzen zu lernen, ob Ihre Dämpfung eher im High- oder Low-Speed-Bereich arbeitet.

Wie viel Dämpfung braucht der Mensch? Nun, das hängt natürlich von Ihrem Fahrstil ab, wo Sie fahren und um was für ein Motorrad es sich handelt.

Manchmal fällt die Antwort auch genau anders aus, als man denkt. Die meisten Leute nehmen an, dass Rennfahrer (im Gelände wie auf der Straße) mehr Dämpfung brauchen als Enduro- oder Tourenfahrer. Aber: Jetzt stellen Sie sich einmal die ablaufende Seite einer Erhebung vor – wenn das Rad versucht, wieder auf den Boden zu kommen. Je schneller Sie sind, um so schneller muss die Ausfederbewegung sein. Und das heißt, dass wir bei höheren Geschwindigkeiten im Grunde genommen weniger Zugstufendämpfung brauchen …

Tatsächlich lesen wir oft in einem Test eines neuen Motorrades solche Sätze wie „Wir wollten einige ganz schnelle Runden auf der Rennstrecke drehen, also gaben wir mehr Druck- und Zugstufe, um das Aufschaukeln bei hohen Geschwindigkeiten zu verringern". Richtig ist, dass mehr Zug- und Druckstufe das Aufschaukeln verringern – doch dafür bezahlt man einen viel höheren Preis, nämlich in der Form von verringerter Traktion. Techniker an der Strecke haben schon oft festgestellt, dass viele Sportfahrer mit zuviel Dämpfung fahren. Sobald sie die Dämpfung zurücknehmen, fallen die Rundenzeiten.

Gehen wir nun über zum Einsatz im Gelände. Beim Supercross kommt es in erster Linie darauf an, das Durchschlagen so weit wie möglich zu verhindern. Das gilt insbesondere für weniger erfahrene Fahrer, die zu hart oder zu weich bei der Landung aufsetzen. Auch für Waschbrett-Abschnitte im Supercross braucht man eine ziemlich straffe Dämpfung, um die Fahrwerksgeometrie einigermaßen konstant zu halten und den Fahren zu helfen, auf den Buckelkämmen zu bleiben. Den Nachteil erfährt man dann bei Buckeln und Löchern beim Bremsen oder Beschleunigen.

Die meisten aktuellen Sportmotorräder bieten externe Einstellmöglichkeiten für die Druck- und Zugstufendämpfung wie auch für die Federvorspannung. Viele Gabeln haben Einsteller für die Zugstufen-Dämpfung am oberen Ende der Gabelholme (nicht zu verwechseln mit der Einstellung der Federvorspannung). Mit einer anderen Einstellschraube, zumeist in Nähe der Vorderachse, lässt sich die Druckstufe justieren. An manchen Motorrädern gibt es hier für die Druckstufe auch zwei Einstellschrauben – eine für die Low-Speed- und eine weitere für die High-Speed-Druckstufendämpfung.

Bei manchen Straßenmotorrädern arbeitet die Druckstufendämpfung in einem Gabelholm, die Zugstufendämpfung in dem anderen. Diese sind dann entsprechend gekennzeichnet. Bei dem für die Druckstufendämpfung vorgesehenen Gabelholm steht dann auf der Gabelkappe zumeist „Comp" für „Compression", der für die Zugstufendämpfung ist hingegen ist mit „Reb" (für „Rebound") oder „Ten" (für „Tension") gekennzeichnet.

Bei den meisten modernen Geländemaschinen, die über eine Gabel mit „Closed-Cartridge"-System verfügen, sind die Einsteller

Bei den meisten Cartridge-Gabeln befindet sich der Einsteller für die Dämpfungs-Zugstufe in der Mitte des Gabelstopfens. Zumeist wird er mit den Buchstaben „Ten" für „Tension" – „Druck" – oder „REB" für „Rebound" – Zugstufe – gekennzeichnet.

DÄMPFUNG

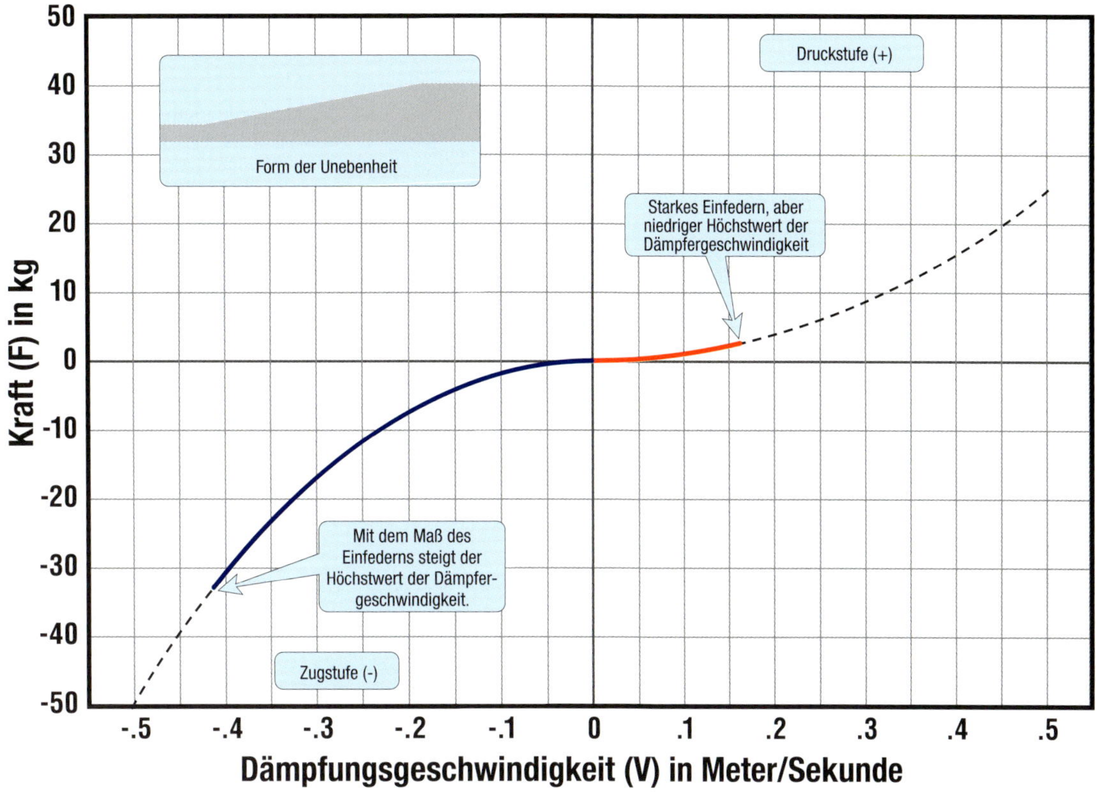

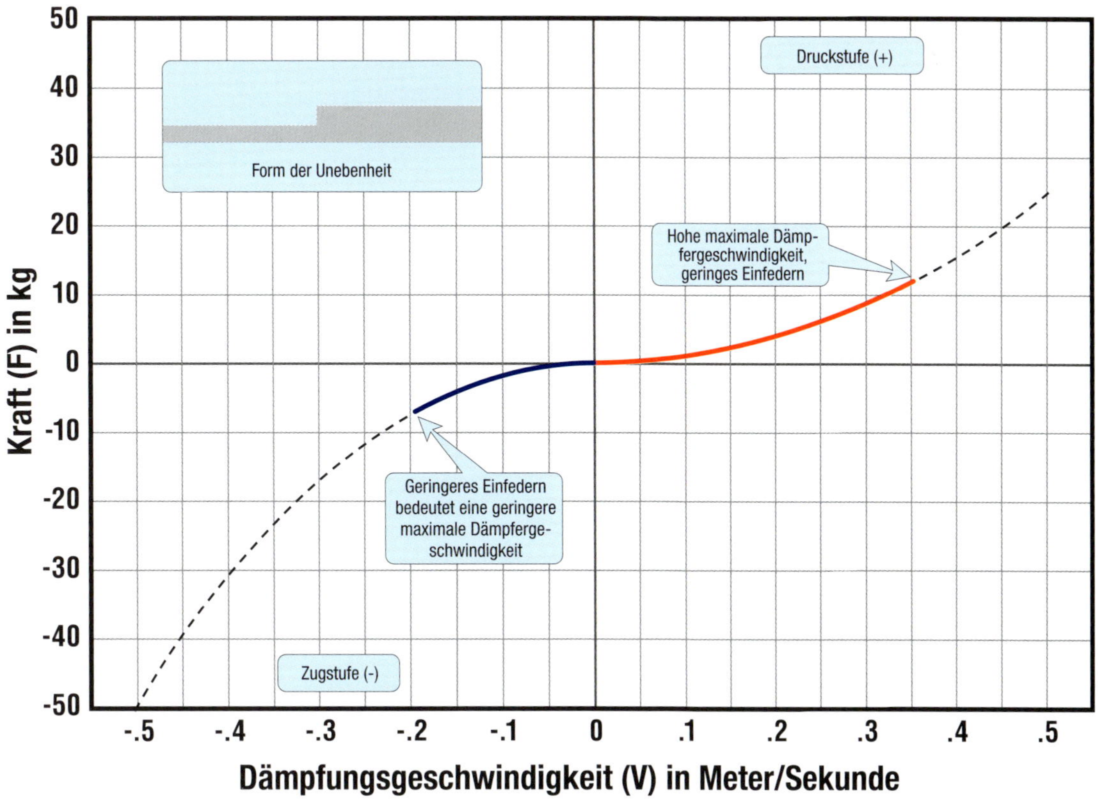

3.5 Die Abbildung zeigt, wie sich die Form einer Unebenheit bei gleicher Fahrzeuggeschwindigkeit und gleicher Höhe der Unebenheit auswirkt. Der abgerundete Buckel bewirkt eine geringere Dämpfergeschwindigkeit als der mit der kantigen Kontur. Das zeigt sich daran, dass beim Einfedern die Kurve der Druckstufendämpfung weniger stark ansteigt. Beim Ausfedern zeigen sich die Auswirkungen dessen, wenn das Vorderrad beim Auftreffen auf die Kante abgelenkt wurde, wodurch weniger Federweg beansprucht wurde. Weniger genutzter Federweg heißt aber auch, dass in der Feder weniger Energie gespeichert wurde. Daraus resultiert die geringere Zugstufengeschwindigkeit.

genau andersherum platziert: Die Druckstufe wird oben auf dem Gabelholm eingestellt, die Zugstufe unten im Achsbereich. In jedem Fall ist es wichtig zu wissen, was wo einzustellen ist. Wer sich nicht sicher ist, schlägt am besten im Fahrerhandbuch nach.

Bei Federbeinen stellt man die Druckstufendämpfung normalerweise am Ausgleichsbehälter ein, die Zugstufendämpfung jedoch an der Dämpferstange in der Nähe des unteren Befestigungsauges. Der Wirkungsgrad dieser Einstellmöglichkeiten, gerne in „Klicks" ausgedrückt, ist zumeist nicht besonders hoch, da er nur einen schmalen Bereich der gesamten Dämpfung abdeckt. Wenn die Shims im Dämpfer nicht die richtigen sind, dann hilft alles Klicken nichts.

Im Regelfall lässt sich an der Zugstufendämpfung nur die für den Low-Speed-Bereich einstellen. In diesem Fall ist nur eine Einstellmöglichkeit vorgesehen. Aktuelle Sportmotorräder weisen jedoch fast immer zwei Einsteller für die Einstellung der Zugstufe auf, jeweils einen für den Low- und High-Speed-Bereich. Wenn aber die Innereien verschlissen sind oder das Dämpferöl verbraucht ist, nützt auch alles Einstellen von außen nichts. Wenn sich Ihr Motorrad also anfühlt wie ein 62er Cadillac mit 'runtergekommenen Stoßdämpfern, dann macht es mehr Sinn, die Komponenten generalüberholen zu lassen oder gegen neue auszutauschen als für den Rest Ihres Lebens an irgendwelchen Knöpfen zu drehen.

DIE ZUGSTUFENDÄMPFUNG

Sehen wir uns nun die Zugstufendämpfung genauer an. Änderungen Dämpfung haben Auswirkungen auf die Traktion, die subjektive Fahrzeugbeherrschung und den Fahrkomfort.

Betrachten wir zunächst den Fahrkomfort. Mit weniger Zugstufendämpfung bewegt das Rad sich schneller, der Fahrkomfort wird größer – allerdings leiden darunter Präzision und Feedback. Je mehr man die Zugstufendämpfung erhöht, um so geringer wird der Fahrkomfort, die Federung vermittelt ein hartes und unwilliges Gefühl.

In der Zeichnung 3.6 haben wir dies illustriert. Es wird Ihnen auffallen, dass keine der Achsen mit Zahlen versehen ist – hier geht es allein um das Konzept. Außerdem ist Fahrzeugbeherrschung im Großen und Ganzen eine eher subjektive Größe und daher schlecht mit Zahlenwerten zu beschreiben. Die Grafik beruht auf jahrelanger Testarbeit mit Straßen- und Geländemaschinen und gilt insofern für absolut jede Art von Fahrzeug. Vergessen Sie nicht, dass kaum ein Fahrer die Traktionsmöglichkeiten vollständig ausschöpft: Und solange man das nicht tut, ist es natürlich schwer zu sagen, ob man jetzt an Traktion eingebüsst hat oder nicht.

Die Zeichnung zeigt, dass bei zu geringer Zugstufendämpfung nur sehr wenig Traktion aufgebaut wird. Wenn der Reifen auf eine

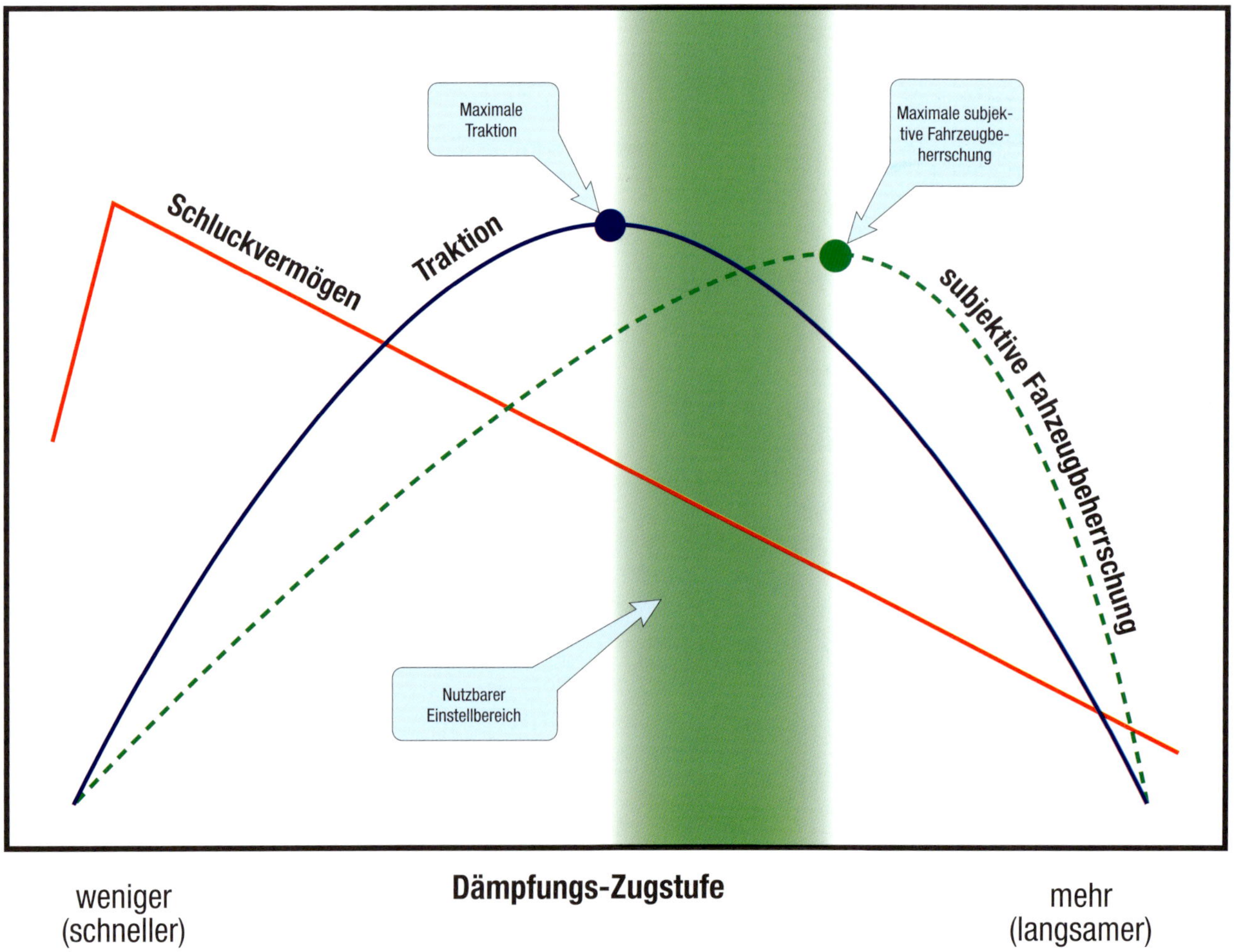

3.6 Die Abbildung zeigt das Verhältnis von Zugstufendämpfung und Traktion, Fahrzeugbeherrschung und Schluckvermögen der Federung. Wenn bei mehr Zugstufendämpfung die Traktion leidet, wächst dennoch das subjektive Gefühl der Fahrzeugbeherrschung. Die meisten Fahrer werden davon profitieren, weniger Zugstufendämpfung als gewohnt zu fahren.

Erhebung trifft, wird die Feder komprimiert und speichert einen Teil der Energie. Auf der ablaufenden Seite der Erhebung drückt die in der Feder gespeicherte Energie das Rad unkontrolliert zurück auf die Fahrbahn. Das Rad kann frei nachschwingen und dabei so „leicht" werden, dass es den Bodenkontakt verliert. Ungedämpfte Schwingungen sind daher der Feind jeder Traktion. Wenn das Motorrad geradeaus fährt, führt der Verlust an Traktion nur zu einem Verlust an Fahrkomfort. Geschieht dies aber in Schräglage, kann der Traktionsverlust dazu führen, dass das Motorrad rutscht oder stürzt.

Aber auch bei zuviel Zugstufendämpfung verringert sich die Traktion. Auch hier speichert die Feder, wenn das Rad auf eine Unebenheit trifft, Energie. Aber in diesem Fall wird das Entladen der in der Feder gespeicherten Energie durch die starke Zugstufendämpfung verlangsamt. Im Extremfall führt dies dazu, dass der Reifen der ablaufenden Seite der Erhebung nicht schnell genug folgen kann, um den Kontakt zur Fahrbahn aufrechtzuerhalten. Dies führt zu einem teilweisen bis vollständigen Verlust an Traktion.

Wenn eine Federung mit zu starker Zugstufendämpfung auf eine Folge von Buckeln trifft, kann dies zu „packing" führen. Dies bedeutet, dass die Federung nicht genügend ausfedert, um in ihre Ausgangsstellung zurückzukehren. In der Folge verkürzt sich der Federweg immer mehr, und das führt dazu, dass immer mehr Kraft in die Federung eingeleitet werden muss, um sie zum Reagieren zu bringen. Auch so gehen Traktion wie auch Fahrkomfort verloren.

Gehen wir nun davon aus, dass die ursprüngliche Abstimmung der Zugstufendämpfung ein Maximum an Traktion erlaubt. Geben wir nun mehr Zugstufendämpfung, wird ein Fahrer den daraus entstandenen Verlust an Traktion nicht bemerken, solange er langsam auf einer Rennstrecke oder auf der Landstraße unterwegs ist. Die meisten Fahrer werden sogar sagen, dass sie so eine bessere Fahrzeugbeherrschung haben.

Sie werden auch sagen, dass sie das Motorrad besser im Griff haben, wenn es sich in den Kurven nicht auf- und abbewegt. Weniger Auf und Ab fühlt sich nach mehr Traktion an, und mehr Auf und Ab fühlt sich nach weniger Traktion an. Sehen wir aber auf die Zeichnung, dann stellen wir fest, dass der Punkt, an dem ein Fahrer die beste Fahrzeugbeherrschung fühlt, nicht der Punkt ist, an dem die meiste Traktion zur Verfügung steht. Deswegen bewegt sich das Motorrad in dem Moment der größten Traktion mehr auf und ab als es der durchschnittliche Fahrer komfortabel findet.

Der Hauptgrund dafür, warum für Straßen- wie auch Off-Road-Fahrer der Punkt der größten subjektiven Fahrzeugbeherrschung und der Punkt der höchsten Traktion soweit auseinanderklaffen, liegt darin, dass die meisten Fahrer die ihnen zur Verfügung stehende Traktion gar nicht komplett ausnutzen. Und außerdem stellen die wenigsten einen Zusammenhang her zwischen geringerer Zugstufendämpfung und Zuwachs an Traktion.

Im Geländesport gibt es außerdem das Symptom des „Kicking" – der am weitesten verbreiteten Fehldiagnose, wenn es um die Hinterradfederung geht. Es wird angenommen, dass die Zugstufendämpfung zu schwach ist, doch tatsächlich führen zu harte Federung oder zuviel Durchschlagen üblicherweise dazu. Das Motorrad „kickt" also, schlägt seitlich aus, und man nimmt die Zugstufendämpfung zurück. Wahrscheinlich denkt der Fahrer, dass das „Kicking" nun kuriert ist – vor allem dann, wenn er selbst die Ursache in einer zu straffen Zugstufendämpfung gesehen hat. Er erkennt aber nicht, dass er jetzt weniger Traktion hat und gewöhnt sich an das neue Gefühl. Nimmt man jetzt die Dämpfung weiter zurück, wird er fühlen, dass seine Maschine weniger präzise federt und ihm so weniger Feedback vermittelt. Aber keiner denkt daran, die Zugstufendämpfung wieder zu erhöhen. Denn wer will schon, dass das „Kicking" zurückkommt?

Auf Asphalt „testen" viele Straßen- wie auch Rennfahrer ihre Fahrwerksabstimmung auf Strecken mit topfebener Fahrbahn, auf der man eigentlich gar keine Federung bräuchte. In einem solchen Szenario führt zu viel Dämpfung zu der geringsten Auf- und Abbewegung und dem geringstmöglichen Eintauchen (Pitch Control) des Motorrades beim Bremsen und Beschleunigen. Also denken sie, dass sie die optimale Fahrzeugbeherrschung haben.

Der Job des Fahrwerkstechnikers besteht darin, diese beiden Extreme – maximale Traktion und maximale Fahrzeugbeherrschung – so nahe wie möglich zusammen zu bekommen. Dies geschieht durch Korrektur der Dämpfungs-Kurve und erfordert ein sehr hohes Verständnis von High- und Low-Speed-Dämpfung. Allerdings haben sich manche Fahrer so sehr an eine überregulierte Zugstufendämpfung gewöhnt, dass es ausgeschlossen ist, die beiden Kurven an ein und demselben Punkt zusammenzuführen.

Wie also soll man die Zugstufe einstellen? Manche würden sagen: am Schnittpunkt der beiden Kurven. Doch dieser Punkt ist nicht messbar. Die nutzbare Bandbreite liegt zwischen den Spitzen der beiden Kurven. Wenn die Abstimmung links des Maximums an Traktion liegt, führt das zu einer Einbuße sowohl in Traktion als auch an subjektiver Fahrzeugbeherrschung. Liegt die Abstimmung rechts des Maximums an subjektiver Fahrzeugbeherrschung, leiden sowohl Traktion als auch Fahrzeugbeherrschung. Wenn ein Fahrer sich an ein weniger präziseres Fahrgefühl gewöhnen kann, wird der Zuwachs an Traktion seine Rundenzeiten verbessern und seine Reifen schonen, und die Spitze seiner „Feeling"-Kurve wird näher am Traktionsoptimum liegen. Manche Fahrer hingegen können weniger gut mit einem unpräzisen Fahrverhalten umgehen, sie kommen dann näher an das Maximum der Fahrzeugbeherrschung heran.

Manchmal lassen sich Traktionsunterschiede bei Geländemaschinen mit bloßem Auge erkennen. Wählt man eine Referenzkurve (idealerweise mit wenig Traktion) aus und probiert unterschiedliche Zugstufen-Einstellungen, sieht man, dass das Hinterrad unterschiedlich viel Erde nach hinten schleudert. Natürlich ist es dabei erforderlich, dass der Fahrer dieselbe Linie und denselben Gang wählt und dieselbe Kurveneingangsgeschwindigkeit hat. Viel Erdwurf wird für die meisten Betrachter gleichzusetzen sein mit viel Traktion – aber auch das Gegenteil kann der Fall sein.

Zum besseren Verständnis gehen wir zurück zu unserer anfänglichen Betrachtung von Energie. Energie ist das Vermögen zu arbeiten und kann von einer Form in eine andere verwandelt werden. Kraft ist die Geschwindigkeit, mit der man arbeitet. Die Kraft, die in einem Motor erzeugt wird, muss irgendwohin. Sie kann entweder in ein Projektil oder in Vortrieb verwandelt werden. Mathematisch: P = P + P oder: Power = Projectile + Propulsion (Das mag albern aussehen, stimmt aber.).

Scherz beiseite: Diese Botschaft ist wichtig. Von einem bestimmten Punkt an, bedeutet mehr Erdwurf am Hinterrad weniger Beschleunigung und andersherum. Denken Sie daran, dass – insbesondere bei einem ungedrosselten Motorrad – auch, wenn der Fahrer einen zu niedrigen Gang wählt, das Hinterrad mehr durchdreht und mehr Erde wirft. Mag sein, dass das schnell aussieht. Aber es ist nicht schnell, sondern das Gegenteil.

Mann muss aber auch sehen, dass man in einer ziemlich ungemütlichen Position ist, wenn man ans Limit der Traktion geht, und meistens kann man den Traktionsunterschied gar nicht erkennen, wenn man nicht ans Limit geht. Unter diesen Umständen ist es ein Leichtes, zu schnell zu sein und zu stürzen. Denken Sie auch daran, dass unterschiedliche Reifen unterschiedlich reagieren, wenn sie die Grenze ihrer Traktion erreichen. Manche Reifen sind gutmütig, manche verlieren abrupt die Haftung. Bei Testfahrten ist es absolut wichtig, im Auge zu behalten, dass ein Verlangsamen der Zugstufendämpfung zu Traktionsverlust führen kann.Wir wissen, dass zuviel wie auch zuwenig Zugstufendämpfung gleichermaßen schlecht sind, wenn es um Traktion wie auch subjektive Fahrzeugbeherrschung geht. Immerhin wissen wir auch, dass der optimale Bereich für die ideale Zugstufendämpfung irgendwo zwischen dem Maximum an Traktion und dem Maximum an subjektiver Fahrzeugbeherrschung liegt. Zwar steht in keinem Fahrerhandbuch der Welt, mit welcher Einstellung man am meisten Traktion findet. Aber um so wertvoller sind Testfahrten, um diese Einstellung herauszufinden.

WIE MAN DIE ZUGSTUFENDÄMPFUNG TESTET

Wie also findet man heraus, an welchem Punkt die Einstellung der Zugstufendämpfung für das Optimum an Traktion sorgt?

Die erste Methode ist der „Drück-Test". Er funktioniert nur dann, wenn die Feder richtig abgestimmt ist. Wichtig ist auch, dass die Reibungsverluste in den Federelementen minimal sind. Zuviel Reibung macht jedes Testergebnis wertlos. (Insbesondere Telegabeln sind bekannt für hohe Reibungsverluste, also achten Sie darauf.). Der Drücktest kann sehr hilfreich sein, aber man muss schon ein bisschen probieren, bis man das richtige Gefühl raus hat.

Wir befassen uns als erstes mit der Hinterradfederung, aber die Prozedur an der Telegabel ist nicht viel anders. Beginnen Sie mit der Messung des Negativfederwegs und schenken Sie dabei dem Bereich der Gleithaftung (und damit dem Losbrechmoment) besondere Beachtung. Wenn die Gleithaftung zu hoch ist, können Sie den Test nicht durchführen.

Stellen sie sich jetzt neben das Motorrad und richten das Vorderrad in Fahrtrichtung aus. Drücken Sie sehr energisch auf die Sitzbank und achten Sie darauf, was beim Ausfedern, also der Aufwärtsbewegung des Motorrades, passiert. Lassen Sie dazu während des Ausfederns Ihre Hände auf der Sitzbank, ohne jedoch die Aufwärtsbewegung zu beeinflussen oder zu locker zu lassen. Achten Sie auf zwei Dinge: Wie schnell das Heck ausfedert, und ob, bzw. wie viele Male es nachfedert, nachdem es ganz ausgefedert war.

Zu viel Zugstufendämpfung stellt sich so dar: Nachdem Sie die Sitzbank energisch hinuntergedrückt haben, können Sie sehen, wie das Motorrad langsam wieder ausfedert. Wenn das Federbein am Ende seines Federwegs angelangt ist, bewegt es sich nicht weiter.

Zu wenig Zugstufendämpfung sieht ganz anders aus: Nachdem Sie das Motorrad in die Federn gedrückt haben, federt es so schnell wieder aus, dass Sie kaum die Zeit hätten, Ihre Hände wegzunehmen. Und wenn das Ende des Federwegs erreicht ist, sackt es noch einmal kurz ein und federt zweimal oder mehrmals nach.

Und so sieht das aus, wenn man einen guten Ausgangspunkt für das Feintuning der Zugstufendämpfung hat: Nach dem Einfedern federt das Motorrad wieder zurück in die Ausgangsposition und federt nur mit einem kurzen Wippen über den Punkt des durch das Motorradgewicht belasteten Negativfederwegs hinaus, und „setzt" sich dann in seiner Ausgangsposition.

Nicht vergessen: Mit diesem Test können Sie nur die Dämpfung im Low-Speed-Bereich erfühlen, nicht jedoch im High-Speed-Bereich.

Ist die Reibung sehr hoch, wird die Zugstufendämpfung stärker scheinen als sie tatsächlich ist, und so kommen Sie zu einem irreführenden Ergebnis. Jede Menge Motorräder da draußen haben soviel Reibung in ihrer Umlenkung oder ihren Lagern, dass man buchstäblich das Öl aus ihren Stoßdämpfern lassen und das Rad anheben könnte – und es würde immer noch bleiben, wo es ist. In diesem Fall fühlt sich die Reibung an wie Dämpfung und täuscht Sie. Dann ist ein Messen der Gleithaftung von unschätzbarer Wichtigkeit.

Auch die Beschaffenheit des Sitzpolsters kann den Eindruck bzw. das Gefühl verfälschen. Ist sie weich, wird sich die Druckstufe weicher anfühlen und die Zugstufe langsamer. In dem Fall suchen Sie ein anderes Teil am Motorrad, auf das Sie drücken können, zum Beispiel ein Rohr des Rahmenhecks. Allerdings haben Sie hierdurch eine größere Hebelwirkung – Feder und Dämpfungsdruckstufe werden sich daher weicher anfühlen. Wenn Sie genügend Drück-Tests gemacht haben und diese in Beziehung setzen zum Fahrverhalten Ihres Motorrades draußen auf der Strecke, dann können Sie auf diesem Weg schon zu einer ziemlich guten Abstimmung kommen.

Der andere – und beste – Weg zu einer guten Einstellung der Zugstufendämpfung zu kommen, ist testen zu gehen und verschiedene Einstellungen auszuprobieren. Gehen Sie von einem Erfahrungswert aus, und verändern dann die Zugstufe so lange in eine Richtung, bis Sie eine Verschlechterung spüren. Gehen Sie nun zurück zu dem Ausgangswert, und verändern Sie die Zugstufe in die andere Richtung. Dann wissen Sie, ob Sie eine bessere Abstimmung gefunden haben oder ob Ihre anfängliche Abstimmung die beste war. Aber denken Sie daran: Wenn Sie nicht ans Limit der Traktion gehen, spüren Sie die Auswirkungen gar nicht. Das ist nicht leicht. Achten Sie beim Testen darauf, ob Sie Veränderungen in der Fahrzeugbeherrschung spüren und entscheiden sie sich dann für eine Abstimmung, mit der Ihr Motorrad sich so anfühlt, wie Sie es mögen.

Bei einigen Motorrädern mit einstellbarer Zugstufe können Sie sich durch eine schrittweise Herangehensweise bis zu diesem Punkt vorarbeiten. Aber die Einstellmöglichkeiten sind nicht immer dieselben. An manchen Motorrädern ist der Einstellbereich gar nicht da, wo Sie ihn nutzen könnten – beispielsweise dann, wenn die Zugstufe noch immer zu schnell ist, obwohl Sie sie in der maximalen Stufe (der langsamsten) eingestellt haben. Insbesondere an Gabeln aus den späten 90ern oder vom Anfang des neuen Jahrtausends hat man dies häufiger. Bei Geländemaschinen hingegen findet man häufig Stoßdämpfer mit zuviel Zugstufendämpfung, obwohl die Einstellung auf Minimum steht. Hat man so einen Fall vor sich, dann weiß man, dass die Innereien der Federelemente einer Überarbeitung brauchen – gut tut sie ihnen ohnehin in jedem Fall.

Wenn Sie ein Motorrad ohne Einstellmöglichkeiten für die Zugstufe haben, können Sie schon eine Verbesserung erzielen, indem Sie das Öl wechseln. Mit der Zeit und durch Verschleiß leidet jedes Öl – es wird dünner und verliert seine Schmiereigenschaften. Das wird oft übersehen. Man muss aber auch wissen, dass die Stoßdämpfer an manchen Motorrädern gar nicht zu öffnen sind – an ihnen ist ein Ölwechsel dann gar nicht möglich.

Wenn Sie nicht wissen, welche Viskosität das Öl haben soll, das

Sie einfüllen (das Öl der serienmäßigen Befüllung hat nicht zwangsläufig den richtigen Wert), finden Sie diese Information ganz schnell und einfach auf www.racetech.com. Leider ist es so, dass zwar die Zugstufendämpfung von einem Öl mit höheren Viskosität profitiert, weil es sie verlangsamt, aber es macht auch die Dämpfung in der Druckstufe härter – möglicherweise sogar zu hart. Zum Glück lässt sich hier aber Abhilfe schaffen.

Bedenken Sie, dass die Einstellmöglichkeiten für die Zugstufe üblicherweise nur im Low-Speed-Bereich wirken. Damit können Sie schon eine Abstimmung finden, die Ihnen mehr Traktion bringt. Aber dann können Sie immer noch große Verbesserungen erzielen, indem Sie im Innern des Dämpfers die Shims wechseln. Auf diese Weise können Sie nicht nur die Höchstwerte der beiden Kurven näher zusammenbringen, sondern auch, insbesondere bei großen Federwegen, eine bessere Fahrzeugkontrolle erhalten – ein Vorteil zum Beispiel auf großen Buckeln oder Waschbrett-Sektionen – oder die Eintauchneigung – insbesondere an der Vorderhand verbessern.

DRUCKSTUFENDÄMPFUNG

Die Druckstufendämpfung ist eine der am meisten missverstandenen Bestandteile der Fahrwerksabstimmung. Wenn man verstanden hat, wie die Druckstufendämpfung sich auf das Fahrverhalten auswirkt, hat man schon die „schwarze Kunst" der guten Fahrwerksabstimmung weitgehend entzaubert.

Es gibt einen grundsätzlichen Unterschied zwischen Druck- und Zugstufendämpfung. Die Druckstufe muss ein viel größeres Spektrum von Geschwindigkeiten abdecken, die durch Unebenheiten unterschiedlichster Größen und Formen eingeleitet werden. Die Zugstufendämpfung hingegen muss in erster Linie die Energie der komprimierten Feder kontrollieren. Deswegen ist deren Abstimmung auch einfacher.

Die Einfedergeschwindigkeit – und damit die Dämpfung – wird bestimmt durch Größe und Form der Unebenheiten, aber auch, mit welcher Geschwindigkeit Sie auf sie treffen. Erhebungen mit rechteckiger Form oder zumindest steilem Anstieg lassen die Federelemente schneller einfedern, während Unebenheiten mit runder Kontur oder flachem Anstieg nur ein langsames Einfedern bewirken. Deswegen gibt es auch die getrennten Einstellmöglichkeiten für Low- und High-Speed-Druckstufe. Vergessen Sie nicht, dass die Begriffe High- und Low-Speed sich nicht auf die Geschwindigkeit des Motorrades beziehen, sondern auf die Ein- und Ausfederbewegung.

In der Vergangenheit haben viele Fahrwerkstuner die Druckstufendämpfung nur als notwendiges Übel betrachtet und einfach angenommen, dass weniger gleich besser ist. Diese Meinung beruht möglicherweise auf der begrenzten Performance althergebrachter Gabeln mit Dämpferstangen (Zwei-Rohr-Gabeln). Bei diesen geschah die Dämpfung nur mithilfe von Bohrungen, und damit konnte die Dämpfung gleichzeitig zu hart und zu weich sein.

Mit den heute zumeist an Sportmotorrädern verwendeten Cartridge-Gabeln oder Nachrüst-Cartridge-Dämpfern haben sich die Möglichkeiten, die Kurve der Druckstufendämpfung zu beeinflussen, ganz erheblich verbessert.

Um die Auswirkungen der Druckstufendämpfung besser zu verstehen, betrachten wir die Druckstufendämpfung zunächst als

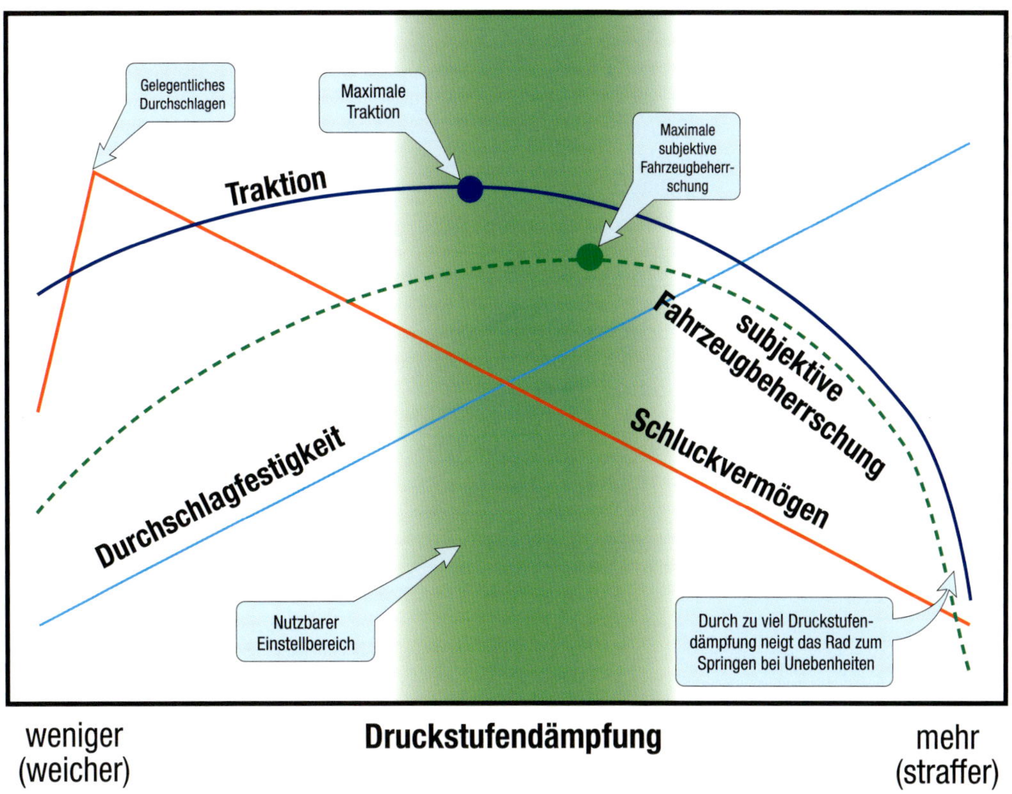

3.7 Sie sehen: Wie bei der Zugstufendämpfung leiden Traktion und Fahrzeugbeherrschung bei steigender Druckstufendämpfung. Beide fallen jedoch nicht so schnell ab wie in der Zugstufe. Beachten Sie, dass auch hier die maximale Fahrzeugbeherrschung rechts von der Traktion liegt.

Ganzes und lassen dabei die Unterscheidung zwischen Low- und High-Speed vorläufig außer Acht. Die Druckstufendämpfung ist von sehr großer Bedeutung, denn sie hat Auswirkungen auf die Traktion und die Härte des Fahrwerks, kann das Durchschlagen verhindern und hat großen Einfluss auf die Beherrschbarkeit des Fahrzeugs. (Siehe Zeichnung 3.7)

Betrachten wir als erstes das Durchschlagverhalten, denn es steht in direktem Zusammenhang mit der Härte eines Fahrwerks. Je größer die Druckstufendämpfung ist, um so mehr verhindert sie das Durchschlagen. Die Kraft der Druckstufendämpfung unterstützt die Federkraft dabei, ein Durchschlagen zu verhindern. Je geringer die Neigung zum Durchschlagen ist, umso straffer wird die Federung sein.

Nimmt man die Druckstufendämpfung zurück (linke Seite der Zeichnung), fühlt sich die Federung bis zu einem gewissen Punkt weich an. In extremen Fällen, wenn sehr wenig Druckstufendämpfung gegeben wird, kann diese Nachgiebigkeit auch wieder abnehmen. Das ist zum Beispiel der Fall bei harten Schlägen ins Fahrwerk, wenn die Federung durchschlägt und sich zu hart anfühlt. Viele Fahrer merken dann gar nicht, dass die Härte auf das Durchschlagen zurückzuführen ist.

Bei kleinen Unebenheiten führt weniger Dämpfung dazu, dass die Federung sich weicher anfühlt. Es klingt einfach – aber man braucht das richtige Maß an Druckstufendämpfung: nicht zu viel, nicht zu wenig. Es geht darum, den richtigen Kompromiss zu finden zwischen einer weichen Abstimmung und einem Verringern der Neigung zum Durchschlagen.

Bis hierher ist es einfach: Je mehr Druckstufendämpfung, um so geringer die Neigung zum Durchschlagen. Aber: um Dämpfung zu erzeugen, braucht man eine bestimmte (Fließ-) Geschwindigkeit. Die ist aber nicht mehr zu haben, wenn am Kurvenscheitelpunkt eine Unebenheit lauert. Denn die Kreiselkräfte, die dort wirken, führen bereits zu einem starken Einfedern. In diesem Fall also liegt die richtige Antwort nicht in der Druckstufendämpfung, sondern in der Feder.

Betrachten wir nun, welche Auswirkungen die Druckstufendämpfung auf die Traktion hat. Stellen Sie sich vor, Sie fahren mit Ihrem Motorrad und treffen auf eine kleine Erhebung. Haben Sie nicht genug Druckstufendämpfung, können die Federelemente der Aufwärtsbewegung des Rades nicht genügend Kraft entgegenstellen. Es bewegt sich also aufwärts, doch wenn das Rad die Spitze der Erhebung erreicht hat, sorgt die Massenträgheit des Rades dafür, dass es sich weiter nach oben bewegen will, obwohl keine weitere Kraft eingeleitet wird. Erinnern wir uns an das erste Newtonsche Gesetz: „Ein Körper verharrt im Zustand gleichförmiger Bewegung, sofern er nicht durch einwirkende Kräfte zur Änderung seines Zustands gezwungen wird." Das Rad bewegt sich also weiter aufwärts und komprimiert die Federung weiter, auch wenn es den höchsten Punkt der Erhebung bereits überschritten hat. Dadurch wird das Vorderrad leicht und verliert möglicherweise an der Spitze der Erhebung sogar den Kontakt zur Fahrbahn, und dies wiederum führt zu Traktionsverlust.

Das entgegengesetzte Extrem besteht darin, dass zuviel Druckstufendämpfung der Ein- und Ausfederbewegung zuviel Widerstand entgegensetzt, sie also zu sehr dämpft. Das verformt den Reifen und lenkt die ungefederten Massen nach oben. Das kann das Fahren nicht nur unbequem, sondern auch die Abstimmung zu hart machen, auch kann die Aufwärtsbewegung der ungefederten Massen das Rad entlasten – ganz genauso wie bei zu geringer Druckstufendämpfung. In extremen Fällen von zu viel Druckstufendämpfung kann bei großen oder kantigen Unebenheiten das Rad komplett die Bodenhaftung verlieren, weil es über die Erhebungen springt.

Wenn die Druckstufendämpfung zu straff ist und Sie auf mehrere Unebenheiten hintereinander treffen, kann sich die Federung „aufpumpen". Das ist das genaue Gegenteil von „Packing" bei zuviel Zugstufendämpfung. Wie die Traktionskurve in der Zeichnung zeigt, lässt die Traktion bei zuviel Zugstufendämpfung viel schneller nach. Wenn Sie also nach einem Ausgangspunkt suchen, wie hart Sie ihre Druckstufendämpfung einstellen wollen, geben Sie besser zu wenig als zuviel.

„Eintauchen" nennt man es, wenn die Gabel beim Bremsen einfedert. Dabei kontrolliert die Druckstufendämpfung die Geschwindigkeit des Eintauchens. Der größtmögliche Federweg in einer Gabel wird sowohl durch die Federkraft (einschließlich des Luftpolsters) als auch durch die Druckstufendämpfung (einschließlich der Reibungswiderstände) bestimmt. Durch mehr Dämpfung taucht die Gabel langsamer ein und nutzt möglicherweise nicht den vollständigen Federweg. Weniger Druckstufendämpfung lässt das Rad schneller eintauchen und erlaubt einen größeren nutzbaren Federweg.

Eines der größten Missverständnisse in Sachen Druckstufendämpfung ist, dass man mehr davon braucht, je schneller man fährt. Richtig ist, dass die Schläge ins Fahrwerk um so härter sind, je schneller Sie fahren. Also brauchen Sie mehr Druckstufendämpfung, um zu verhindern, dass die Federung durchschlägt – auch wenn es richtig ist, dass manche Rennfahrer, die gerne abrupt bremsen und beschleunigen, eine geringere und damit langsamere Druckstufendämpfung bevorzugen. Wenn Ihr Fahrwerk keine Neigung zum Durchschlagen zeigt und Sie sich daran gewöhnen können, gleichmäßiger zu bremsen und zu beschleunigen, dann brauchen Sie nicht mehr Druckstufendämpfung zu geben.

Unsere bevorzugte Methode besteht darin, zuerst die richtige Federrate festzulegen (sehen Sie dazu das Kapitel über Federn) und dann soviel Druckstufendämpfung zu geben, um das Ein- und Ausfedern des Motorrades beim Bremsen und Beschleunigen sowie die Neigung zum Durchschlagen so gering wie möglich zu halten.

Denken Sie daran, dass der Verlauf der Dämpfungs-Kurve entscheidend ist. In diesem Abschnitt haben wir die Beschreibung der Symptome so einfach wie möglich gehalten und die Dämpfung als Ganzes betrachtet. Aber im richtigen Leben kann es vorkommen, dass Ihr Motorrad mehr Dämpfung im Low-Speed-Bereich und weniger Dämpfung im High-Speed-Bereich braucht (oder genau andersherum). Gute Fahrwerkstuner verwenden viel Zeit für die richtige Einstellung der Druckstufendämpfung – sie sind immer auf der Suche nach der richtigen Kurve, um Durchschlagen zu verhindern und dennoch eine weichere Abstimmung hinzubekommen, die dem Fahrer ein besseres Feedback gibt.

WIE MAN DIE DRUCKSTUFENDÄMPFUNG TESTET

Im Gegensatz zur Zugstufendämpfung ist es ziemlich schwierig, das Motorrad schnell genug herunterzudrücken, um so ein Gefühl für die Druckstufendämpfung zu entwickeln. Daher suchen Sie am besten eine Straße oder einen Geländeabschnitt, auf dem Sie testen können – idealerweise mit großen und kleinen, runden und eckigen Unebenheiten.

Bei zuviel Druckstufendämpfung wird es sich anfühlen, als säßen Sie auf einem ungefederten Fahrrad, wenn Sie auf die auflaufende Seite einer Unebenheit treffen. Die Federung wird sich auch bei kleinen oder mittelgroßen Unebenheiten hart anfühlen. Denken Sie aber stets daran, dass dies auch an zu hohen Reibungsverlusten liegen kann.

Bei zu wenig Druckstufendämpfung wird die Gabel beim Bremsen stark eintauchen. Sie kann insgesamt ein schwammiges und unpräzises Gefühl vermitteln und leicht durchschlagen. Wenn die Federung beim Auftreffen auf eine Unebenheit zu sehr durchschlägt, kann es vorkommen, dass Fahrer und Motorrad in die Luft katapultiert werden.

Zu viel Druckstufendämpfung fühlt sich ziemlich ähnlich an – beides ist schwer auseinanderzuhalten. Hinweise dazu, wie man die Unterschiede herausfindet, finden Sie im Kapitel „Troubleshooting".

Bei einem Geländemotorrad hingegen ist es sehr aufschlussreich, sich die Erdfontänen am Hinterrad anzusehen. Wenn Sie eine Gerade haben mit der Art von Untergrund, auf dem der Erdwurf am Hinterrad gut sichtbar ist, achten Sie darauf, ob die Erdfontänen schön gleichmäßig kommen, wenn das Motorrad über die Buckel fährt. Wenn die Fontänen zwischendurch aussetzen, dann ist keine gleichmäßige Traktion vorhanden. Das liegt oft daran, dass die Dämpfung zu hart ist und sich das Federbein deshalb verwindet. Auch eine zu weiche Abstimmung kann die Ursache sein.

GABELN MIT DÄMPFERSTANGE (ZWEIROHRSYSTEME)

Wir haben uns mit Dämpfungs-Druck- und Zugstufe befasst, gesehen was beide bewirken und warum sie erforderlich sind, um für Traktion zu sorgen. Als nächstes werden wir uns mit Gabeln und Federbeinen befassen, bei denen unterschiedliche Konstruktionen für die nötige Dämpfung sorgen.

Die häufigste Gabelkonstruktion arbeitet mit Dämpferstangen. Dämpferstangen? Wieso das denn? Wenn Sie die Dämpferstangenkonstruktion verstanden haben und ihre begrenzten Möglichkeiten erkannt haben, wird es Ihnen leichter fallen, das Cartridge-Prinzip zu begreifen. Wenn Sie das wiederum verstanden haben, wird es Ihnen leichter fallen, auch die Arbeitsweise der Stoßdämpfer zu verstehen. So wird es dann nicht mehr besonders schwierig sein, wenn wir zu Aufbau und Arbeitsweise des Federbeins kommen.

Gabeln mit Dämpferstangen gibt es schon ziemlich lange, und heute findet man sie noch üblicherweise an Choppern, Tourenmotorrädern, Enduros, Sporttourern, Minibikes – und an Oldtimern sowieso. Dämpferstangen-Gabeln sind günstiger herzustellen, können dafür aber auch nicht mit einer besonders effektiven Dämpfung aufwarten.

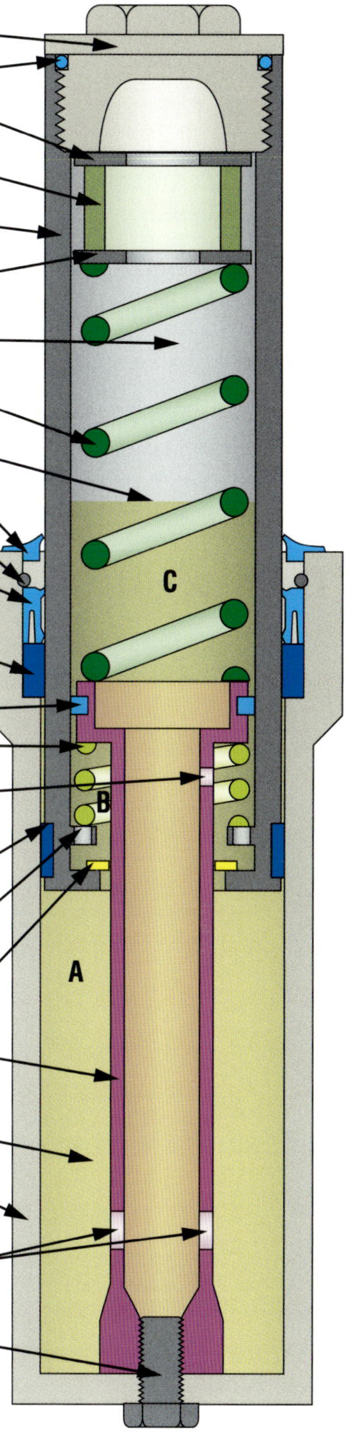

3.8 Dämpferstange und ihre zugehörigen Bauteile

ANATOMIE EINER DÄMPFERSTANGEN-GABEL

Abbildung 3.8 zeigt, wie eine Gabel mit Dämpferstange aufgebaut ist. Das Standrohr ist verbunden mit der Vorderachse des Motorrades, die Gleitrohre stecken in den Gabelbrücken. Im Innern befinden sich eine Feder und die Dämpferstange. Die Hauptfeder liegt direkt auf dem oberen Ende der Dämpferstange auf, die durch eine Schraube mit dem unteren Ende des Standrohres verbunden ist. Die Hauptfeder trägt die gefederte Masse der Frontpartie des Motorrades und den Fahrer. Eine weitere, kleinere Feder, genannt „Top-Out-Spring", hat ihren Platz zwischen dem unteren Ende des Gleitrohres und dem oberen Ende der Dämpferstange. Die Top-Out-Spring hindert das Gleitrohr daran, bei vollem Ausfedern mit der Dämpferstange zu kollidieren. Die meisten modernen Dämpferstangen-Gabeln verwenden eine Top-Out-Spring.

An ihrem oberen Ende ist die Dämpferstange kolbenförmig ausgebildet, ein Kolbenring dichtet diesen Kolben gegen die Innenwand des Gleitrohres ab und verhindert so, dass das Gabelöl zwischen dem Inneren des Gleitrohres und dem Dämpferkolben nach außen dringt.

EINFEDERBEWEGUNG DER DÄMPFERSTANGE

Sie können sich vorstellen, wie sich beim Einfedern der Gabel (Abbildung 3.9) das Gleitrohr in Kammer A, tatsächlich das Innenvolumen des Standrohrs, hineinbewegt. Dabei wird das Ölvolumen im Standrohr bewegt.

Beim Einfedern verkleinert sich das Ölvolumen in Kammer A, während sich das in Kammer B vergrößert. Der Öldruck in Kammer A steigt also an, während der in Kammer B abfällt. Sobald jedoch eine Bewegung eingeleitet wird, öffnet sich das Rückschlagventil (check valve) für die Zugstufe und lässt das Öl in Kammer B strömen. Nun ist der Druck in Kammer B geringfügig niedriger als in Kammer A, so dass man sich die beiden Kammern (A und B) leicht als eine Kammer (AB) denken kann.

An diesem Punkt will das Öl im Gleitrohr aus der Kammer AB austreten. Dies gelingt ihm durch die Bohrung für die Dämpfungs-Druckstufe. Es tritt ein durch Öffnungen am unteren Ende der Dämpferstange und tritt aus durch die Bohrungen in der Mitte des Dämpferkolbens. So gelangt es in Kammer C. Es kann ebenfalls

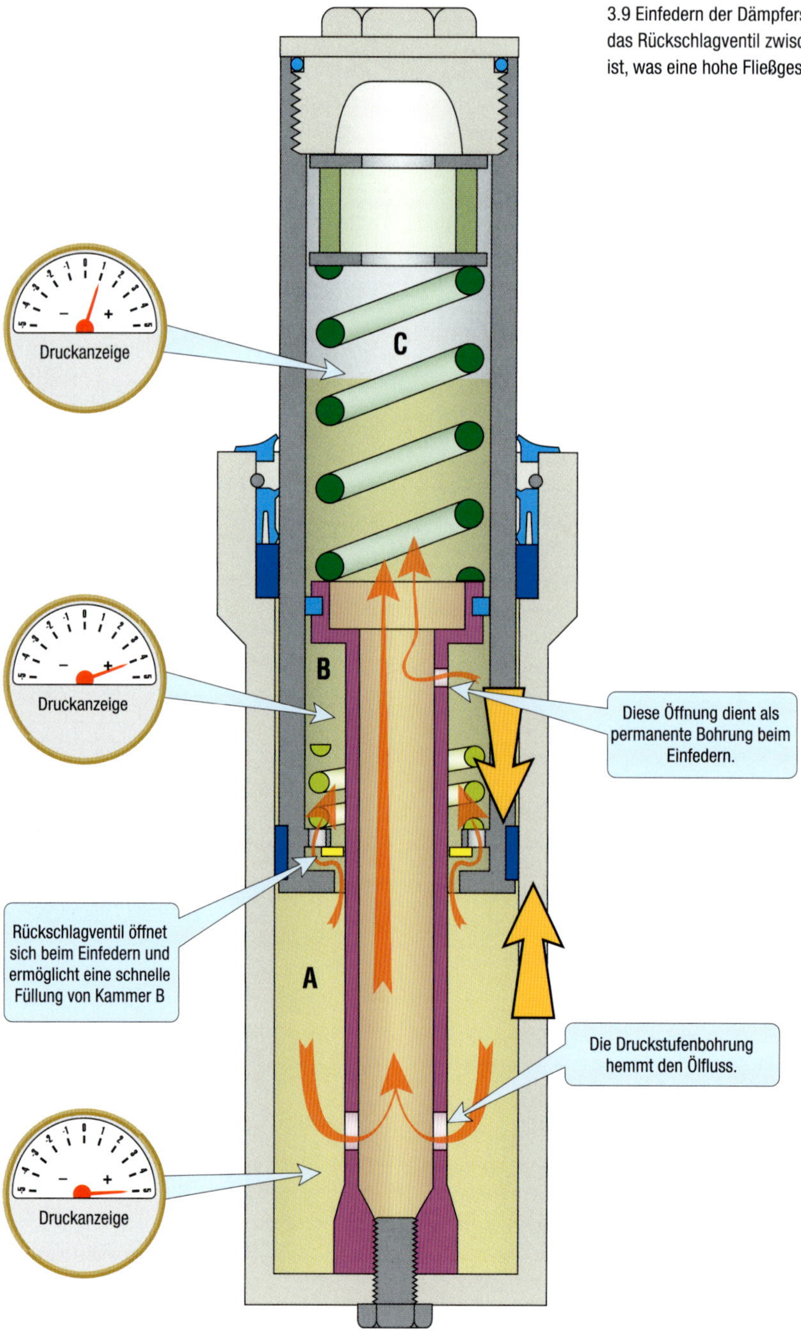

3.9 Einfedern der Dämpferstange. Achten Sie darauf, dass das Rückschlagventil zwischen Kammer A und B geöffnet ist, was eine hohe Fließgeschwindigkeit erlaubt.

durch die Zugstufen-Bohrung(en) in Kammer B eintreten, doch dieses Volumen ist sehr viel kleiner.

Die Dämpfung der Druckstufe wird bestimmt durch Anzahl und Größe der dafür vorgesehenen Bohrungen sowie durch die Zugstufen-Bohrung(en) und die Ölviskosität. Beachten Sie, dass die Zugstufen-Bohrungen den Druck auf die Druckstufendämpfung durch die Druckstufen-Bohrungen reduzieren. Diese Art der Dämpfung wird auch als Bohrungs-Dämpfung bezeichnet, denn der hydraulische Widerstand wird erzeugt, indem das Gabelöl durch Bohrungen gepresst wird.

Wichtig ist auch, dass der Druck in Kammer B sich mit abnehmendem Luftpolster aufbaut. Dieser Überdruck in Kammer C hängt ab von dem Eingangsdruck, dem Verdichtungsverhältnis (Ölstand) und dem zurückgelegten Federweg.

Solange die Einfederbewegung nicht zu schnell ist, kann diese Art der Dämpfung durchaus für ein komfortables Fahrverhalten sorgen, wenn auch nur bei kleineren Unebenheiten. Leider nur sind längst nicht alle Unebenheiten klein oder rund – wenn das Vorderrad auf eine große oder eckige Unebenheit trifft, kann sich bei dieser Art der Dämpfung die Federung ganz schön hart anfühlen. Weil Öl sein Volumen nicht verringern kann, wird das Öl um so schneller durch die Bohrungen für die Druckstufendämpfung gepresst, je schneller die Gabel einfedert.

Die Dämpfung durch Bohrungen nimmt sehr schnell mit dem Anstieg der Geschwindigkeit zu. Tatsächlich wächst sie mit dem Quadrat der Geschwindigkeit. Wenn also die Geschwindigkeit verdoppelt wird, steigt die Dämpfkraft um das Vierfache an. Dies veranschaulicht die Zeichnung 3.10, in der man sehen kann, wie der dicke Pfeil am Eingang der kleinen Bohrungen zusammengedrückt wird, wenn die Dämpfung durch einen starken Schlag beschleunigt wird.

Sie können den entsprechenden Hub der Einfederbewegung auf dem Stoßdämpferprüfstand-Protokoll nachvollziehen. Beachten Sie, dass die Dämpfkraft mit zunehmender Geschwindigkeit ansteigt. Dies geschieht zunächst langsam, wird dann aber immer schneller, bis die Kurve nahezu senkrecht nach oben zeigt. Fast sieht es so aus, als würde der Ölstrom – und daher die Einfedergeschwindigkeit – auf ein Tempolimit stoßen. Das Beispiel stimmt natürlich nicht ganz. Aber weil die Dämpfkraft sehr stark zunimmt, stößt in Wirklichkeit die Einfedergeschwindigkeit der Gabel an eine Grenze. Dadurch prallt das Rad an Unebenheiten mit eckiger Kontur ab, die

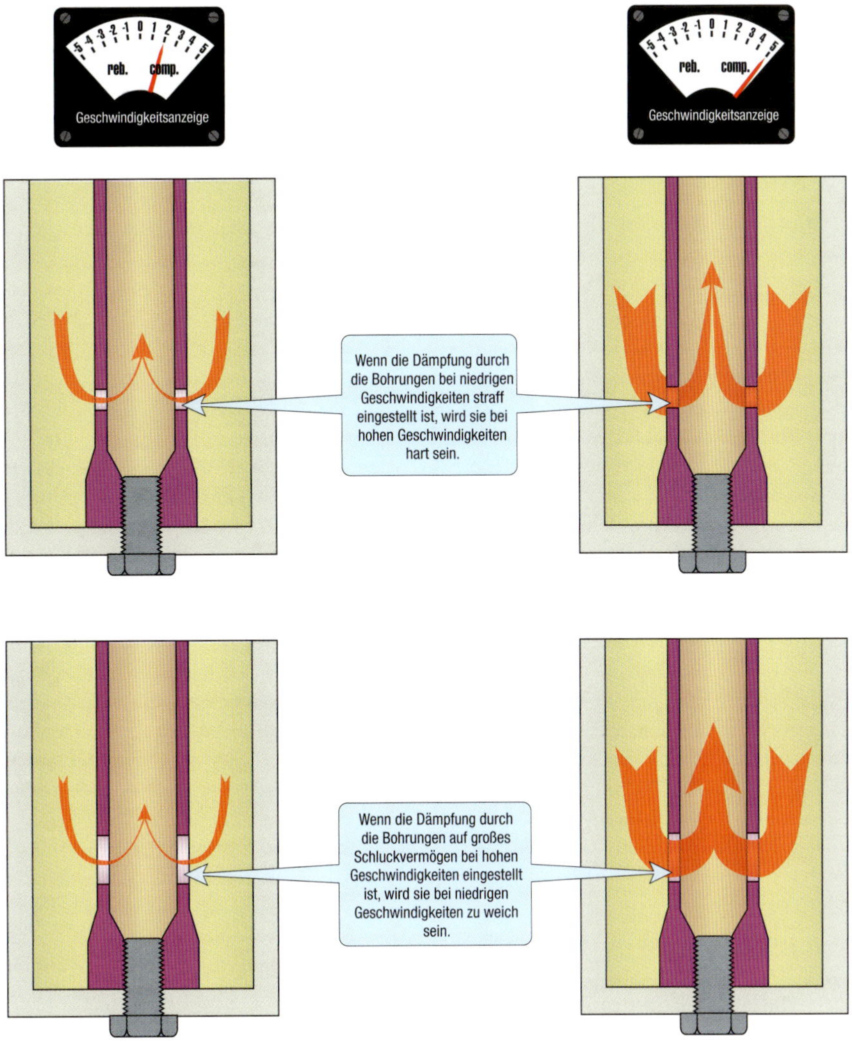

3.10 Der Nachteil der Dämpfung durch Bohrungen liegt darin, dass sie entweder zu weich und unpräzise bei niedrigen Geschwindigkeiten ist oder viel zu hart bei High-Speed-Schlägen ins Fahrwerk.

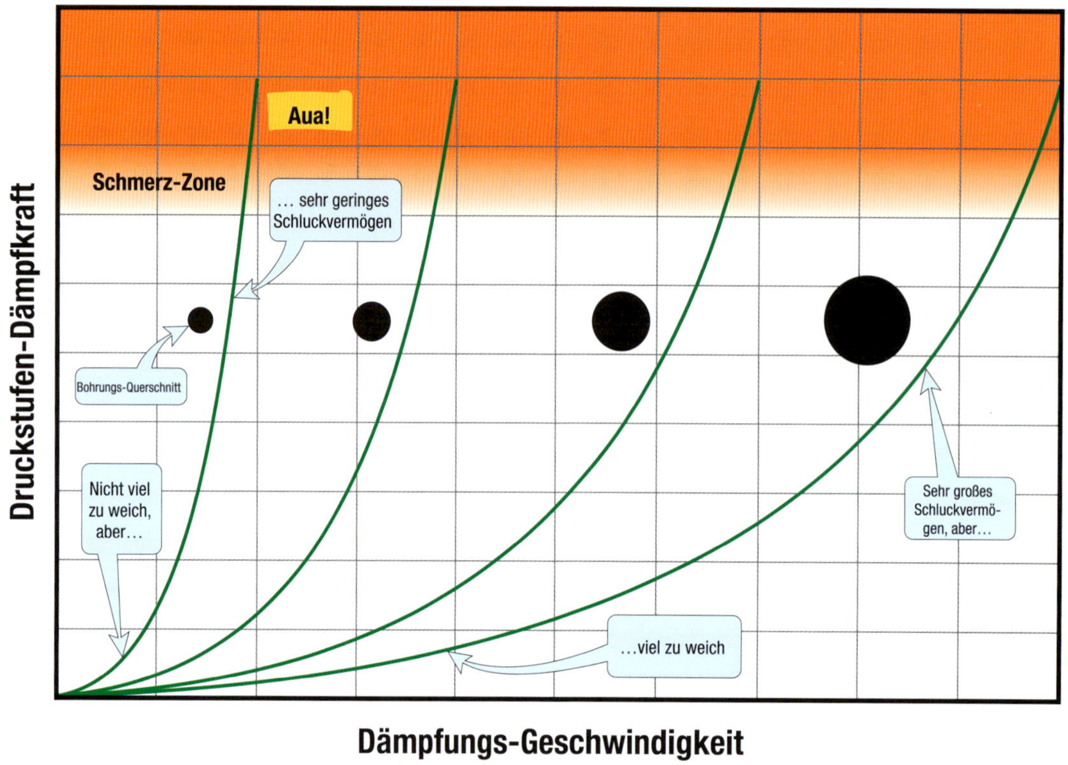

3.11 Diese Grafik zeigt die Dämpfungskurven von vier unterschiedlich großen Druckstufenlöchern.

Federung fühlt sich natürlich hart an, weswegen die Dämpfungskurven auch rapide die Schmerzzone erreichen.

Ein anderer Nachteil der Dämpfung durch Bohrungen wird im Low-Speed-Bereich deutlich. Beim Bremsen taucht die Front relativ langsam ein im Vergleich zu den hohen Geschwindigkeiten, die entstehen, wenn das Motorrad bei hoher Geschwindigkeit auf einen eckigen Widerstand trifft. Bei solch geringen Dämpfergeschwindigkeiten trifft das Öl auf nur geringen hydraulischen Widerstand. Die Gabel fühlt sich schwammig an und beginnt ziemlich früh, einzutauchen. Und wenn man durch lange Senken oder Rillen – die gar nicht tief sein müssen – fährt, schlägt die Gabel schnell durch.

Vielleicht haben Sie sich überlegt, dass das Problem der harten Federung durch Vergrößern der Bohrung für die Zugstufendämpfung zu lösen ist. Die Änderung der Bohrung und ihre Auswirkungen auf die Druckstufendämpfung haben wir in der Abbildung 3.11 illustriert. Beachten Sie, dass die charakteristische „Angelhaken“-Form der Kurve unverändert bleibt. Die dünnere Bohrung sorgt zwar für ein präziseres Ansprechverhalten, kommt aber an ihre Grenzen bei großen oder kantigen Unebenheiten und sorgt dann für eine sehr harte Federung. Die größere Bohrung wird für ein schwammigeres Gefühl sorgen, sich aber bei höheren Geschwindigkeiten besser anfühlen. Diese Art der Dämpfung verbindet offensichtlich alle Nachteile miteinander: schlechtes Ansprechverhalten und dennoch hohe Durchschlagsneigung.

AUSFEDERBEWEGUNG DER DÄMPFERSTANGE

Als nächstes befassen wir uns mit dem Fluss des Gabelöls, wenn die Zugstufe zum Einsatz kommt (Abbildung 3.12). Zuerst einmal federt die Gabel aus, wenn die Feder gegen den Kolben der Dämpferstange drückt. Dadurch schließt sich das Rückschlagventil der Zugstufendämpfung, wodurch die Kammer B kleiner wird und in der Folge der Druck auf die Zugstufe in der Gabel auf seinen höchsten Wert steigt. Das Öl hat nun zwei Möglichkeiten, aus der Kammer B herauszuströmen: durch die Zugstufen-Bohrungen, die zum Inneren der Dämpferstange führen und direkt in Kammer B zwischen dem inneren Durchmesser des Steuerventils und dem äußeren Durchmesser der Dämpferstange. Der hydraulische Widerstand gegen diesen Fluss ist die Dämpfungs-Zugstufe.

Kammer A wird hingegen beim Ausfedern größer, und deswegen ist dort der Druck am niedrigsten. Der Unterdruck in Kammer A sorgt dafür, dass das Öl wieder hineingesaugt wird, bis sie wieder bis zum Anschlag gefüllt ist.

Wie bei der Einfederbewegung wird bei einer Gabel mit Dämpferstange der hydraulische Gegendruck auf die Zugstufe durch Bohrungen erzeugt. Aber die Zugstufen-Dämpfung hat eindeutig einen leichteren Job als die Druckstufen-Dämpfung, denn sie muss nur die Kraft der Gabelfeder kontrollieren. Die Druckstufendämpfung hingegen muss mit allen möglichen Arten von Kräften fertig werden, die die Fahrbahn bereithält. Daher sind die von der Druckstufen-Dämpfung erzeugten Geschwindigkeiten zwei- bis sechsmal größer als bei der Zugstufendämpfung. Das heißt zugleich, dass die Dämpfung mit Bohrungen bei der Druckstufendämpfung viel eher an ihre Grenzen stößt als bei der Zugstufendämpfung.

Ein größeres Problem bei Gabeln mit Dämpferstange ist die Kavitation (siehe Abbildung 3.13). Darunter versteht man die Dampfblasenbildung in einer strömenden Flüssigkeit, die durch einen Druckabfall verursacht wird. Das geschieht insbesondere dann, wenn

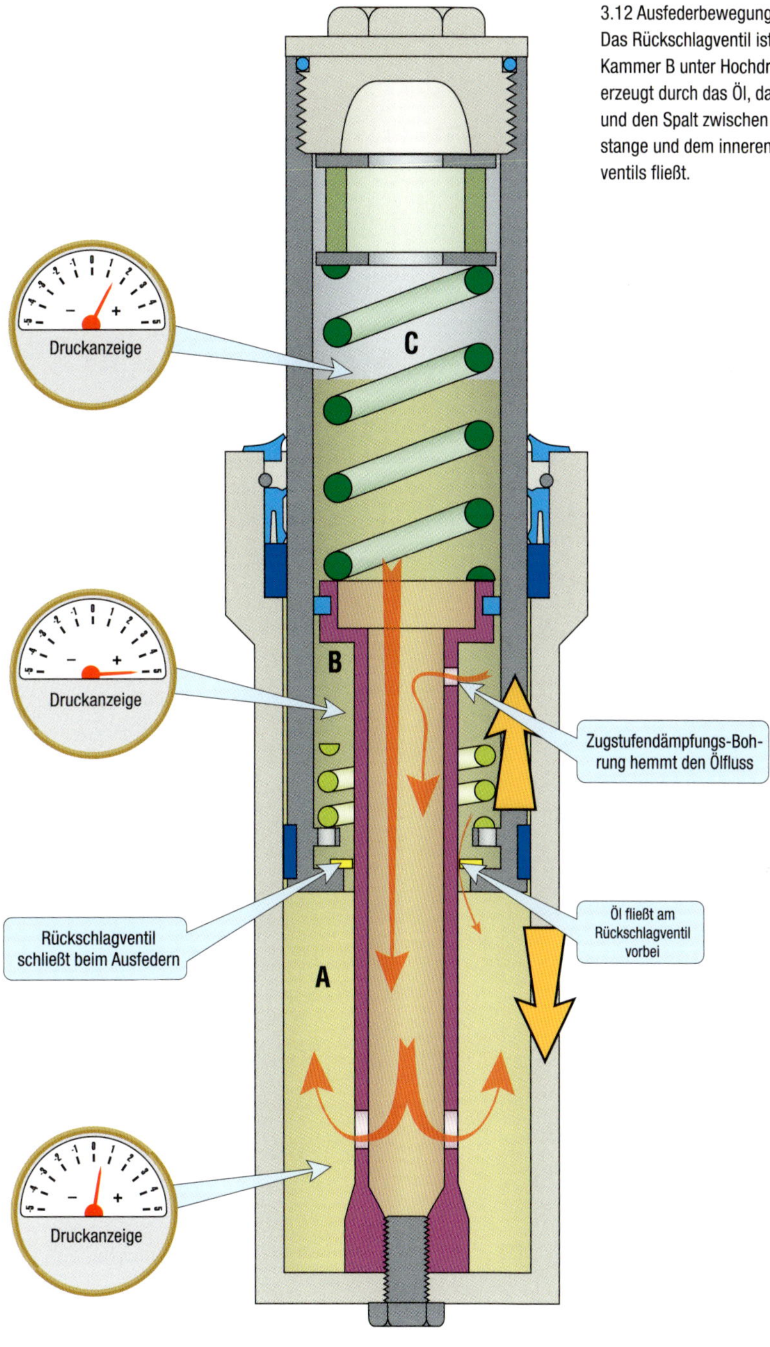

3.12 Ausfederbewegung der Dämpferstange
Das Rückschlagventil ist geschlossen. Demnach steht Kammer B unter Hochdruck, die Zugstufendämpfung wird erzeugt durch das Öl, das durch die Zugstufenbohrungen und den Spalt zwischen dem Außenumfang der Dämpferstange und dem inneren Durchmesser des Rückschlagventils fließt.

der Druck der Flüssigkeit unter ihren Dampfdruck fällt. Es handelt es sich um dasselbe Phänomen wie kochendes Wasser – mit dem Unterschied, dass nicht Hitzezufuhr, sondern Druckabfall dazu führt.

Das schafft zwei Probleme. Das erste: Das Öl lässt sich jetzt doch komprimieren, da es mit Blasen bzw. Hohlräumen durchsetzt ist. Darunter leiden die Dämpfungseigenschaften des Öls. Das zweite: Wenn die Hohlräume abrupt zusammenfallen, erzeugen sie eine Schockwelle, die zu einem Pitting an der Oberfläche der betroffenen Teile führen kann (Letzteres tritt häufiger bei Federbeinen als an Gabeln auf). Niedrige Drücke und hohe Temperaturen erhöhen die Wahrscheinlichkeit, dass es zur Kavitation kommt.

Beim Zugstufenhub dehnt sich Kammer A aus und saugt so das Öl zurück. Je größer der hydraulische Widerstand an den Bohrungen für die Druckstufe ist (durch kleinere Bohrungen oder dickeres Öl), um so wahrscheinlicher tritt Kavitation auf. Auch härtere Federn und sich schneller erwärmendes Öl führen zu häufigerem Auftreten.

DER MYTHOS DER PROGRESSIVITÄT

Das bringt uns zurück zu der Frage aller Fragen: „Wie macht man eine Federung straff und weich zugleich?" Die meisten Fahrwerksspezialisten haben lange die Auffassung vertreten, dass die

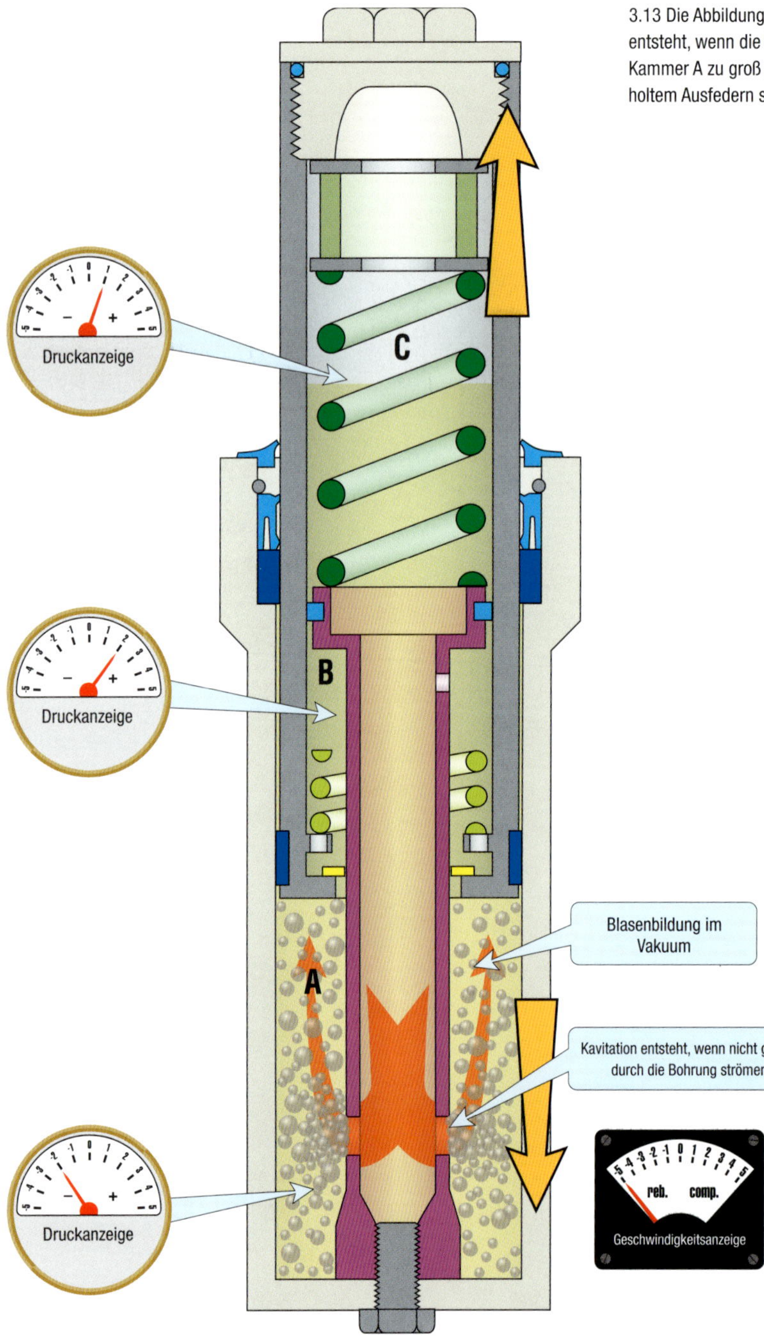

3.13 Die Abbildung zeigt, wie Kavitation beim Ausfedern entsteht, wenn die Verengung beim Wiederbefüllen der Kammer A zu groß ist. Die Auswirkungen sind bei wiederholtem Ausfedern sogar noch größer.

Antwort auf die Frage in der Progressivität liegt. Vielleicht haben Sie aber auch selbst den Kurvenverlauf der Dämpfung durch Bohrungen gesehen und zu sich gesagt: „Wow, was für eine toll progressive Kurve!"

Tatsächlich handelt es sich bei der Dämpfung durch Bohrungen um die progressivste Form der Dämpfung. Doch Sie haben ja selbst gesehen, welche Nachteile das Prinzip in sich birgt (insbesondere die hohe Durchschlagsneigung trotz harter Federung). Also: Mehr Progressivität ist nicht unbedingt besser.

Sehen Sie sich die abweichende Druckstufendämpfungs-Kurve in der Grafik 3.14 an. Bei niedrigen Geschwindigkeiten steht erheblich mehr Druckstufendämpfung zur Verfügung. Dadurch ist die Gabel straffer und taucht beispielsweise beim Bremsen weniger ein. Auch die Durchschlagneigung verringert sich, denn bei jedem Einfedern beginnt und endet die Geschwindigkeit bei Null, ungeachtet der Maximalgeschwindigkeit.

Sie sehen auch, dass die Kurve nicht bei höheren Geschwindigkeiten in die Schmerzzone abdriftet. Vielleicht denken Sie: „Na ja, aber sie geht schon in die Richtung ...". Aber in der wirklichen Welt sieht es so aus, dass in Federelementen nur eine bestimmte Geschwindigkeit erreicht werden kann. Diese hängt davon ab, welche Größe und Form die Unebenheiten haben, auf die man trifft, wie schnell man fährt, wie groß die Masse des Motorrades ist, wie das Fahrwerk abgestimmt ist. Die höchste Geschwindigkeit, die ich je auf einer „ShockClock“ registriert habe, war 15 m/sek bei einer ziemlich harten Landung, die übrigens auch für den Fahrer zu hart war. Jedenfalls hat er's nicht geschafft …

Zugegeben, das ist schon ziemlich schnell. Aber es hat auch seine Implikationen – Änderungen an der Dämpfungskurve jenseits von 15 m/sek haben selbst beim Supercross keine wirklichen Auswirkungen.

GABEL MIT „GOLD VALVE CARTRIDGE“-EMULATOR

Zum Glück gibt es für alle Besitzer eines Motorrades mit Dämpferkolben-Gabel einen eleganten Weg, den Verlauf der Dämpfungskurve zu ändern – mithilfe des „Race Tech Gold Valve Cartridge“-Emulators. Ich habe den Emulator in den frühen Neunzigern erfunden, um damit dieselbe Druckstufenkurve erzeugen zu können wie mit einer Cartridge-Gabel und um eine ähnlich gute Abstimmbarkeit bei vernünftigen Kosten möglich zu machen.

Mit dem Emulator gibt die Low-Speed-Druckstufe ein wesentlich besseres Feedback, während die High-Speed-Druckstufe große und eckige Unebenheiten schluckt, ohne sich dabei zu verhärten. Das gibt dem Fahrer eine bessere Rückmeldung bei Richtungsänderungen, das Motorrad fühlt sich in Schräglage „gesetzter“ an und bietet bei alldem doch mehr Komfort.

In der Abbildung 3.15 sehen Sie, dass der „Gold Valve Cartridge“-Emulator oben auf dem Dämpferkolben aufliegt und von der Hauptfeder in seiner Position gehalten wird. Der Emulator erledigt zwei Jobs: Er verändert die Kurve der Druckstufen-Dämpfung und erlaubt auch, sie zu korrigieren. Dazu trennt er die Druckstufen- von der Zugstufendämpfung, so dass beide unabhängig voneinander abgestimmt werden können. Sehen wir uns an, wie das funktioniert.

Der Emulator übernimmt die Druckstufendämpfung von der Dämpferstange. Dazu erhält die Dämpferstange mehr und größere Bohrungen für die Druckstufe. Es kann nun mehr Öl hindurchfließen – und damit wird das Problem des zu großen Widerstands an den Druckstufenbohrungen vernachlässigbar. Es bleibt zwar ein gewisser Widerstand, doch dessen Einfluss hat kaum messbare Auswirkungen. Stattdessen geschieht jetzt die komplette Druckstufen-Dämpfung im Emulator.

Nachdem der Emulator auf dem Dämpferkolben aufliegt, übernehmen Low-Speed-Entlüftungsbohrungen in dem Ventilkolben die Low-Speed-Dämpfung (siehe Abbildung 3.15). Das Öl fließt jetzt ungehemmt aus der Kammer A in das Innere der Dämpferstange und von dort aus in Richtung der Kammer C. Bei den niedrigsten Geschwindigkeiten wird nicht genügend Druck aufgebaut, um den Hauptventilkolben zu öffnen. Daher fließt das Öl vollständig durch die Low-Speed-Entlüftungsbohrung des Emulators.

Bei höheren Dämpfungsgeschwindigkeiten, insbesondere dann, wenn das Vorderrad auf eine kantige Unebenheit trifft, oder bei der Landung nach einem Sprung, muss die Gabel sehr viel schneller federn. Der Öldruck baut sich in Kammer A unterhalb des Emulators soweit auf, bis der Emulatorkolben aus seinem Sitz gehoben wird und das Öl in Kammer C fließen lässt (siehe Abbildung 3.16). Der Druck, der den Kolben anhebt und so die Öffnung frei gibt, lässt sich mit der Vorspannung der Ventilfeder einstellen. Änderungen an der Federrate bestimmen den Anstieg der Dämpfungskurve, nachdem der Kolben die Öffnung freigegeben hat – sehen

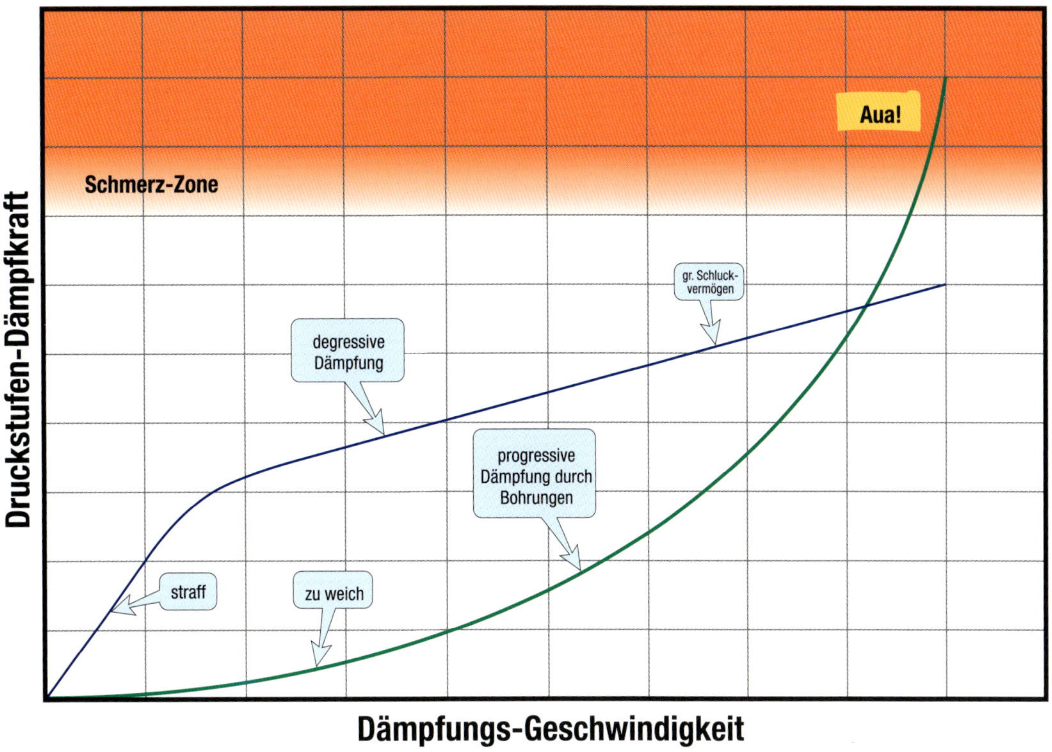

3.14 In der Vergangenheit erlagen viele Tuner dem Irrglauben, dass eine Dämpfung um so besser ist, je progressiver sie ist. Diese Kurve zeigt aber, dass man so in jedem Bereich das schlechteste Ergebnis erhält. Für die meisten Verwendungen ist eine degressive Kurve die bessere.

Sie dazu das Spektrum der verfügbaren Einstellungen in Abbildung 3.17.

Abbildung 3.18 erlaubt einen genauen Blick auf die Details des Emulators. Die Einstellung der Dämpfungs-Druckstufe bei mittleren Geschwindigkeiten geschieht, indem man die Vorspannung der Ventilfeder ändert, die den Kolben gegen die Stirnfläche des Emulatorventils drückt. Durch Erhöhen der Vorspannung wird zugleich der Druck erhöht, der den Öffnungszeitpunkt des Federventils bestimmt.

Ist der Emulator eingebaut, lassen sich Änderungen relativ einfach vornehmen. Nehmen Sie dazu entweder einen am Ende gebogenen Schweißdraht oder ein Greifwerkzeug und ziehen damit den Emulator aus dem Gabelholm. Jetzt können Sie die Vorspannung des Federventils ändern und den Emulator wieder einsetzen. An vielen Motorrädern lässt sich dies ohne einen Ausbau der Gabel bewerkstelligen.

Sehen wir uns nun die Zugstufe an (Abbildung 3.19). Der Emulator ändert nichts an der Zugstufendämpfung, und deswegen wird diese durch das Befüllen mit Öl mit einer anderer Viskosität bestimmt. Auch wenn dies sich nicht nach einer wirkungsvollen Änderung anhört, so ist der Effekt doch erheblich. Bei einer Standard-Gabel mit Dämpferstange ändert man die Zugstufendämpfung mit einer anderen Ölviskosität – doch das geht nicht, ohne auch zugleich die Druckstufendämpfung gleichzeitig in dieselbe Richtung

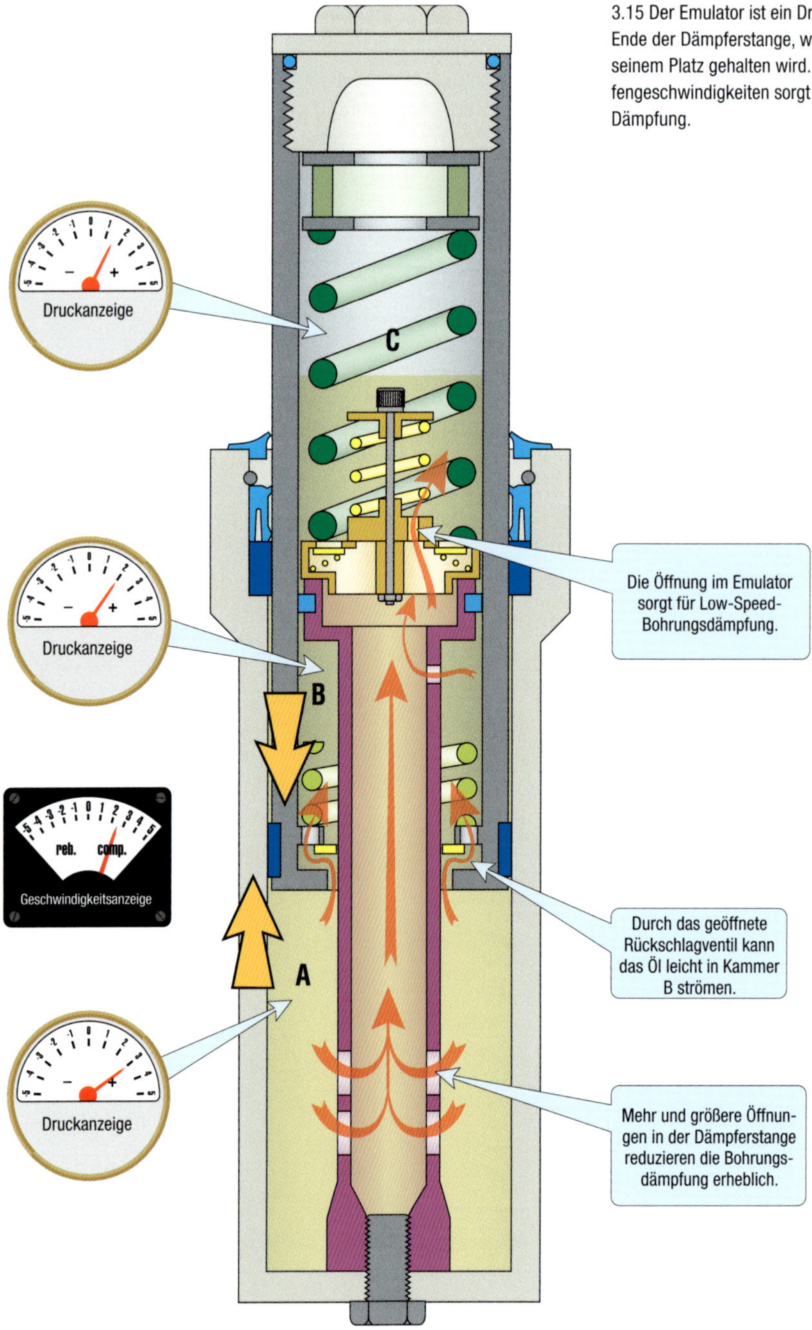

3.15 Der Emulator ist ein Druckstufenventil am oberen Ende der Dämpferstange, wo er von der Tragfeder an seinem Platz gehalten wird. Bei sehr geringen Druckstufengeschwindigkeiten sorgt eine kleine Bohrung für die Dämpfung.

zu ändern. Mit einem Emulator spielt es aber keine Rolle, mit welcher Ölviskosität die ideale Dämpfungs-Zugstufe erzielt wird, denn die Druckstufendämpfung lässt sich ja separat einstellen.

KONVENTIONELLE CARTRIDGE-GABELN

Konventionelle Cartridge-Gabeln arbeiten sehr viel aufwändiger als Zwei-Rohr-Gabeln mit Dämpferstange. Von außen betrachtet, unterscheiden sie sich kaum von Gabeln mit Dämpferstange – der Unterschied liegt im Inneren.

In einer konventionellen Cartridge-Gabel geschieht die Dämpfung in einer Metall-Cartridge – daher auch der Name – ‚die mit dem unteren Ende des Gabelholms verbunden ist. Die Hauptfeder befindet sich, wie auch die Cartridge, innerhalb des Gabelholms zwischen dem oberen Ende der Cartridge und der Gabelkappe. Die Abbildung zeigte eine kleine Top-Out-Feder, die außerhalb der Cartridge angeordnet ist.

In der Cartridge befinden sich zwei Ventilkombinationen – die für die Druckstufe befindet sich am unteren Ende der Cartridge, die für die Zugstufe am oberen Ende der Dämpferstange. Das andere Ende der Dämpferstange ist an der Gabelkappe befestigt.

Die meisten Cartridge-Gabeln verfügen über externe Einstellmöglichkeiten für Zug- und Druckstufendämpfung. Die Einstellschraube für die Low-Speed-Zugstufendämpfung befindet sich auf der Gabelkappe. Sie ist mit einer langen Schubstange verbunden, die in das Innere der Cartridge führt. Am Ende dieser Schubstange agiert eine Nadel oder ein konusförmiges Ventil, die nach dem Prinzip eines Nadelventils den Ölfluss durch die Bohrung für die

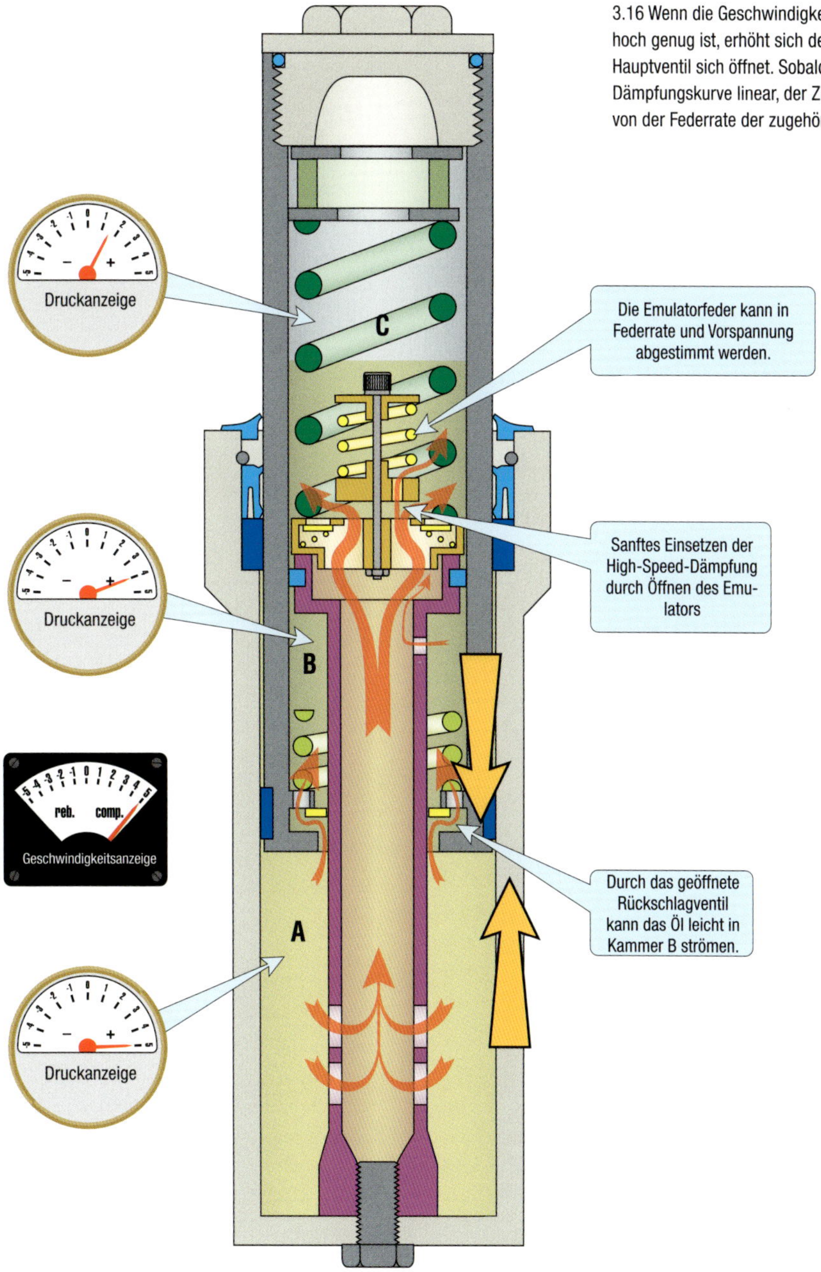

3.16 Wenn die Geschwindigkeit der Dämpferstange hoch genug ist, erhöht sich der Druck soweit, dass das Hauptventil sich öffnet. Sobald es geöffnet ist, verläuft die Dämpfungskurve linear, der Zuwachs an Dämpfung hängt von der Federrate der zugehörigen Feder ab.

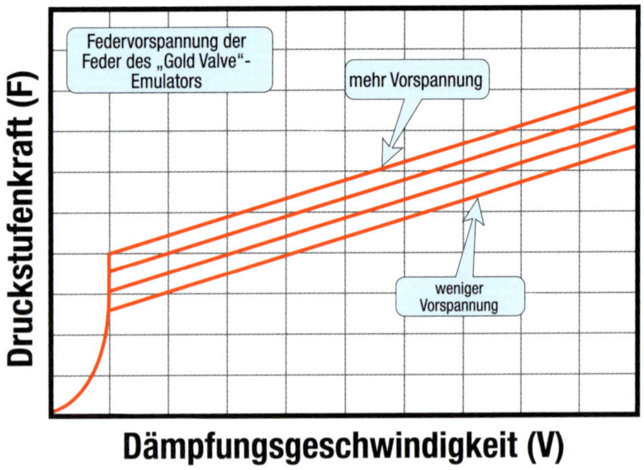

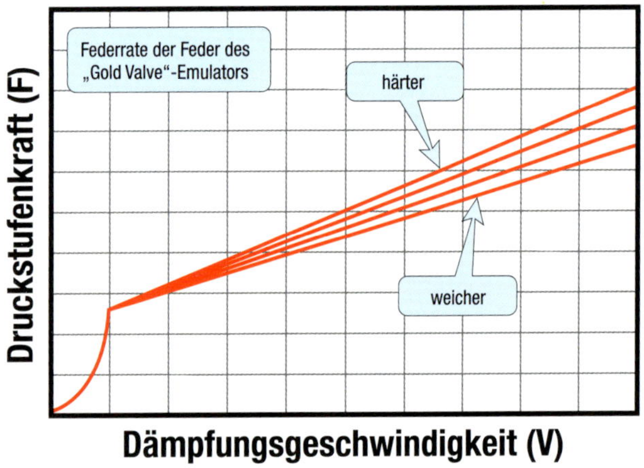

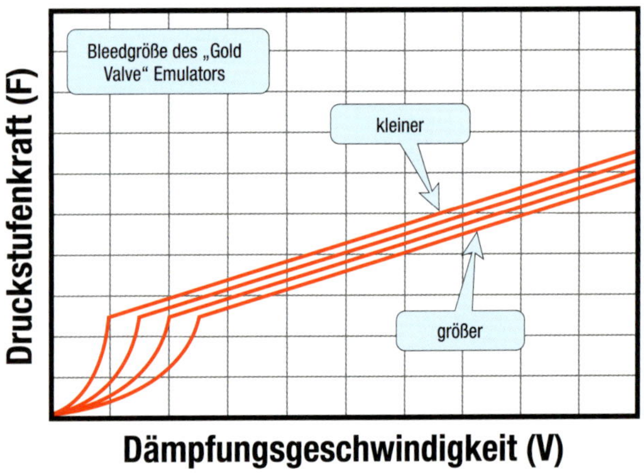

3.17 Die Einstellmöglichkeiten des Emulators in punkto Federvorspannung, Federrate und Bleedgröße geben außerordentliche Flexibilität bei der Abstimmung.

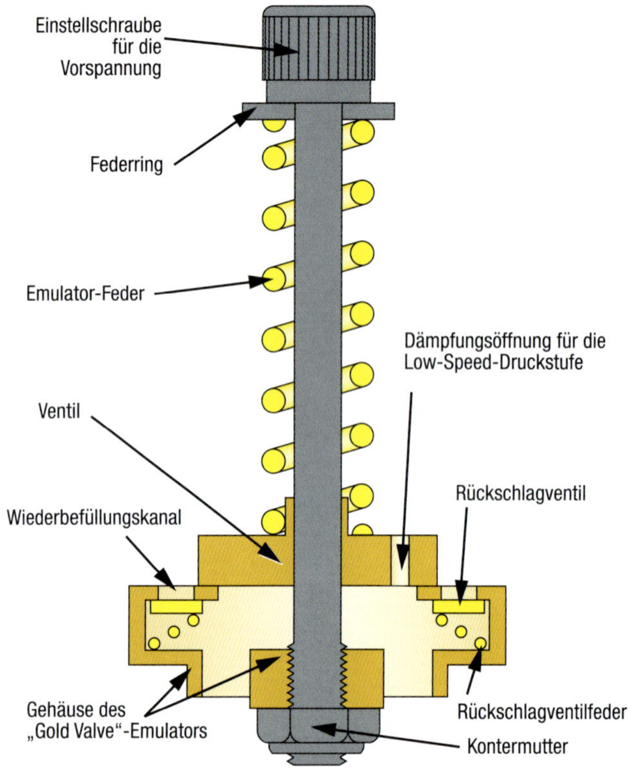

3.18 Die Bauteile des Emulators

Low-Speed Zugstufendämpfung steuern. Wenn die Einstellschraube hineingedreht wird (im Uhrzeigersinn), senken sich Nadel oder Konus mehr oder weniger tief in die dafür vorgesehene Öffnung. Hierdurch wird der Ölfluss reduziert und die Dämpfung erhöht. Die Low-Speed-Einstellung hat auch Auswirkungen auf die High-Speed-Zugstufendämpfung – da sie weiter einen schnellen Ölfluss zulässt – aber nicht in dem Umfang, dass Auswirkungen in der Low-Speed-Zugstufe zu spüren sind.

Die Einstellschraube für die Low-Speed-Druckstufendämpfung befindet sich am unteren Ende des Gabelholms (bei manchen Modellen auch seitlich). Sie arbeitet ähnlich wie der Einsteller für die Zugstufe. Wir werden uns genau ansehen, wie sowohl Low- als auch High-Speed-Dämpfung funktionieren und beginnen hierzu mit dem Einfedern bei einer Cartridge-Gabel.

Nehmen wir an, das Vorderrad trifft auf eine kleine, runde Unebenheit und die Gabel federt ein. Durch das Einfedern wird die Dämpferstange in die Cartridge gedrückt und verdrängt so Gabelöl.

Ebensoviel an Volumen muss nun aus der Cartridge austreten. Bei einer Standard-Cartridge-Gabel ist genau diese Ölmenge für die Steuerung der Dämpfungs-Druckstufe verantwortlich.

In Abbildung 3.21 wird Kammer A komprimiert, daher herrscht hier der höchste Öldruck. Beachten Sie, dass das Rückschlagventil für die Zugstufe sich durch das Einfedern der Gabel öffnet. Das Rückschlagventil bietet sehr wenig Widerstand, so dass das Öl ungehindert in Kammer B strömen kann. Dadurch ist der Öldruck in Kammer B nur geringfügig niedriger als in Kammer A (es wird Ihnen auffallen, dass dieser Aufbau den Kammern A und B einer Zwei-Rohr-Gabel sehr ähnelt). In Kammer C ist der Öldruck am niedrigsten.

Bei sehr niedrigen Geschwindigkeiten muss alles aus der Cartridge strömende Öl durch die Bohrung mit einem Ringquerschnitt, deren Größe sich mit dem Einsteller für die Low-Speed-Druckstufe verändern lässt. Bleibt die Einfederbewegung weiterhin langsam, muss der vollständige Ölfluss durch den Low-Speed-Dämpfungskreislauf im Druckstufen-Bodenventil.

Gehen wir über zur High-Speed-Druckstufe. Je schneller die Dämpferstange sich bewegt, um so größer wird der Widerstand, den der Low-Speed-Einstellungs-Kreislauf dem Ölfluss entgegenstellt. Dadurch steigt der Öldruck in Kammer A. Bei einem durch

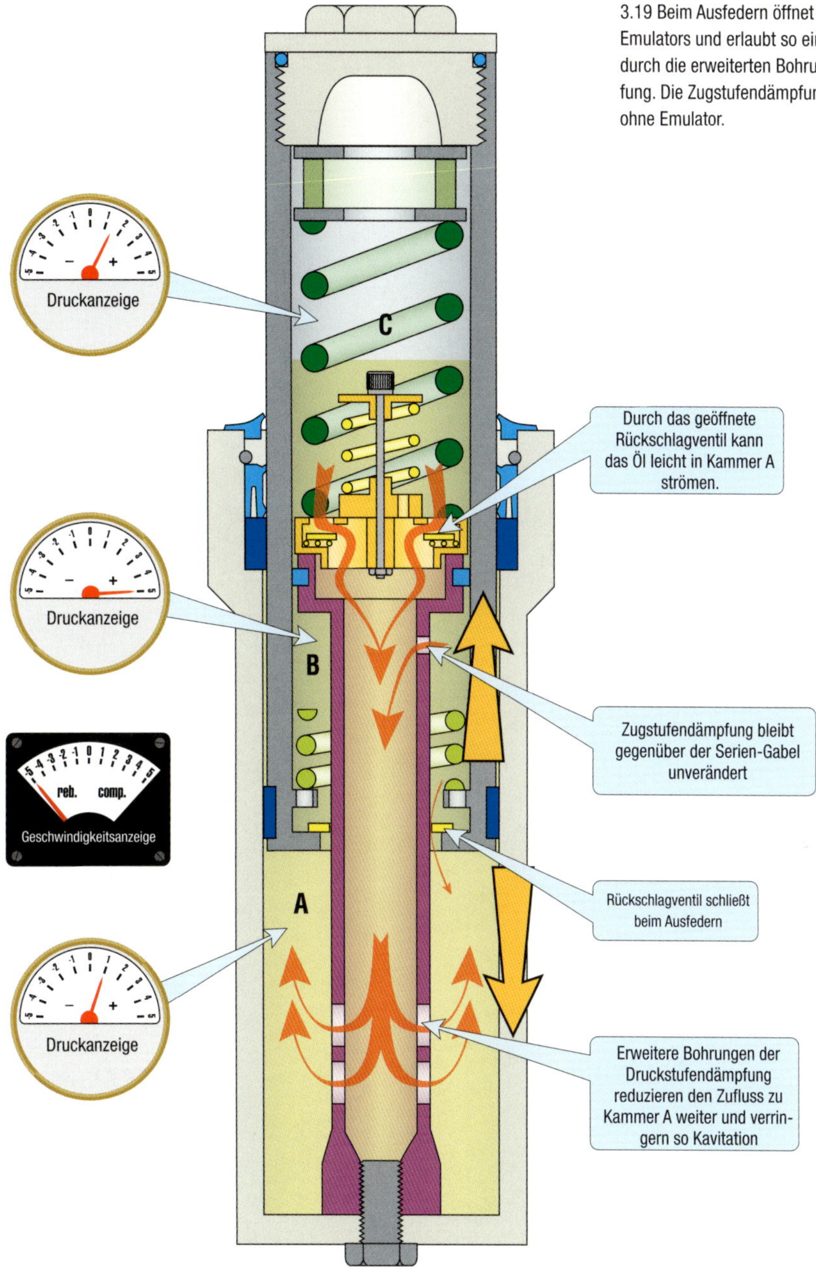

3.19 Beim Ausfedern öffnet sich das Rückschlagventil des Emulators und erlaubt so ein Wiederbefüllen in Kammer A durch die erweiterten Bohrungen der Druckstufendämpfung. Die Zugstufendämpfung geschieht genauso wie ohne Emulator.

die Wahl der Shims im Shim-Paket vorgegebenen Druck geben die Shims nach und der Kanal ist frei. Beachten Sie, dass das Öl noch immer durch die Bohrung für die Low-Speed-Druckstufe fließt – jedoch unter höherem Gegendruck. Der größte Teil des Öls fließt jetzt aber durch den Kreislauf für die High-Speed-Dämpfung.

In Abbildung 3.22 sehen Sie, dass das Shim-Paket für die Druckstufe aus einem Stapel bzw. Paket von aufeinanderliegenden kleinen Scheiben, genannt „Shims“ besteht. Diese Shims haben es in sich, denn sie arbeiten wie eine Feder – und genau das sind sie auch: Je mehr der Öldruck steigt, um so mehr geben sie nach. Nun kann das Öl an ihnen vorbeiströmen und so die Cartridge verlassen. Die einzelnen Shims, die zu einem Shim-Paket zusammengefügt werden, lassen sich beliebig variieren – in Anzahl, Größe und Dicke. Damit wird die Stärke der Dämpfung bestimmt.

(Anzumerken ist, dass das Öl um die Shims herumfließt, während es in der Abbildung an der rechten Seite der Shim-Kombination vorbeifließt. Wir haben diese Art der Abbildung gewählt, um die beiden Wege – Zu- und Abfluss – zu verdeutlichen.)

ZUGSTUFENDÄMPFUNG

An einer konventionellen Cartridge-Gabel geschieht die Dämpfung der Zugstufe analog zu der Dämpfung der Druckstufe (siehe Abbildung 3.23). Wenn die Gabel ausfedert, schließt sich das Rückschlagventil, dadurch verringert sich das Volumen von Kammer 2, der Druck darin steigt solange an, bis B die Kammer mit dem höchsten Druck in der gesamten Gabel ist. Zugleich vergrößert sich das Volumen von Kammer A, wodurch dort auch der Druck abfällt.

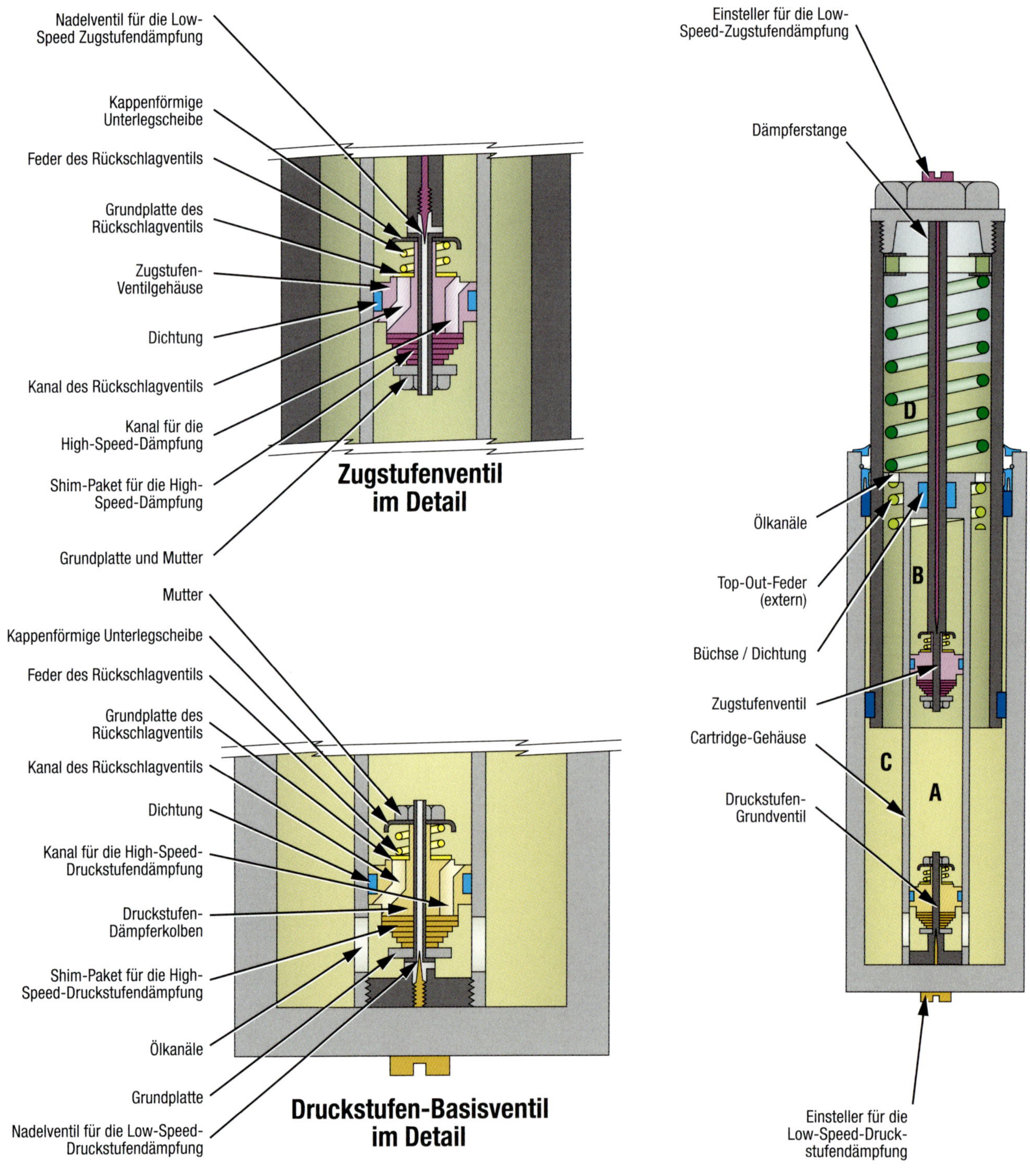

3.20 Komponenten einer konventionellen Cartridge-Gabel

Bei niedriger Ausfedergeschwindigkeit reicht der Druck nicht aus, damit das Shim-Paket den Durchlass für die Zugstufe öffnet, das Öl fließt also durch die Low-Speed-Zugstufen-Bohrung von Kammer B nach Kammer A. Während die Low-Speed-Zugstufe arbeitet, steuert das Nadelventil für die Zugstufen-Einstellung den Ölfluss.

Wenn die High-Speed-Zugstufe arbeitet, ist der Druck in Kammer B hoch genug, damit das Shim-Paket den Durchlass für die Zugstufe öffnet (siehe Abbildung 3.24). Natürlich fließt weiterhin Öl durch den Kreislauf für die Low-Speed-Zugstufe, doch der Großteil des Öls drückt sich an den Shims vorbei in den Kreislauf. Wie bei der Dämpfungs-Druckstufe kann auch das Shim-Paket für

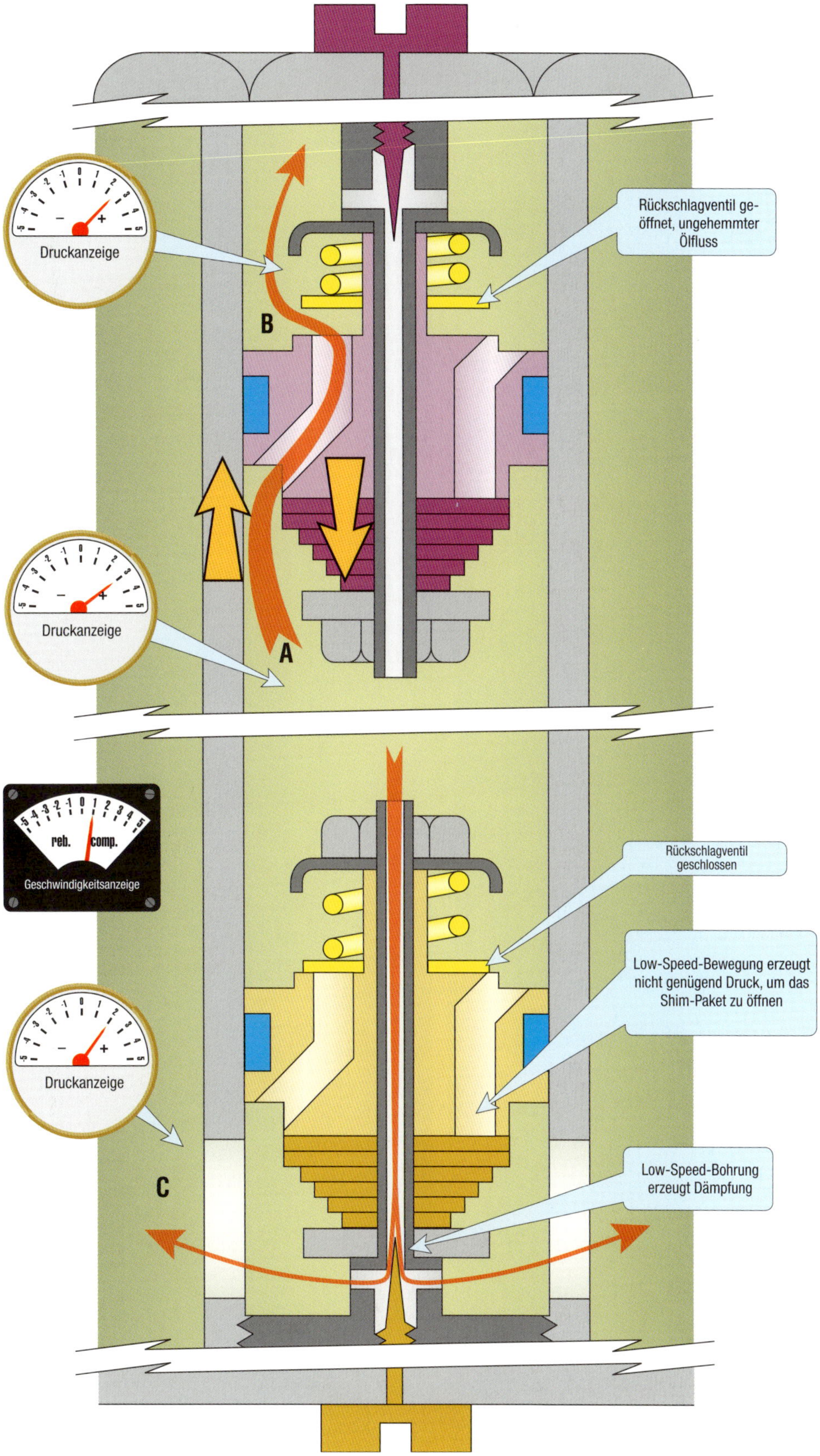

3.21 Low-Speed-Druckstufe an einer konventionellen Cartridge-Gabel

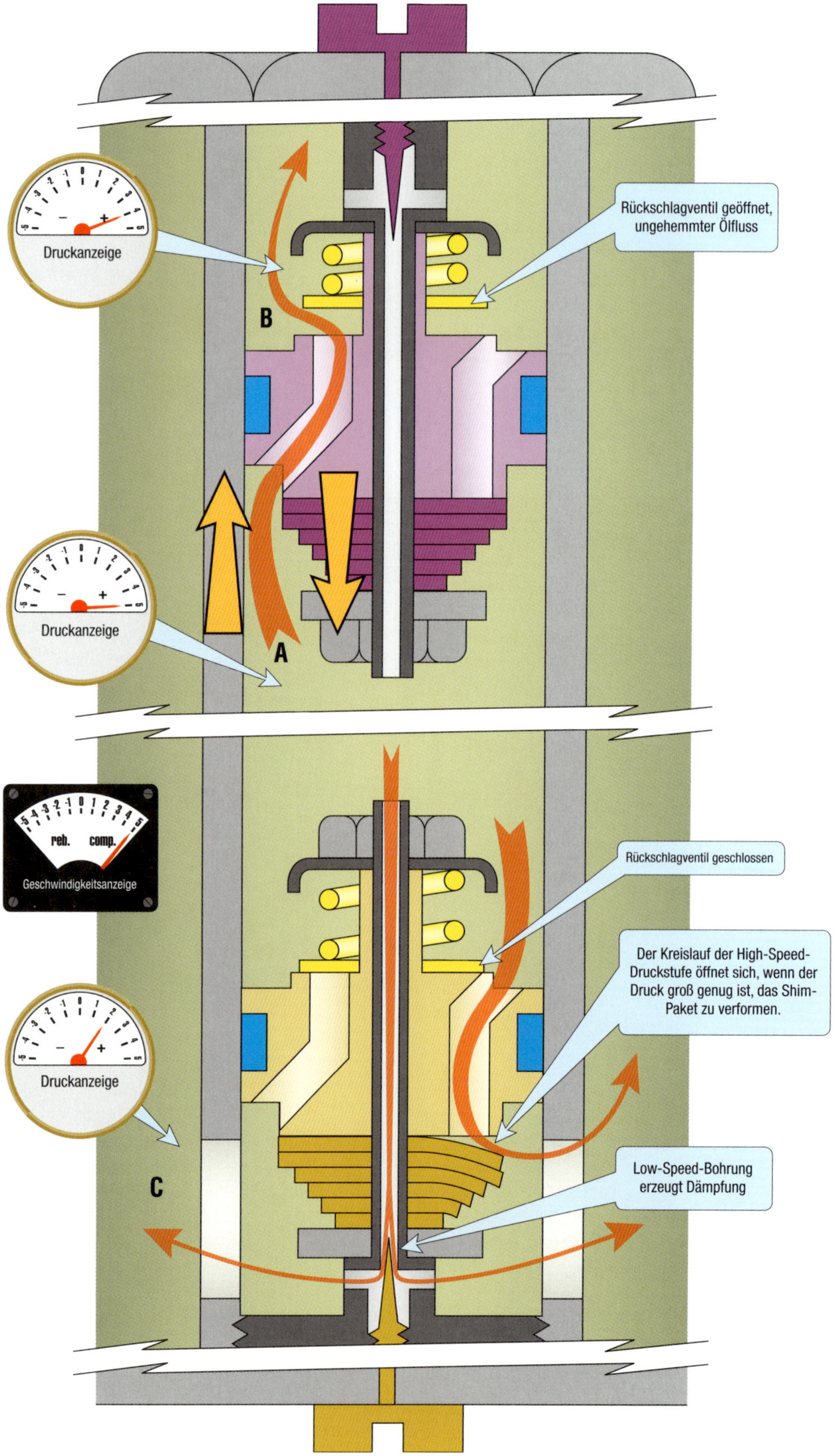

3.22 High-Speed-Druckstufe an einer konventionellen Cartridge-Gabel

die Zugstufe abgestimmt werden, in dem man Zahl, Größe und Dicke der Shims variiert.

Nicht übersehen wollen wir aber die erneute Füllung von Kammer A. Dorthin fließt das gesamte Ölvolumen aus Kammer B, doch dieses Volumen reicht nicht aus, um Kammer A komplett zu füllen – es fehlt genau das Volumen der Dämpferstange. Zum Glück ist das Dämpfungs-Ventil ein Rückschlagventil, das sich nun öffnet, um so das Öl aus Kammer C in Kammer A zurückfließen zu lassen.

In diesem Zusammenhang ist es wichtig und interessant festzustellen, dass die Geschwindigkeit der Ausfederbewegung in direktem Zusammenhang mit der Länge des genutzten Federwegs steht. Je mehr die Gabel einfedert, um so mehr Energie wird in der Feder gespeichert und entsprechend größer ist die Kraft, mit der die Gabel ausfedert. Das bedeutet im Regelfall, dass die Low-Speed-Zugstufendämpfung bei geringerem genutzten Federweg in Aktion tritt, während die High-Speed-Zugstufe für die großen Federbewegungen zuständig ist.

MEHRSTUFIGE DÄMPFUNG

Das Shim-Paket in einer Cartridge-Gabel lässt sich auch so konfigurieren, dass die Kurve für die Druckstufendämpfung einen progressiven Verlauf nimmt. Wie Sie in der Abbildung 3.25 sehen können, ist unterhalb der beiden oberen Shims für die Druckstufe ein im Durchmesser kleinerer Distanzring angeordnet, der die beiden oberen Shims von dem übrigen Shim-Stapel trennt. Bei zunehmender Geschwindigkeit öffnet sich der Low-Speed-Stapel (der näher am Kolbenventil liegende) und das Öl fließt durch die Bohrungen für die Druckstufe – ganz wie bei einem einstufigen Shim-Stapel.

In der darauffolgenden Abbildung ist die Einfedergeschwindigkeit höher, dadurch steigt der Öldruck in Kammer A. Durch den größeren auf ihm lastenden Öldruck gibt das Low-Speed-Shim-Paket weit genug nach, um den zweiten Shim-Stapel zu berühren (den für High-Speed), wodurch sich das ganze Shim-Paket verhärtet. Mit mehrstufigen Shim-Stapeln kann die Progressivität maßgenau gesteuert werden. Beachten Sie, dass die Kurve um so progressiver ist, je mehr Stufen zum Einsatz kommen.

Lassen Sie sich nicht durch die Wahl der Begriffe verwirren. Wenn wir von einem Druckstufen-Shim-Paket für High Speed und Low Speed sprechen, mag das so klingen, als würden der Low-Speed-Einsteller und das Low-Speed-Shim-Paket auf denselben Geschwindigkeitsbereich wirken. Überall dort, wo freie Bleeds (permanent geöffnete Bohrungen) entstehen, wird die Dämpfung für die niedrigste Geschwindigkeit gesteuert. Wo der niedrigste Geschwindigkeitsbereich beginnt, lässt sich durch Wahl der Shims festlegen.

Bedenken Sie immer, dass die Auswirkungen all dieser Bauteile sich gegenseitig überschneiden. Je höher die Geschwindigkeit, um so geringer sind die Wirkungen des Einstellers für die Low-Speed-Dämpfung. Diese arbeitet immer noch und lässt sich auch spüren.

MITTELVENTIL FÜR CARTRIDGE-GABELN

Beim Einfedern einer Cartridge-Gabel hat das Rückschlagventil des Zugstufenkolbens die Aufgabe, das Öl ungehemmt von Kammer A nach Kammer B fließen zu lassen. Aber: Was passiert, wenn wir ein Shim-Paket an die Stelle des Rückschlagventils einsetzen und diesen als Mittelventil bezeichnen? Was sind die Vorteile? Wo liegen die Grenzen?

In Abbildung 3.27 lässt sich erkennen, dass es auf der Seite des Ausfederhubs kein Gegenstück gibt. Dessen Aufgabe besteht darin, den Ölstrom durch diese beiden Passagen zu stoppen, und genau das würde sie tun. Beim Einfedern gibt es zwar einen Zufluss von Kammer A nach B, aber weil Kammer B nun größer ist, entsteht hier ein Vakuum. Wenn wir den Ölfluss zu sehr verringern, riskieren wir Kavitation während des Einfederns und in der Folge eine unvollständige Füllung von Kammer A. Wenn wir aber den Ölfluss so gering hielten, dass Kavitation entsteht, würden wir die Druckstufendämpfung erhöhen.

Worin besteht nun der Unterschied, dem Druckstufenkolben anstelle des Zwischenventils mehr Dämpfung zu geben? Bedenken Sie, dass die Ölmenge, die beim Einfedern durch den Druckstufenkolben fließt, exakt dem Volumen entspricht, das die Dämpferstange verdrängt. Beim Einfedern entspricht die Ölmenge, die von A nach B geht, der Fläche des Innendurchmessers der Cartridge minus der Fläche der Dämpferstange, multipliziert mit dem faktischen Hub. Eine Cartridge mit 24 Millimetern Durchmesser mit einer 12 mm starken Dämpferstange wird durch das Zwischenventil dreimal mehr Öl in Kammer B drücken als durch das Druckstufen-Grundventil aus der Cartridge heraus.

Worin also liegt der Nutzen eines Zwischenventils? Wir haben zuvor gesagt, dass Öl sich nicht komprimieren lässt. Das stimmt jedoch nicht hundertprozentig. Tatsächlich lässt sich Öl sehr wohl geringfügig komprimieren, ebenso wie das Cartridge-Rohr leicht expandieren und dadurch sein Volumen vergrößern kann. Es entsteht also eine minimale Verzögerung zwischen dem Moment, in dem die Dämpferstange in die Cartridge eintaucht und dem Moment, in dem der Ölfluss durch das Druckstufenventil Dämpfung erzeugt. Das trifft insbesondere bei geringem Einfedern zu. Aber weil die Ölmenge, die durch das Zwischenventil fließt, um so vieles größer ist, lässt sich hier mit kleinen Abstimmungs-Eingriffen relativ viel Druckstufendämpfung erzielen. Ergebnis unterm Strich: Die Ansprech-Verzögerung wird durch Verwendung eines Zwischenventils kleiner.

Zum ersten Mal eingesetzt wurde das Mittelventil an Geländemaschinen. Die Herausforderung dabei liegt in den unglaublich hohen Geschwindigkeiten der Dämpferstangen beim Eintauchen, insbesondere nach einem Sprung. Hierdurch bedingt, strömt das Öl mit sehr hoher Geschwindigkeit vorbei am Shim-Paket des Mittelventils. Die Shims geben dabei stark nach und bilden sich oft genug nicht vollständig zurück. Bei zahlreichen Gabeln waren die Shims nach einem einzigen Sprung komplett verbogen. Und das bedeutete natürlich, dass das Mittelventil nicht mehr als solches funktionierte. Aber wenn die Gefahr so groß ist, warum soll man dann so ein Zwischenventil verwenden?

Auch wenn ein gewisses Risiko besteht, so gibt es doch einige Vorteile, wenn so ein Zwischenventil doch auf Dauer funktioniert, und der wichtigste dabei ist die Minimierung von Kavitation.

Es gibt verschiedene Konstruktionen eines Mittelventils, eine gebräuchliche Variante wollen wir uns einmal ansehen – in Abbildung 3.27. Hier besteht das Mittelventil aus einem Shim-Stapel, der auf einer Abstandhülse gleitet. Dadurch kann er sich bewegen, bevor die Shims nachgeben. Hinzu kommt ein zusätzlicher Shim, der die Shims abstützt, wenn sie sich bei hohen Flussgeschwindigkeiten stark verbiegen. Eine Spiralfeder bringt beim Wechsel von Druck- zur Zugstufe den Shim-Stapel zurück zum Kolben.

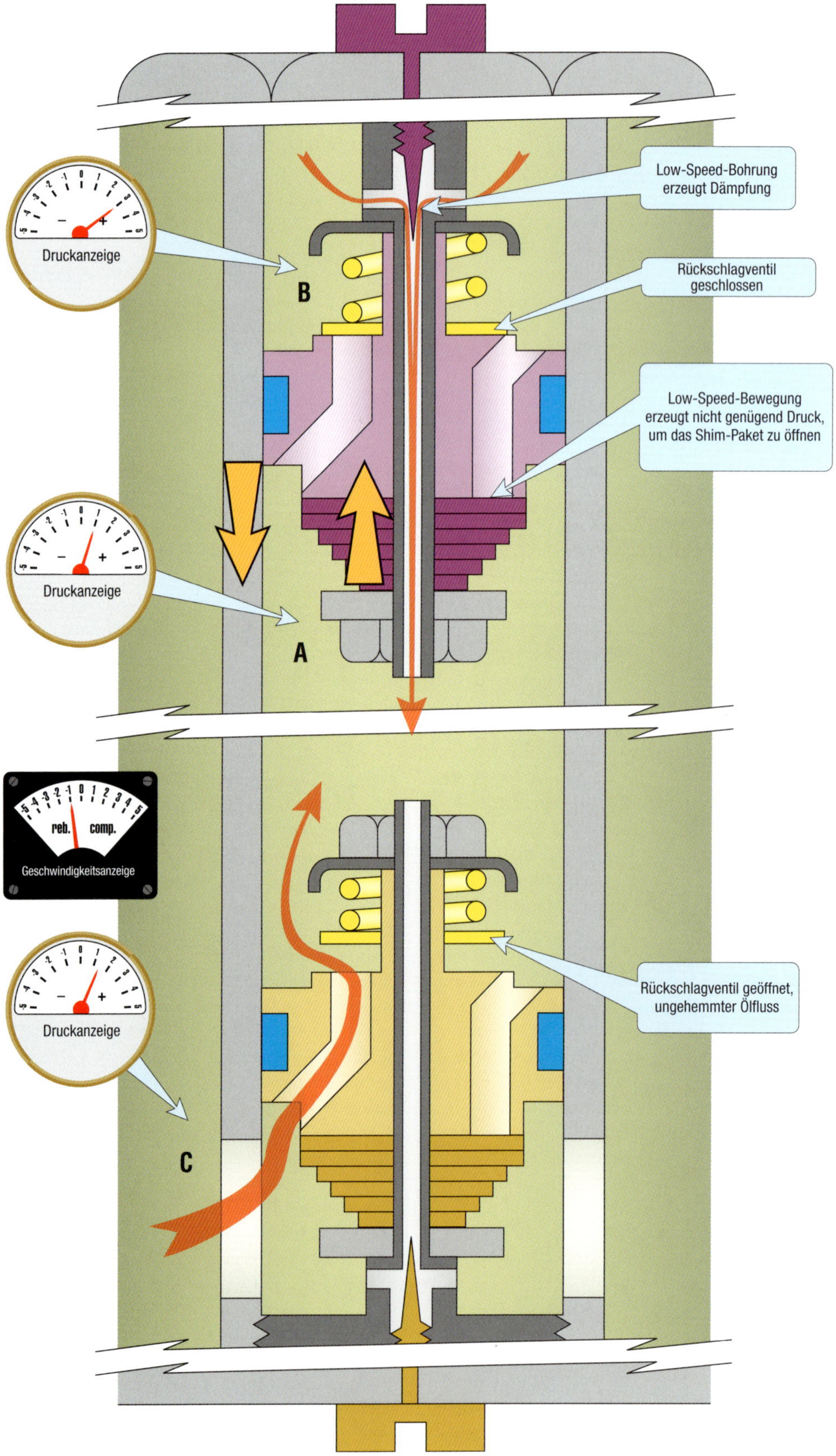

3.23 Low-Speed-Zugstufe an einer konventionellen Cartridge-Gabel

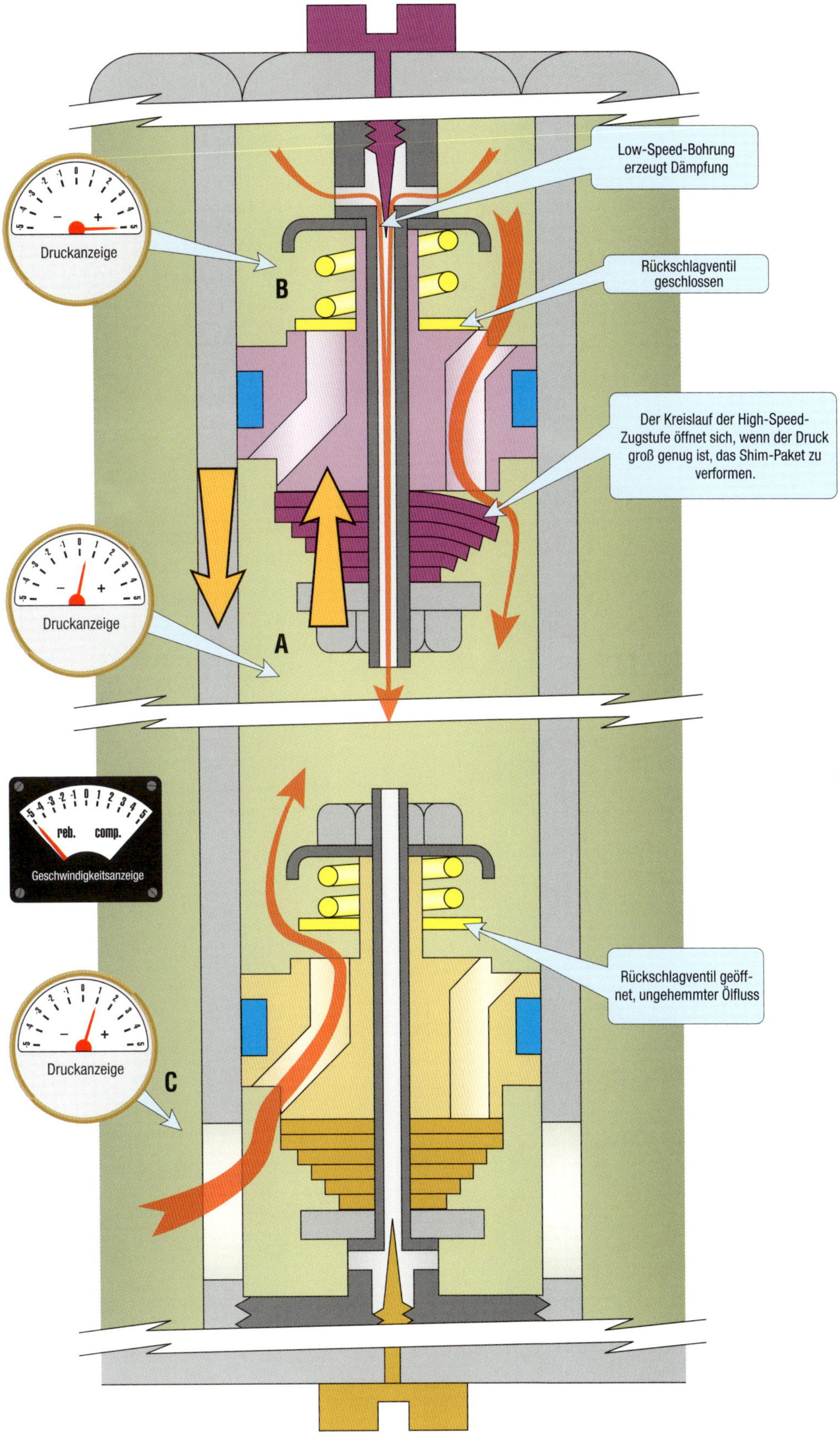

3.24 High-Speed-Zugstufe an einer konventionellen Cartridge-Gabel

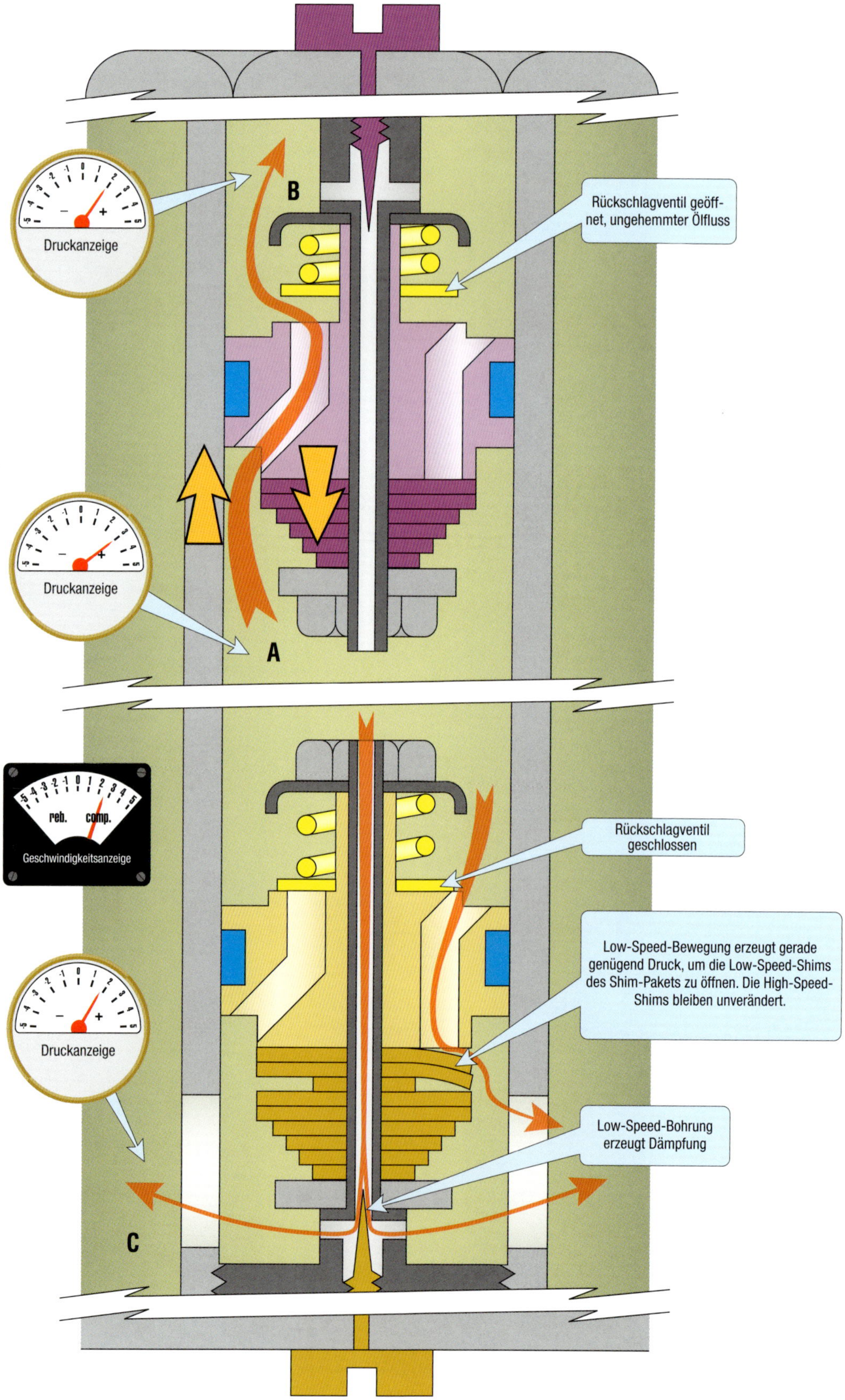

3.25 Low-Speed-Druckstufe an einer zweistufigen, konventionellen Cartridge-Gabel

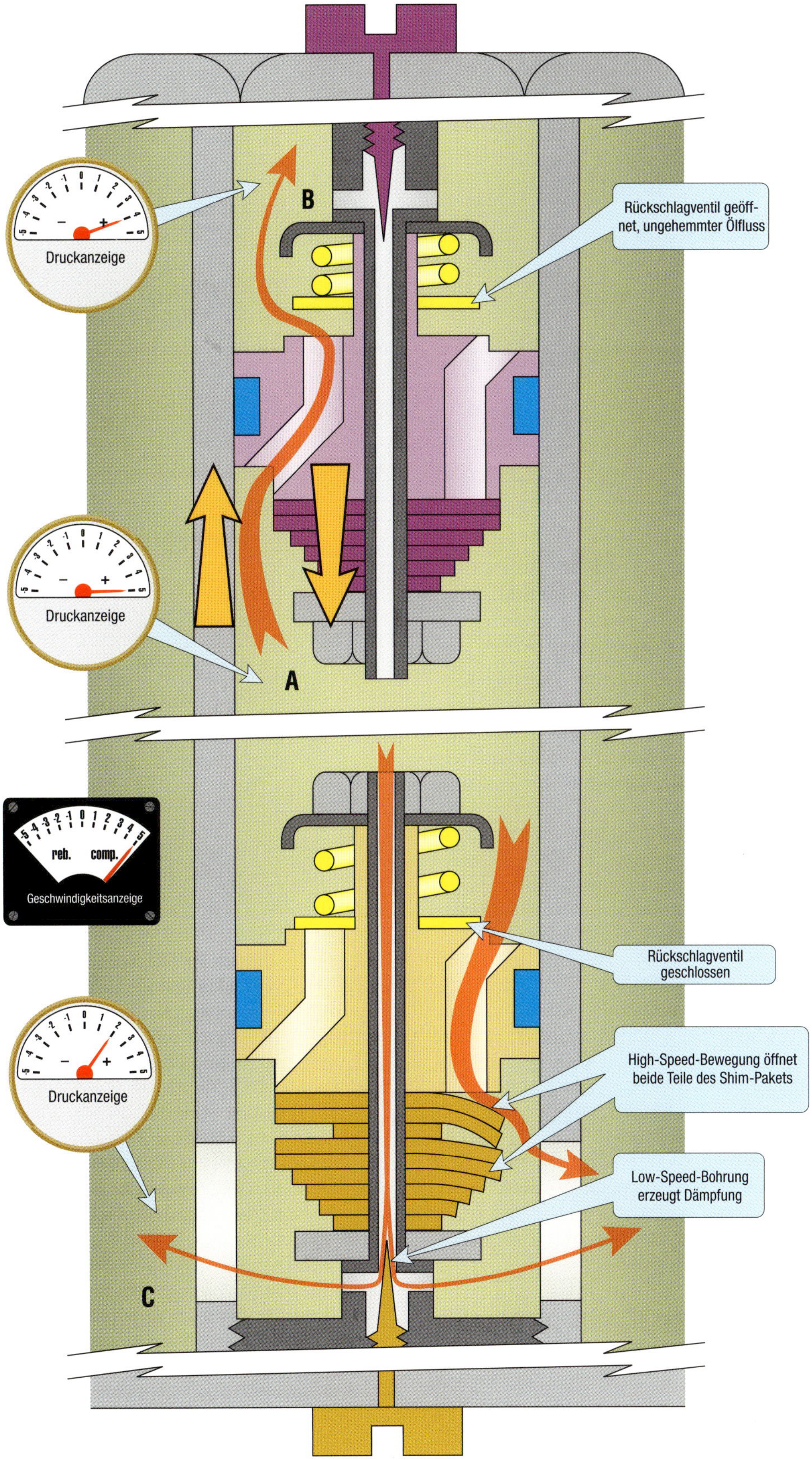

3.26 High-Speed-Druckstufe an einer zweistufigen, konventionellen Cartridge-Gabel

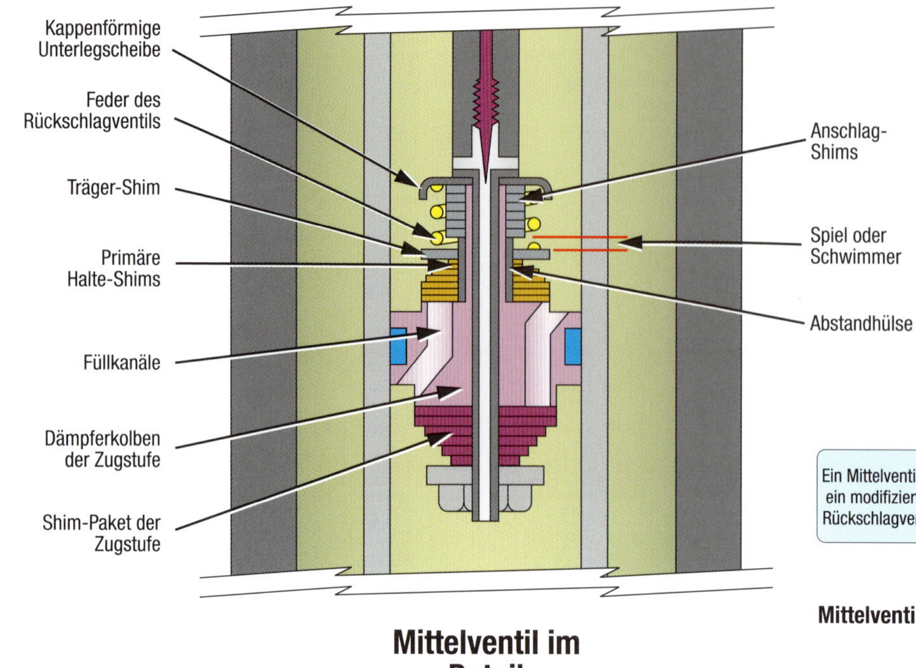

3.27 Komponenten des Mittelventils

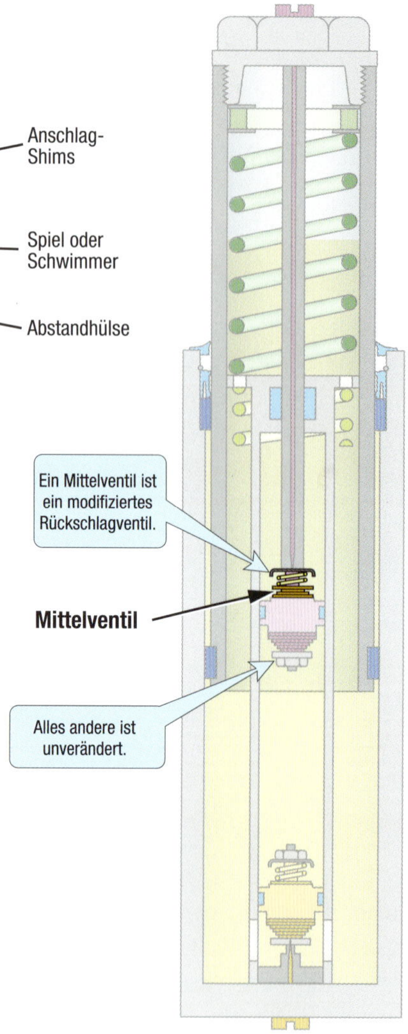

DAS MITTELVENTIL BEIM EINFEDERN

Gehen Sie jetzt weiter zur Abbildung 3.28. Beim Beginn des Einfederns bewegt sich das Mittelventil ohne Verzug um eine Distanz, die wir „Float", „clearance" (Spiel) oder „gap" (Lücke) nennen. Dieser Float wird erzeugt durch die extrem hohe Durchflussgeschwindigkeit von Kammer A nach Kammer B beim Einfedern, insbesondere bei Geländemaschinen.

Mit zunehmender Geschwindigkeit beginnen die Shims nachzugeben (siehe Abbildung 3.29) – solange, bis sie Kontakt haben mit dem stützenden Shim, dessen Aufgabe es ist zu verhindern, dass die Shims endgültig deformiert werden. Beim Ausfedern bewegt sich der komplette Stapel mithilfe der Rückholfeder zurück zu seiner Auflagefläche auf dem Dämpferkolben. Das Shim-Paket für die Zugstufe verhält sich davon völlig unabhängig.

Bei alldem bleibt das Risiko von Kavitation bestehen – je mehr Druckstufen-Dämpfung man durch das Mittelventil erzeugt, um so höher ist die Kavitationsgefahr beim Einfedern. Wenn Sie ein Mittelventil verwenden und die Dämpfungs-Druckstufe am Druckstufen-Grundventil zurücknehmen, erhöhen Sie die Gefahr, dass es zu Kavitation kommt, denn der hydraulische Widerstand, wenn das Öl durch das Druckstufenventil fließt, presst das Öl von Kammer A in Kammer B. Daher ist es wichtig, ein ausgewogenes Verhältnis zwischen beidem zu finden, in dem man genug Druckstufen-Dämpfung am Grundventil findet, um nicht zuviel Druckstufen-Dämpfung am Mittelventil erzeugen zu müssen.

CLOSED-CARTRIDGE-GABELN, ANDERE DRUCK BEFÜLLTE GABELN UND DAS PROBLEM DER KAVITATION

Mit zunehmender Verbreitung des Mittelventils wuchs auch die Kavitations-Gefahr. Bevor die Doppel-Kammer-Gabeln auf den Markt kamen, behandelten wir das Thema in den „Race Tech Technical Edge"-Seminaren im Zusammenhang mit Federbeinen. Aber inzwischen ist Kavitation auch ein Gabel-Thema.

Zuvor definierten wir „ Kavitation" als Dampfblasenbildung in einer bewegten Flüssigkeit aufgrund eines Druckabfalls. Besonders oft hat man damit in einem Bereich zu tun, in dem der Flüssigkeitsdruck unter den Dampfdruck fällt. Ein Weg, die Kavitationstendenz zu verringern, besteht darin, die Cartridge unter Druck zu setzen.

Wenn Sie zur Abbildung 3.31 gehen, sehen Sie eine Dämpferstange in einem teilweise mit Öl befüllten Dämpferzylinder. Am oberen Ende der Dämpferstange ist ein massiver, jedoch mit einer Bohrung versehener Kolbenboden angebracht. Der Kolben kann sich im Zylinder bewegen, ist jedoch gegen die Zylinderinnenwand abgedichtet. Dieser vereinfachte Stoßdämpfer hat keine Oberseite, insofern herrscht in seinem Inneren ein atmosphärischer Druckausgleich. Bevor eine Bewegung eingeleitet wird, beträgt der Druck in Kammer A und B jeweils 0 und ist damit identisch.

Wenn wir den Stoßdämpfer sehr langsam einfedern, wird der Druck in Kammer B negativ (es entsteht also ein Vakuum), während der atmosphärische Druck oberhalb des Kolbenbodens weiterhin 0 beträgt. (Angemerkt sei, dass wir in diesem Modell mit Überdruck arbeiten, nicht mit absoluten Druckwerten. Der absolute Druck bei

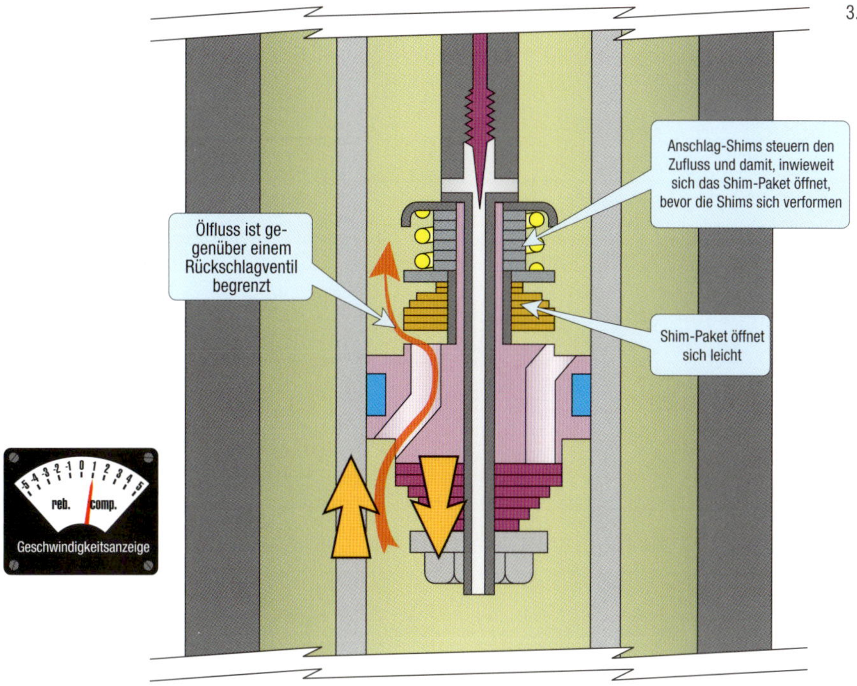

3.28 Low-Speed-Druckstufe des Mittelventils

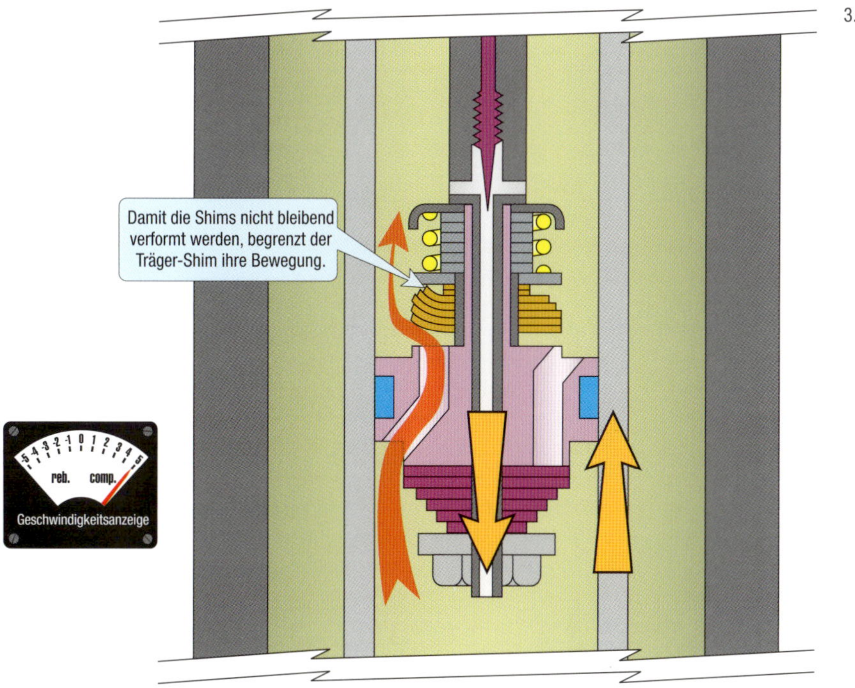

3.29 High-Speed-Druckstufe des Mittelventils

atmosphärischem Standard-Druck beträgt 14,7 psi bzw. eine Atmosphäre von 1. Der Überdruck bei atmosphärischem Druck beträgt 0 psi oder eine Atmosphäre von 0. Ein absoluter Wert von 0 psi ist ein vollständiges Vakuum). Die geringe Geschwindigkeit erzeugt sehr wenig Kavitation, mit genügend Widerstand jedoch kann durchaus eine solche entstehen.

In Abbildung 3.31, Nummer 2, erhöhen wir die Geschwindigkeit der Kolbenstange, der Druck senkt sich genug ab, um Leerräume bzw. Vakuum-Taschen in der Flüssigkeit entstehen zu lassen. Je schneller die Kolbenstange bewegt wird, um so mehr Kavitation entsteht. Je kleiner die Öffnung – und damit um so größer die Dämpfwirkung – ist, um so eher kommt es zu Kavitation.

Gehen wir weiter zur dritten Abbildung unter 3.31. Um dem Problem entgegenzuwirken, dichten wir die Oberfläche der Flüssigkeit in Kammer A mit einem schwimmenden Kolbenboden ab und platzieren eine vorgespannte Spiralfeder zwischen dem zweiten

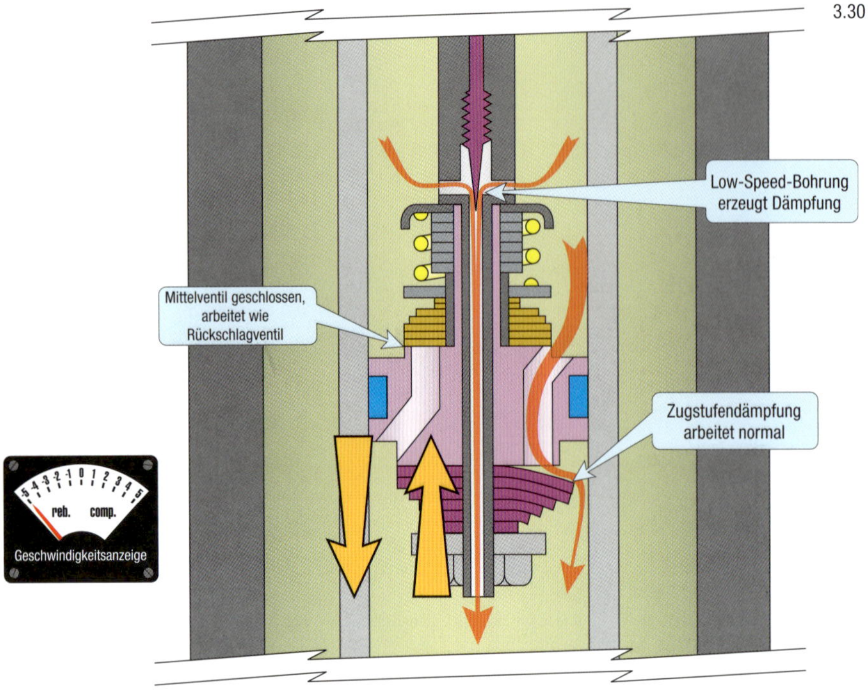

3.30 Low-Speed-Zugstufe des Mittelventils

Kolben und der Zylinderwand. Auf diese Weise ist nicht nur der Eingangsdruck in Kammer A und B identisch, sondern er erhöht sich auch. Wenn eine Bewegung eingeleitet wird, stellt die Federkraft einen Druck her, der hilft, das Öl durch die Bohrung in Kammer B zu pressen und dadurch die Kavitation zu verringern. Wenn die Feder einen ausreichend hohen Eingangsdruck erzeugt, kann die Kavitation vollständig ausgeschaltet werden. In der Wirklichkeit kann dieser Aufbau schwer herzustellen sein, er wird aber eingesetzt, wenn geringe Drücke ausreichen, um die Kavitation zu beseitigen (zum Beispiel in einer Gabel).

Weiter mit Nummer 4. In einem Stoßdämpfer wirken vergleichsweise hohe Kräfte. Daher besteht hier die praktischere Lösung in der Verwendung eines komprimierten Gases anstelle einer vorgespannten Feder, um den Druck innerhalb der beiden Dämpfungskammern aufzubauen. Es ist wichtig festzuhalten, dass der Druck in allen drei Kammern (A, B, Stickstoffkammer) gleich hoch ist, solange sich das System im Ruhezustand befindet. Wenn der Stickstoff den Druck erzeugt, der benötigt wird, um den Fließwiderstand zu überwinden, gibt es keine Kavitation. Anzumerken ist, dass, solange es um das Eliminieren von Kavitation geht, ein Gummibalg wie auch ein Kolben im Zylinder verwendet werden können.

Mit Bild 3.32 kommen wir wieder zur Telegabel. Wenn wir Druck auf die Cartridge geben wollen, müssen wir zuvor Platz für eine Druckkammer schaffen. Wenn wir die Cartridge um 180 Grad drehen, können wir die Kolbenstange mit dem Boden des Gabelholms verbinden. Die Cartridge und das Druckstufenventil können so, zusammen mit dem Ausgleichsbehälter, an der Gabelkappe am oberen Ende des Gabelholmes angebracht werden.

Beachten Sie, dass die Kolbenstange des Druckstufenkolbens dieselbe ist wie die, auf der auch der Kolben der Ausgleichskammer sich bewegt. Hier können Sie auch sehen, dass der Ausgleichsbehälter mit einer Spiralfeder unter Druck gehalten wird.

Modell für diese Abbildung stand eine Showa-Closed-Cartridge-Gabel. Einige Details haben wir ausgeblendet, aber achten Sie auf die Vertiefung in der Druckstufen-Stange direkt unterhalb der Gabelkappe – hier als „Montage-Nut" bezeichnet. Das ist Showas Lösung für den Zusammenbau, auf die wir später zurückkommen werden. Kurz vorab: Wenn die Cartridge zusammengebaut wird, wird sie mit Öl überfüllt. Die Kolbenstange wird dann bis zum Anschlag eingefedert, zieht so den Kolben des Druckbehälters mit sich und komprimiert die Druckfeder bis zur „Montage-Nut". Hier dichtet die Dichtung für die Stange des Kolbens im Druckbehälter nicht mehr, der Kolben des Druckbehälters bewegt sich nicht weiter. Damit gibt es keine Öl-Lecks mehr. Wenn die Stange losgelassen wird, weitet sich die Druckfeder aus und der Druckbehälterkolben bewegt sich soweit abwärts, bis er wieder abdichtet. Die exakt richtige Menge Öl verbleibt im Inneren der Cartridge.

Was die Funktionsweise einer solchen Gabel angeht, so dämpft sie nicht anders als eine konventionelle Cartridge-Gabel ohne Druckunterstützung. Das Öl wird durch das Druckstufenventil gepresst und bewegt den Kolben des Druckbehälters, weil die Dämpferstange in die Cartridge gedrückt wird. Durch den Druck im Druckbehälter wird Kavitation verhindert.

Es ist interessant festzuhalten, dass mit dieser Druck-Feder-Konstruktion der Druck in der Cartridge zunächst sehr gering ist, da ja auch die Druckfeder nur schwach vorgespannt ist. Der Druck baut sich dann auf, wenn die Gabel einfedert. Das bedeutet, dass der Kavitationsschutz schon sehr früh einsetzt und immer effektiver wird, je größer der genutzte Federweg ist. Die maximale Geschwindigkeit bei Landungen nach einem Sprung treten bei zur Hälfte bis zu einem Drittel genutztem Federweg auf – dann ist auch die Kavitationsgefahr am größten. Sieht so aus, als stieße diese Konstruktion damit an ihre Grenzen. Aber denken Sie daran: Man braucht nur genügend Druck – und sonst nichts – um Kavitation zu verhindern.

Zu den weiteren am Markt vertretenen Konstruktionen von druckbefüllten Gabeln gehören WP-Gabeln, mit denen einige KTM-Modelle ausgeliefert werden. Diese verwenden einen stickstoffgefüllten Gummibalg anstelle einer Druckfeder (siehe Abbildung 3.32).

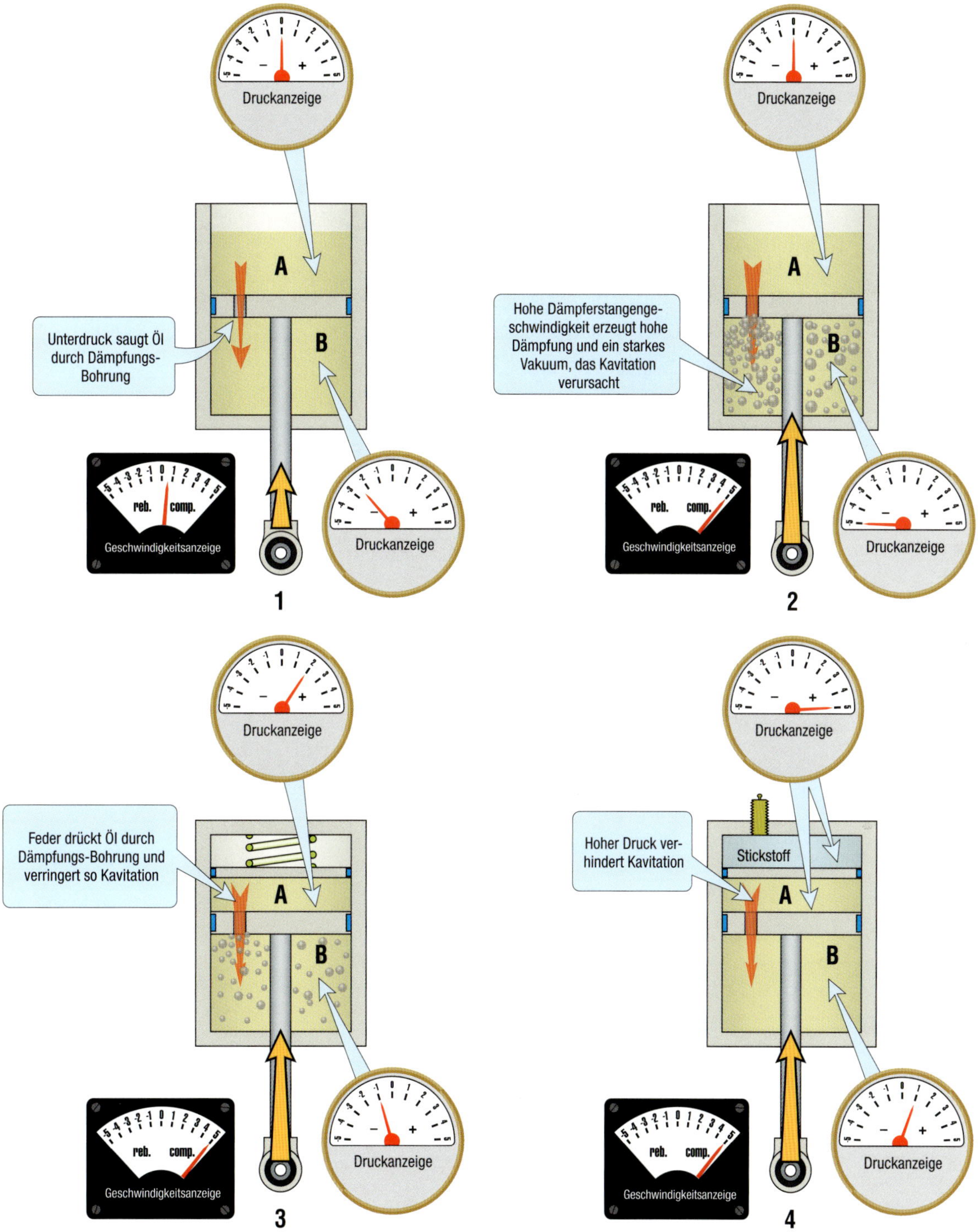

3.31 Kontrolle der Kavitation

Hier baut sich der Druck durch den Federhub der Kolbenstange auf wie auch durch das Verdichtungsverhältnis des Druckbehältervolumens zu dem der Kolbenstange. Im Vergleich zu Gabeln mit einer Druckfeder bleibt so der Druck sehr viel konstanter, also wird die Kavitation viel gleichmäßiger über den gesamten Federweg verhindert.

Ein anderer Vorteil druckbefüllter Gabeln ist zum Beispiel, dass man in der inneren Kammer ein anderes Gabelöl verwenden kann als in der äußeren Kammer. Wenn man die Viskosität des Öls in der äußeren Kammer erhöht, wird der hydraulische Durchschlagschutz aggressiver. Derselbe Effekt lässt sich zwar auch erzielen, indem man den serienmäßigen ringförmigen Durchschlagschutz gegen einen solchen mit größerem Durchmesser vom Nachrüstmarkt tauscht. Aber man riskiert nicht den übermäßigen Gabelverschleiß, der bei Nachrüstringen nicht selten vorkommt.

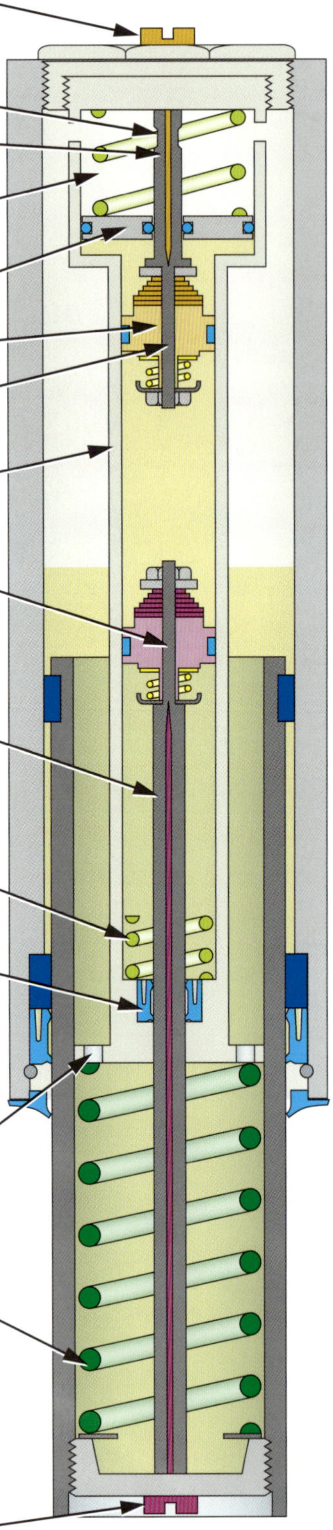

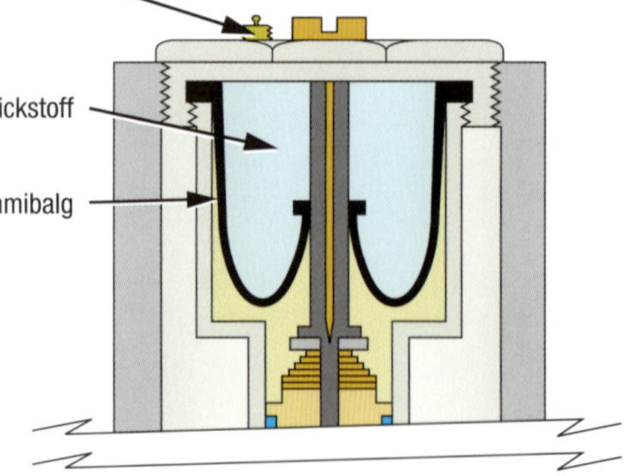

3.32 Beim Zwei-Kammer-Prinzip ist die Cartridge oben, die Ölkammer wird durch eine Feder unter Druck gesetzt. Der Vorteil einer druckbefüllten Cartridge besteht darin, dass sie Kavitation beseitigen kann, wenn sie entsteht.

Als weiterer kleiner Vorteil erweist sich die Trennung der beiden Ölvolumina auch in dem Fall, dass das Öl in der äußeren Kammer verschmutzt ist.

Natürlich haben die druckbefüllten Gabeln auch ihre Nachteile. Sie sind komplizierter aufgebaut, haben zusätzliche Dichtflächen, die zum Gesamt-Reibungswiderstand beitragen. Und es gibt natürlich auch mehr Stellen, an denen sie undicht werden können. Auch das Wechseln der Feder ist aufwändiger. Erinnern Sie sich: Wenn es keine Kavitation gibt, ist der größte Vorteil einer druckbefüllten Gabel schon dahin. Man muss sich auch immer vergegenwärtigen, dass Kavitation an Geländemotorrädern ein sehr viel größeres Thema ist als an Straßen- oder Rundstreckenmotorrädern, die ganz selten so hohe Einfedergeschwindigkeiten erreichen.

Denken Sie daran, dass die Feder im Druckbehälter keine Dämpfung erzeugt – vielmehr ist sie dazu da, Druck zu erzeugen, um Kavitation zu verhindern. Und natürlich verstärkt sie auch geringfügig die Federkraft der Tragfeder.

Beim Supercross stellen die hohen Einfedergeschwindigkeiten und das Durchschlagen beim Landen die größten Probleme dar. Um dem zu begegnen, entscheiden Fahrwerkstuner sich relativ oft, die Druckstufendämpfung am Mittelventil zu erhöhen. Die harten Bedingungen machen auch härtere Druckfedern im Druckbehälter erforderlich – doch welche? Das Problem, diese Frage zu beantworten, besteht darin, dass nur sehr wenige Fahrer eindeutig Kavitation feststellen können. Im Regelfall merkt ein Fahrer nur, dass die Federung öfter durchschlägt oder dass die Front sich wegen abnehmender Zugstufendämpfung schwammiger anfühlt. Aber bei Testfahrten ist es wirklich schwierig, auftretende Probleme eindeutig auf Kavitation zurückzuführen. Die meisten Stoßdämpferprüfstände kommen nicht einmal in die Nähe der Geschwindigkeiten, die man braucht, um Kavitation zu erzeugen – also werden sie sie auch nicht aufspüren. Die Faustregel ist: Bei höheren Einfedergeschwindigkeiten und mehr Dämpfung am Mittelventil braucht man härtere Druckfedern oder mehr Druck auf dem Druckbehälter.

ANDERE GABELKONSTRUKTIONEN

Für das Modelljahr 2009 kamen zahlreiche Motorräder mit neuen Cartridge-Gabeln auf den Markt. Suzuki und Kawasaki stellten die „BPF = Big-Piston“-Gabeln mit 39 und 37 mm Kolbendurchmesser vor, während an den Yamaha-Gabeln der Kolbendurchmesser 30 mm betrug – bei diesen war die Zugstufe in dem einen, die Druckstufe in dem anderen Gabelholm untergebracht.

Sollten Sie ein Ungleichgewicht durch die getrennte Unterbringung der beiden Funktionen befürchten, dann seien Sie ganz beruhigt. Solange sich die Vorderachse nicht wirklich durchbiegt, werden beide Gabelholme sich parallel auf- und abbewegen. Tatsächlich gab es so was schon mal, in den 80er Jahren: Marzocchi hatte eine Gabel für den Geländesport entwickelt, in der nur eine Gabelfeder arbeitete. Die Zugstufe war in dem Gabelholm mit der Gabelfeder untergebracht, die Druckstufe in dem anderen. Diese Gabeln wurden zwar nie als überdurchschnittlich gut angesehen, aber die damit ausgerüsteten Motorräder machten auch nicht den Anschein, dass ihnen Linkskurven besser als Rechtskurven lagen (oder andersherum), und eine überdurchschnittliche Neigung zum Festfressen zeigte sich auch nicht.

Diese neuen Konstruktionen haben sich von der Stangenbewegung weg zur Kolbenbewegung hin entwickelt. Das bedeutet, dass nicht mehr das Volumen der Dämpferstange die Flüssigkeit bewegt, um eine Zugstufendämpfung zu bewirken. Gabeln heute ähneln mehr einem Stoßdämpfer, in dem das gesamte am Kolben vorbeiströmende Öl (Innendurchmesser der Cartridge mal genutzter Federweg) dazu gebraucht wird, um Dämpfung zu erzeugen. Zumindest theoretisch bringt dies ebensolche Vorteile wie das Mittelventil im Umgang mit „komprimierbarem“ Öl und „expandierendem“ Cartridge-Zylinder.

Der Nachteil liegt in meinen Augen darin, dass die Dämpferkolben definitiv zu restriktiv sind. Das Ölvolumen, das durch den im Durchmesser 39 mm großen Kolben einer BDF-Showa-Gabel fließt, ist zehneinhalb mal so groß wie das Ölvolumen, das eine Dämpferstange mit 12 mm Durchmesser in einer konventionellen Cartridge-Gabel bewegt. Das heißt: die Entwicklung geht in die Richtung, dass die großen Bohrungen in den Kolben selbst die Gabeln immer härter machen.

STOSSDÄMPFER-KONSTRUKTIONEN

Es mag Sie überraschen, doch die Behandlung der unterschiedlichen Stoßdämpfer-Konstruktionen wird relativ einfach sein, wenn Sie den Aufbau der verschiedenen Gabel-Bauweisen verstanden haben. Es gibt sechs unterschiedliche Stoßdämpfer-Konstruktionen die wir uns im Folgenden ansehen werden. Dazu beginnen wir mit den Zwei-Rohr-Dämpfern.

Zwei-Rohr-Dämpfer

Diese Bauweise ist seit langem die auf diesem Planeten bei weitem am meisten verbreitete (siehe Abbildung 3.33). Wenn Sie genau hinsehen, werden Sie feststellen, dass ihre Bauweise sehr der einer konventionellen Cartridge-Gabel ähnelt und ebenfalls mit einer Dämpferstange arbeitet. Am unteren Ende der Dämpferstange befindet sich ein Zugstufenkolben, auf dem das Rückschlagventil aufliegt. Das Bodenventil (für die Druckstufe) trägt obenauf das Rückschlagventil und befindet sich am Fuß der Cartridge. Diese wird teilweise umgeben von einem komprimierbaren Luftpolster, das nötig ist, um die Änderung des Ölvolumens durch die Bewegung der Dämpferstange auszugleichen. Dieser Stoßdämpfertyp muss so eingebaut werden wie abgebildet und kann nicht um 180 Grad gedreht werden.

Es gibt jedoch auch subtile Variationen des Themas. Beispielsweise kann ein Polster aus Freon-Gas im Inneren der äußeren Kammer unterbinden, dass das Öl direkt mit Luft in Berührung kommt. Das Freon-Gas trägt jedoch nicht zur Kühlung des Dämpfers bei, und insofern stellt dies keine wesentliche Verbesserung dar.

Bei anderen Konstruktionen dichtet ein schwimmender Kolbenring die Außenwand der Cartridge gegen die Innenwand des Dämpfergehäuses ab. Auf diese Weise kann der Stoßdämpfer durch eine Öffnung in der Dichtung unter Druck gesetzt werden. So will man der Kavitation begegnen, und eine solche Variante lässt sich auch in jeder beliebigen Richtung einbauen.

Emulsions-Dämpfer

Emulsionsdämpfer sind Ein-Rohr-Dämpfer, die ohne Ausgleichsbehälter auskommen. Allerdings sind sie nicht vollständig mit Öl befüllt, denn sie benötigen ein Luftpolster, um die Bewegungen der Dämpferstange auszugleichen. Sie müssen wie in der Abbildung gezeigt eingebaut werden – Dämpferstange unten, Dämpferzylinder oben. Das Shim-Paket für die Druckstufe befindet sich an der Unterseite des Dämpferkolbens, der für die Zugstufe auf der oberen Seite.

Diese Stoßdämpfer werden normalerweise unter Druck befüllt, um das Temperaturniveau zu heben und den Druck zu senken, wo es zu Kavitation in der Hydraulikflüssigkeit selbst kommt. Wie Sie sich denken können, ist die Gefahr von Kavitation und Aufschäumen real – der dieser Konstruktion zugrundeliegende Gedanke ist, dass, wenn die Flüssigkeit erst einmal aufschäumt, sie dies immer wieder tun wird. Tatsächlich können Emulsions-Stoßdämpfer einen recht guten Job machen. Doch als Hochleistungsdämpfer werden sie nicht gerade angesehen.

DeCarbon-Stoßdämpfer

Wenn wir Öl und Stickstoff voneinander trennen und einen schwimmenden Kolben im Gehäuse des Dämpfers selbst verwenden, dann haben wir bereits in Grundzügen einen DeCarbon-Stoßdämpfer. Dämpfer mit außenliegendem Ausgleichsbehälter, Gummibalg- und Membran-Ausgleichsbehälter gehören zu dieser Gruppe. All die genannten Konstruktionen haben eines gemeinsam: Sie sind Hochleistungsdämpfer.

Als der französische Wissenschaftler Dr. Christian Bourcier de Carbon diese Konstruktion erdachte, verwendete er einen im Ölbad schwimmenden Kolben im Hauptgehäuse, doch alle aufgezählten Konstruktionen sind Variationen desselben Themas. Von außen betrachtet sieht ein DeCarbon-Stoßdämpfer wie ein Emulsionsdämpfer aus, aber in seinem Inneren ist er ganz anders aufgebaut.

Wenn man die Stickstoffkammer unter Druck setzt, kann man Kavitation verringern oder ganz ausschalten. Bedenken Sie, dass die Höhe des Drucks in direkter Abhängigkeit steht zu der benötigten Dämpfungs-Druckstufe – wie im Abschnitt über druckbefüllte Gabeln ausgeführt. Stickstoff kommt hier deswegen zum Einsatz, weil er trocken ist und wenig kostet. Außerdem reagiert er träge und ist in Druckflaschen verfügbar. Natürlich lassen sich auch andere Gase verwenden.

Die ersten DeCarbon-Dämpfer für die meisten Motorräder hatten allerdings ein Problem: Weil Kolben, Öl und Stickstoff miteinander im Dämpfergehäuse untergebracht waren, war ein solcher Dämpfer um einiges länger als ein Zwei-Rohr- oder Emulsionsdämpfer. Die Lösung lag zunächst in der Anbringung eines schlauchverbundenen Ausgleichsbehälters, entwickelte sich dann aber weiter. Heute wird der Ausgleichsbehälter angegossen und ist somit integrierter Bestandteil. Der Vorzug dieser Lösung besteht

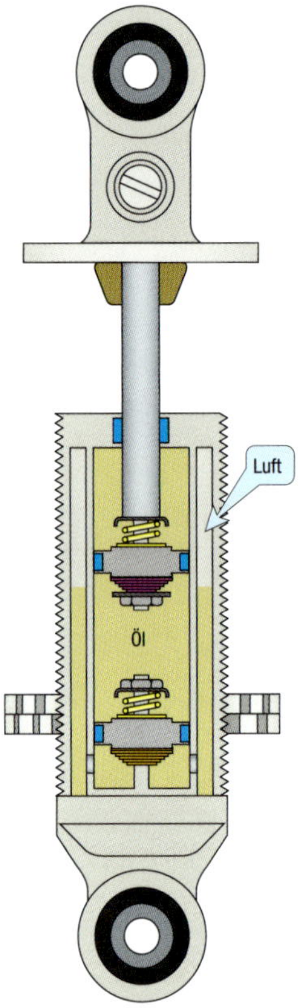

Zwei-Rohr-Dämpfer

3.33 (Oben) Die Bauweise eines Zwei-Rohr-Dämpfers ähnelt stark der einer konventionellen Cartridge-Gabel. Die Dämpferstange ist mit einem Zugstufenkolben verbunden. Am unteren Ende der Cartridge befindet sich ein Druckstufen-Grundventil, ein Luftpolster umgibt das Äußere des Dämpferrohrs.

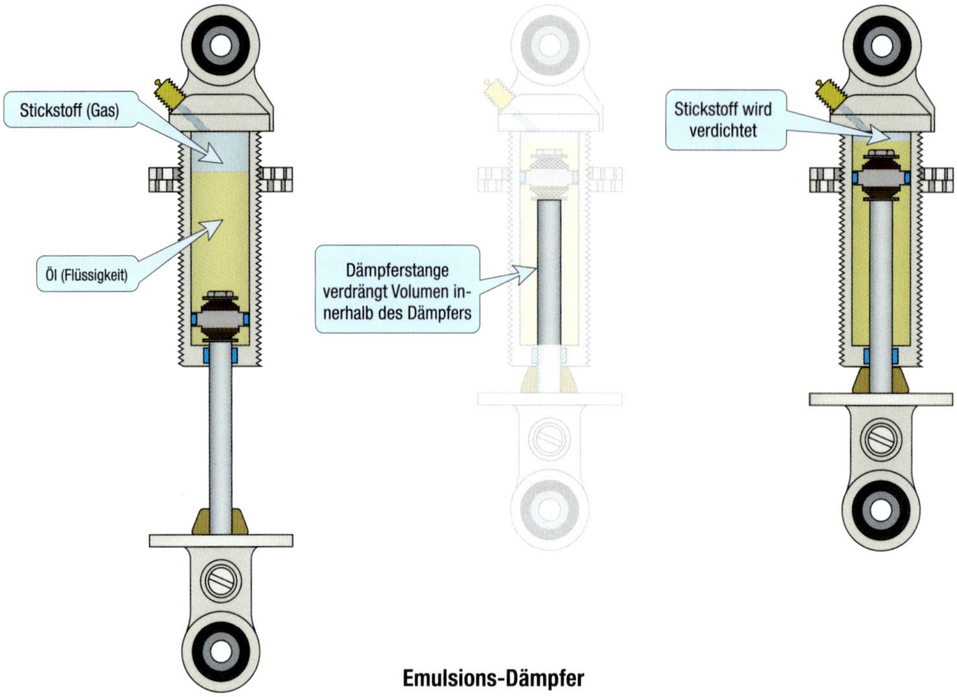

Emulsions-Dämpfer

3.34 (Oben rechts) Die Abbildung zeigt, was die Bewegung der Dämpferstange bewirkt. Die massive Dämpferstange verdrängt beim Einfedern Ölvolumen im Dämpfergehäuse. Weil Öl nicht komprimiert werden kann, muss es ein komprimierbares Volumen für den gesamten Hub innerhalb des Dämpfers geben, da anderenfalls eine Kompression nicht möglich ist.

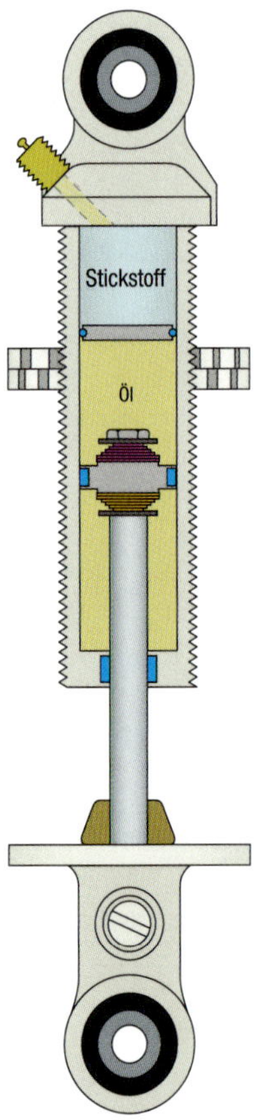

DeCarbon-Gasdruckdämpfer

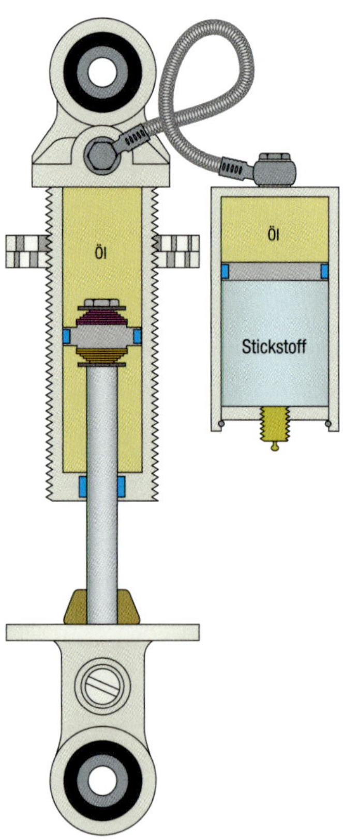

Dämpfer mit stickstoffgefülltem Ausgleichsbehälter

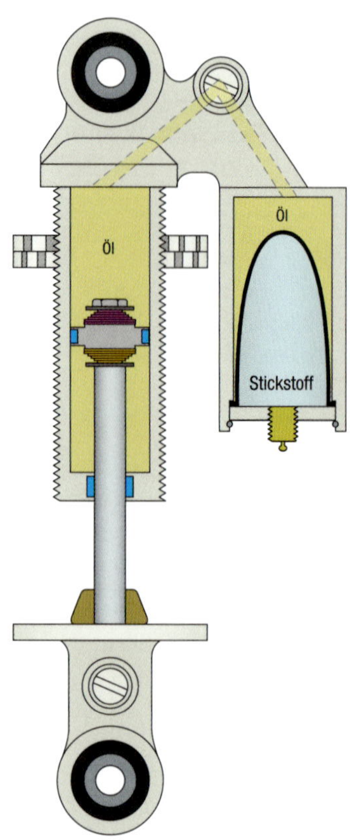

Dämpfer mit stickstoffgefülltem Gummibalg im Ausgleichsbehälter

3.35 (Unten rechts) Diese Konstruktionen entsprechen dem originalen DeCarbon-Einrohr-Design und gelten als Hochleistungskomponenten.

nicht nur darin, dass der Aufbau deutlich einfacher ist, sondern auch in einem deutlich verkürzten Hitzeweg bei vergrößerter Kühlfläche.

EINSTELLMÖGLICHKEITEN AN STOSSDÄMPFERN

In allen bisher erwähnten Stoßdämpfern lässt sich die Zugstufe einstellen. Die Einsteller bestehen zumeist aus einer Nadel mit konusförmiger Spitze, mit der sich der Durchfluss in einer Bohrung steuern lässt. Sie wirken nur im Low-Speed-Bereich. Betätigt wird dieses Nadelventil entweder durch ein Einstellrad, das über einen Stellring einen Querstift bewegt, der auf die Einstellnadel drückt, oder mithilfe einer Schraube mit konusförmiger Spitze, die direkt auf die Ventilnadel wirkt (Details in Abbildung 3.37).

Eine andere Einstellmöglichkeit arbeitet mit vier Positionen – dieser Typ hat einen Fließkanal mit vier Bohrungen von unterschiedlicher Größe in der Dämpferstange. Eine dieser Bohrungen ist mit einem Auslasskanal verbunden, der entscheidet, durch welche Bohrung das Öl fließt.

Bei Stoßdämpfern mit externem Ausgleichsbehälter besteht die Möglichkeit, externe Einstellmöglichkeiten für die Druckstufendämpfung vorzusehen. In diesem Fall fließt das von der Dämpferstange verdrängte Öl in den Ausgleichsbehälter. Die Flüssigkeitsmenge ist zwar gering, reicht aber aus, um das Verhalten des Dämpfers von außen zu beeinflussen. Je größer der Durchmesser der Dämpferstange ist, um so mehr Öl fließt in den Ausgleichsbehälter, wodurch sich die Effektivität der Einstellung steigern lässt.

Es gibt zahlreiche Varianten, diese Einstellmöglichkeiten zu gestalten: Eine einfache Lösung wird in Abbildung 3.37 gezeigt. Der Low-Speed-Einsteller ist der auf der rechten Seite, er besteht aus einer einfachen Nadel, deren Konusspitze in eine Bohrung hineinragt. Die High-Speed-Einstellung auf der linken Seite besteht in einer Spiralfeder auf einer Ventilplatte: Über den Einsteller lässt sich die Federvorspannung verändern. Beim Ausfedern öffnet sich das Rückschlagventil und lässt das Öl zurück in den Dämpferzylinder fließen.

Die meisten in Großserie verbauten Einsteller zeigen wenig Wirkung – bei „blinden" Testfahrten kann der Fahrer selten den Unterschied zwischen den unterschiedlichen Einstellungen benennen, und auch auf dem Prüfstand sind die Veränderungen schwer auszumachen. Das hat natürlich einen Vorteil: Man kann kaum etwas falsch machen. Aber große Verbesserungen lassen sich so eben auch nicht erzielen.

Eine Aussage dazu, bei welchem Hersteller die Einstellmöglichkeiten am sensibelsten reagieren und die Abstimmung am effektivsten verändern, ist unmöglich zu treffen. An dieser Stelle ist gute Test- oder Prüfstandsarbeit gefragt. Eines der Ziele, die wir bei der Konstruktion unserer „Race Tech G3-S Custom Series"-Stoßdämpfer verfolgten, war, eine einen breiten wirksamen Einstellbereich zu bieten. Mit eindrucksvollen 33 Prozent ist uns dies gelungen.

Dämpfer mit durchgehender Dämpfstange

Eine einfache Version eines Dämpfers mit durchgehender Dämpfstange ist beispielsweise ein linear arbeitender Lenkungsdämpfer mit den Shims für die Druckstufe auf der einen und denen für die Zugstufe auf der anderen Seite des Dämpfkolbens. Der Dämpfer ist komplett mit Öl gefüllt. Vereinfacht gesagt, wird hierbei kein komprimierbares Luftpolster benötigt, da das Verdrängungsvolumen der Dämpferstange in beiden Richtungen identisch ist. Natürlich ist es besser, ein Luftpolster zu haben, um über Expansionsreserven bei sich erwärmendem Öl zu verfügen.

(REIBUNGS-)FESTKOLBENDÄMPFER

Diese können linear oder mit einem Rotationsschieber arbeiten. Die lineare Version verfügt über einen Festkolben in einem Gehäuse mit zwei Kammern. Die Kanäle oder Schlauchverbindungen sind mit dem inneren und äußeren Rohr verbunden, ein Blockventil kann in das Dämpfergehäuse integriert oder über Schlauchverbindungen extern befestigt sein. Diese Grundkonstruktion wird bei den Dämpfern der Öhlins TTX-Baureihe verwendet (siehe Abbildung 3.39).

Die 1997 vorgestellte Suzuki TL 1000 S verfügte als eines der wenigen Serienmotorräder über einen solchen Rotations- (oder Drehflügel-)dämpfer, der über ein ausgeklügeltes Hebelsystem mit der Schwinge verbunden war. Die Feder ist separat an einem Bauteil angeordnet, das wie ein Dämpfer aussieht, aber eben keiner ist. Zug- und Druckstufendämpfung ähneln denen an einer Cartridge-Gabel und sind in ihrer Funktion getrennt.

Im Grunde leidet der TL 1000 S-Dämpfer unter zu hoher innerer Reibung sowie übermäßigem Verschleiß an den Verbindungsgelenken. Aber wenn man die Innereien poliert und anodisiert und wenn man die Gelenke sorgfältig wartet, kann so ein Dämpfer auch sehr gut arbeiten. Das größte Problem der TL-Dämpfer bestand aber darin, dass die meisten Fahrwerkstuner das System nicht richtig verstanden. Sie bauten den Seriendämpfer aus und verbauten kurzerhand, wenn nicht sogar übereifrig, ein ganz normales Federbein anstelle der Feder. Das ist insofern bemerkenswert, als nach meinem Wissen bei der Suzuki TL 1000 S ein Festkolbendämpfer erstmals in die Großserie übernommen wurde.

Ein anderes Beispiel für einen (Reibungs-)Festkolbendämpfer ist der Lenkungsdämpfer von Scott. Technisch betrachtet, handelt es sich dabei nicht um ein Fahrwerkselement. Aber seine Auswirkungen auf das Fahrverhalten sind unbestritten, und ein Dämpfer ist er überdies. Es gibt Ausführung für On- und Offroad, jeweils mit Einstellmöglichkeiten für die High- und Low-Speed-Dämpfung, und beide funktionieren sehr gut.

Dieser Scott-Lenkungsdämpfer ist ein Reibungsdämpfer, der Lenkerschlagen effektiv unterbindet. Selbst wenn Lenkerschlagen kein Problem darstellt, hilft er dem Fahrer, sich etwas zu entspannen.

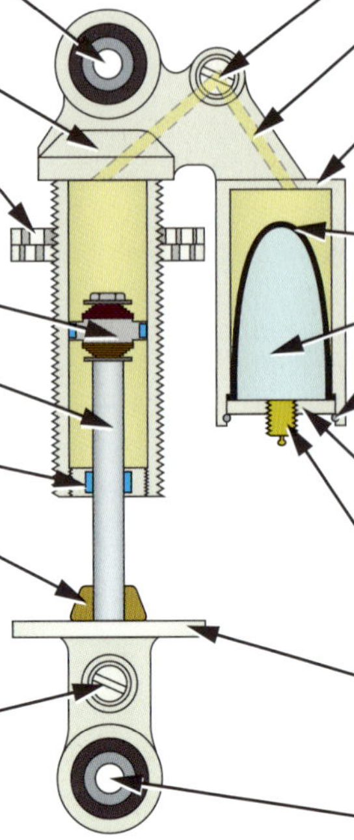

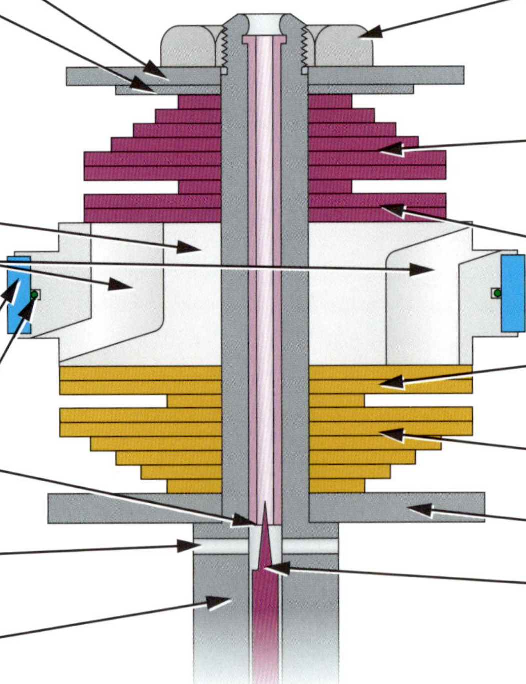

3.36 Ventilkomponenten an Stoßdämpfern

HUBABHÄNGIGE DÄMPFUNGSSYSTEME

In den „Race Tech Technical Edge Suspension"-Seminaren gehen wir in Sachen Umlenkhebelsysteme und deren Übersetzungsverhältnisse ziemlich ins Detail. Zu jeder Umlenkung (und übrigens auch zu allen Federbein-Befestigungen) gehört eine Kurve für das Hebelübersetzungsverhältnis. Ein Hebelübersetzungsverhältnis, wie wir es definieren, ist im Grunde genommen der Federweg des Rades dividiert durch den Federweg des Dämpfers. Verwendet man eine Umlenkung, kommt der Veränderung des Übersetzungsverhältnisses durch Veränderung des Hubes natürlich eine große Rolle zu.

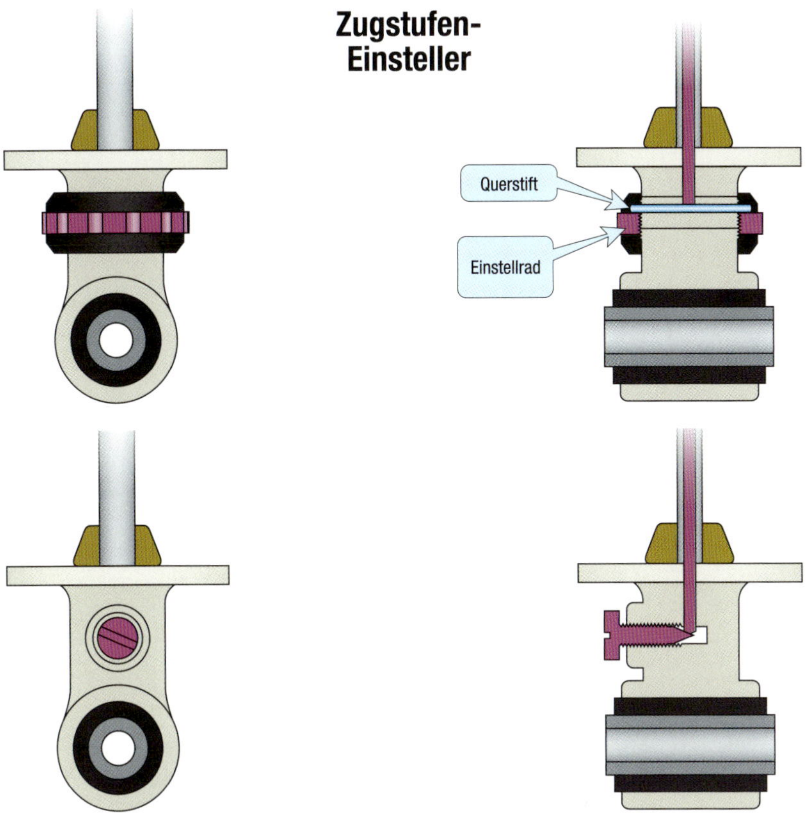

3.37 Die Abbildung zeigt zwei der gebräuchlichsten Formen der Zugstufeneinstellung, bei denen eine Ventilnadel durch die Dämpferstange in eine Ringöffnung führt. Diese wird entweder durch eine Gewindemanschette oder eine Einstellschraube mit einem spitzen Ende bewegt. Die abgebildeten High- und Low-Speed-Adjuster gehören zu den zahlreichen gebräuchlichen Typen. Die meisten dieser Konstruktionen nutzen den Ölfluss aus dem Dämpfergehäuse zum Ausgleichsbehälter, um zusätzliche Druckstufendämpfung zu erzeugen. Über die Konusnadel wird die Low-Speed-Dämpfung eingestellt, während die High-Speed-Dämpfung über die Vorspannung einer Spiralfeder gegen den Kolben gesteuert wird.

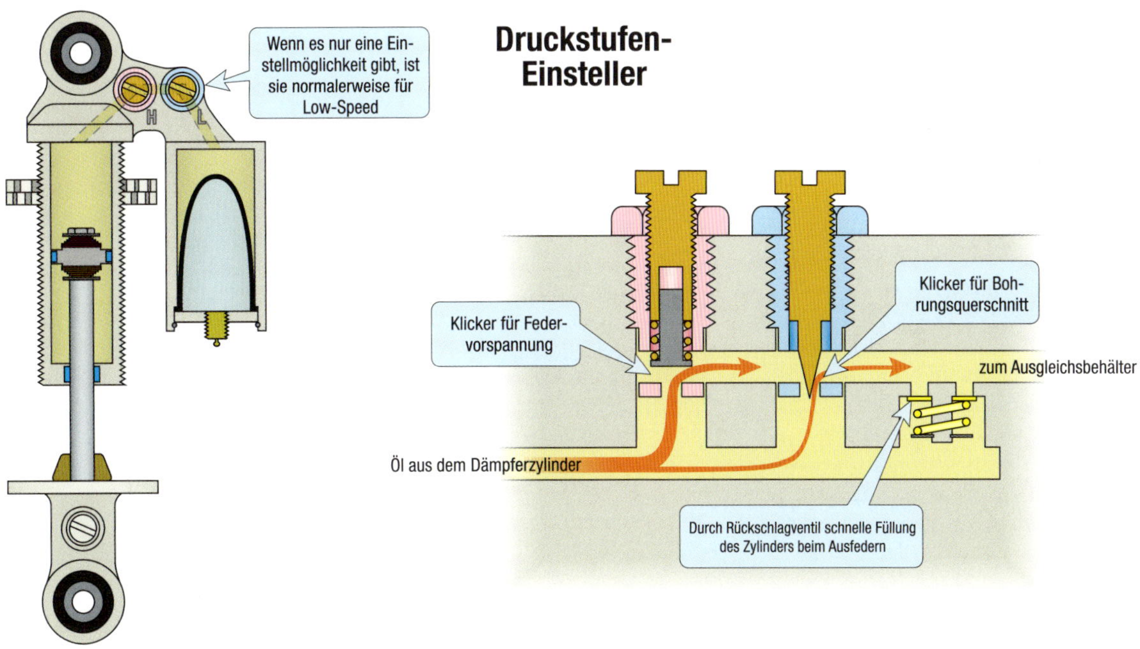

So lässt sich eine Federung so abstimmen, dass sie auf kleine Unebenheiten weich anspricht und auf große straff. Das spielt natürlich bei Off-Road-Motorrädern eine besonders große Rolle. Ohne Umlenkung hat man nur begrenzte Möglichkeiten, das Übersetzungsverhältnis im Verlaufe des Federwegs zu verändern. Testfahrten mit allen Arten von Off-Road-Fahrzeugen haben uns gezeigt, dass zwischen 50 und 250 mm Federweg eine Progression von 25 bis 32 Prozent eine guter Einstellbereich ist.

Ohne Umlenkung lassen sich kaum mehr als 12 Prozent erzielen. Das heißt, dass Abstimmungen an Fahrwerken ohne Umlen-

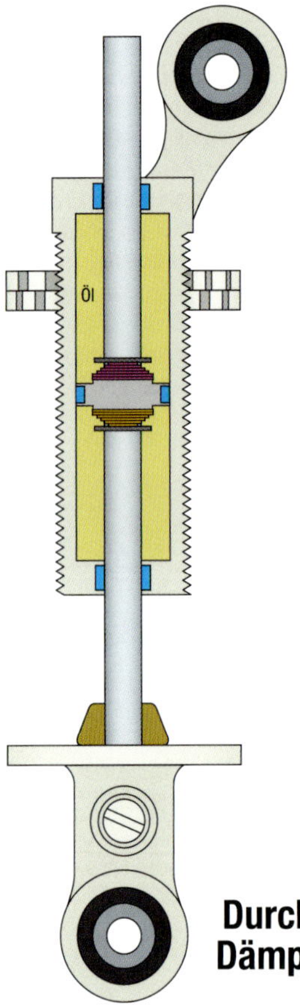

3.38 Dämpfer mit durchgehender Dämpferstange benötigen keinen Ausgleichsbehälter, weil das Volumen der Stange beim Ein- und Ausfedern identisch ist. Ausgleichsbehälter dienen hier nur dazu, um die Ausdehnung der Flüssigkeit bei Erwärmung auszugleichen.

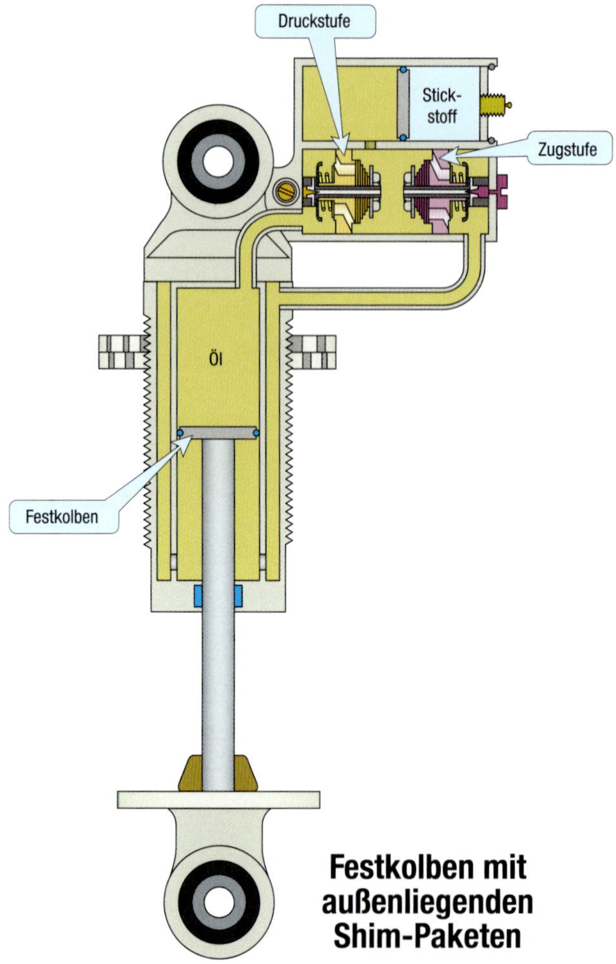

3.39 Festkolbendämpfer gibt es in vielen unterschiedlichen Formen. Bei diesem Beispiel wird das Öl durch ein Shim-Paket gepresst, um Dämpfung zu erzeugen. Das Stickstoffpolster befindet sich zwischen den beiden Kobenventilen – dort, wo der Druck am niedrigsten ist. Dadurch wird weniger Druck benötigt.

kung – einschließlich Quads und Dreieckslenkern an Automobilen – nicht nur von einer progressiven Federabstimmung, sondern auch von einer hubabhängigen Dämpfung profitieren.

Sie erinnern sich vielleicht an meinen Satz, dass Dämpfung nicht hub- sondern geschwindigkeitsabhängig ist. Und das stimmt genau. Aber dennoch ist es auch möglich, die Dämpfung durch den Grad des Einfederns zu verändern. Hierzu gibt es unterschiedliche Möglichkeiten. Öhlins verwendet zwei Kolben unterschiedlicher Größe am Ende der Dämpferstange, wobei der obenliegende Kolben beim vollständigen Einfedern in eine entsprechend ausgeformte Einbuchtung des Dämpfergehäuses eintaucht. King Shock arbeitet bei seinen Dämpfern für im Off-Road-Sport eingesetzte Autos mit externen Bypass-Leitungen, die entlang des Dämpfergehäuses in unterschiedlicher Höhe angebracht sind.

Das PDS (Positive Damping System) von WP hat wie das Öhlins-System ebenfalls zwei Kolben, die aber gleich groß sind. Die WP-Konstruktion ist in der Motorradwelt mit Abstand die am weitesten verbreitete, weil sie an allen KTM serienmäßig verbaut wird. KTM verzichtet seit 1998 auf eine Umlenkung und führt das Federbein von der Schwinge direkt zum Rahmen. Schon deswegen war es unumgänglich, Federrate und Dämpfung abhängig vom Grad des Einfederns zu gestalten.

Abbildung 3.40 zeigt, dass sich auch hier eine Nadel am Ende des Dämpfergehäuses befindet. Wir unterscheiden zwei Phasen: In der ersten ragt die Nadel noch nicht in die Dämpferstange hinein, in der zweiten Phase ist sie bereits eingetreten.

Beim anfänglichen Einfedern fließt das Öl aus Kammer A durch die Dämpferstange, dann um den zweiten Kolben herum, tritt durch Kanäle in Dämpferstange und Distanzhülse wieder aus und gelangt so in den Kreislauf der Druckstufendämpfung des ersten Kolbens.

Wenn das Federbein soweit einfedert, dass die Nadel in den Dämpferkolben ragt, kann das Öl in Kammer A nicht mehr um den zweiten Kolben herumfließen und wird deswegen durch ihn hindurch gepresst. Die vom zweiten Kolben erzeugte Dämpfung kommt nun zu der vom ersten Kolben erzeugten Dämpfung hinzu, denn das Ölvolumen, das durch den ersten Kolben fließt, bleibt unverändert.

In meinen Augen liegt der Haken bei diesem Prinzip darin, dass der Strömungsquerschnitt zum ersten Kolben durch die Hohlbohrung in der Mitte der Dämpferstange zu klein ist. 1999 haben

3.40 Ausgangssituation bei einem PDS-Federbein: Das Federbein ist noch nicht weit genug eingefedert, um die PDS-Nadel in die Dämpferstange einzuführen. Das Öl kann durch die Bohrung in der Mitte der Dämpferstange vorbei am Sekundärkolben zum Primärkolben fließen. Historisch betrachtet, liegt das Problem in der zu starken Verengung der Bohrung in der Dämpferstange.

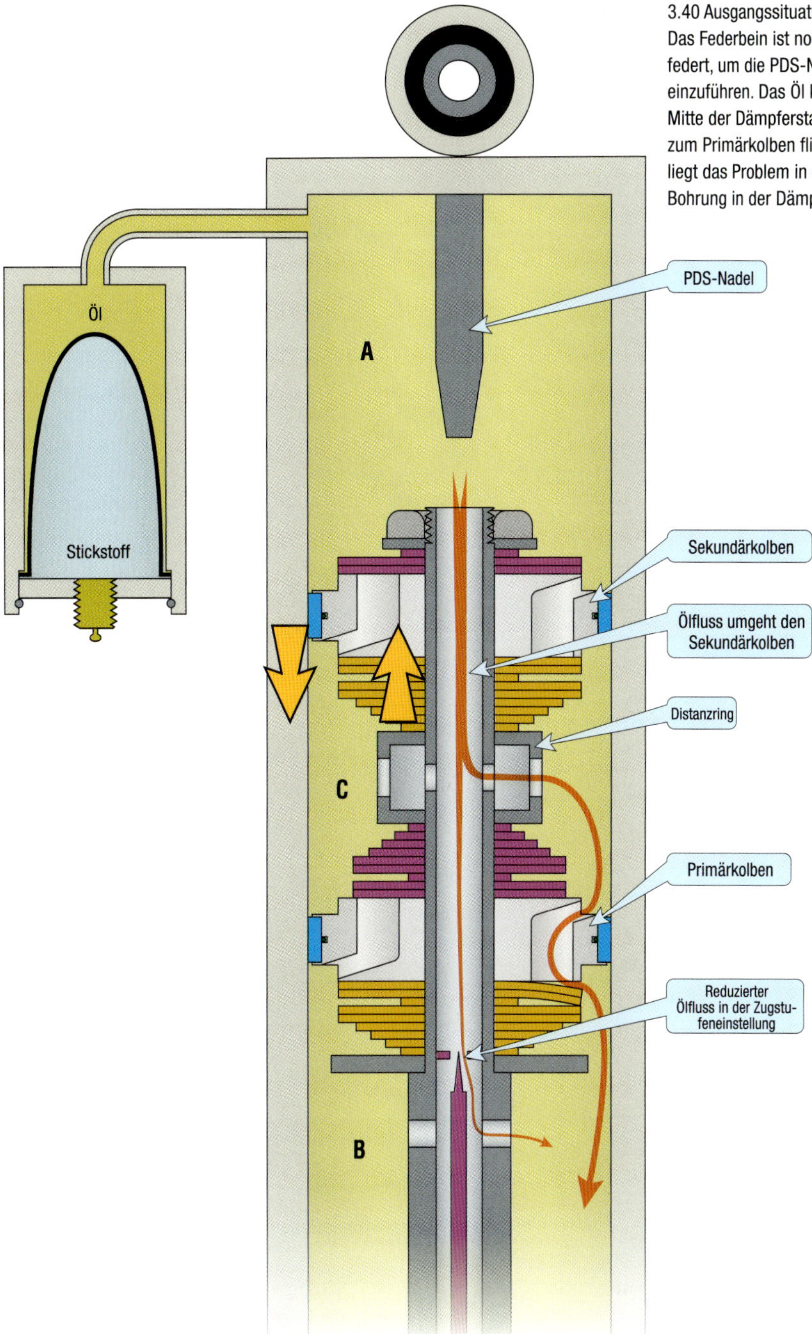

wir eine Reihe von Tests mit dem PDS gefahren. Zuerst war kein Unterschied spürbar, wenn ich am ersten Kolben etwas änderte – bei Absätzen in der Fahrbahn war die Dämpfung immer zu hart. Dann baute ich den zweiten Kolben komplett aus. Der Fahrer sagte jetzt, dass die Federung beim Bremsen, Beschleunigen und überfahren leichter, einfacher Buckel mit einer Kante viel besser ansprach. Dabei war die Nadel noch gar nicht in die Dämpferstange eingedrungen. Als nächstes bauten wir den zweiten Kolben wieder ein, entfernten dafür aber die Steuerungsnadel. Wieder fühlte sich das Federbein zu hart an. Über die Jahre hinweg hat KTM die Hohlbohrung in der Dämpferstange größer ausgeführt, das half merklich.

Perry Hay von der Firma „Shock Treatment“ (Race Techs australischer Vertriebspartner), fand eine neue Lösung, die ihm weltweiten Erfolg einbrachte. Eines der Probleme der serienmäßigen Konusnadel bestand darin, dass diese zu kurz war – zwangsweise: Wäre sie länger, wäre sie bis an den Sitz der Zugstufe gekommen und hätte für Beschädigungen sorgen können.

Terry baute daher eine längere, aber als Teleskop ausgeführte Nadel. So wurde die Progression beständiger. Und der zu geringe Querschnitt? Terry akzeptierte einfach, dass die Bohrung zu klein war und zwang den zweiten Kolben bei Schlägen mit sehr hoher Dämpfungsgeschwindigkeit dazu, über den gesamte Hub überzulaufen. Dazu musste er die Zugstufendämpfung am zweiten Kolben erheblich verringern. Ich denke (ja, ich bin befangen…), dass Terrys Teleskop-PDS-Nadeln zusammen mit „P Series Progressive Shock Springs“ und einem „Gold Valve“, beides von Race Tech, das Fahrwerk einer KTM ganz beträchtlich verbessern können.

FADING

Als Fading bezeichnen wir ein Nachlassen der Dämpfung während des Betriebs. Es wird meistens verursacht durch eine von drei Faktoren. Der erste ist Viskositätsverlust, wenn das Öl sich erwärmt (weniger Viskosität ist gleichbedeutend mit dünnerem Öl). Das kann daran liegen, dass der Viskositätsindex des verwendeten Öls an sich zu gering ist (Öl von schlechter Qualität), oder weil der Viskositätsindex durch Verschleiß zusammengebrochen ist (schlechte Qualität insbesondere der Additive zur Verbesserung des Viskositäts-Indexes). Dadurch verschlechtert sich die Dämpfung,

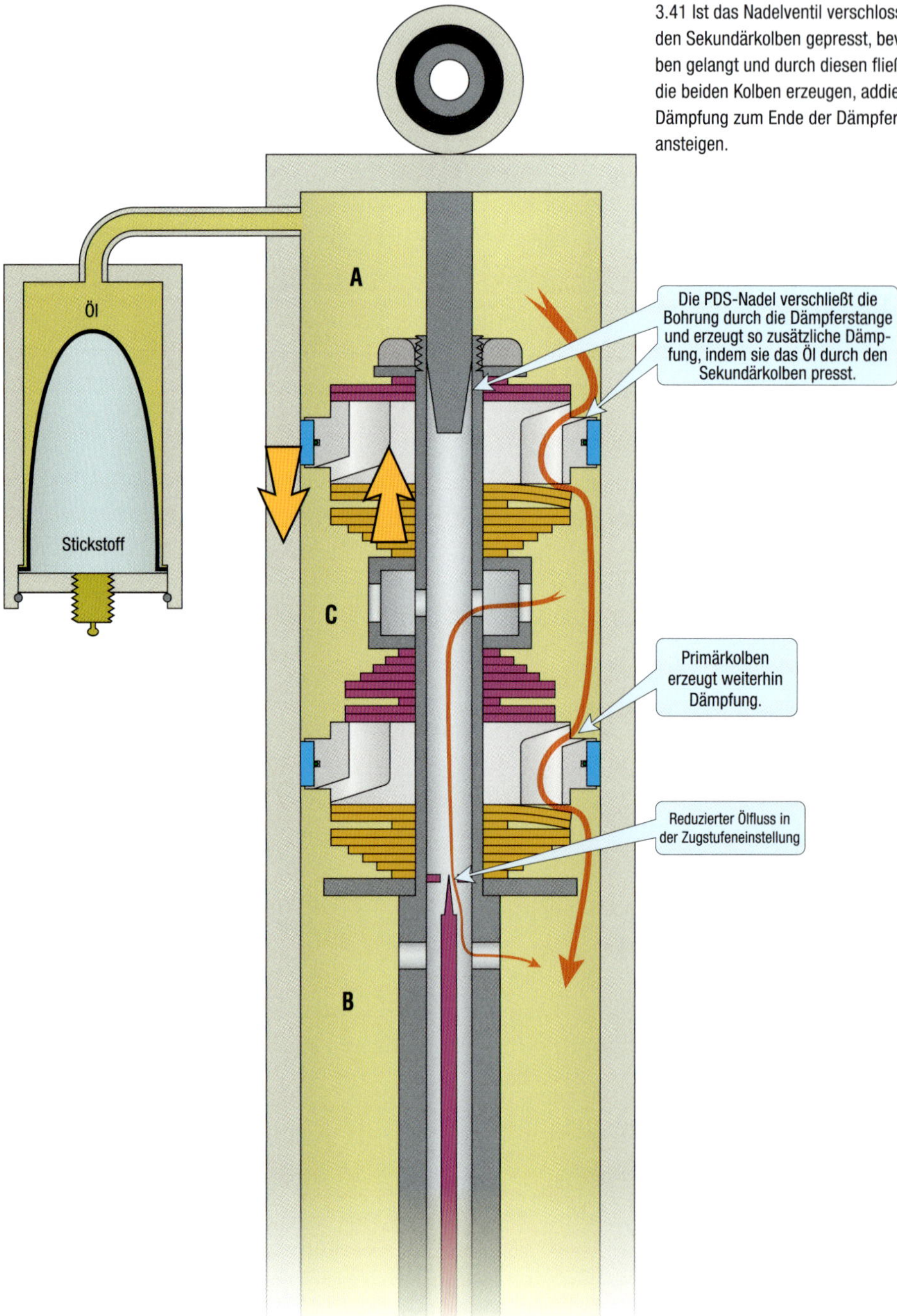

3.41 Ist das Nadelventil verschlossen, wird das Öl durch den Sekundärkolben gepresst, bevor es zum Primärkolben gelangt und durch diesen fließt. Die Dämpfung, die die beiden Kolben erzeugen, addiert sich. Das lässt die Dämpfung zum Ende der Dämpferbewegung sprunghaft ansteigen.

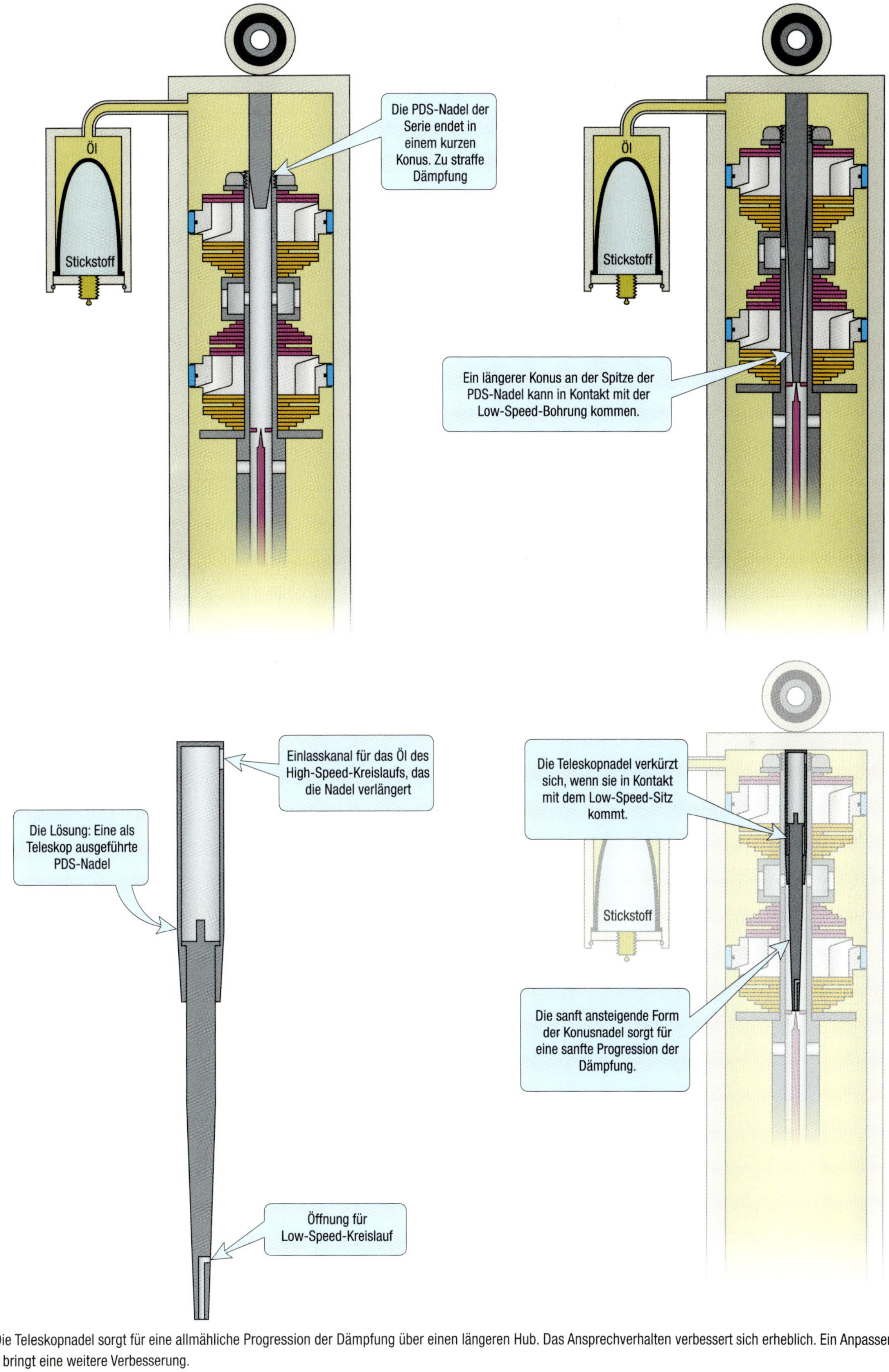

3.42 Die Teleskopnadel sorgt für eine allmähliche Progression der Dämpfung über einen längeren Hub. Das Ansprechverhalten verbessert sich erheblich. Ein Anpassen der Shims bringt eine weitere Verbesserung.

insbesondere im Low-Speed-Bereich. Erinnern wir uns daran, dass – von der Energieseite her betrachtet – ein Stoßdämpfer kinetische Energie in Hitze umwandelt. Also heizt sich der Dämpfer auf, wenn er arbeitet. Telegabeln erwärmen sich sehr viel weniger, weil es zwei Gabelholme und dadurch eine deutlich größere Fläche gibt, die überdies direkt vom Fahrtwind bestrichen und somit gekühlt wird. Federbeine hingegen sind normalerweise hinter dem heißen Motor und in der Nähe des heißen Auspuffs eingebaut – um Kühlung ist es da also schlecht bestellt. Auch kann Fading entstehen, weil sich das erwärmte Öl leichter komprimieren lässt.

Eine andere Ursache ist mechanisch verursachte Undichtigkeit – „Blowby". Dazu kann es kommen, wenn unterschiedliche Materialien verwendet werden, die sich durch Hitze unterschiedlich ausdehnen. Wenn das Dämpfergehäuse aus Aluminium besteht und der Kolben aus Stahl, dehnt sich unter Wärmeeinfluss der Aluminiumkörper schneller aus als der Stahlkörper.

Das stellt kein Problem dar, wenn die Abdichtungen am Kolben diesen Unterschied ausgleichen können. Können sie das nicht, kommt es zu einem Leck. Wenn das Öl um den Kolben herumfließt statt durch ihn hindurch, verringert sich die Dämpfung und der Fahrer registriert Fading.

Oft ist der Vorspann-O-Ring unter dem Kolbenführungsband der Schuldige. Bei KYB- und Showa-Federbeinen, insbesondere an Modellen von vor 2000, kann er verschleißen und sich dadurch abflachen. Damit reduziert sich die Vorspannung des Kolbenführungsbandes bis hin zu Null. Das Problem ist schwer zu erkennen, denn das serienmäßige Kolbenführungsband ist ein Endlos-Band (Vollkreisschleife) und verrät nichts über den Zustand des O-Ringes.

Messen Sie daher den äußeren Durchmesser des Kolbenführungsbandes in eingebautem Zustand und vergewissern Sie sich, dass er größer ist als der innere Durchmesser der Bohrung bzw. Laufbahn.

Eine andere mögliche Ursache ist Kavitation, die wir zuvor schon umfassend behandelt haben. Wenn der Stoßdämpfer aus irgendeinem Grund an Druck verliert, stellt sich das als Dämpfungsverlust sowohl in Zug- als auch Druckstufe dar.

Ich erinnere mich, dass einmal ein Fahrer zu mir kam und erzählte, er habe jetzt das Problem an seinem viel zu harten Serienfederbein gelöst. „Ich habe einfach etwas Stickstoff abgelassen, und jetzt fühlt es sich toll an", meinte er. Ich fragte ihn, wie viel er abgelassen habe. „Nur ein bisschen" meinte er – er habe einfach auf das Ventil gedrückt und es habe „psst" gemacht. Soweit ich das sehen konnte, musste das so gut wie der ganze Stickstoff gewesen sein. Um das klarzustellen: Das schlage ich nicht als Mittel gegen eine zu harte Dämpfung vor. Ich erzähle das, um die Auswirkungen von Kavitation zu veranschaulichen. Immer dann, wenn das Öl sich leichter komprimieren lässt, verringert sich die Dämpfung. Noch mal in aller Klarheit. Das war keine Lösung für diesen Härte-Fall.

ABSTIMMUNGSTYPEN

Wir gehen zurück zu verschiedenen Abstimmungstypen wie in Abbildung 3.43 gezeigt. Die Schlüsselfrage lautet: Wie progressiv soll's denn sein? Kurze Antwort: progressiv genug, aber nicht zu progressiv. Das ist vielleicht nicht das, was Sie hören wollen, aber genau das machen wir, wenn wir testen. Wir ändern den Verlauf der

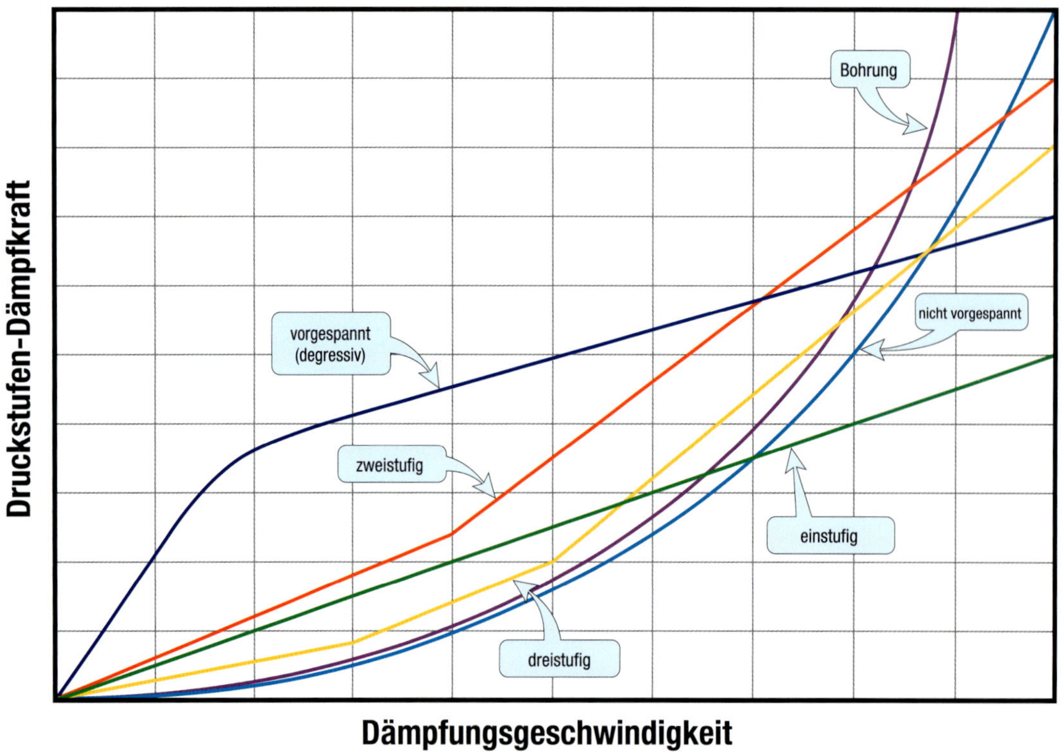

3.43 Eine Dämpfungskurve kann vielfältige Formen haben. Die bohrungsabhängige Kurve ist die klassische Form: Die Dämpfergeschwindigkeit steigt im Quadrat. Konusförmige oder bündige Shim-Pakete machen die Kurve linear. Zweistufige Shim-Pakete beschleunigen den Anstieg der Kurve, wenn die Low-Speed-Shims in Kontakt mit dem High-Speed-Paket kommen. Vorgespannte Shim-Pakete sind degressiv. Die Kurve der nicht vorgespannten Shims beginnt zunächst ähnlich wie die bohrungsabhängige. Mit zunehmender Dämpfergeschwindigkeit geben die Shims jedoch nach, und die Dämpfung ist geringer als bei verschlossener Bohrung.

Dämpfungskurve. Mehr Progression ist nicht unbedingt besser, aber eine lineare oder abnehmende Progression auch nicht. Die Kunst besteht darin, die richtige Abstimmung für den geplanten Einsatzzweck zu finden. Denken Sie daran, dass Dämpfung geschwindigkeitsabhängig ist. Also kommt es nicht nur darauf an, wie groß eine Unebenheit ist, sondern auch, welche Form sie hat. Kleine kantenförmige Unebenheiten können zu hohen Geschwindigkeiten führen – ebenso runde Unebenheiten, auf die das Fahrzeug mit hoher Geschwindigkeit trifft.

Einstufiges, konusförmiges Shim-Paket mit flachem Dämpferkolben, keine Vorspannung

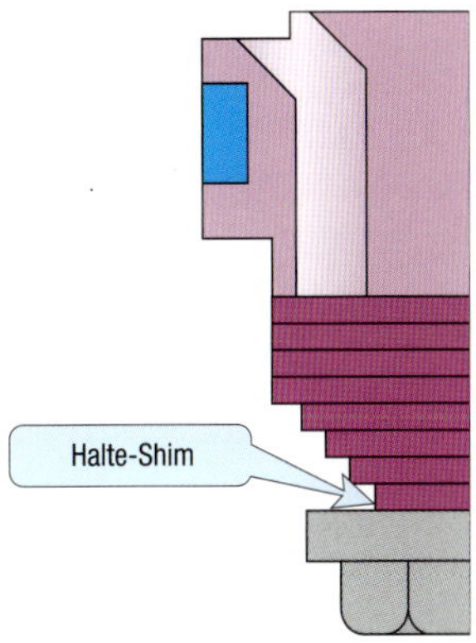

3.44 Bei Straßen- und Straßenrennsportmaschinen sehr gebräuchliche Shim-Konfiguration

Abstimmung über die Bohrungen

Wir haben uns mit der Abstimmung über die Bohrungen beschäftigt und ihre Nachteile gesehen. Fakt ist, dass sie sich mit der Geschwindigkeit der Dämpferstange potenziert. Das heißt also: Wenn die Geschwindigkeit verdoppelt wird, steigt die Dämpfung auf das Vierfache. Das Ergebnis ist eine Abstimmung, die sich hart, aber unpräzise anfühlt. Sowohl die Emulator- als auch die Cartridge-Gabel sollen dieses Problem lösen.

Einstufige Dämpfungsabstimmung

Sehen wir uns noch einmal Abbildung 3.44 an. Als erstes Beispiel für eine Abstimmung mit biegsamen Shims nehmen wir ein einstufiges Shim-Paket mit flachem Kolben, aber ohne Vorspannung. Die meisten modernen Abstimmungssysteme arbeiten heute mit auf dem Dämpferkolben angeordneten, konusförmigen Shim-Paketen, Diese Form der Dämpfung ist grundsätzlich linear. Wenn Sie die Geschwindigkeit verdoppeln, steigt die Kraft um einen gleichbleibenden Prozentsatz. Indem Sie Shims mit anderer Steifigkeit verwenden, bestimmen Sie, wie schnell die Kurve steigt.

Auch wenn es auf den ersten Blick verwirrend aussieht: Diese Abbildung zeigt nur die eine Hälfte des Shim-Pakets und sagt gar nichts darüber aus, was oberhalb des Dämpferkolbens geschieht.

Zusätzliche Dämpfung

Stellen Sie sich vor, wir nehmen das Shim-Paket vom Dämpferkolben weg und verkleinern den Querschnitt der Versorgungsbohrung. Nun haben wir eine Dämpfung, die allein über die Bohrungen funktioniert. So haben wir aus einer Cartridge-Gabel eine Dämpferstangen-Gabel gemacht. Der Punkt ist der, dass die Dämp-

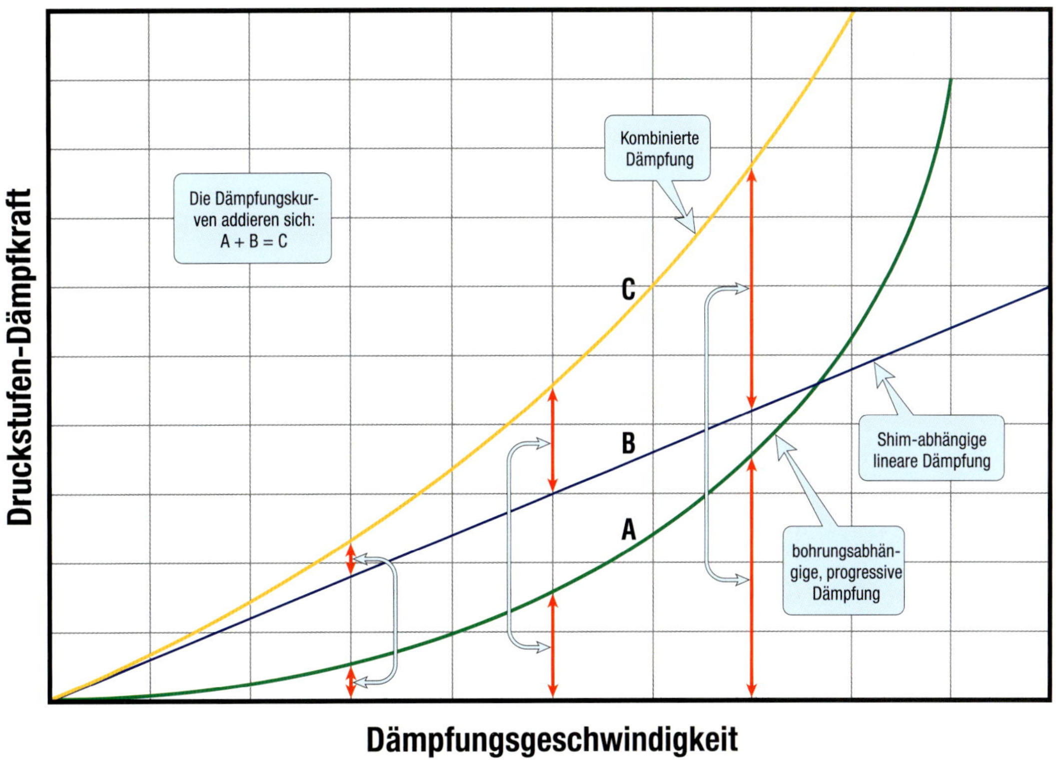

3.45 So sieht es aus, wenn sich bei einer typischen Kombination von Dämpferkolben und Shim-Paket die Dämpferkurven addieren. In diesem Beispiel wird die Kurve A allein durch die Öffnungen im Dämpferkolben erzeugt – sie steigt proportional mit der Dämpfergeschwindigkeit im Quadrat. Kurve B zeigt eine linear ansteigende Dämpfung, die allein durch ein einstufiges Shim-Paket erzeugt wird. Kurve C ist die kombinierte Kurve, in der sich die Dämpfung durch Kolben und Shim-Pakete addieren.

fung längst nicht gut sein muss, nur weil es sich um ein Cartridge-System handelt. Tatsächlich haben wir Motorräder gesehen, die ab Werk so ausgeliefert wurden.

Als nächstes tauschen wir das Shim-Paket. Wie gesagt, Shim-Pakete sind ihrem Wesen nach linear. Wenn wir also ein Shim-Paket auf dem Dämpferkolben mit seinen verkleinerten Bohrungen montieren, addieren sich die Dämpfung des Shim-Stapels und des Dämpferkolbens zueinander (siehe Abbildung 3.45).

Um herauszufinden, ob eine Änderung an der Dämpfung für mehr oder weniger Dämpfung sorgt, muss man nur diese Schlüsselfrage beantworten: „Fließt noch immer dieselbe Ölmenge durch den Kreislauf?"

Wenn wir beispielsweise einen Druckstufen-Einsteller an einem Federbein anbringen, der mit der Ölmenge arbeitet, die in den Behälter fließt, dann ändert das nichts an dem Ölvolumen, das durch die Druckstufe geht. Deswegen erhöht der Einsteller die Dämpfung insgesamt. Wenn man ein Mittelventil in eine Gabel baut, ändert das nichts an der Ölmenge, die durch das Basis-Ventil der Druckstufe geht, erhöht jedoch deren Dämpfung.

Auf der anderen Seite arbeitet bei einer Cartridge-Gabel der Bleed-Kreislauf des Einstellers für die Low-Speed-Druckstufe getrennt von dem Druckstufen-Dämpferkolben mitsamt Shim-Paket. Entfernt man den Einsteller und vergrößert den Querschnitt der freien Bleeds, vergrößert man zugleich den Ölfluss durch den Kreislauf des Einstellers – doch das geht zu Lasten des Ölflusses durch den Kreislauf des Shim-Pakets des Hauptkolbens. Das heißt, dass die Dämpfung insgesamt abnimmt.

„Gold Valves"

Das degressive Konzept haben wir bereits bei der Beschreibung der Emulatoren vorgestellt. Wie kann man aber dieses Konzept bei Cartridge-Gabeln oder Stoßdämpfern anwenden? Wenn die Kanäle im Kolben zu klein sind, kann schon die Dämpfung allein durch den Kolben bei Unebenheiten, die hohe Dämpfgeschwindigkeiten erzeugen, zu straff sein. Und um alles noch schlimmer zu machen, sorgt dann das Shim-Paket für noch mehr Dämpfung. Das mag angehen bei geringen Geschwindigkeiten, aber im Bereich der High-Speed-Dämpfung ist das definitiv zu hart.

Ich habe das „Gold Valve" Anfang der neunziger Jahre erfunden, und zum Zeitpunkt der Veröffentlichung dieses Buches haben wir bereits über 60 eigenständige „Gold Valves" entwickelt, jedes mit zahlreichen unterschiedlichen Kanal-Konfigurationen. Im Allgemeinen vergrößert ein „Gold Valve" den Strömungsquerschnitt. Der Effekt ist ähnlich dem, der sich bei Dämpferstangen-Gabeln einstellt, wenn man die serienmäßigen Bohrungen für die Dämpfungs-Druckstufe erweitert, um einen Emulator einzubauen. Die Druckstufen-Öffnungen erfüllen dabei denselben Zweck wie die Kanäle für die Dämpfungs-Druckstufe im Kolben. „Gold Valves" verlagern die Steuerung der Dämpfung auf das Shim-Paket, was erheblich mehr Abstimmungsmöglichkeiten erlaubt und außerdem hilft, das Ansprechverhalten deutlich zu verbessern.

Zweistufige Abstimmung

Im Abschnitt über Cartridge-Gabeln haben wir uns bereits mit zweistufigen Abstimmungen befasst. Zweistufige Abstimmungen (Abbildung 3.45) kommen am ehesten in Off-Road-Maschinen zum Einsatz, bei denen die Federung mit einer besonderen Vielfalt von Anforderungen fertig werden muss. Die besondere Herausforderung bei Off-Road-Maschinen liegt darin, dass sie häufig auf Unebenheiten treffen, die größer sind als ihr Federweg. Auch die Landungen nach einem Sprung können sehr hohe Dämpfergeschwindigkeiten erzeugen. Mit einem durchschnittlichen Fahrer auf einer durchschnittlichen Strecke kommt man mit einem Crosser auf Dämpfergeschwindigkeiten von ca. 7 m/sek. Hinzu kommen „normale" Low-Speed-Situationen, wie zum Beispiel das Eintauchen beim Bremsen vor einer Kurve. Für diese Bandbreite von Aufgaben ist eine zweistufige Abstimmung zumeist ein guter Kompromiss.

Der Shim mit dem kleinsten Durchmesser – derjenige, der am weitesten entfernt ist vom Dämpferkolben – heißt „clamping shim" (Halte-Shim). Hier den richtigen Durchmesser zu treffen, ist besonders wichtig, denn er bestimmt, wie sehr die folgenden „arbeitenden" Shims nachgeben. Bei einem zweistufigen Shim-Paket trennt ein Shim mit kleinerem Durchmesser das Low-Speed-Paket vom High-Speed-Paket. Diesen Shim nennt man „crossover shim" (Übergangs-Shim), und hier kommt es auf seinen Durchmesser wie auch auf seine Stärke an. Je größer der Durchmesser, um so härter wird der Low-Speed-Bereich, und um so stärker er ist, um so größer ist die Verzögerung, mit der sich das High-Speed-Paket verhärtet – was es letztlich weicher macht.

Als gute Faustregel gilt, dass der Übergangs-Shim zumindest gleich groß, wenn nicht größer sein sollte als der Halte-Shim. Das hilft, den Übergang konstant zu halten.

Bei Off-Road-Motorrädern ist der Einsatz von dreistufigen Shim-Paketen durchaus üblich. Beachten Sie: Je mehr Stufen es gibt, um so progressiver fällt die Kurve aus. Die Härte der gesamten Federung jedoch richtet sich immer nach der Härte des jeweiligen Shim-Pakets. In anderen Worten: Ein dreistufiges Shim-Paket kann insgesamt härter oder weicher sein wie auch mehr oder weniger Progression aufweisen als ein zweistufiges. In beiden Fällen hängt dies von der exakten Größe der verwendeten Shims ab. Wie viele Stufen man verwenden sollte, lässt sich nur über Tests herausfinden. Grundsätzlich aber gilt: Off-Road-Maschinen verwenden im Regelfall mehr Stufen als für den Einsatz auf Asphalt gebaute Motorräder.

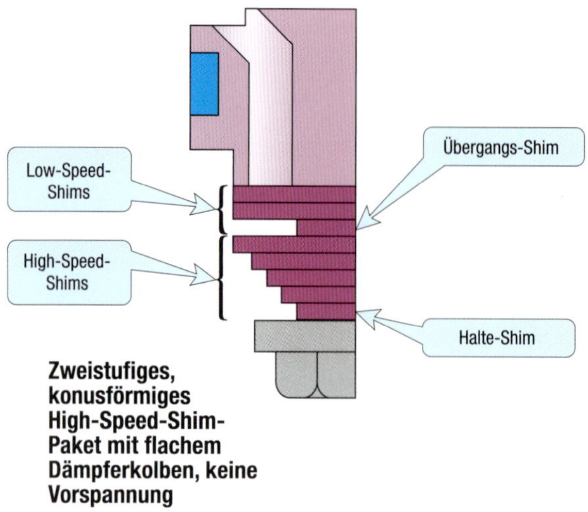

3.46 Diese Shim-Konfiguration ist sehr gebräuchlich bei Geländemaschinen, bei denen die Dämpfergeschwindigkeiten sehr viel höher sind als bei Straßenmotorrädern. Insbesondere bei Landungen nach Sprüngen und beim Überfahren von Steinen und Wurzeln schnellen die Dämpfergeschwindigkeiten stark an.

Shim-Pakete mit Vorspannung

In manchen Situationen wünscht man sich mehr Low-Speed-Dämpfung, möchte aber nicht die High-Speed-Dämpfung erhöhen. Typisch dafür sind Supermoto-Motorräder: Wegen der langen Federwege und des starken Bremsens ist es wichtig, das Eintauchen in den Griff zu bekommen – die Gewichtsverlagerung von der Front zum Heck und andersherum beim Bremsen und Beschleunigen. Hat man mit einem nicht vorgespannten Shim-Paket die Dämpfung um so vieles härter gemacht, dass man das Eintauchen – ein typisches Low-Speed-Phänomen – im Griff hat, würde man sich damit ein mangelndes Schluckvermögen über kantenförmigen Unebenheiten einhandeln.

Die Abbildung 3.47 zeigt, dass sich die Vorspannung auf mehreren Wegen erzielen lässt. Das erste Bild zeigt den Einsatz eines flachen Kolbens mit einem Ring-Shim mit einem großen, ausgesparten Innendurchmesser. Dieser bietet Platz für einen kleineren, aber auch dünneren Innen-Shim. Der Höhen/Stärken-Unterschied zwischen den beiden Shims sorgt dafür, dass alle nachfolgenden „arbeitenden Shims" vorgespannt sind. Indem man die Stärke des Innen-Shims oder die Härte der übrigen arbeitenden Shims verändert, lässt sich die Form der Dämpfungskurve sehr schön gestalten.

Eine andere Methode besteht darin, in die Kolbenoberfläche eine Stufe einzubauen und so eine Vertiefung zu schaffen. Die Stufe wirkt wie eine Tasche auf der Kolbenoberfläche. Wenn der Absatz 0,2 Millimeter tief ist und das Shim-Paket direkt mit dem Kolben verschraubt ist, beträgt die Vorspannung 0,2 mm.

Das Shim-Paket kann jedoch nicht nur stufenförmig, sondern auch als Konus aufgebaut werden. Die Ergebnisse sind ähnlich wie bei den beiden vorangegangenen Vorgehensweisen.

Die „G2-R Gold Valves" von Race Tech bieten eine verfeinerte Form der Vorspannung, da sie ein Restriktor-Shim-Paket verwenden (siehe Abbildung 3.48). Das G2-R-Modell beginnt mit einem Stufenkolben mit weiten Kanälen, dann erst drückt sich das Restriktor-Shim-Paket gegen die Kolbenoberfläche, um die Vorspannung zu bestimmen. Tatsächlich kann so die Vorspannung auf Null reduziert oder völlig ausgeschaltet werden.

Auch kann der Durchmesser des Restriktoren-Shim-Pakets so abgeändert werden, dass die Kanalgröße schrittweise verengt wird. Wenn Sie sagen, dass ich im Verlaufe dieses Buches gesagt habe „Je größer, desto besser" – dann haben Sie im Grunde recht. Aber manchmal stimmt der Satz eben doch nicht. Beim Supercross ist beispielsweise Durchschlagfestigkeit eine der Hauptanforderungen, da bei einer Landung nach einem Sprung die höchsten Dämpfungsgeschwindigkeiten, die man im gesamten Motorrad-Bereich kennt, erzielt werden. Der Schlüssel dabei liegt darin, nicht am meisten oder am wenigsten Progression erzielen zu wollen, sondern einfach

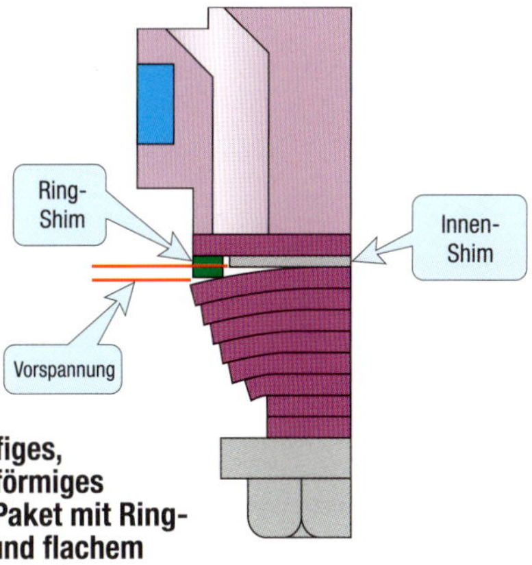

Einstufiges, konusförmiges Shim-Paket mit Ring-Shim und flachem Dämpferkolben, vorgespannt

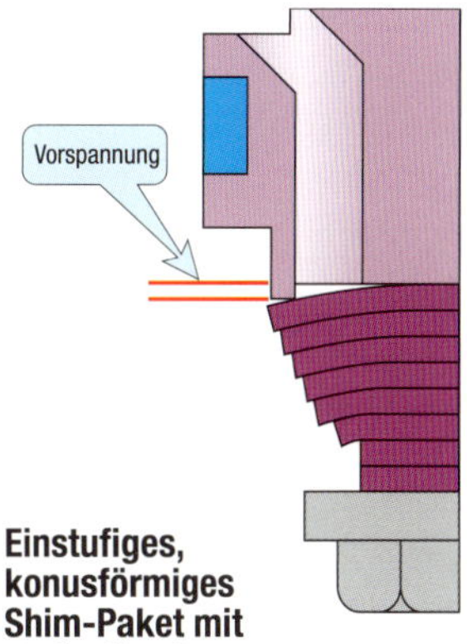

Einstufiges, konusförmiges Shim-Paket mit stufenförmigem Dämpferkolben, vorgespannt

3.47 (Links) Hier werden zwei Methoden gezeigt, mit denen sich Vorspannung erzeugen lässt. Bei der ersten kommen ein ringförmiger Shim mit großem Durchmesser und kleinerem, weniger starkem Innenring zum Einsatz. Der Unterschied zwischen der jeweiligen Stärke der beiden Ringe ergibt die Vorspannung. Bei der zweiten Methode ist die Oberfläche des Dämpferkolbens selbst stufenförmig ausgebildet. Eine Variante hiervon ist ein Konus direkt auf dem Dämpferkolben.

3.48 (Unten) Das G2-R-Ventil ist extrem flexibel. Es kann vorgespannt und nicht vorgespannt werden und den Kanalquerschnitt schrittweise verengen. Das macht die Angelegenheit komplexer, erlaubt aber das breiteste Abstimmungsspektrum.

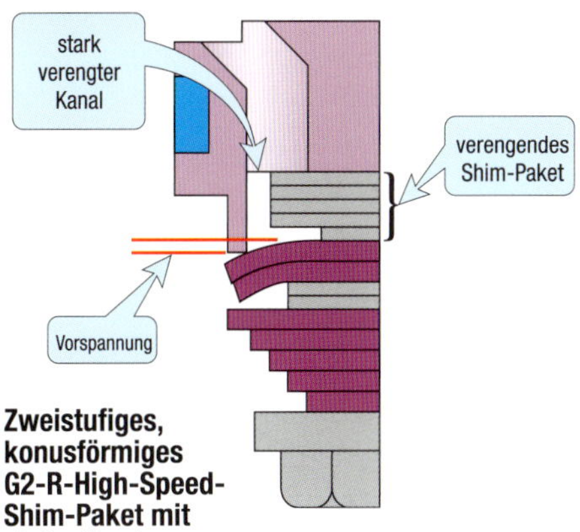

Zweistufiges, konusförmiges G2-R-High-Speed-Shim-Paket mit stufenförmigem Dämpferkolben und stark verengtem Kanal, vorgespannt

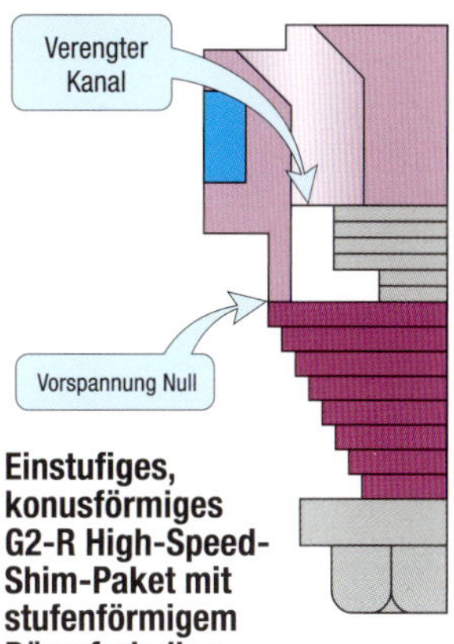

Einstufiges, konusförmiges G2-R High-Speed-Shim-Paket mit stufenförmigem Dämpferkolben und verengtem Kanal, Vorspannung Null

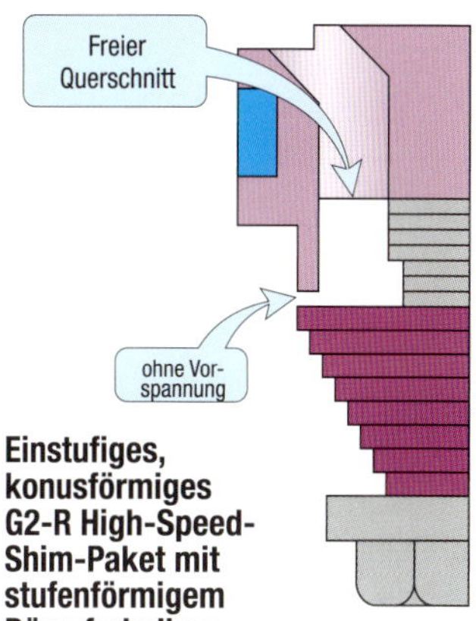

Einstufiges, konusförmiges G2-R High-Speed-Shim-Paket mit stufenförmigem Dämpferkolben und freiem Kanalquerschnitt, ohne Vorspannung, Vorspannung Null

die beste. Im Regelfall gebe ich gerade eben genug Druckstufendämpfung und Progression für den Job, den die Federelemente zu bewältigen haben (Durchschlagfestigkeit und Minimierung des Eintauchens) und kein bisschen mehr.

Shim-Pakete ohne Vorspannung (Freeloaded Stacks)

Ein nicht vorgespanntes Shim-Paket beginnt mit einem kleinen Shim direkt auf dem Dämpferkolben, der die Kanäle im Kolbenboden nicht bedeckt und somit die Öffnungen für die anströmende Flüssigkeit freilässt. Erst mit zunehmendem Ölfluss drückt dieser auf die Shims, die somit unmittelbar vorgespannt sind. Dies ist die progressivste Dämpfung, wenn man von einer fest vorgegebenen Bohrung absieht.

Mit der Zeit haben sich viele Leute an dieser Art von Shim-Paket versucht (mich über einen langen Zeitraum eingeschlossen). Nach meiner Erfahrung funktioniert das jedoch nie. Die Nachteile sind dieselben wie bei der ausschließlich über Bohrungen erzeugten Dämpfung, Das Ergebnis ist hart und unpräzise. Dazu hat man dann noch das Problem, den Dämpferkolben beim Ausfedern abzudichten.

Gerade oder konusförmige Shim-Pakete

Eine Frage kommt bei den „Race Tech Suspension"-Seminaren immer wieder auf: „Warum nimmt man ein konusförmiges und kein bündiges Shim-Paket?" Es ist ein weit verbreiteter Irrglauben, dass ein konusförmiges Shim-Paket mehr Progression bietet als ein bündig abschließendes. Hinsichtlich der Bandbreite von Verformungsgeschwindigkeit, den diese Pakete tatsächlich haben, trifft das jedenfalls nicht zu. Beide Pakete sind linear, was bedeutet, dass sie sich in einer gleichförmig ansteigenden Kurve verhärten, sobald sie erst einmal geöffnet sind.

Viele Tuner bauen ihre Shim-Pakete zum Ende hin mit mehr oder dickeren Shims, um ein progressiveres Ansprechverhalten bei hohen Dämpfungsgeschwindigkeiten zu erzeugen. Doch das kann nicht funktionieren – denn so arbeiten die Shim-Pakete einfach nicht. Sie sind und bleiben linear. Wenn man sie nach hinten heraus härter (biegefester) macht, wird dadurch das ganze Paket härter.

Warum also baut man die Shim-Pakete dann in Konusform auf? Ganz einfach: So lässt sich der bleibenden Verformung der Shims vorbeugen (Abbildung 3.50). Bei einem bündigen Paket öffnen sich alle Shims im gleichen Umfang um den Halte-Shim herum. Dadurch vergrößert sich die Belastung am Biegepunkt. Bei einem konusförmig abgeschrägten Shim-Paket geben die arbeitenden Shims an unterschiedlichen Stellen nach (jeweils am vorausgegangenen Shim), wodurch der Druck sich besser verteilt. Außerdem haben konusförmige Shim-Pakete mehr Spiel, um sich zu öffnen, bevor sie gegen die Grundplatte (die starke Distanzscheibe) stoßen.

Dünne oder starke Shims

Haben Sie sich jemals gefragt, warum Stoßdämpferhersteller lieber mehr dünne Shims vor dem Kolben montieren als einige wenige starke? Schließlich gibt es unterschiedliche Wege, die gewünschte Stärke des Shim-Pakets zu erzielen. Manchmal kommen fünfzehn 0,15 mm dünne Shims zum Einsatz anstelle einer geringeren Anzahl stärkerer Shims. Warum?

Jedenfalls geht es nicht um die Progressivität oder darum, überzählige Shims zu entsorgen. Die Antwort liegt vielmehr darin, dass Sie bleibende Verformung verhindern wollen. Wenn Sie einen dünnen und einen starken Shim, die aus demselben Material bestehen, aufeinanderlegen, beide in der Mitte in einem Schraubstock zusammenklemmen und gleichzeitig verbiegen, werden Sie feststellen, dass der stärkere Shim sich immer vor dem dünneren bleibend verbiegt.

Der Grund dafür liegt darin, dass die oberen Moleküle auseinandergezogen werden, die unteren jedoch zusammengedrückt (siehe Abbildung 3.51). In der Mitte liegt die Nullachse, die keine Belastung aufnimmt. Je weiter entfernt die Moleküle von der Nullachse liegen, um so mehr Last liegt auf ihnen, und insofern müssen diese auch am härteten arbeiten. Das heißt, dass ein stärkerer Shim, bei dem die Moleküle weit entfernt von der Nullachse liegen, sich bei geringerer Krümmung bleibend verformt.

Wo werden die dünneren Shims eingesetzt? Bei einem Federelement mit zwei Shim-Paketen findet man typischerweise die dünneren Shims im Low-Speed-Shim-Paket. Der Grund dafür liegt darin, dass die Shims im Low-Speed-Paket mehr nachgeben müssen als die im High-Speed-Paket, was durch die Stärke des Übergangs-Shims vorgegeben wird.

Die nächste Frage ist, welchen Einfluss die Stärke eines Shims auf seine Festigkeit hat. Die Biegefestigkeit ist proportional zu der Stärke hoch drei, aber selbstverständlich gilt das nur für in Material

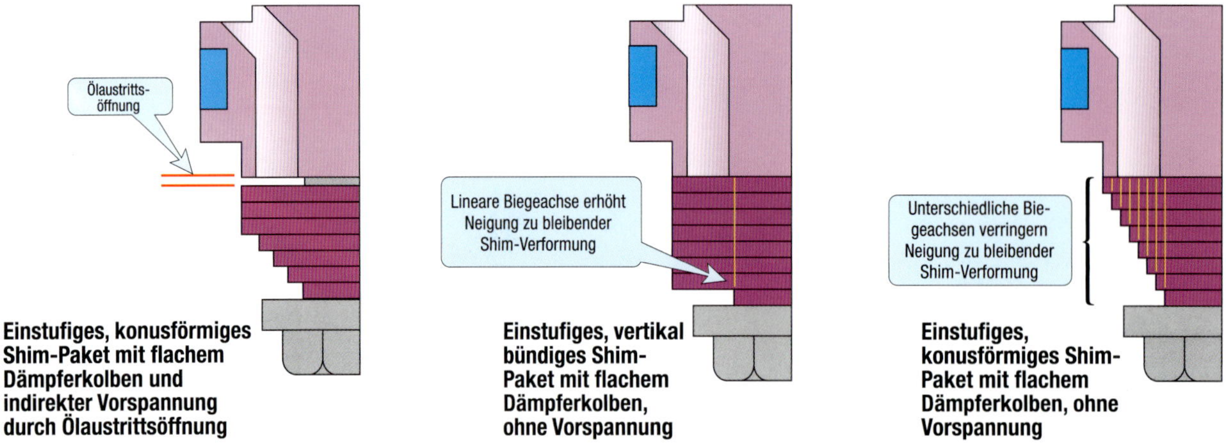

3.49 Ein „indirekt vorgespanntes" Shim-Paket" hat Spiel zwischen Kolbenboden und erstem arbeitendem Shim. Ich habe aber nie gesehen, dass die Methode funktioniert. Die Dämpfung arbeitet hier ähnlich wie eine Bohrungsdämpfung.

3.50 Entgegen einer weit verbreiteten Ansicht ist ein konusförmiger Shim-Stapel nicht automatisch progressiv. Der Vorteil liegt in den unterschiedlichen Biegeachsen der einzelnen Shims, die das abrupte Nachgeben eines bündigen Shim-Pakets abmildern. Dadurch wird bleibenden Verformungen vorgebeugt. Diese Bauweise schafft auch einen größeren Abstand zur Grundplatte.

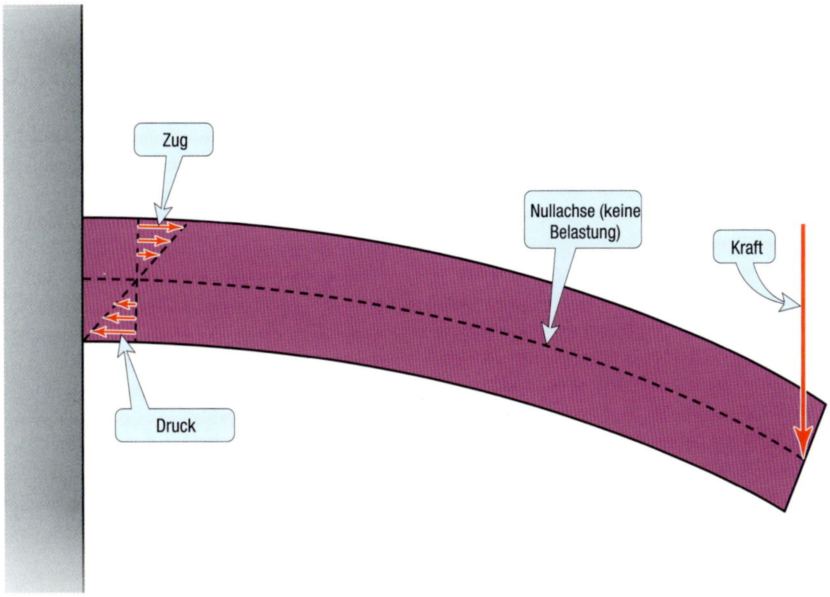

3.51 Wenn auf einen horizontal an einer Mauer angebrachten Ausleger Druck ausgeübt wird, verbiegt er sich. Das Material wird an der Oberseite auseinandergezogen, an der unteren zusammengedrückt. Genau in der Mitte verläuft eine Achse, die nicht belastet wird, genannt die „Nullachse" oder „neutrale Achse". Je größer der Abstand zur Nullachse ist, um so größer ist die Belastung.

und Durchmesser identische Shims. Die Tabelle unten dient dabei zu Ihrer Orientierung.

Das heißt: Man braucht acht 0,10 mm starke Shims, um die Steifigkeit eines einzelnen 0,20 mm starken Shims zu erzielen. Das ist praktisch zu wissen, wenn man die Steifigkeit von Shim-Paketen vergleicht oder wenn man ein Shim-Paket vor sich hat, dessen Shims bleibend verbogen sind. In dem Fall gilt: Wenn der Fahrer mit der Abstimmung des Shim-Pakets gut zurechtgekommen ist, dann lässt sich die Zusammensetzung eines Shim-Pakets mit mehr, aber dünneren Shims errechnen. Voraussichtlich ist damit das Problem gelöst.

Zugstufen-Trennventil

Eines der Probleme mit einem konventionellen Zugstufen-Einsteller für den Low-Speed-Bereich, ist, dass das Öl in beide Richtungen fließt. Wenn der Einsteller in der Zugstufe perfekt passt, kann er in der Druckstufe zu weich sein und leicht durchschlagen. Wenn er aber in der Druckstufe gut anspricht, aber nicht zu weich ist, arbeitet die Zugstufe mit Bestimmtheit zu langsam. Das führt zu „Packing" und Traktionsverlust. Die Lösung besteht in einer asymmetrischen (je nach Richtung unterschiedlichen) Dämpfung.

Shim-Steifigkeit im Vergleich zu Shim-Stärke
Koeffizient bei vorgegebenem Außendurchmesser

$\mu \propto t^3$

μ — Steifigkeitskoeffizient

$\propto$ — verhält sich proportional zu

t — Materialstärke des Shims

t	t^3	μ
0.10	0.001	1
0.15	0.0034	3.4
0.20	0.008	8
0.25	0.0156	15.6
0.30	0.027	27

Dazu kommt man auf mehreren Wegen. Einen davon beobachtete ich 1981 erstmals an Honda CR250- und 480-Modellen mit Showa-Dämpfern. Showa verlagerte kurze Zeit später die Anbringung des asymmetrischen Ventils in das Innere der Dämpferstange. Auch Öhlins hat über mehrere Jahre hinweg ein Ventil am Ende der Dämpferstange angebracht.

2004 baute der Australier Terry Hay ein neues System, das in ein Federbein eingebaut werden konnte. Dieses nannte er RSV (Rebound Separator Valve) – Zugstufen-Trennventil – und integrierte es in der Mutter am Ende der Dämpferstange (siehe Abbildung 3.52).

Und so funktioniert das RSV: Beim Ausfedern öffnet ein Rückschlagventil, wodurch die Zugstufe völlig normal arbeitet und die konusförmige Einstellnadel die Durchflussmenge steuert. Beim Einfedern schließt das Rückschlagventil, und der Einstellkreislauf der Zugstufe wird durch eine in ihrem Durchmesser eigens hierfür bemessene Bohrung versorgt, was für mehr Dämpfung im Low-Speed-Bereich der Druckstufe sorgt. Diese Veränderung bringt mehr Traktion, Rückmeldung und Durchschlagfestigkeit. Race Tech hat in allen Einsatzgebieten für das RSV sehr viel Anerkennung bekommen.

Andere Abstimmungsmethoden

Es gibt eine große Zahl anderer Methoden der Abstimmung. Zu diesen zählen auch per Kugellager verschlossene Kanäle im Dämpferkolben. Die Vorspannung geschieht hier durch eine Spiralfeder. Durch unterschiedliche Federraten und Längen lässt sich die gewünschte Dämpfungskurve erzielen. Dieses System wurde über Jahre hinweg von „Works Performance Shocks" mit großem kommerziellen Erfolg eingesetzt.

Bei Emulatoren dienen Spiralfedern zur Vorspannung eines Ventilkolbens. Wie zuvor erwähnt, lässt die Form der Dämpfungskurve sich über Härte und Vorspannung der Feder sowie über den Querschnitt der Bohrung verändern.

Dazu gibt es Blattfedersysteme und solche, bei denen sich die Ölviskosität durch Einfluss eines Magnetfeldes verändert. Andere Systeme arbeiten mit Elektromagnetismus, sogar ohne Flüssigkeit.

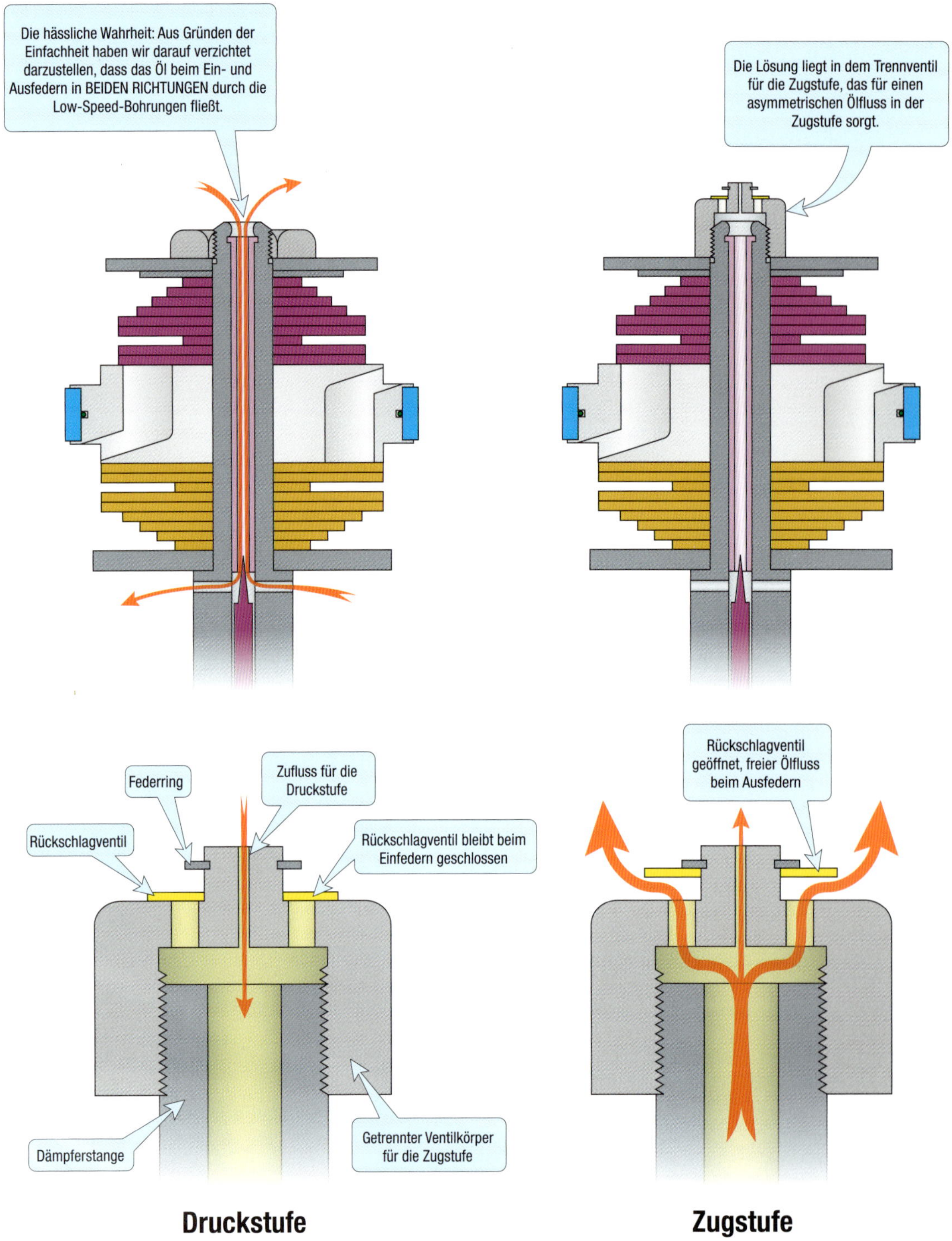

3.52 Das Trennventil für die Zugstufe löst das Problem einer permanenten Öffnung, durch die das Öl in beide Richtungen fließt. Es macht den Ölfluss mithilfe eines Rückschlagventils asymmetrisch.

Indem sie die Energie speichern und mit ihr wieder Batterien aufladen, haben sie sogar durchaus Nachhaltigkeits-Qualitäten. Die beiden letztgenannten Methoden machen einen vielversprechenden Eindruck, insbesondere im Zusammenhang mit elektronisch programmierbaren Federelementen.

Unterm Strich aber muss ich sagen, dass es mich nicht interessiert, wie man zu einer Dämpfungskurve kommt, sondern wie sie aussieht. Wenn Kugellager und Federn funktionieren, dann funktionieren sie eben. Es gibt viele, viele Wege, eine Dämpfungskurve zu gestalten.

Kapitel 4
Reibung

Reibung ist der Widerstand, der erzeugt wird, wenn ein Körper sich gegen einen anderen bewegt. Wie viel Reibung entsteht, hängt davon ab, welche Materialien in Berührung zu einander stehen, von der involvierten Kraft und davon, ob Bewegung im Spiel ist. Reibung wandelt kinetische Energie in Wärme um.

Ich denke, dass man sich mit Reibung befassen sollte, bevor man eine Federung verändert oder abstimmt. Messen Sie den statischen Negativfederweg und die Losbrechzone, um eine Vorstellung von der Ernsthaftigkeit des Problems zu erhalten und arbeiten Sie daran, die Reibung zu minimieren, bevor Sie sich mit Federn und Dämpfung befassen.

Denken Sie immer daran: „Reibung ist … einfach schlecht".

STATISCHE REIBUNG

Statische Reibung, auch als „Stiktion" bezeichnet, ist die Reibung, die ohne Bewegung zwischen den Oberflächen vorherrscht. Sie hängt von zwei Dingen ab: Der erste Faktor ist der Reibungskoeffezient µ. Er ist abhängig von Materialien, Temperatur, Oberflächenbeschaffenheit usw. Der zweite Faktor ist die Kraft im rechten Winkel zu der Oberfläche an der Kontaktstelle, bezeichnet als die normale Kraft" [F_{normal}]. Die Formel lautet $F_{Friktion} = \mu \times F_{normal}$

Vielleicht ist Ihnen aufgefallen, dass die Größe der sich berührenden Oberflächen nicht in der Formel enthalten ist. Das liegt daran, dass Reibung in den meisten Fällen völlig unabhängig ist von der Größe der sich berührenden Oberflächen. Es gibt Ausnahmen von der Regel, und zu den wichtigsten Ausnahmen gehört auf dem Asphalt zurückgelassener Gummi – wahrscheinlich, weil sich das Gummi in die Unregelmäßigkeiten der Asphaltoberfläche hineindrückt.

Meistens befindet sich eine Schicht von irgendeinem „Schmutz" zwischen den beiden Oberflächen, und dies hat eine große Auswirkung auf die Reibung. Dieser „Schmutz" kann aus vielerlei bestehen: Fett, Feuchtigkeit, Oxiden, usw. Gibt es eine dünne Fettschicht

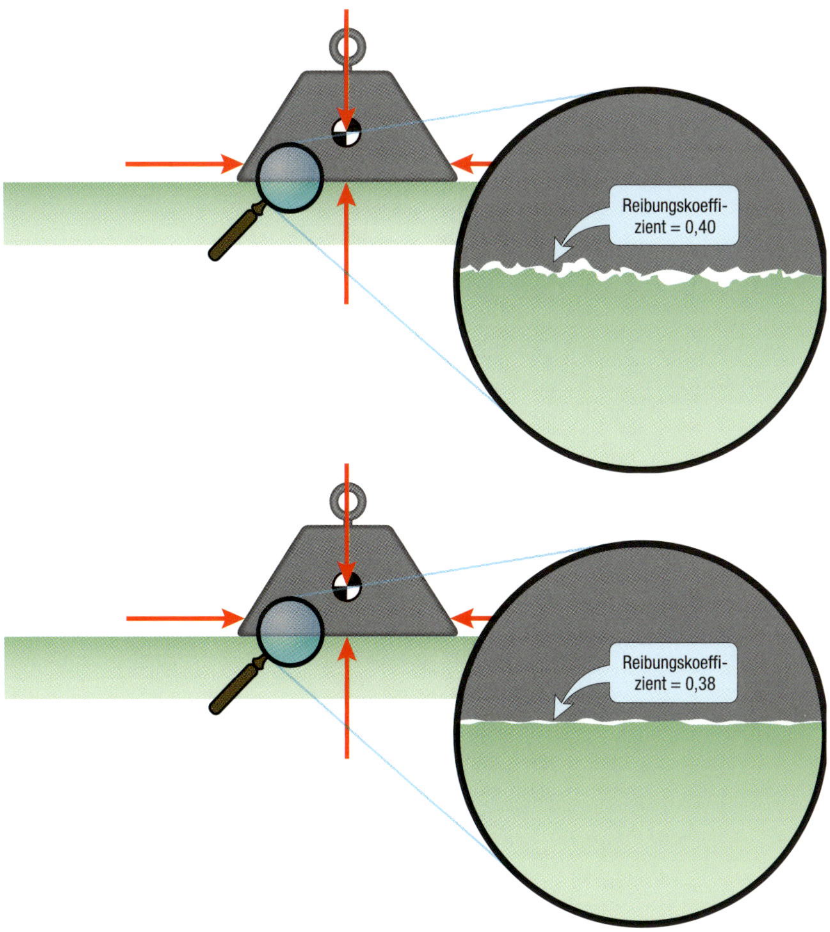

4.1 Die Beschaffenheit einer Oberfläche hat Auswirkungen auf Reibung, aber nicht in dem Umfang wie allgemein angenommen. Man nimmt an, dass es einen Zusammenhang gibt mit der Anzahl von „Kontaktpunkten", die selbst auf einer glatten Oberfläche vorhanden sind.

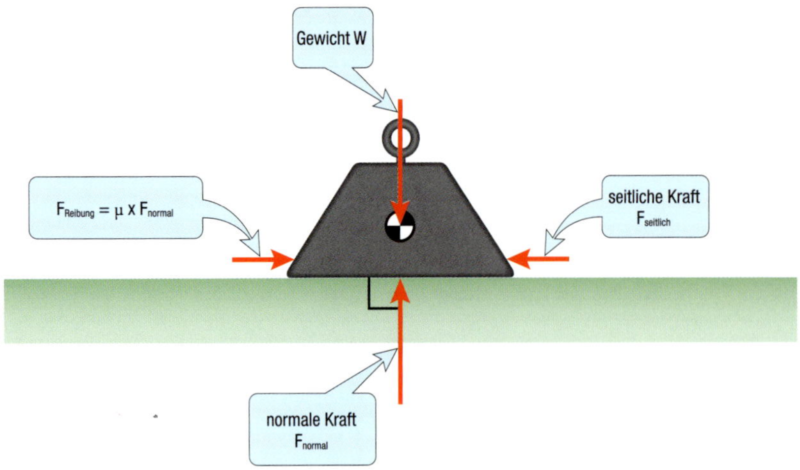

4.2 In diesem Beispiel ruht ein Körper statisch auf einer horizontalen Oberfläche. Die normale Kraft entspricht dem Gewicht des Körpers. Wirkt eine seitliche Kraft, entsteht eine gleich große Widerstandskraft durch die Reibung. Wächst die seitliche Kraft, wächst damit auch die Reibungskraft bis zu einem Höchstwert, der sich aus dem Produkt der Reibung multipliziert mit der normalen Kraft ergibt. An diesem Punkt löst sich der Körper, es entsteht eine dynamische Reibung, die im Regelfall leicht geringer ist als der Höchstwert der statischen Reibung.

zwischen den Oberflächen, kann dies die Reibung im Vergleich zu „sauberen" Oberflächen um das Zehnfache verringern. Entfernt man den „Schmutz" rückstandsfrei, können die Reibungskräfte außerordentlich hoch werden – bis zu einem Grad, an dem die beiden Oberflächen vollständig ineinandergreifen.

Nur um klar zu sein: Es gibt keine Reibungskräfte, solange kein seitlicher Druck ausgeübt wird. Je größer der seitliche Druck, um so größer ist die Reibung – bis hin zu dem Punkt, an dem der maximale Reibungswiderstand überschritten ist und Bewegung entsteht.

Nehmen wir einen Block, der auf einer waagerechten Oberfläche liegt. Sein Gewicht übt einen vertikalen Druck aus. In diesem Fall entspricht die normale Kraft dem Gewicht. Wenn wir einen seitlichen Druck parallel zu der Oberfläche ausüben ($F_{seitlich}$), wird dieser Druck zu einer seitlichen Bewegung führen, sobald dieser größer ist als die höchste vorliegende Reibungskraft.

Keine Bewegung bei: $F_{seitlich} < F_{Friktion\ max}$
Bewegung bei: $F_{seitlich} > F_{Friktion\ max}$

Mit dieser Grafik führen wir das Vektorenkonzept ein. Die Vektoren sind die Pfeile, die die Kräfte darstellen. Vektoren haben sowohl eine Magnitude als auch eine Richtung. Die Magnitude bezeichnet die Größe der Kraft und wird ausgedrückt durch die Pfeillänge: Verdoppelt sich die Kraft, verdoppelt sich auch die Länge des Pfeils (verdoppelte Kraft = doppelte Pfeillänge).

Das Schöne an Vektoren ist, dass wir sie zusammenfügen oder in ihre Bestandteile zerlegen können. Das erlaubt uns, komplizierte Sachverhalte einfach aufzulösen. Als Regel gilt: Wenn wir zwei Vektoren haben und wissen wollen, was sie zusammen bewirken, positionieren wir das Ende des zweiten Vektors auf der Spitze des ersten Vektors. Die kombinierte Wirkung aus beiden Vektoren wird durch einen neuen Vektor dargestellt, der am Ende des ersten Vektors beginnt und an der Spitze des zweiten endet. Diesen Vektor bezeichnen wir als „resultierenden Vektor".

Diese Technik kann mit beliebig vielen Vektoren, die sich zueinander addieren, durchgeführt werden. Sie wird oft angewandt, um Kräfte in ihre vertikale Bestandteile zu zerlegen – so wie wir es gleich tun werden.

Gehen wir nun zu unserem Beispiel zurück. Wenn der Körper geneigt liegt (siehe Abbildung 4.4) und wir keine anderen Kräfte haben, dann entspricht die normale Kraft nicht mehr dem Gewicht. Die normale Kraft ist der Kraftanteil, der in senkrechter Richtung auf die Oberfläche wirkt. In der Abbildung können Sie sehen, dass das Gewicht noch immer senkrecht wirkt, aber wir haben es in zwei

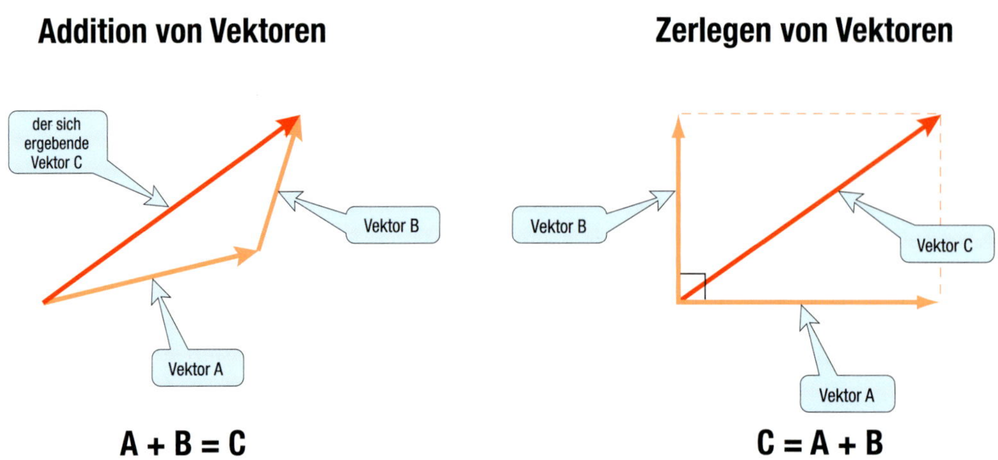

4.3 Kräfte können dargestellt werden durch Vektoren, die sowohl eine Magnitude als auch eine Richtung haben. Sie lassen sich addieren oder in jede Richtung zerlegen, die für die Analyse vonnöten ist.

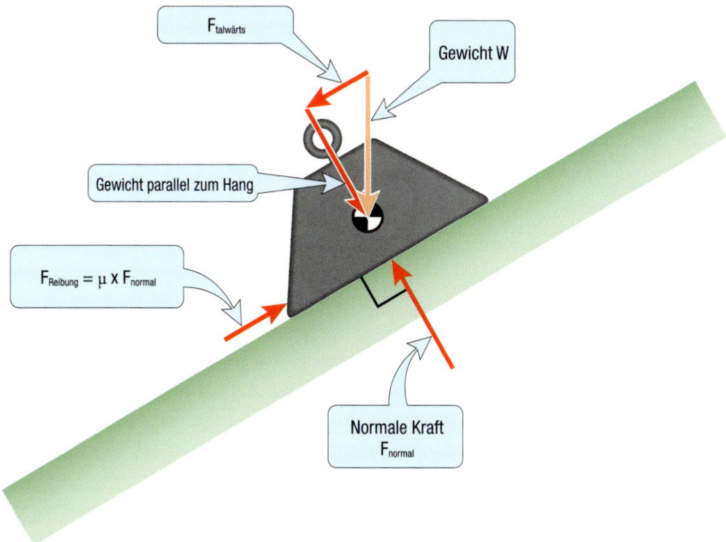

4.4 Ruht der Körper auf einem Gefälle, so nimmt die normale Kraft ab. Das Gewicht des Körpers erzeugt eine Kraft, die den Körper talwärts drücken will. Der Wert der jeweiligen Kräfte kann errechnet werden, indem man unter Anwendung des Vektor-Prinzips die Kraft in ihre Bestandteile zerlegt. Je steiler das Gefälle, um so größer ist die talwärts gerichtete Kraft und um so mehr nimmt die normale Kraft ab. Die Abnahme der normalen Kraft verringert die Kraft, die zur Verfügung steht, um sich einer Bewegung zu widersetzen.

Teile geteilt und durch zwei Kräfte ersetzt. Die erste ist der Teil, der den Block abwärts drückt ($F_{abwärts}$) und die zweite ist der Teil, der ihn gegen den Hang drückt ($F_{lotrecht\ zum\ Hang}$).

Die normale Kraft entspricht dem Teil der Kraft, der den Block in das Gefälle drückt (beachten Sie, dass sie kleiner ist als das Gewicht). Es gelten immer noch dieselben Berechnungen wie hinsichtlich der Bewegung. In diesem Fall ist die seitliche Last, die Bewegung bewirken kann, der Teil des Gewichtes, das parallel zum Gefälle wirkt ($F_{abwärts}$).

Gabel-Dynamik

Sehen wir uns nun an, was in einer Telegabel passiert, wenn das Rad auf eine Unebenheit trifft. Bei der Berührung wird die Kraft radial vom Berührungspunkt zur Achse gelenkt (siehe Abbildung 4.5).

Wir können diese Kraft nun in zwei Bestandteile zerlegen: Die eine federt die Gabel ein, die andere, versucht, die Gabel bis an ihre Belastungsgrenze zu verbiegen. Letztere steigert die normale Kraft, die auf die Gabel-Buchsen wirkt und damit die Reibung, die einer Bewegung entgegenwirkt. Bei der Berührung verbiegen sich die Gabelrohre tatsächlich, insbesondere da, wo die meisten Hebelkräfte ansetzen, nämlich unterhalb der unteren Gabelbrücke. Denken Sie daran, dass dieses Verbiegen zeitlich befristet ist, da die Rohre in ihre ursprüngliche Form zurückkehren, sobald kein Druck mehr auf sie wirkt. Bei Upside-Down-Gabeln heißt das, dass die innere (obere) Buchse einen Knick überwinden muss. Das kann zu ernsthaftem Blockieren und übermäßigem Verschleiß an der Innenfläche des äußeren Gabelrohrs führen.

Bei kräftigen Schlägen, insbesondere bei Off-Road-Maschinen, können die Reibungskräfte größer sein als die Feder- und Dämpfungskräfte zusammengenommen. Wenn Sie testen, um herauszufinden, warum Ihre Gabel zu hart ist, achten Sie zuerst auf die Reibung. Schenken sie dabei der Gleitfläche an der Innenseite des äußeren Gabelrohrs besondere Aufmerksamkeit. Wenn die hartverchromte Fläche verschlissen ist, kann darin die Ursache für Ihre zu harte Gabel liegen. Wenn Sie nichts dagegen unternehmen, kann Ihre Gabel nicht das tun, was Sie von ihr verlangen. Wir gehen auf das Hartverchromen gleich genauer ein.

GABEL-GLEITBUCHSEN

Früher wurden die Gleitrohre aus Aluminium hergestellt und lagen direkt auf den hartverchromten Gabelrohren auf. Diese Technik funktionierte nicht besonders gut, auch ihre Gleiteigenschaften waren nicht besonders. Dann verwendete man Bronzebuchsen, und mit diesen war das Ergebnis schon um Einiges besser. Heutzutage werden die Gabelbuchsen aus Stahl gefertigt, zunächst mit Bronze und dann mit Teflon beschichtet – das ist DuPonts Version von Polytetrafluorethylen bzw. PTFE – gleich mehr zu Teflon. Mit diesen verbesserten sich Reibung und Verschleiß ganz erheblich. Die Bronze-Schicht ist nur eine Sicherheitsmaßnahme, um selbst dann noch eine geeignete Oberfläche zu haben, wenn die Teflonschicht verschlissen ist. Am häufigsten müssen die Buchsen ausgetauscht werden, weil sich Metallrückstände und andere Schmutzpartikel darin festsetzen. Andere Schadensursachen: Fehler bei der Demontage, verbogene Gleitrohre und – sehr selten – reiner Verschleiß.

DYNAMISCHE REIBUNG

Wenn erst einmal die statische Reibung zwischen zwei Körpern überwunden ist und das Gleiten beginnt, dann betreten wir die Welt der dynamischen Reibung. Hier ein Beispiel von statischer gegen dynamische Reibung. Sie fahren auf einer vereisten Straße, und neben Ihnen taucht eine aparte junge Dame in einem ’62er Cadillac auf. Natürlich wollen Sie sie beeindrucken, und wenn die nächste Ampel auf Grün schaltet, treten Sie das Gaspedal bis zum Anschlag durch. Was passiert ist, dass Frau und Caddy wegziehen, als würden Sie stehen. Das liegt daran, dass sie die statische Reibung durchbrochen und Traktion verloren haben und so in den Bereich der dynamischen Reibung gekommen sind.

Also – was ist stärker: statische oder dynamische Reibung? Wenn alle anderen Voraussetzungen dieselben sind, schlägt die statische Reibung die dynamische. „Fest verbunden“ ist stärker als „losgelöst“. Und im Allgemeinen vermindert eine hohe Gleitgeschwindigkeit die Reibung leicht. Das ist auch der Grund dafür, dass, wenn Sie auf Ihre Gabel drücken, es schwerer ist, die Gabel erstmals einzufedern als bei den Wiederholungen bei mehrmaligem Drücken. Auch hier bilden Reifen eine Ausnahme, insbesondere

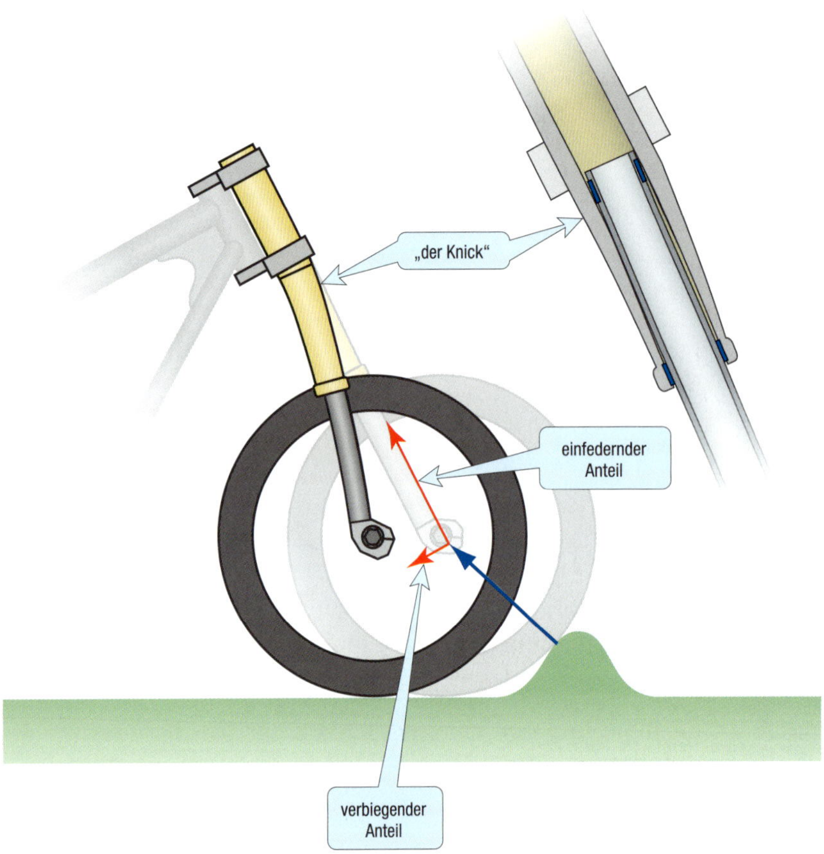

4.5 Trifft ein Vorderrad mit gelöster Bremse auf einen Widerstand, wird die Kraft in dem gezeigten Winkel radial zur Vorderradachse geleitet. Diese Kraft kann in ihre Bestandteile zerlegt werden: Der erste Bestandteil will die Gabel einfedern, die zweite Kraft will sie entzweibiegen. In der Regel verbiegt sich die Gabel direkt unterhalb der unteren Gabelbrücke – dort ist der Hebel am größten. So wird ein zeitweiliger „Knick“ erzeugt. Mit diesem muss die obere Gabelbuchse fertigwerden, und damit hat sie kein leichtes Spiel. Daher resultieren daraus hoher Verschleiß und Klemmneigung.

gewisse Mischungen, bei denen ein wenig Schlupf mehr Reibung erzeugen kann als festgehakt – jedoch nur ein wenig mehr.

Es gibt immer noch Leute, die glauben, dass wenn man auf einem Off-Road-Motorrad schnell unterwegs sein will, man am besten den Motor schön hoch drehen lässt und ordentlich mit Dreck um sich wirft. Meistens stimmt das aber nicht. Beispielsweise gewann Jean-Michel Bayle 1996 in Glen Helen den amerikanischen WM-Lauf im Moto Cross mit einem platten Vorderreifen. Er trug sein Motorrad um die Kurven und warf nur kleine Erdfontänen. Alle anderen hinter ihm warfen mit Dreck um sich – sosehr, dass es die Zuschauer förmlich umwarf. Bayle aber zog mit seinem Vorderradplatten pro Runde um eine Sekunde davon, und er sah dabei aus wie auf einer Sonntagnachmittags-Spazierfahrt.

Wir lassen uns im Moto Cross viel zu leicht irreführen, weil wir Stollenreifen haben, die sich durch den Dreck wühlen. Die meisten Straßenrennenfahrer wissen hingegen, dass sie die beste Traktion haben, wenn das Hinterrad ganz leicht durchdreht. Wenn sie mit richtig viel Schlupf fahren, fahren sie längst nicht so schnell, wie sie eigentlich können (und das ist auf Profilreifen genauso schwer zu ertragen wie auf Stollenreifen).

Sehr deutlich wird das auch bei Schaltkarts. Lee war 2002 bei einer Vorstellung aller Yamaha-Straßenrennsport- und Off-Road-Teams. Auch die Kart-Teams waren dabei, und alle wollten mal mit so einem Kart fahren. Es war faszinierend anzusehen, wie die Supercross-Profis jede Kurve im Drift nahmen aber immer eine bis drei Sekunden unter den Zeiten der Kart-Profis blieben. Diese wussten einfach ganz genau, dass die Drifts gut aussehen aber dass man mehr Zeit holt, wenn die Reifen sich in den Asphalt krallen und so für Vortrieb sorgen.

BESCHICHTUNGEN

Die Hart-Anodisierung, auch Hartverchromung genannt, ist ein Beschichtungsverfahren, das an Aluminium angewandt wird und mit dem farbigen Anodisieren wenig gemein hat. Durch Hartverchromung wird die Oberfläche um ein Vielfaches härter, langlebiger und gleitfähiger. Das Verfahren wird im Regelfall bei Gleitrohren und Stoßdämpfergehäusen angewandt und ist ziemlich kostengünstig.

Die Qualität der Hartverchromung kann sehr unterschiedlich ausfallen. Bei den weniger teuren Verfahren kann sich sehr schnell Verschleiß einstellen. Wenn die Beschichtung erst einmal weg ist, kann man das nackte Aluminium sehen, und die Gleiteigenschaften verschlechtern sich deutlich.

Gehen wir zurück zu den Upside-Down-Gabeln mit dem „Knick“ in den Holmen. Nach dem Auseinanderbauen der Gabel prüfen Sie die Güte der Beschichtung an der Innenlauffläche des äußeren Holms. Nehmen Sie hierzu einen Untersuchungsspiegel mit vergrößernder Wirkung und eine Taschenlampe oder ein Vergrößerungsglas und suchen Sie dort den Verschleiß in Höhe der unteren Gabelbrücke. Ohne einen Spiegel oder eine Lupe bringt die Untersuchung gar nichts. Mit bloßem Auge sind Spiegelungen alles, was Sie sehen – Verschleiß werden Sie so nicht erkennen können. Wenn der Verschleiß nicht allzu groß ist und die Holme noch gut sind, können die Holme ausgebaut und neu hartverchromt und poliert werden.

Exotische Beschichtungen wie zum Beispiel mit Titan-Nitrid oder Kohlenstoff (DLC = Diamond Like Carbon) können die Reibung weiter vermindern. Titan-Nitrid wird heute kaum noch verwendet, da das DLC-Verfahren eine gleitfähigere, verschleißärmere

Beschichtung erzeugt. Diese Beschichtungen können sehr teuer sein, aber wenn Sie auf Perfektion im Detail aus sind, kommen Sie kaum darum herum.

Im Zusammenhang mit DLC-Beschichtungen ist es wichtig zu wissen, dass die Gabeln um so besser sind, je neuer sie sind. Für die nachträgliche DLC-Beschichtung müssen die Gabelholme von den Gabelfüßen abgeschraubt, beschichtet und wieder mit den Gabelfüßen verschraubt werden. Wenn Sie alte Gabelfüße haben, laufen Sie immer Gefahr, diese zu beschädigen, wenn Sie die Gabel auseinandernehmen. Je öfter man sie auseinandernimmt, um so größer wird die Gefahr, sie dabei zu ruinieren.

Teflon kommt in vielen Anwendungen mit großem Erfolg zum Einsatz. Dieser trockene Schmierfilm kann Reibung dramatisch verringern. Er kann auch anderen Reibungs-Reduzierern wie Molybdän-Disulfit (Moly) beigemischt werden. Auch mit Nickel-Teflon kann man gute Ergebnisse erzielen. Die Herausforderung bei allen Teflon-basierten Beschichtungen liegt darin, zu verhindern, dass sie mit zunehmender Laufleistung an Wirkung verlieren. Über die Jahre hinweg hat man immer wieder versucht, Teflon wie auch Moly Dämpfungsflüssigkeiten beizumischen, doch der Erfolg war nicht überragend. Denn das Problem ist, dass beide sich im Ruhezustand am unteren Ende der Gabel festsetzen – genau wie bei den garantiert klebefreien Töpfen zu Hause.

POLIEREN

Die Rauheit einer Oberfläche schlägt sich ebenfalls in der Reibung nieder, obwohl in geringerem Maße als gemeinhin angenommen. Wenn eine Oberfläche doppelt so rau ist, verändert sich die Reibung nur um wenige Prozentpunkte. Das heißt nicht, dass es egal ist, wie rau eine Oberfläche ist – aber es ist einer der Faktoren. Und es lohnte sich, jedem einzelnen Beachtung zu schenken.

Das trifft insbesondere bei älteren Right-Side-Up-Zweirohrgabeln zu – sowohl das Gleitrohr als auch das Innere des Standrohres sind anfällig. In unserer Werkstatt haben wir ein von einem kleinen Motor angetriebenes Honwerkzeug. Dieses verwenden wir mit einem 500er Schleifpapier zum Polieren.

Das Innere eines Cartridge-Rohres zu polieren, ist ziemlich einfach. Dazu besorgen Sie sich einen Stab mit 10 mm Durchmesser und sägen einen axialen Schlitz an das Ende des Stabes. Dann bereiten Sie Stoffstreifen von ca. 25 mm Breite vor. Stecken Sie einen davon in den Schlitz und wickeln dann so viele Schichten um den Stab, bis das Material Druck auf die Innenwand des Rohrs ausübt. Nun fixieren Sie den Metallstab in einer Handbohrmaschine, befeuchten Sie den Stoff und geben Fahrzeugpoliturpaste darauf. Jetzt können Sie damit so lange polieren, bis Sie die Oberfläche haben, die Sie wollen.

OBERFLÄCHENBEHANDLUNG

Es gibt heute spezielle Oberflächenbehandlungen, die bei vielen Rennteams zu den bestgehüteten Geheimnissen gehören. Sie gehen weit über einfaches Polieren hinaus. Mein Favorit kommt von einer Firma mit Namen „WPC Treatment". WPC ist keine Beschichtung, sondern eine Oberflächenbehandlung mit dem Ergebnis, dass die Reibung reduziert wird und die Komponenten an Festigkeit gewinnen. Sie wird oft bei Motorenteilen angewandt, zum Beispiel bei Kolben, Kurbelwelle, Getrieberädern und allen Teilen des Antriebsstrangs. Wir setzen bei Fahrwerkskomponenten darauf, insbesondere bei Gabeln, bei denen Reibung einen großen Teil der gesamten Kraft ausmachen kann.

Bei der WPC-Oberflächenbehandlung werden mikroskopisch kleine Partikel mit hoher Geschwindigkeit auf die Oberfläche eines Produktes abgefeuert. So entsteht eine thermische Entladung, die die Oberfläche bleibend verändert. Dadurch, dass auch die Struktur sich verändert, werden die Teile härter und haltbarer. Materialien wie Teflon können oft hinzugefügt werden – deren Partikel werden in der Oberfläche eingebettet und sorgen für eine weitere Reduzierung der Reibung. Diese Behandlung lasse ich auch den Motoren meiner Bonneville-Land-Speed-Rennmaschinen angedeihen, die damit schon einige Rekorde eingefahren haben.

Wie ich schon ganz zu Beginn gesagt habe: Reibung ist einfach nichts Gutes! Bei Fahrwerkskomponenten gilt: Je weniger Reibung man auf Gleitflächen hat, um so besser arbeitet die Federung. Gehen Sie jedem einzelnen Hinweis auf zuviel Reibung nach, folgen Sie dabei den Hinweisen zum Thema der statischen Reibung im Kapitel über Federn und geben Sie Ihr Bestes, die Ursache zu beseitigen. In diesem Kapitel haben wir uns überwiegend mit Reibung in der Gabel befasst – einfach deswegen, weil dort Reibung ein größeres Problem ist als an der Hinterhand. Dort sollten Sie insbesondere auf die freie Beweglichkeit von Umlenkung, Schwinge und Federbein achten – das ist eine Investition, die hohe Dividenden abwirft. Das Kapitel zum Troubleshooting bei „klebenden" Gabeln und Federbeinen steckt voll von weiteren Anregungen, was sich gegen zuviel Reibung unternehmen lässt.

Interessanterweise ist es auch einige Male vorgekommen, dass Gabeln verstärkt durchschlugen, nachdem wir bei ihnen viel Reibung eliminiert hatten. Natürlich bestand die Lösung gegen das Durchschlagen nicht darin, wieder für mehr Reibung zu sorgen. Wir bauten härtere Federn ein, gaben mehr Dämpfung, erhöhten den Ölstand und so weiter, bis die Gabeln nicht mehr durchschlugen. Danach war die Federung dramatisch besser als vorher.

Materialien und Schmierstoffe haben in unterschiedlichem Umfang Auswirkungen auf statische wie auch dynamische Reibung. Ich empfehle dringend, nur die besten auf dem Markt verfügbaren Dämpfungsflüssigkeiten zu kaufen. Denn unterm Strich können Sie so für wenig Geld viel Reibung ausschalten.

Bis zu dem Zeitpunkt, an dem ich dies schreibe, habe ich auf dem Nachrüstmarkt noch keine Gabeldichtungen gefunden, die besser gewesen wären als in der Serie. Entweder haben sie ein höheres Losbrechmoment oder sie sind nicht dicht – wenn nicht beides der Fall ist. Manche Dichtungen hingegen kommen der Güte der Originalteile schon ziemlich nahe. Auch Ihre Dichtungen können Sie vor dem Einsetzen mit einem hochwertigen Dichtungsfett, wie zum Beispiel „Ultra Slick Grease" einfetten. Behelfen kann man sich zwar auch mit Gabelöl, aber das Dichtungsfett hält deutlich länger vor.

In meinen Augen wird das Gebiet der Reibungsreduzierung in den nächsten Jahren dramatisch an Bedeutung gewinnen. Denken Sie dran: Erst die Reibung reduzieren, dann wendet man sich den Federn zu, und dann erst geht's an die Dämpfung.

Kapitel 5
Geometrie

Wenn wir Fahrer uns über Handling unterhalten, dann sprechen wir in Wahrheit über ein Gefühl, in dem mehrere unterschiedliche Dinge zusammenkommen: Fahrwerksgeometrie und -steifigkeit, Motorcharakteristik (Kraft, nutzbares Drehzahlband, Trägheit des Schwungrades), Gewichtsverteilung (horizontaler und vertikaler Schwerpunkt), Gewichtsschwerpunkt, Reifenverhalten, Ergonomie (Anordnung von Lenker, Sitz und Fußrasten) und Federung. Da kann man ganz schön durcheinanderkommen, denn eine veränderte Trägheit des Schwungrades kann sich beispielsweise ziemlich ähnlich anfühlen wie eine veränderte Zugstufendämpfung. Um das ein wenig besser zu verstehen, wollen wir uns die wichtigsten Bestandteile genauer ansehen und beginnen dazu mit der Fahrwerksgeometrie.

Als „Geometrie" bezeichnen wir das physikalische Verhältnis der Fahrwerkskomponenten zueinander. Einige der zahlreichen Faktoren sind: Radstand, Raddurchmesser, Lenkkopfwinkel, Gabelversatz, Auslenkwinkel der Schwinge, Anordnung der Ausgleichswelle, Größe von Ritzel und Kettenrad, exakte Position des Schwerpunkts. Haben wir diese Werte, können wir den Nachlauf vorne und hinten berechnen, den Auslenkwinkel und das Ausfedermoment in Prozent.

Es lohnt sich, erneut darauf hinzuweisen, dass Geometrie und Fahrwerk voneinander abhängig sind. In anderen Worten: Sie arbeiten zusammen und beeinflussen sich gegenseitig.

Der Urvater aller Fahrwerksdaten ist der vordere Nachlauf. Als diesen bezeichnen wir den Abstand zwischen der Mitte der Reifenaufstandsfläche und der Stelle, an der die Verlängerung der Lenk-

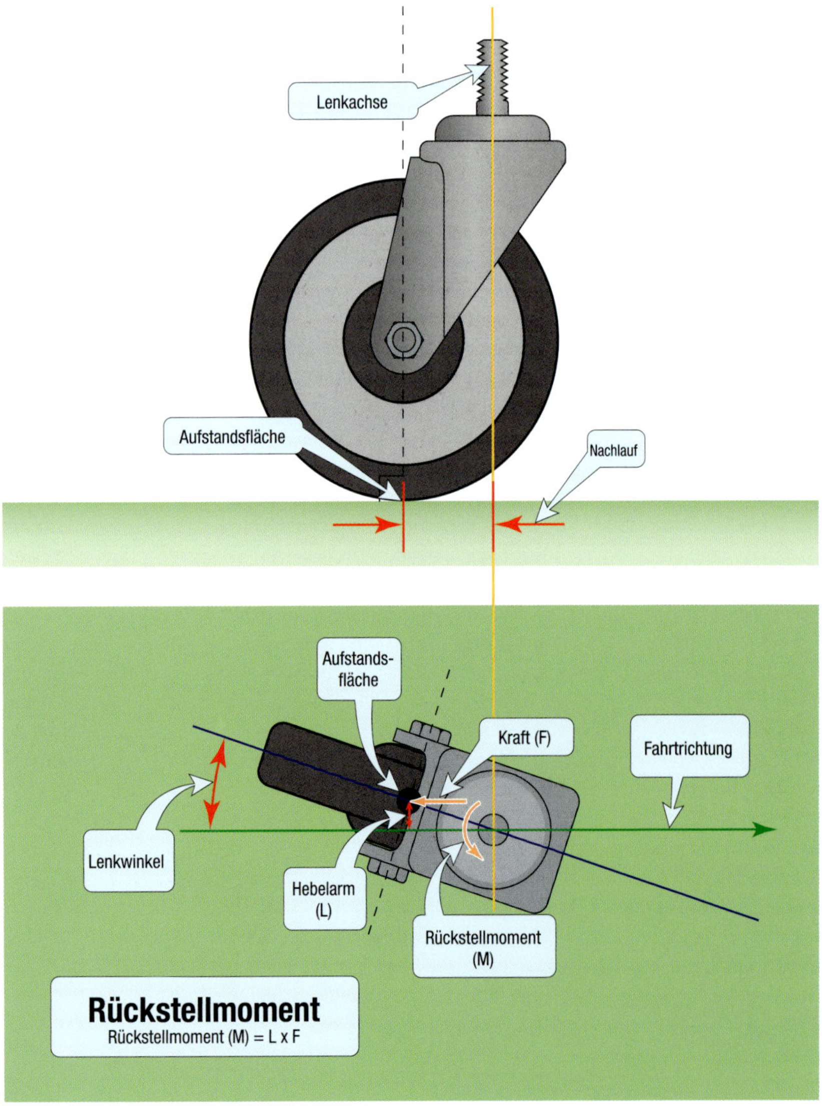

5.1 Radträger mit vertikaler Drehachse: Der Abstand zwischen Rad und Achse entspricht dem Maß des Nachlaufs. Dieser Nachlauf erzeugt ein Rückstellmoment, wenn das Rad aus der Spur läuft.

achse auf den Boden trifft. Er wird am Boden gemessen und ist in anderen Worten die Entfernung, um die die Reifenaufstandsfläche der Lenkachse „nachläuft".

Als Ausgangsbeispiel gehen wir zunächst von einem Radträger bei einem Einkaufswagen aus (Abbildung 5.1). Hier ist die Rotationsachse vertikal und der rückwärtige Versatz entspricht dem Nachlauf. Wenn das Rad aus der Spur gerät, wirkt eine Kraft, die das Rad wieder in die Spur zurückbringt. Der Nachlauf bei einer gefederten Vorderradaufhängung wird üblicherweise in vollständig ausgefedertem Zustand gemessen.

Weil aber eine Teleskopgabel an einem Motorrad nicht vertikal, sondern in einem Winkel angeordnet ist, wird die Sache etwas komplizierter (Abbildung 5.2). Weil hier auch die Lenkachse in einem Winkel verläuft, entsteht ein Nachlauf auch ohne einen Versatz. Der Lenkkopfwinkel ist definiert als der Winkel, in dem die Lenkachse von der Vertikalen abweicht. Versatz, auch „Offset" genannt, ist der lotrechte Abstand zur Lenkachse, mit dem die Vorderachse die Lenkachse führt. Tests haben ergeben, dass bei einem typischen Lenkkopfwinkel von 67 bis 62 Grad oder mehr ohne einen Gabeloffset der Nachlauf zu groß wird. Mit einem Versatz der Gabel in den Gabelbrücken nach vorne (von nun an einfach „Offset" genannt) verschiebt sich die Vorderachse und verkürzt so den Nachlauf (Abbildung 5.3).

Je größer der Nachlauf ist, um so größer ist das Rückstellmoment des Vorderrades. Das Motorrad wird so stabiler, aber das Bewegen des Lenkers erfordert mehr Kraft. Bleibt man innerhalb einer nutzbaren Spanne, so erzeugt mehr Nachlauf mehr Haftung (Traktion) in Schräglage. In vielen Köpfen spukt noch die gegenteilige Annahme herum, nämlich dass ein größerer Versatz gleichbedeutend mit längerem Radstand und dementsprechend mehr Stabilität ist. Tatsächlich wächst der Radstand, wenn man den Versatz vergrößert. Doch der Nachlauf verringert sich dadurch, das Motorrad wird handlicher.

Vergrößert man den Lenkkopfwinkel, so vergrößert sich auch der Nachlauf (siehe Abbildung 5.4). Andersherum gilt natürlich das Gegenteil: Kleinerer Lenkkopfwinkel gleich weniger Nachlauf. Diese Gesetze gelten natürlich auch auf der dynamischen Ebene, also beim Fahren. Wenn die Gabel eintaucht, insbesondere beim Bremsen, verringern sich Lenkkopfwinkel und Nachlauf.

Nur drei Dinge braucht man, um den Nachlauf zu berechnen: Lenkkopfwinkel, Raddurchmesser und den gesamten Versatz (von Gabelholmen und Achse). Denken Sie daran, dass sich auch andere Fahrwerksdaten verändern, wenn Sie diese Parameter im unmittelbaren Umfeld des Nachlaufs verändern. Wenn man beispielsweise den Durchmesser des Vorderrads verändert, verändern sich nicht nur Lenkkopfwinkel und Nachlauf, sondern auch der Massenschwerpunkt, der Auslenkwinkel und das Ausfedermoment der Schwinge – um nur einige Positionen zu benennen.

Wenn Sie sich nicht auf die Herstellerangeben zum Reifendurchmesser verlassen, sondern selber nachmessen, werden Sie feststellen, dass der Durchmesser trotz identischer Bezeichnung nicht immer derselbe ist. In Extremfällen sind erhebliche Abweichungen möglich. Wenn Sie also das Reifenfabrikat wechseln, kann dies das Handling Ihres Motorrades erheblich verändern.

Angemerkt sei an dieser Stelle, dass bei Drucklegung dieses Buches die meisten Supermoto-Maschinen ganz fürchterliche Nachlaufwerte haben – die Fahrer müssen sie durch ihre Fahrweise verringern. Als ich Micky Dymonds KTM 2006 erstmals vermaß, kam ich auf einen Nachlauf von 92 mm und machte sofort neue Gabelbrücken, um das zu ändern. Micky gewann danach die US-Meisterschaft und das Rennen am Pikes Peak. Danach arbeiteten wir mit Darryl Atkins und Benny Carlson vom Aprilia-Werksteam und machten dieselben Erfahrungen. Selbst bei Fahrern dieses Kalibers war es möglich, bei einer durchschnittlichen Rundenzeit von 45 Sekunden diese um eine bis eineinhalb Sekunden zu verbessern! Weniger begabte Fahrer können sich sogar um bis zu 4 Sekunden verbessern – und das ist schon eine ganze Menge.

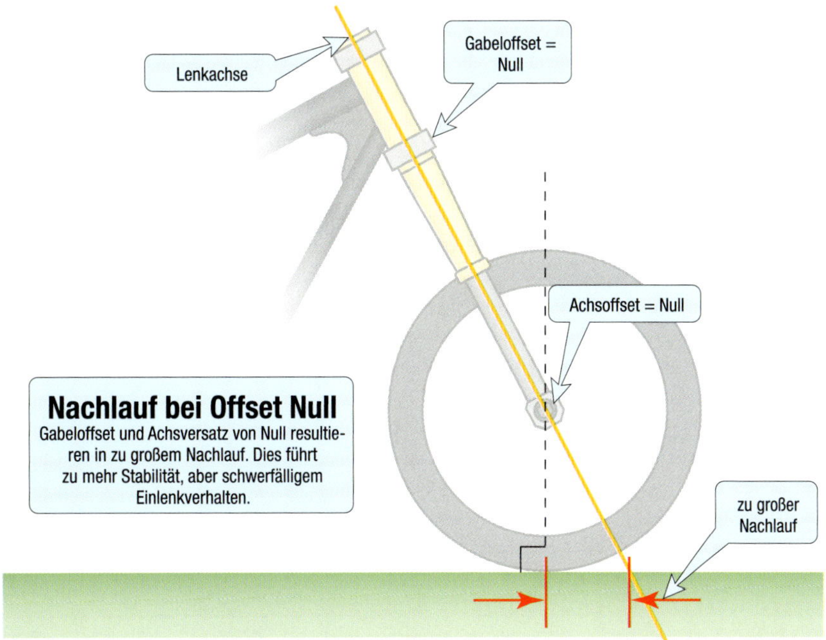

5.2 Führt die Radachse direkt durch die gedachte Verlängerung der Lenkachse und ist der Gabeloffset gleich Null, dann entsteht bei einer Zurücknahme des Lenkkopfwinkels zuviel Nachlauf.

GEOMETRIE

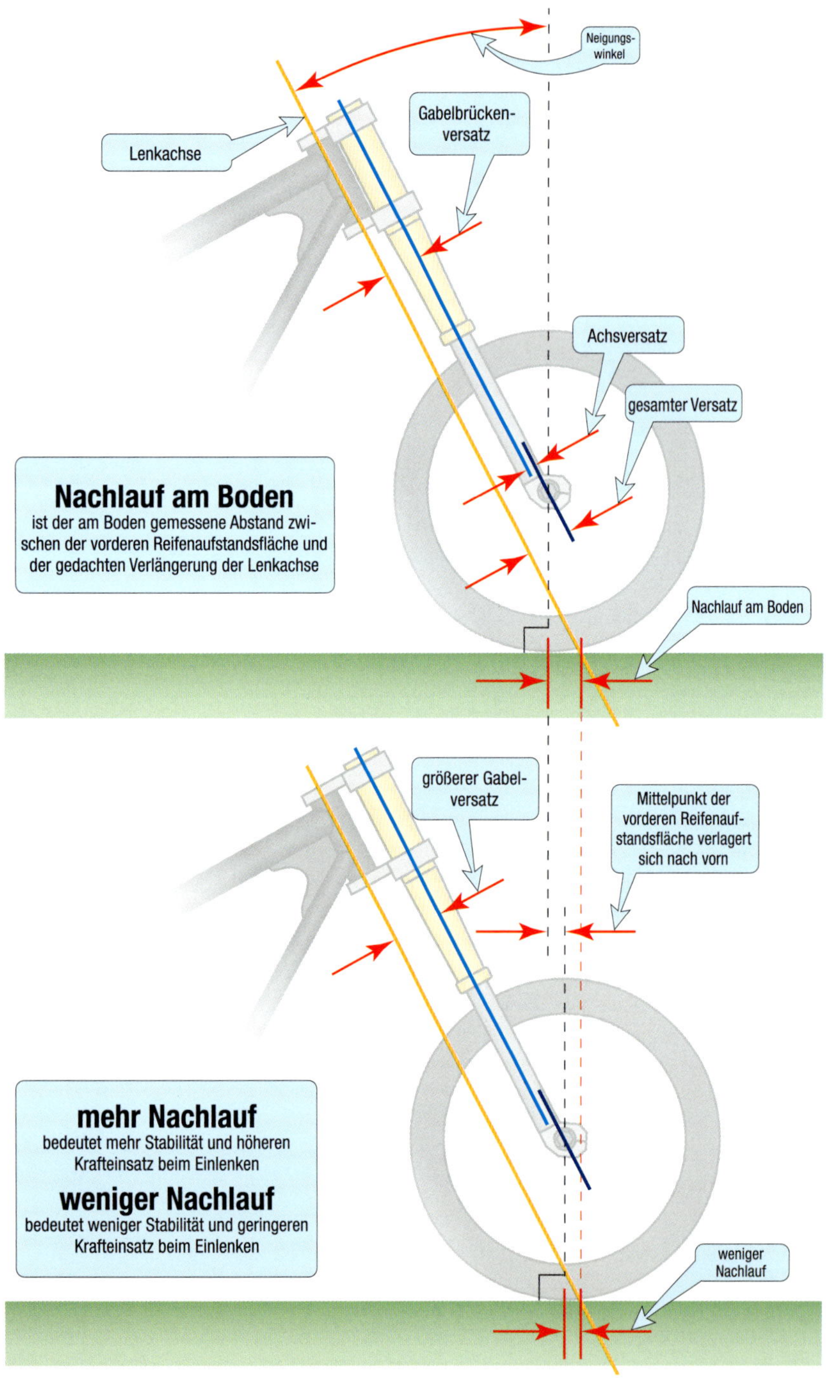

5.3 Nachlauf (hier: Nachlauf am Boden) ist der Abstand, um den der Mittelpunkt der vorderen Reifenaufstandsfläche der gedachten Verlängerung der Lenkachse am Boden „nachläuft". Ein größerer Gabelversatz bringt den Mittelpunkt der Reifenaufstandsfläche weiter nach vorn, wodurch der Nachlauf verringert wird.

TATSÄCHLICHER NACHLAUF

Wir haben über den Nachlauf am Boden gesprochen. Aber es gibt eine bessere Methode zum Messen des Nachlaufs. Aus dieser ergibt sich der tatsächliche Nachlauf (Abbildung 5.5).

Nachlauf ist das Maß des Hebelarms, der das Rückstellmoment des Vorderrades bestimmt. Dieses Rückstellmoment ist ein Drehmoment um eine Achse. Drehmoment = Kraft x Länge des Hebelarms (der lotrechte Abstand von der Drehachse, von dem aus die Kraft ausgeübt wird). Das Schlüsselwort hier heißt „lotrecht". Der Nachlauf am Boden wird am Boden gemessen, nicht lotrecht von der Lenkachse aus. Der tatsächliche Nachlauf jedoch ist der Abstand zwischen Lenkachse zu dem Mittelpunkt der Reifenaufstandsfläche, lotrecht zur Lenkachse gemessen. Diese Methode ist erheblich besser. Der Nachlauf am Boden kann eine wertvolle Methode zum Vergleich sein, wenn Raddurchmesser und Lenkkopfwinkel gleich bleiben. Der Begriff des tatsächlichen Nachlaufs wurde mir von Tony Foale vorgestellt, einem hochgeschätzten Fahrwerksbauer, Ingenieur und Autor. In seinem Buch „Motorcycle Handling

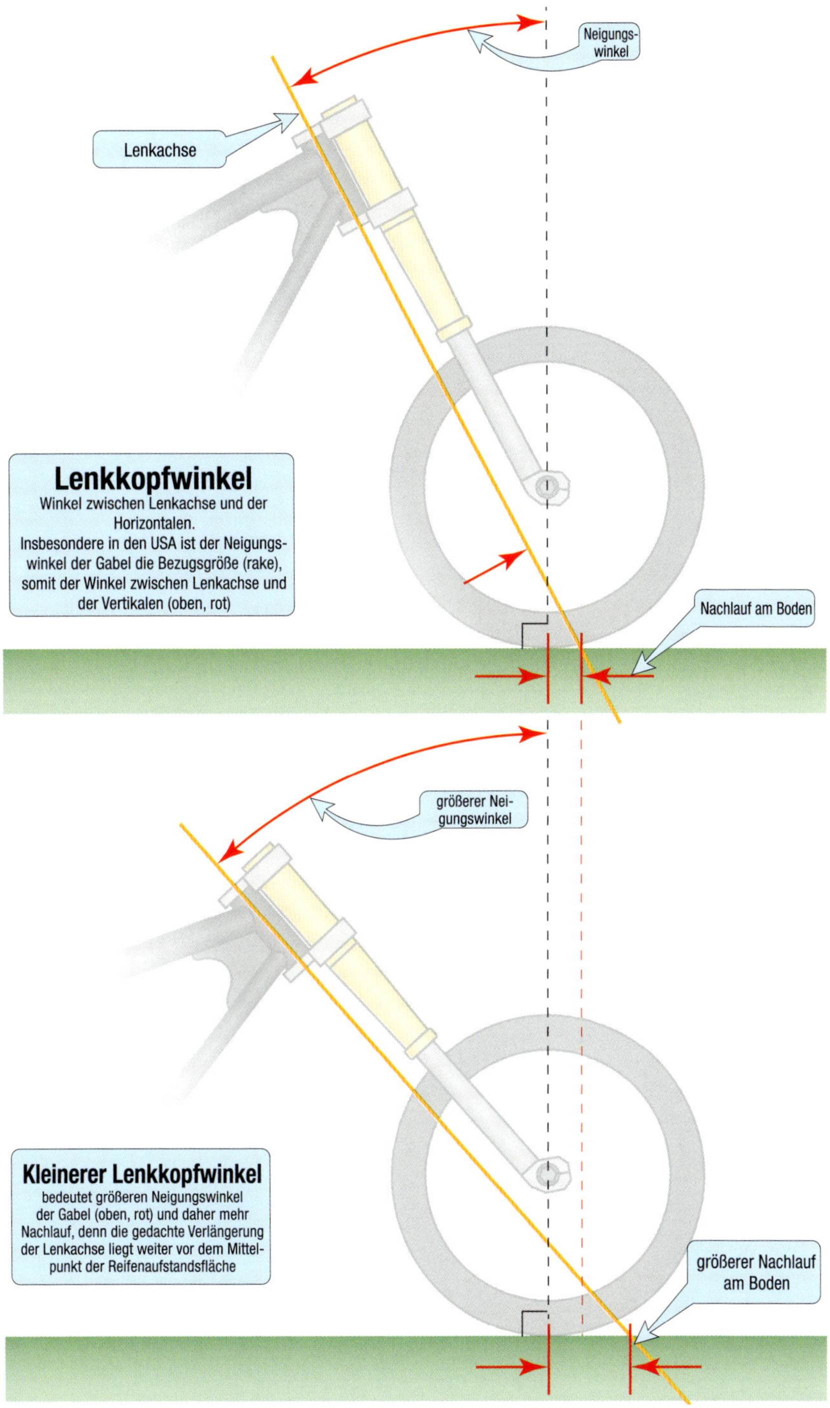

5.4 Wird die Gabel geneigter angeordnet (geringerer Lenkkopfwinkel), wächst der Nachlauf

and Chassis Design" analysiert er auch umfassend den Begriff des Schwingen-Ausfedermoments, auf das wir später in diesem Kapitel kurz eingehen werden.

Der Nachlauf wird fast immer in voll ausgefedertem Zustand gemessen. Aber wenn das Motorrad in Fahrt ist, ändert sich der Nachlauf permanent. Das liegt sowohl daran, dass die Fahrwerkskomponenten sich bewegen als auch daran, dass die Fahrbahnoberfläche sich verändert. Wenn zum Beispiel ein Geländemotorrad langsam auf sandigem Untergrund unterwegs ist, schiebt das Vorderrad Sand vor sich her (Abbildung 5.6). Das führt dazu, dass der Mittelpunkt der Reifenaufstandsfläche sich nach vorne verlagert, und dadurch verringert sich der Nachlauf beträchtlich. Tatsächlich kann dies sogar zu einem negativen Nachlauf führen, ein dynamisch hoch instabiler Zustand. Das erklärt auch, warum Sie sich so unsicher bei geringen Geschwindigkeiten im Sand fühlen – nicht Sie sind unkoordiniert, sondern das Motorrad. Wenn das Motorrad Fahrt aufnimmt, lässt es den Sand unter sich, die Reifenaufstandsfläche verlagert sich wieder nach hinten, und der Fahrzustand wird wieder stabil.

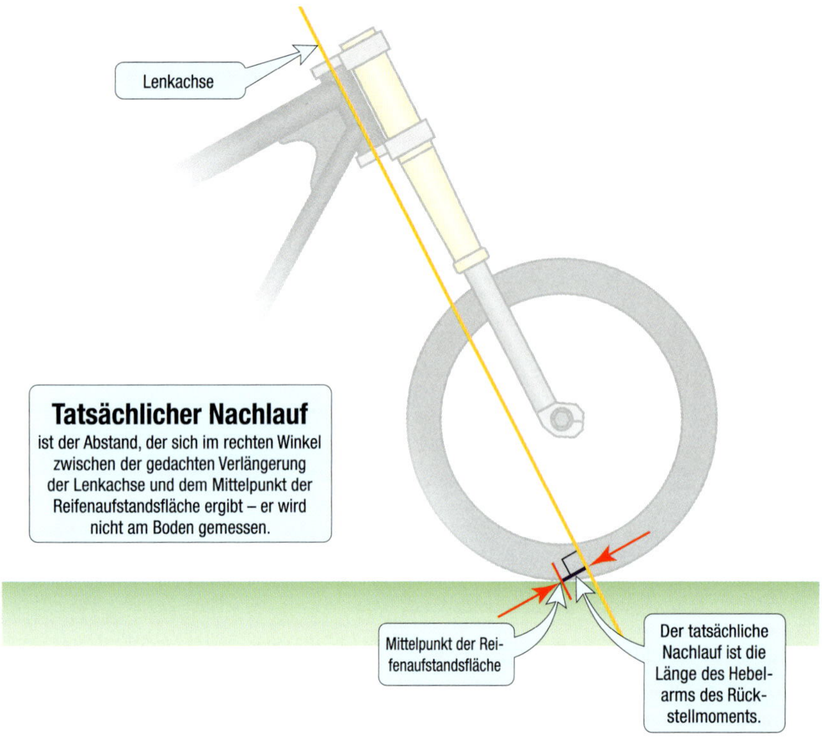

5.5 Eine bessere Methode, den Nachlauf festzustellen besteht darin, den „tatsächlichen" Nachlauf zu messen. Der Nachlauf gibt uns eine Vorstellung von der Länge des Hebelarms des Rückstellmoments der Gabel. Doch die Länge des Hebels eines Drehmoments sollte im rechten Winkel zu der Rotationsachse gemessen werden – so wie es beim „tatsächlichen" Nachlauf geschieht.

Wenn wir uns einen Supercross-Fahrer auf einem Waschbrettabschnitt mit dicht aufeinanderfolgenden Buckeln ansehen, dann können Sie sich vorstellen, wie wichtig es ist, dass das Motorrad auf den Kuppen der Buckel bleibt. Wenn der Fahrer seinen Speed soweit zurücknimmt, dass das Vorderrad unter die Kuppe der Buckel fällt, verlagert sich die Reifenaufstandsfläche nach vorne und der Nachlauf wird negativ (Abbildung 5.7).

Wenn Sie das im Hinterkopf behalten, verstehen Sie, wie wichtig es ist, mit gerade ausgerichtetem Vorderrad auf den Buckeln zu landen! Diese Fahrtechnik ist schwer zu vermitteln wie auch zu erlernen, aber je schneller man ist, um so leichter wird es. Vorsicht! Die Antwort lautet eindeutig nicht „Halt voll drauf, Kollege!" Wenn Sie gesehen haben, wie ein Top-Fahrer vom Kaliber eines James Stewart über einen Waschbrettabschnitt fährt, wissen Sie, wie's geht.

Ebenfalls muss bedacht werden, dass die Abstimmung beim Fahren einen großen Einfluss auf den Nachlauf hat. Wenn zwei identische Motorräder so abgestimmt sind, dass der Nachlauf in ausgefedertem Zustand gleich ist, aber eines von den beiden weichere oder weniger vorgespannte Federn hat, dann wird dieses beim Fahren einen kleineren Lenkkopfwinkel und weniger Nachlauf haben. Das liegt daran, dass die Gabel weiter einfedert – insbesondere beim Anbremsen einer Kurve.

HINTERRAD-NACHLAUF

Der Nachlauf des Hinterrades ist der lotrechte Abstand zwischen der Lenkachse und dem Mittelpunkt der hinteren Reifenaufstandsfläche. In der Vergangenheit hat man zumeist nur über den Radstand an sich gesprochen, hier ebenfalls gemessen am Boden oder von Achse zu Achse. Je größer der Nachlauf des Hinterrades ist, desto langsamer kommt das Heck herum. Das macht das Motorrad auf der Geraden stabiler, aber das Einlenken schwerer.

AUSFEDERMOMENT

An der Hinterhand wirken der Auslenkwinkel der Schwinge und die Kettenkraft zusammen und machen so die effektive Federrate beim Beschleunigen härter oder beim Gaswegnehmen weicher. Das effektive Verhärten wird bezeichnet als Ausfedermoment, denn es hält das Maschinenheck beim Beschleunigen hoch und verhindert so mehr oder weniger vollständig das Eintauchen beim Beschleunigen. Dies ist ein vorübergehender Effekt, der zeitlich mit der Beschleunigung verbunden ist, und er wird um so stärker, je mehr man beschleunigt. Die komplette Analyse ist ziemlich kompliziert, daher begnügen wir uns im Rahmen dieses Buches mit einer vereinfachten Darstellung.

Zunächst wollen wir betrachten, wie ein Motorrad Vortrieb erzeugt: Das Hinterrad, durch Hinterachse und Kette mit dem Fahrwerk verbunden, überträgt die Kraft auf den Boden. Der Vortrieb wird durch die Hinterachse direkt in einer geraden Linie (die nicht unbedingt horizontal verläuft) zum Schwingendrehpunkt übertragen. Und das wiederum bedeutet, dass der Winkel, in dem die Schwinge zum Drehpunkt hin ausgelenkt ist, die Richtung bestimmt, in der die Kraft wirkt.

Jetzt wenden wir uns der physikalischen Seite zu. Wenn eine Kraft auf einen Körper wirkt, reagiert der Körper je nach seiner Masse, dem Angriffspunkt der Kraft sowie der Größe und Richtung im Verhältnis zum Massenschwerpunkt dieses Körpers. Wenn die Kraft in einer geraden Linie auf den Schwerpunkt des Körpers einwirkt, entsteht kein Drehmoment (Abbildung 5.8). Ein solches entsteht nur, wenn die Kraftlinie nicht durch den Massenschwerpunkt verläuft. Zusätzlich kann die Kraft auf jeden Punkt außerhalb der Kraftlinie einwirken, und der Körper wird auf dieselbe Weise reagieren.

Stellen Sie sich vor, dass wir die gefederten Massen des Motorrades und den Fahrer am Massenschwerpunkt festhalten. Ist der

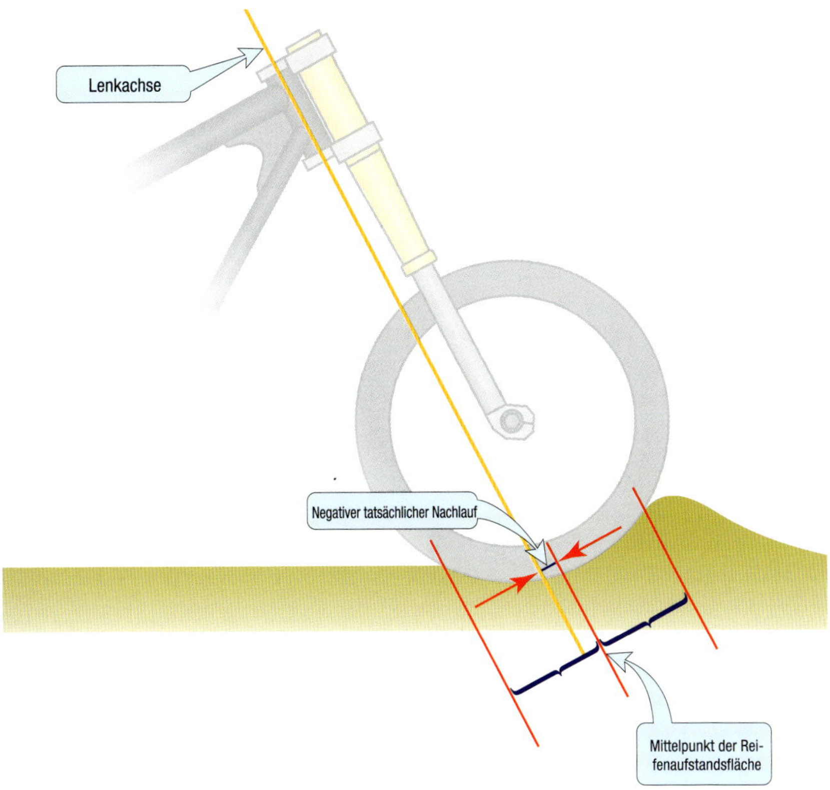

5.6 Fährt man langsam in den Sand, türmt sich der Sand vor dem Vorderrad auf. Der Mittelpunkt der Reifenaufstandsfläche verlagert sich nach vorn. Dies verringert den Nachlauf, bis hin zu einem negativen Wert, der das Motorrad instabil werden lässt.

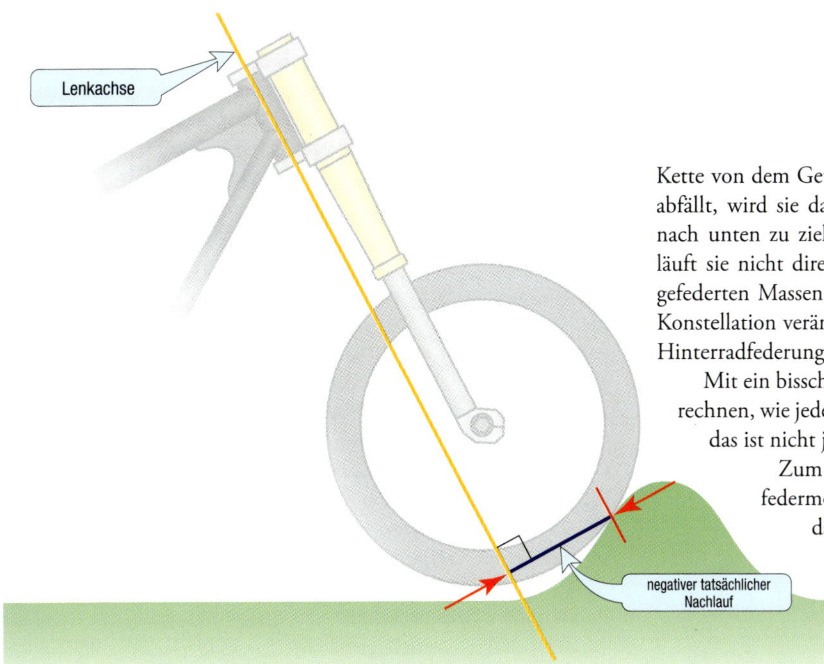

5.7 Lässt man das Vorderrad nach einem Sprung vor dem nächsten Buckel aufkommen, verlagert sich die Reifenaufstandsfläche nach vorn. Der Nachlauf verringert sich bis hin zu einem negativen Wert.

Auslenkwinkel der Schwinge positiv (d.h. die Getriebeausgangswelle befindet sich oberhalb der Hinterachse), neigt die Kraft der Schwinge dazu, die ungefederten Massen anzuheben. Wenn die Kraftlinie nicht durch den Massenschwerpunkt verläuft, wird ebenfalls ein Drehmoment erzeugt.

Jetzt bringen wir noch die Kette ins Spiel (Abbildung 5.10). Die Kette kann nur am Getriebeausgangsritzel ziehen. Wenn die Kette von dem Getriebeausgangsritzel zum Kettenblatt nach unten abfällt, wird sie dazu neigen, den gefederten Massenschwerpunkt nach unten zu ziehen. Das macht die Abstimmung weicher. Verläuft sie nicht direkt durch den Massenschwerpunkt, wird sie die gefederten Massen ebenso in eine Drehbewegung versetzen. Diese Konstellation verändert sich fortwährend, je nachdem, wie sich die Hinterradfederung bewegt.

Mit ein bisschen mathematischer Analyse können wir uns ausrechnen, wie jedes einzelne dieser Teile auf das Chassis wirkt. Aber das ist nicht jedermanns Sache.

Zum Glück gibt es eine einfachere Methode, das Ausfedermoment des Motorradhecks zu analysieren – und das geht auf grafischem Wege (Abbildung 5.11). Kraftvektoren und massive Körper sind gleitende Vektoren. Also können wir beide Kräfte an beliebigen Punkten entlang ihrer Arbeitslinie wirken lassen. Wenn wir also den Schnittpunkt von Schwingachse und Kettenachse ermitteln, können wir beide Kräfte auf diesen Punkt wirken lassen. Dieser Schnittpunkt wird IFC = „instantaneous force center" (Momentanes Kraftzentrum) genannt. Um klar zu sein: Dies ist der Punkt, an dem wir die beiden Kräfte zusammenführen und als eine einzige Kraft darstellen können, deren Wirkung auf das Fahrwerk identisch ist mit der der beiden Kräfte einzeln für sich.

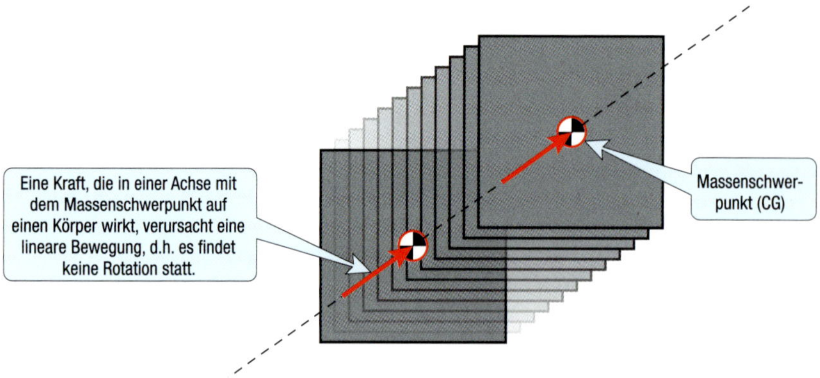

5.8 Wenn eine Kraft in einer Achse mit dem Massenschwerpunkt auf einen Körper wirkt, bewegt sich der Körper ohne Rotation.

Jetzt bauen wir das Hinterrad wieder ein. Wir wissen, dass die Kraft über die Aufstandsfläche des Hinterrads auf den Boden übertragen wird und dass die Kraftlinie durch den IFC verläuft. Damit haben wir zwei Punkte, die wir mit einer Linie verbinden können.

Den Winkel zwischen dieser Kraftlinie vom Mittelpunkt der Reifenaufstandsfläche durch den IFC und der Horizontalen bezeichnen wir als „Ausfederwinkel". Und genau dieser Winkel wäre das Ergebnis gewesen, hätten wir die Kraft, die sich aus der jeweiligen Kraft aus Kette und Schwinge ergibt, mathematisch ermittelt. Das vereinfacht die Analyse sehr, da wir wissen, dass die resultierende horizontale Komponente der Kraft die Antriebskraft am Mittelpunkt der Reifenaufstandsfläche ist. Wenn wir auch noch den Winkel kennen, können wir mithilfe der Trigonometrie die vertikale Komponente errechnen: $F_{vert} = F_{driving}$ x cos (Ausfederwinkel). Wir wissen, dass die Kraft direkt auf den IFC wirkt, also errechnet sich alles Weitere so gut wie von selbst (spaßeshalber untertrieben).

Wenn Sie zurück zu Abbildung 5.12 gehen, können Sie sehen, dass der Ausfederwinkel sich mit dem Auslenkwinkel der Schwinge verändert. Wenn die Kraftlinie durch den Schwerpunkt des Motorrades wie auch durch den kombinierten Massenschwerpunkt von Fahrer und Motorrad verläuft, wird dadurch kein Drehmoment entstehen. Stattdessen wird die vertikale Kraftkomponente dazu neigen, das Motorrad anzuheben. Verläuft die Kraftlinie hingegen unterhalb des kombinierten Massenschwerpunkts, wird nicht nur das Motorrad angehoben, was zum Verhärten der Federung führt, sondern es entsteht auch ein Drehmoment, das das Fahrwerk in eine Rückwärtsdrehung versetzt (von rechts betrachtet: entgegen dem Uhrzeigersinn), wodurch wiederum ein Druck auf die Hinterradfederung eingeleitet wird. Dieses Drehmoment entgegen dem Uhrzeigersinn neigt dazu, die Hinterradfederung einzufedern und dadurch effektiv weicher zu machen.

An dieser Stelle muss klargestellt werden, dass dieses Drehmoment zumindest teilweise dem Anheben entgegenwirkt. Solange der Ausfederwinkel positiv ist, wird das Motorrad zwar immer noch angehoben – jedoch nicht in dem Umfange, wie es der Fall wäre, wenn die Kraftlinie durch den Massenschwerpunkt verliefe. In diesem Fall neutralisieren sich Drehmoment und Anhebkräfte weitestgehend – solange die Anhebkraft größer ist, bleibt unterm Strich immer noch eine gewisse Wirkung des Ausfedermoments. Bei weiterem Einfedern jedoch verkleinert sich der Ausfederwinkel. Solange er jedoch noch positiv ist, werden die verbleibenden Kräfte das Motorrad noch immer am Eintauchen während des Beschleunigens hindern, wenn auch nicht in demselben Umfang.

So, jetzt müssen wir aber konkreter werden, wenn die Angelegenheit nicht zu schwierig werden soll (Oder ist es schon zu spät dazu?): Nehmen wir eine Gewichtsverteilung von 50:50 an. Nehmen wir des Weiteren an, dass die Höhe der zusammengenommenen Massenschwerpunkte von Motorrad und Fahrer dem halben Radstand entspricht. Diese Annahme liegt bei vielen Motorrädern schon ziemlich nahe an der Wirklichkeit – was hilft, die Berechnungen für diese zu vereinfachen.

Jetzt müssen wir herausfinden, wie groß diese Kräfte sind. Das hängt natürlich davon ab, wie stark das Motorrad beschleunigt wird. Ein modernes Sportmotorrad kann mit seinen 1000 ccm und der Qualität seiner Reifen durchaus eine Beschleunigung von 1g erzielen – das ist die Beschleunigung der Schwerkraft. Gut – ich räume ein, dass die Schwerkraft eine vertikale Beschleunigung ist, wir hier aber von einer horizontalen Beschleunigung sprechen. Aber auch das wird die Sache später noch vereinfachen.

Erinnern Sie sich an Newtons zweites Gesetz der Bewegung: Kraft ist gleich Masse mal Bewegung. Die Masse, die hier bewegt wird, ist die gefederte Masse von Motorrad und Fahrer zusammengenommen. Wenn sich das Motorrad im Ruhezustand befindet, wird dieselbe Masse durch die Schwerkraft vertikal beschleunigt. Damit sie horizontal beschleunigt werden kann, muss auf diese Masse horizontal eingewirkt werden.

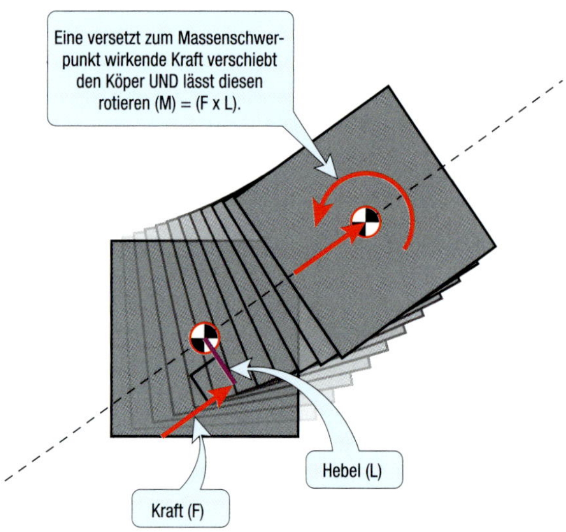

5.9 Wenn eine Kraft außerhalb der Achse durch den Massenschwerpunkt auf einen Körper wirkt, entsteht ein Drehmoment, das den Körper verschiebt UND rotieren lässt.

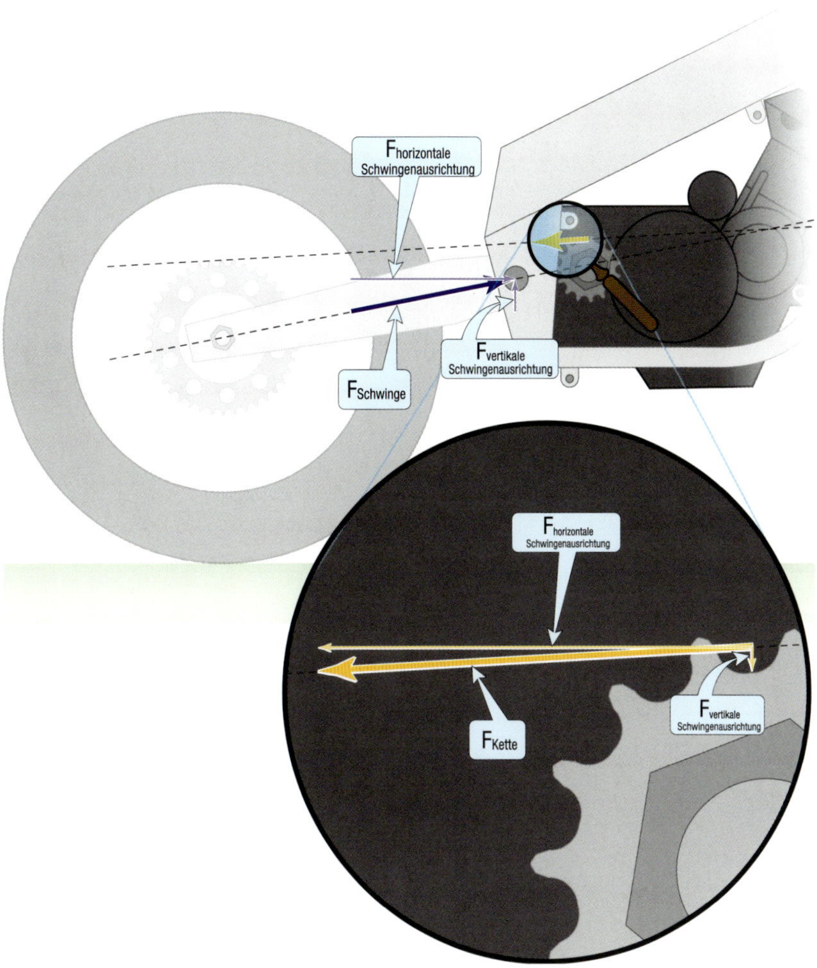

5.10 Wenn ein Motorrad beschleunigt, werden die gefederten Massen durch die Schwinge zurückgedrückt und zugleich durch die Kette zurückgezogen. Diese beiden Kräfte können in ihre horizontalen und vertikalen Bestandteile zerlegt werden. Die Summe der horizontalen Kräfte ist die Kraft der Beschleunigung.

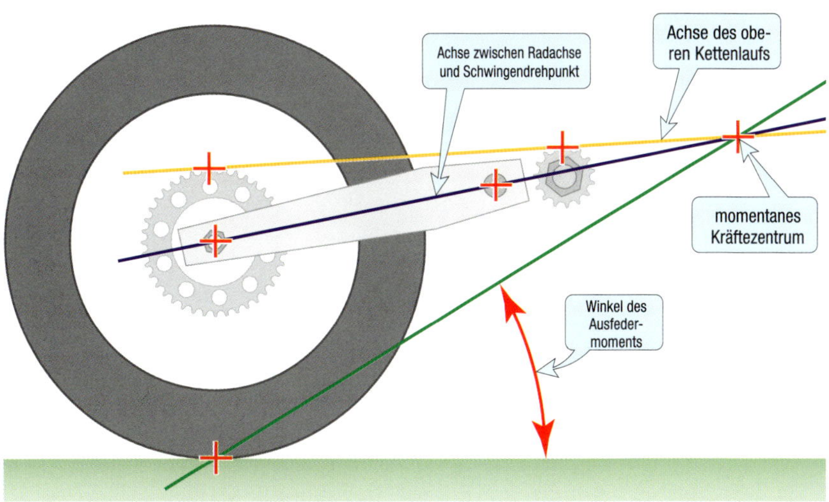

5.11 Das momentane Kräftezentrum (IFC) befindet sich am Schnittpunkt der Achsen von Schwinge und Kette. Der Winkel des Ausfedermoments geht aus vom Mittelpunkt der Reifenaufstandsfläche und führt durch das IFC. Je größer der Winkel, um so größer ist das Rückstellmoment.

Nachdem wir den Massenschwerpunkt bei 50 Prozent des Radstands – horizontal und vertikal – angesetzt haben, wird das Vorderrad kaum vom Boden abheben, wenn wir es mit 1 g beschleunigen – siehe hierzu Abbildung 5.15. Der Grund dafür ist dieser: Wenn das Motorrad beschleunigt, will es gegen den Uhrzeigersinn um die Aufstandsfläche des Hinterreifens rotieren, was zu einem Wheelie führt. In anderen Worten gibt es also ein Moment oder Drehmoment (Kraft x Hebelarm) um die Aufstandsfläche, und das ist genauso groß wie die aus der horizontalen Beschleunigung resultierende Kraft, multipliziert mit der Höhe des Massenschwerpunkts. Andererseits ist das Drehmoment im Uhrzeigersinn, das das Motorrad am Boden hält, genauso groß wie das Gewicht (gefederte Mas-

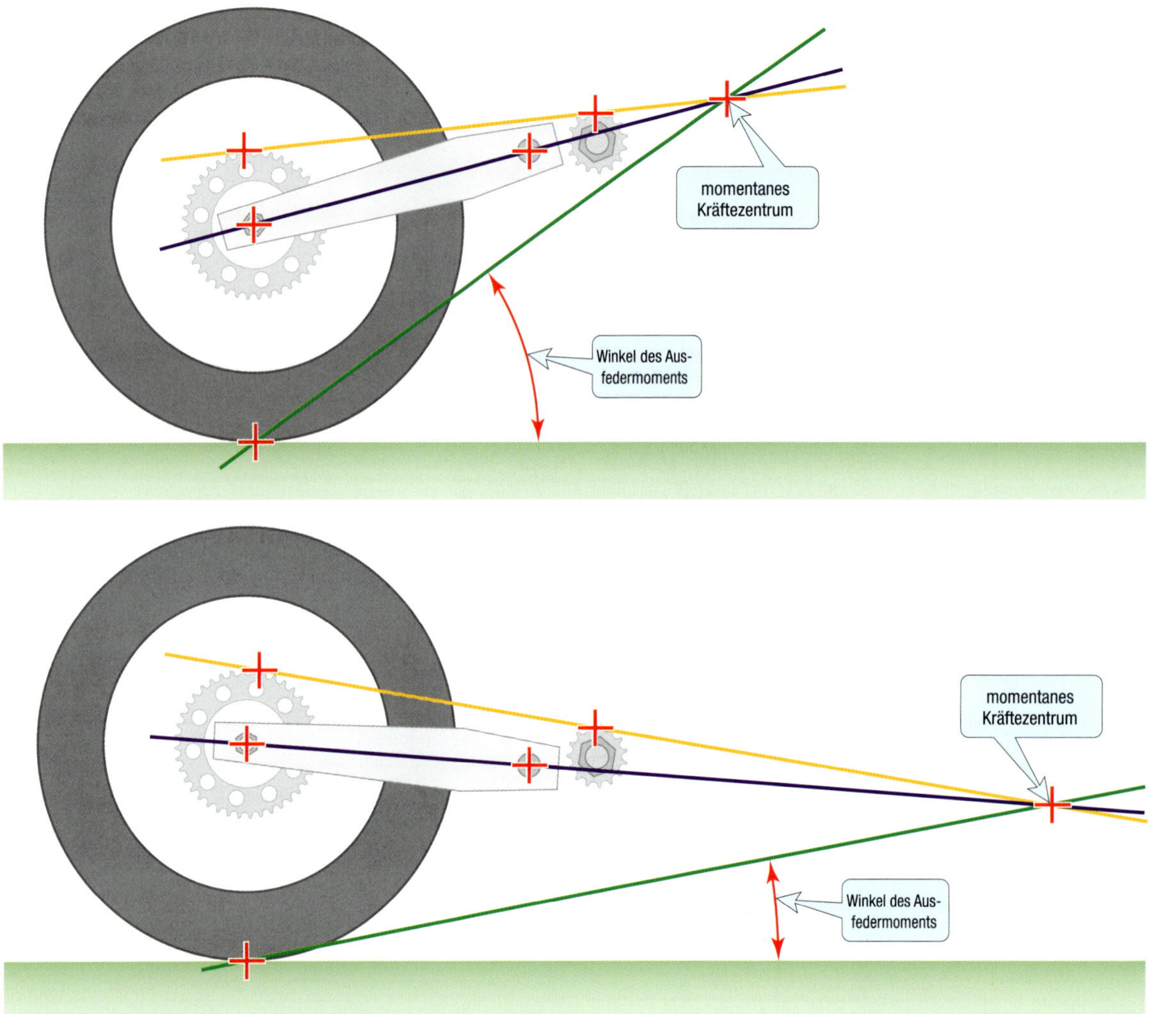

5.12 Je mehr das Motorrad hinten einfedert, um so mehr wächst das Ausfedermoment.

sen multipliziert mit dem Wert der Erdbeschleunigung in vertikaler Richtung), multipliziert mit dem halben Radstand.

Da die Höhe des Massenschwerpunkts gleich der Hälfte des Radstands ist, haben die Hebelarme dieselbe Länge. Und weil die vertikale Beschleunigung der Erdanziehung genauso groß ist wie die Beschleunigung des Motorrades, die wir mit 1g angesetzt haben, sind die beiden Drehmomente gleich groß. Würden wir stärker beschleunigen, würde das Vorderrad vom Boden abheben – bis hin zu einem Überschlag. Das liegt daran, dass die horizontale Kraft größer würde als das Gewicht, wodurch das Drehmoment entgegen dem Uhrzeigersinn mehr zunähme als das im Uhrzeigersinn.

Wenn das Vorderrad abhebt, lastet nicht mehr das halbe, sondern gesamte Gewicht des Motorrades auf der Hinterradfederung. Wenn wir die Federung von diesem Lastentransfer abkoppeln, muss das Ausfedermoment von Kette und Schwinge genauso groß sein wie die addierte vertikale Last. Also muss die aufwärtsgerichtete vertikale Kraft halb so groß sein wie die aus der Beschleunigung des Motorrad resultierende horizontale Kraft.

Wenn die Ausfederlinie durch den Massenschwerpunkt der gefederten Massen von Fahrer und Motorrad verläuft, ist die aufwärts gerichtete Ausfederkraft ebenso groß wie die vorwärts gerichtete horizontale Antriebskraft. Das ist doppelt so viel, wie wir benötigen, um die Ausfederkraft zu isolieren. Wir nennen dies die „200 Prozent-Ausfederlinie“. Um eine „100 Prozent-Ausfederlinie“ zu bekommen, müssen wir eine Linie mit der halben Länge (nicht dem halben Winkel) zeichnen. Dadurch bekommen wir die Hälfte der vertikalen Kraft – und das ist genau das, was wir brauchen, damit die Hinterradfederung sich frei von Ein- oder Ausfedermomenten bewegen kann.

Um dies grafisch zu veranschaulichen, ziehen wir eine vertikale Linie durch die Vorderachse. Mit dieser kreuzt sich die „200 Prozent-Ausfederlinie“ bei der doppelten Höhe des Massenschwerpunkts. Die „100 Prozent-Ausfederlinie“ kreuzt diese Linie auf der Höhe des Massenschwerpunkts, und „0 Prozent-Ausfederlinie“ tut dies in der Höhe des Bodens mithin bei Null. Siehe Abbildung 5.16.

Sie können sich vorstellen, dass Ausfederwinkel und -anteil sich fortwährend verändern, abhängig davon, ob der Fahrer auf dem Motorrad sitzt, steht, sich klein macht oder im Hanging-Off fährt. Je größer der Federweg ist, um so größer ist die Anzahl der Möglichkeiten. Damit kommen wir zur nächsten Frage: Wie viel Ausfedermoment ist am besten? Ist es zu groß (beispielsweise 200 Prozent), kann die Federung beim Beschleunigen bis zum Anschlag ausfedern.

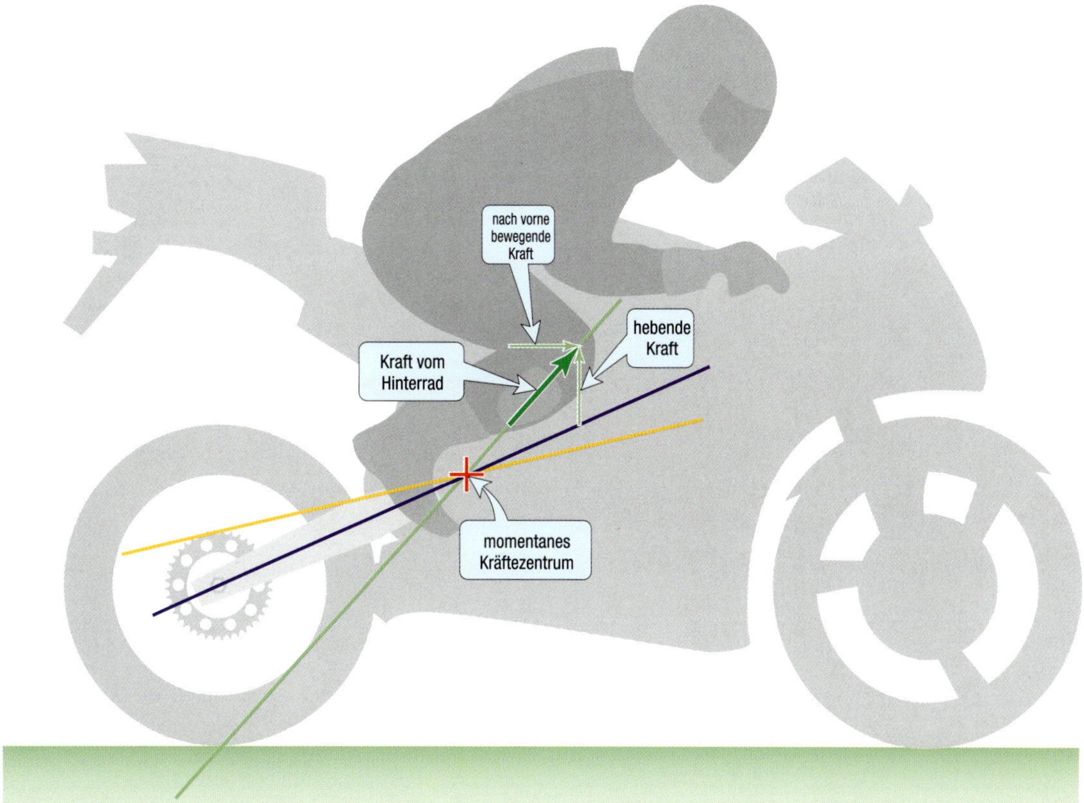

5.13 Die Linie des Ausfedermoments verläuft durch den Massenschwerpunkt. Dieser hebt das Motorrad an und bewegt es zugleich nach vorn. Die Hersteller versuchen, dieses unerwünschte Szenario zu vermeiden.

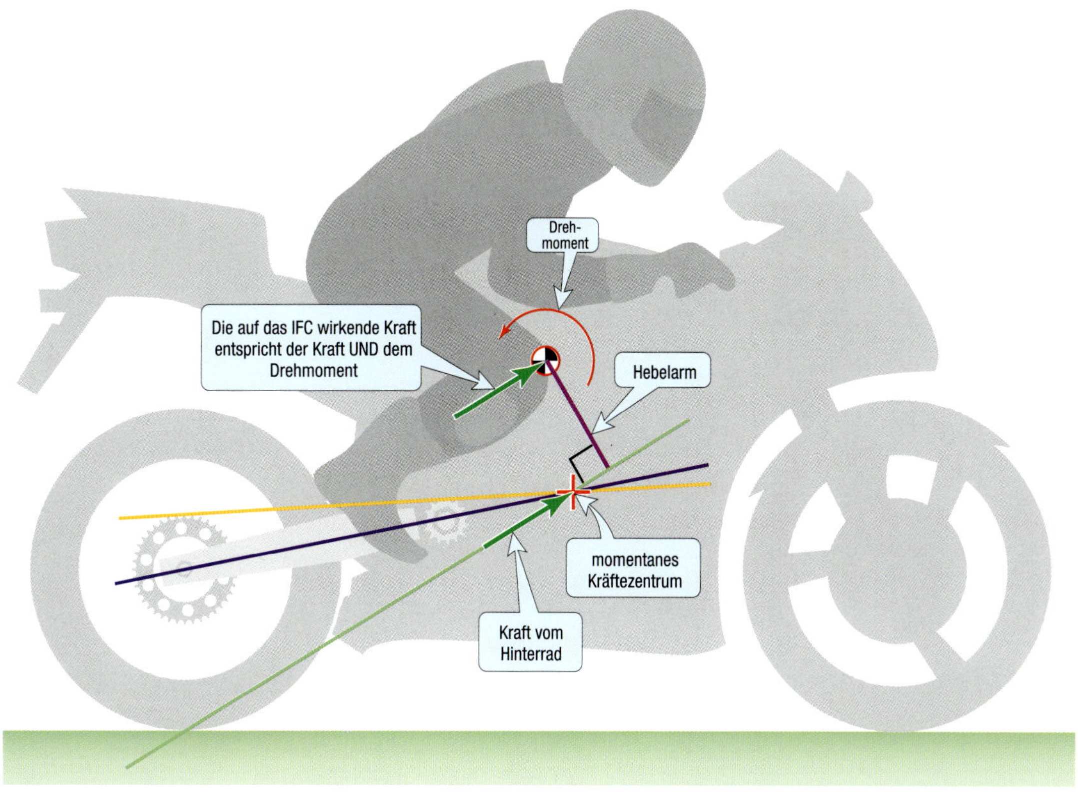

5.14 Wenn der Ausfederwinkel unter dem Massenschwerpunkt liegt, verringert sich die vertikal wirkende Hebe-Komponente.

Kommt es dazu, kann es nicht mehr der Fahrbahnoberfläche folgen, und das Ergebnis ist ein Verlust an Traktion und eine viel zu harte Federung. Bei einem Geländemotorrad hat es aber auch seine Vorzüge, wenn der Fahrer die Federung mit der Gashand verhärten kann. Den ersten Vorzug hat man natürlich bei einer Landung nach einem Sprung, der zweite ist, das Motorrad beim Abheben aus den Federn zu drücken, um so den nächsten Buckel überspringen zu können und den dritten bei großen Unebenheiten. Damit dieser gewünschte Effekt zumindest im Ansatz zu spüren ist, muss das Ausfedermoment 100 Prozent oder mehr betragen.

Ein Ausfedermoment von mehr als 100 Prozent hat bei einem Geländemotorrad aber auch seine Nachteile, so zum Beispiel wenn

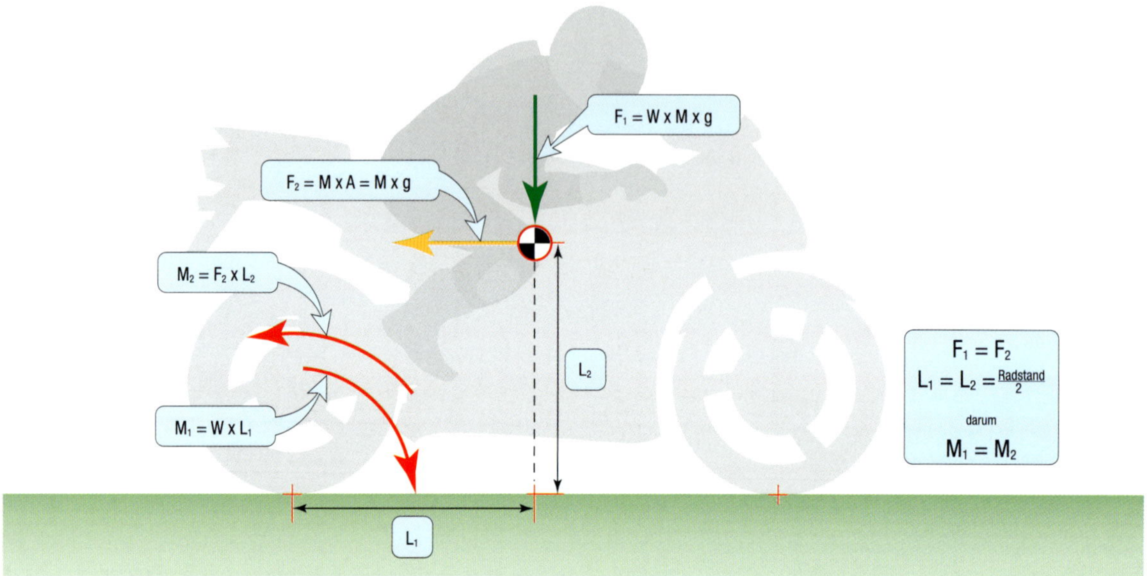

5.15 Hier haben wir willkürlich, jedoch realistisch den Massenschwerpunkt in der Mitte des Radstandes und bei der halben Höhe des Radstandes festgesetzt. Wenn wir mit 1 g beschleunigen, wird das Vorderrad nur leicht vom Boden abheben und damit seine komplette Last auf das Hinterrad übertragen. Um die Antriebskräfte von den Bewegungen der Radaufhängung zu trennen müssen wir diese zusätzliche Last beim Ausfederwinkel berücksichtigen.

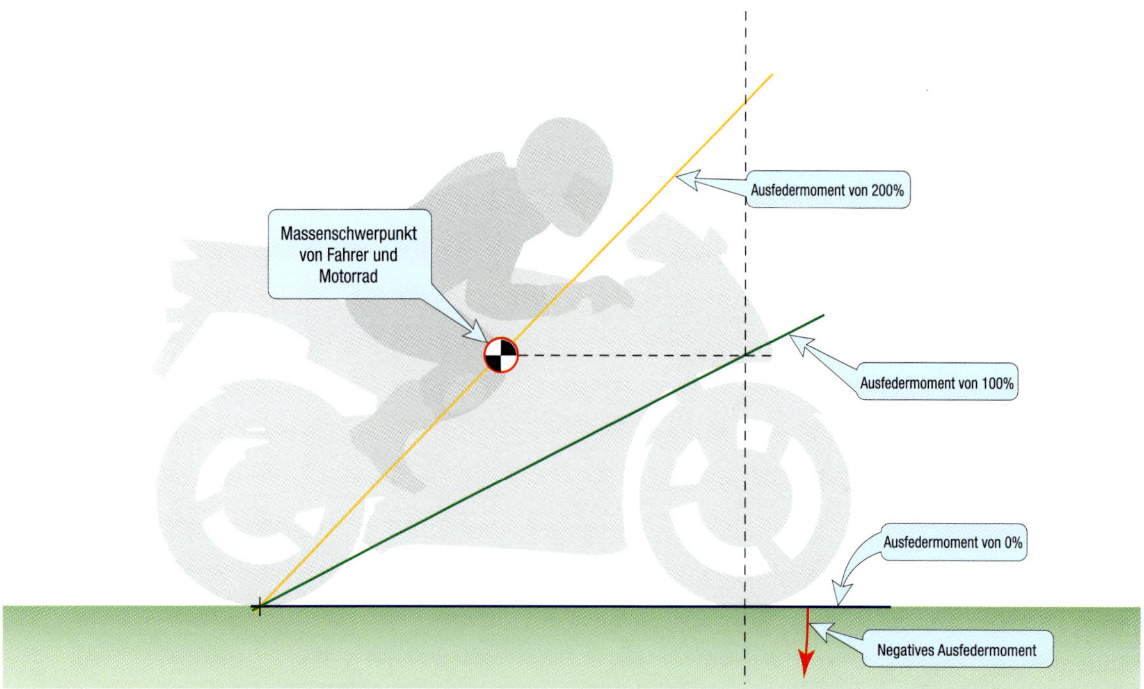

5.16 Verläuft die Linie des Ausfederwinkels durch den Massenschwerpunkt, dann ist das Ausfedermoment doppelt so groß. Daher nennen wir es 200%-Ausfedermoment. Die Linie des 100%-Ausfedermoments würde nur im halben Winkel verlaufen. Bei der hier gewählten Gewichtsverteilung von 50/50 würde sich die 100%-Linie auf der Höhe des Massenschwerpunkts mit einer vertikal von der Vorderradachse ausgehenden Linie treffen.

man über kleine, aber kantige Unebenheiten beschleunigt – insbesondere beim Herhausbeschleunigen aus einer Kurve. Eine solche Ausfederdynamik kann beträchtlich dazu beitragen, dass gerade solche Unebenheiten sich hart anfühlen.

Ist das Ausfedermoment kleiner als Null, werden diese Kräfte versuchen, das Rad weg vom Boden zu ziehen. Eine solche Situation ist bei Straßenmotorrädern nur sehr selten anzutreffen, da der Auslenkwinkel der Schwinge selten die horizontale Linie überschreitet. Bei Geländemotorrädern hingegen ist das durchaus öfter der Fall, denn sie haben jede Menge Federweg.

Wenn der Ausfederanteil kleiner als 100 Prozent, jedoch größer als 0 Prozent ist, dann werden die gefederten Massen nicht vollständig getragen, und das Heck wird leicht einfedern. Je kleiner der Prozentsatz, um so mehr wird das Heck beim Beschleunigen einsinken. Diese Einfederbewegung erzeugt ein Drehmoment entgegen dem Uhrzeigersinn und beansprucht daher mehr Federweg, und das lässt in der Folge weniger Federweg zum Schlucken der Unebenheiten.

Eine besonders große Rolle spielt der Ausfederanteil bei Motorrädern mit günstigem Leistungsgewicht, die in der Lage sind, besonders stark zu beschleunigen, also etwa bei Rennmotorrädern mit einem Liter Hubraum. Bei diesen haben Ausfederanteile von etwas über 100 Prozent einen kleinen Vorteil: Beim Gasgeben kann dieses „Gegen-den-Boden-Gedrücktwerden“ die Traktion verbessern. Durch zuviel Druck jedoch bewegt sich der Massenschwerpunkt zu weit nach oben – das zieht den Reifen weg von der Fahrbahn, und wenn er das tut, dann leidet einen Moment später die Traktion.

Die kritischen Bereiche für die Ausfederbewegung ergeben sich beim Beschleunigen in Schräglage, oder bei einem „dead stopp“, beim Herausbeschleunigen aus Kurven auf einem Geländemotorrad, bei Sprüngen und in Waschbrettpassagen.

Wenn ein Hersteller ein Motorrad konstruiert, wird er versuchen, Veränderungen des Ausfedermoments über den Federweg auszugleichen. Das ist auch der Grund dafür, dass Getriebausgangsritzel oft so nahe am Schwingendrehpunkt liegen. Als Tuner müssen wir aber wissen, welche Dinge das Ausfedermoment verändern und in welche Richtung wir dies tun wollen.

MESSEN DER FAHRWERKSGEOMETRIE

Ein altes Sprichwort besagt, dass man nie dorthin kommt, wo man hin will, wenn man nicht weiß, wo man gerade ist. Und das gilt auch beim Tuning: Man erreicht die gesteckten Ziele nicht ohne genaue Kenntnis der Ausgangslage.

In unseren Augen ist heutzutage das beste System zur Fahrwerksvermessung das von „GMD Computrack“ (www.gmdcomputrack.com). Mit diesem genauen optischen Verfahren wird nicht nur die Geometrie vermessen, sondern auch die Spur, einschließlich Verdrehungen und Versätzen. Viele Hersteller nutzen es sowohl zur Entwicklung als auch für ihre Rennteams. GMD Computrack und seine Stützpunkte haben sich darauf spezialisiert, alle Arten von Motorrädern zu vermessen und zu richten oder ihre Geometrie zu optimieren. Mit dieser Methode lässt sich wirklich etwas anfangen, denn, wenn es um Tuning geht, sind ein Bandmaß und Winkelmesser fehl am Platz. Wenn Sie die kompletten Dienstleistungen von GCM Computrack nutzen, haben Sie damit auch Zugriff auf ihre Erfahrungen und ihre Datenbank, um dorthin zu kommen, wohin Sie wollen.

Lassen Sie sich aber auch nicht abschrecken, wenn ein Tuner nur mit Schwingenwinkel und dem Nachlauf am Boden arbeitet. Wenn man Äpfel mit Äpfeln vergleicht, sind dies durchaus gültige Tuning-Parameter. Vergleicht man aber verschiedene Motorräder, verlieren sie durchaus einiges von ihrer Gültigkeit.

TUNEN DER FAHRWERKSGEOMETRIE

Wenn Sie selbst Ihr Fahrwerk tunen wollen, müssen Sie Ihren Ausgangspunkt genau kennen und schrittweise genau festgelegte Änderungen vornehmen. Vergegenwärtigen Sie sich immer, dass es unmöglich ist, irgendetwas zu verändern, ohne dass dies Auswirkungen auf andere Bereiche von Federung oder Geometrie hat. Ein Verändern der Fahrwerksabstimmung kann zu einem Ergebnis führen, das einer Veränderung der Geometrie sehr ähnlich ist. Wenn man zum Beispiel die Federvorspannung in der Gabel ändert, kann das zu einem Ergebnis führen, als hätten Sie die Bodenfreiheit durch Verschieben der Gabelholme in der Gabelbrücke verändert.

So vergrößern Sie den vorderen Nachlauf

- Bei einstellbaren Gabelfüßen: Bewegen Sie die Achse zurück
- Bei Gabelbrückenversatz (fest oder einstellbar): Reduzieren Sie den Versatz (ziehen Sie die Gabelholme zurück), in 2-mm-Schritten
- Größerer Außendurchmesser des Vorderrades
- Heben Sie die Front an, indem Sie die Gabelholme in den Gabelbrücken durchschieben oder indem Sie die Federvorspannung der Gabel erhöhen (weniger Negativfederweg vorn) (flacherer Lenkkopfwinkel), in 5-mm-Schritten
- Senken Sie das Heck ab – über das Federbein, den äußeren Reifendurchmesser oder indem Sie mehr Negativfederweg hinten geben (flacherer Lenkkopfwinkel)

So vergrößern Sie das Ausfedermoment

- Heben Sie das Heck an (durch Vergrößern des Auslenkwinkels der Schwinge) durch Einstellen des Federbeins oder durch Einstellen der Bodenfreiheit am Rahmen, oder verlängern Sie die Innereien des Federbeins
- Kleineres Getriebeausgangsritzel – Achtung: Kann Auswirkungen auf die Schwingenlänge haben
- Größeres Kettenrad – Achtung: Auch das kann Auswirkungen auf die Schwingenlänge haben
- Heben Sie den Schwingendrehpunkt an, wenn im Rahmen dafür Einsätze vorgesehen sind (z.B. GSX R 1000 K6 bis K9)
- Kürzen Sie die effektive Schwingenlänge, indem Sie die Kette über die Zahnradwahl oder Kettenspanner verkürzen
- Senken Sie den Massenschwerpunkt ab, indem Sie sich hinter die Verkleidung ducken
- Bringen sie den Massenschwerpunkt weiter nach vorne, indem Sie sich näher an den Tank setzen
- Erhöhen Sie die vordere Bodenfreiheit (nicht zu empfehlen wegen der Auswirkungen auf Lenkkopfwinkel und Nachlauf)
- Hinterradreifen mit kleinerem Außendurchmesser – auch wenn der Unterschied nur sehr gering ausfallen dürfte

Hier noch ein paar Dinge, die Sie im Hinterkopf behalten sollten. Erstens: Mehr ist nicht unbedingt besser. Zweitens: Im Zweifelsfalle fragen Sie besser einen Profi. Drittens: Nur weil alle etwas tun, muss dies nicht das Beste sein. Viertens: Nur weil alle etwas tun, muss dies nicht falsch sein. Eine genauere Anleitung finden Sie im Kapitel „Troubleshooting“.

GEWICHTSVERTEILUNG

Die Gewichtsverteilung bezeichnet die Größe der Kraft auf jedem der beiden Reifen, entweder in beladenem (mit Fahrer) oder unbeladenem (ohne Fahrer) Zustand. Normalerweise wird sie in Prozenten angegeben als Verhältnis für Front und Heck. So bedeutet beispielsweise die Zahlenkombination 48/52, dass 48 Prozent des Gewichts auf dem Vorderrad und 52 auf dem Hinterrad ruhen. Wie viel Traktion zur Verfügung steht, steht in einem direkten Verhältnis zu der Kraft zwischen Reifen und Fahrbahn (Sehen Sie dazu den Anhang zur Traktionskontrolle).

Bei den meisten modernen Sportmaschinen liegt ein leicht größerer Anteil des Gewichts auf dem Vorderrad, etwa 51 oder 52 Prozent. Mit einem Fahrer von durchschnittlichem Gewicht (etwa 74 kg) nähert sich das Verhältnis stark einer 50/50-Verteilung. Die meisten modernen Geländemaschinen haben eine Gewichtsverteilung von 48 zu 52. Mit einem Fahrer von durchschnittlichem Gewicht, der in den Rasten steht, verlagert sich das Gewicht mehr nach hinten, so dass das Vorderrad mit etwa 44 Prozent belastet ist. Das heißt: Bei modernen Sport- wie auch Geländemaschinen belastet ein größerer Teil des Fahrergewichts das Hinterrad. Wenn ein Fahrer schwerer ist, bedeutet das automatisch, dass die Achslastverteilung mehr in Richtung des Hinterrades geht als bei einem leichteren Fahrer.

Um die Gewichtsverteilung zu verändern, setzt man am effektivsten an der Position der Hinterachse an. Je mehr die Achse nach hinten geschoben wird, um so mehr verschiebt sich die Last nach vorne. Auch die Veränderung der Fahrerposition ist effektiv. Bei einem Straßensportmotorrad kann man mit einer dickeren Polsterung des Höckers das Gewicht signifikant nach vorne verlagern. Auf einer Geländemaschine kann sich ein Fahrer sehr viel freier bewegen, und hier ist es eine altbekannte Tatsache, dass der Fahrer durch eine Änderung seiner Sitzposition schnell etwas zusätzliche Zeit finden kann. Viele Motorradfahrer sitzen viel zu weit hinten, insbesondere mit zunehmendem Alter. Eine Stufe in der Sitzbank kann hier helfen, sich an die optimale Sitzposition zu erinnern.

Oft wird darüber gesprochen, mehr Gewicht auf das Vorderrad zu geben. Das Absenken der Front ist vermutlich die verbreitetste Methode. Zwar stimmt es, dass eine Veränderung eintritt – doch diese ist winzig. Ja, ich weiß schon – Sie haben es versucht, und es hat funktioniert, denn Sie können mehr Druck in Ihren Handflächen spüren! Aber versuchen Sie das Ganze mal mit einer genauen Waage und sehen Sie sich den Unterschied selbst an. Oftmals werden auch die Lenkerenden abgesenkt. Aber auch dies verändert kaum etwas. Dass Sie mehr Druck spüren, liegt daran, dass Sie den Oberkörper mehr nach vorne neigen und so zusätzlichen Druck auf Ihre Arme geben. Geschenkt! Ein kleiner Unterschied ist da, aber Sie haben so nicht mehr Gewicht auf das Vorderrad verlagert.

Das Bewusstsein über die Auswirkungen der Gewichtsverteilung kann Teil einer erfolgreichen Fahrwerksabstimmung sein. Und wenn man erst einmal versteht, welche Veränderungen die größten Auswirkungen mit sich bringen, kann das einem eine Menge Zeit sparen.

Manchmal heißt die Antwort Klettband

1996 nahm ich an der 54. Auflage des 24-Stunden-Rennens von Montjuich auf dem Circuit de Catalunya in Spanien teil. Unser Team bestand ausschließlich aus Motorrad-Journalisten, und deren Körpergröße reichte von sehr klein bis sehr groß. Das machte Ergonomie und Gewichtsverteilung problematisch, denn es gab einfach keine Sitzposition, die für jeden von uns gepasst hätte. Wir fanden eine effektive, aber nicht wirklich elegante Lösung, und die bestand aus Schaumstoffschichten von unterschiedlicher Stärke, die wir mit Klettband befestigten und mit Klebeband sicherten. So konnten wir blitzschnell von meinen kurzen T-Rex-Ärmchen auf die langen Orang-Utan-Arme meines deutschen Teamkollegen umstellen. Als die Zielflagge fiel, beendeten wir das Rennen auf Platz 7 in der Gesamtwertung und Platz 2 der Klasse bis 750 ccm, knapp vor dem Team des Top-250er GP-Piloten Carlos Cardus auf einem Ducati-Werks-Superbike. Viva la Velcro!— *Lee Parks*

Kapitel 6
Problemlösung und Testreihen

In diesem Teil des Buches haben wir systematisch zusammengestellt, welche Probleme man mit seinem Fahrwerk haben kann – gleich, ob man im Gelände, auf der Straße oder auf der Rennstrecke fährt. Zur Veranschaulichung haben wir Grafiken erstellt. Es liegt in der Natur der Sache, dass diese zweidimensional aufgebaut sind, aber wir haben alles daran gesetzt, darin die tatsächlich dreidimensionalen Abläufe darzustellen. Der der Problemlösung gewidmete Abschnitt teilt sich in drei Teile auf: Der erste besteht in einer Gegenüberstellung in Bildern, die einerseits zeigen, wie ein Fahrwerk idealerweise arbeiten sollte und andererseits, was im tatsächlichen Leben angesichts der zur Verfügung stehenden Technik ein Fahrwerk in Tat und Wahrheit tut. Dem folgt eine kurze Beschreibung dessen, was im Extremfall bei einer bestimmten Fahrwerksabstimmung tatsächlich geschieht. Und als drittes folgen die üblichen Probleme im Zusammenhang mit Gabeln und Federbeinen an Motorrädern.

Die Abfolge der möglichen Lösungen richtet sich nach dem Schwierigkeitsgrad: Wir beginnen bei der einfachsten bzw. wahrscheinlichsten und gehen von da aus zu der weniger wahrscheinlichen. So kommt beispielsweise der Einbau eines anderen Einstellers vor einer Abstimmungsänderung mit anderen Shims, denn es ist einfacher, einen Einsteller zu wechseln als eine Hydraulik von Grund auf zu modifizieren – auch wenn dies der logischere Schritt ist.

Der Abschnitt über die einzelnen Test-Schritte (Seite 106) folgt auf die Szenarien zur Problemlösung. Dies ist möglicherweise der wichtigste Teil des vorliegenden Buches. Wenn Sie beim Testen mit den richtigen Schritten arbeiten, kommen Sie nicht nur zu einer guten Abstimmung, sondern vertiefen dabei auch Ihre spezifischen Kenntnisse.

Arbeiten Sie mit den Abbildungen und Informationen und folgen den beschriebenen Schritten, um Ihre Federelemente bestmöglich abzustimmen. Verwenden Sie dabei auf jeden Fall das Abstimmungsformblatt auf Seite 248, um Ihre Schritte später nachvollziehen zu können. So wird die richtige Abstimmung kein Ratespiel – und die Problemlösung wird nicht nur leichter, sondern macht auch mehr Spaß.

DÄMPFUNGS-EXTREMFÄLLE

1. ***Zu viel Zugstufendämpfung (Packing)***
   Das Federelement wird beim Ausfedern gehemmt, weil es nicht schnell genug ausfedern kann und jeder eingeleitete Stoß zu weiterem Einfedern führt. Die Federung wird zu hart, weil zu viel Kraft benötigt wird, um weitere Bewegungen einzuleiten. Dies führt ebenfalls zu Traktionsverlust aufgrund der Verformung der Reifen.

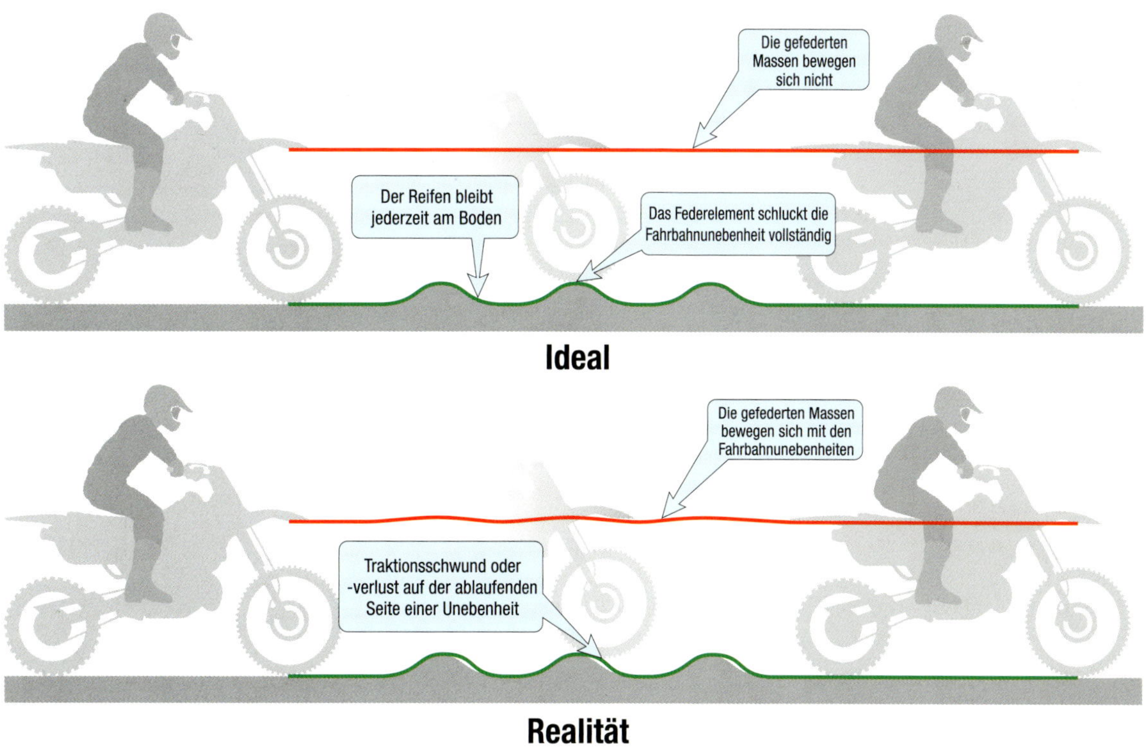

Im Idealzustand halten die Räder auf der an- und ablaufenden Seite einer Fahrbahnunebenheit vollständigen Bodenkontakt, während der Abstand der gefederten Massen zur Fahrbahn sich nicht verändert. Selbst die beste Abstimmung auf der Welt schafft das nicht, aber genau das ist das Ziel.

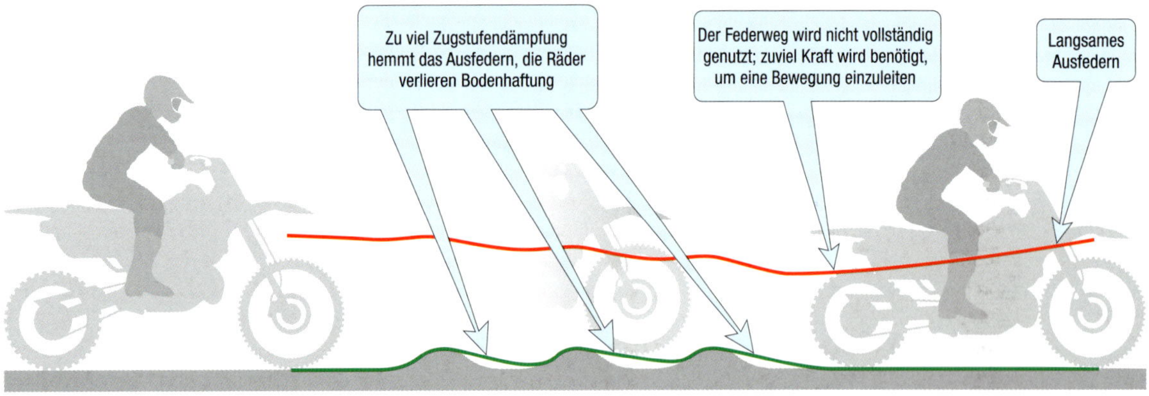

Extremfall 1: Zu viel Zugstufendämpfung

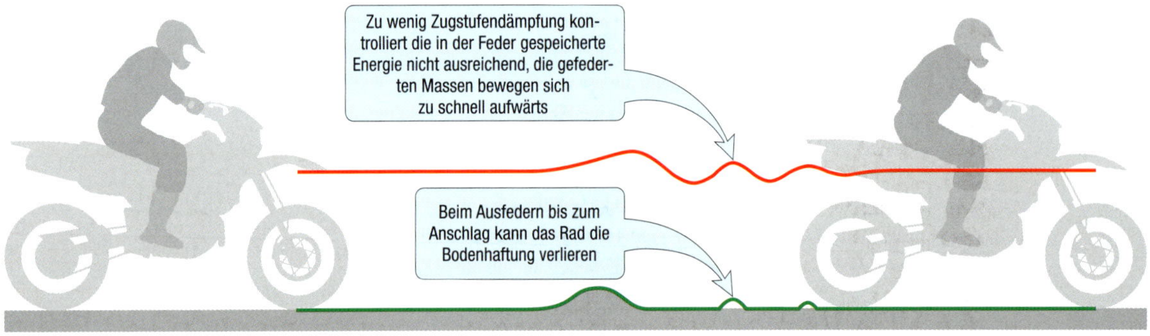

Extremfall 2: Zu wenig Zugstufendämpfung

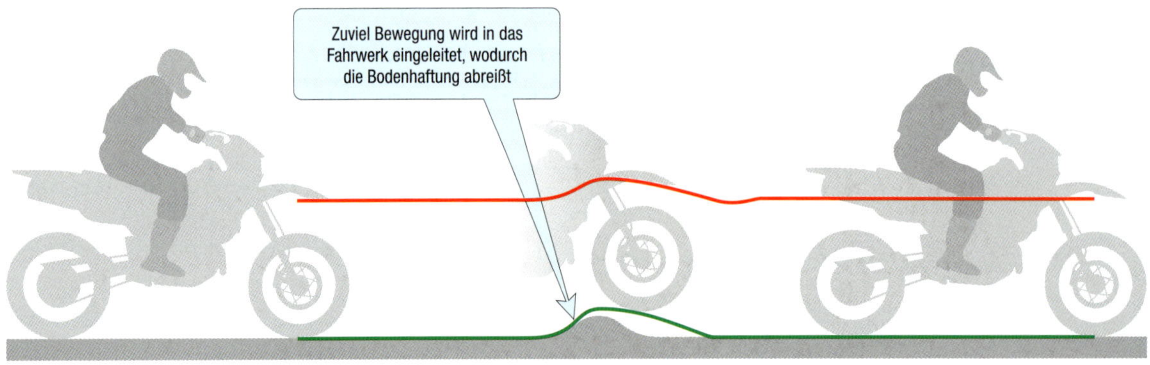

Extremfall 3: Zu viel Druckstufendämpfung

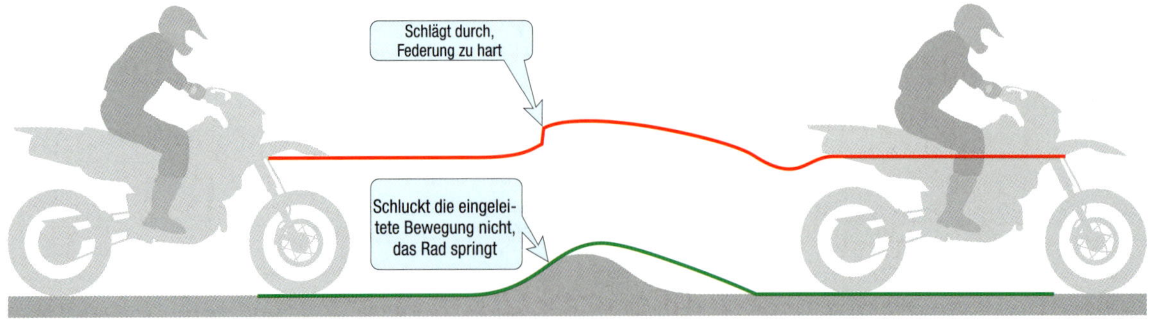

Extremfall 4: Zu wenig Druckstufendämpfung

2. ***Zu wenig Zugstufendämpfung (Pogoing)***
In diesem Szenario kann das Federelement die in der Feder gespeicherte Energie nicht kontrollieren, was zu einer Auf- und Ab-Bewegung führt. Die unkontrollierte vertikale Bewegung kann bewirken, dass das Rad den Bodenkontakt verliert, was zu Traktionsverlust führt.
3. ***Zu viel Druckstufendämpfung (zu hart)***
In diesem Fall prallt das Rad von der Unebenheit ab, weil die Dämpfung der Bewegungseinleitung zuviel Widerstand entgegensetzt. Das macht die Abstimmung übermäßig hart.
4. ***Zu wenig Druckstufendämpfung (schlägt durch)***
Das Rad bewegt sich beim Einfedern auf der Unebenheit über deren Kuppe hinaus und findet auf der ablaufenden Seite keinen Bodenkontakt. Dadurch leidet die Bodenhaftung. Das Fahrwerk fühlt sich schwammig an, und schlägt leicht durch.

SZENARIEN ZUR PROBLEMLÖSUNG

Gabel

1. ***Schlägt durch – zu weich, fühlt sich schwammig an***
Zu stellende Fragen:
   1. Wie ist die Fahrbahnbeschaffenheit? (Anpressdruck, Landen auf Buckeln, Oberfläche von Buckeln.) Wir wollen herausfinden, ob die Dämpfungsgeschwindigkeit hoch oder niedrig ist.
   2. Fühlt das Fahrwerk sich sonst gut an? (Wenn ja, gehen Sie zu A)
   3. Fühlt sich das Fahrwerk überall zu weich an? (Überspringen Sie A, geben Sie zu B und C)

   A. Zu wenig Öl – mehr Öl einfüllen – betrifft meistens das letzte Drittel des Federwegs
   B. Nicht genügend Low-Speed-Druckstufendämpfung
   C. Nicht genügend High-Speed-Druckstufendämpfung
   D. Federrate zu weich
   E. Zu wenig Vorspannung
   F. Verunreinigtes Ventil, defektes Ventil, verbogener Shim, Grat auf Kolben oder Shim
   G. Verschlissene Lagerung der Dämpferstange (typisch bei KYB-Gabeln von vor 1996)
   H. Dichtring des Druckstufenventils defekt, wahrscheinlich Einbaufehler
   I. Dämpferstange nicht mit Gabelstopfen verschraubt – defekt oder nicht angezogen – Uups!
2. ***Zu steif – Springt, hart, nervös, unruhig***
Zu stellende Fragen: Taucht dies überall auf oder nur bei kantigen Unebenheiten? (Nur bei kantigen Unebenheiten: Gehen Sie zu B und C)
   A. Druckstufendämpfung zu stark eingestellt – High-Speed und/oder Low-Speed
   B. Druckstufendämpfung konstruktiv zu hoch – ändern Sie diese zunächst im High-Speed-Bereich, dann im Low-Speed-Bereich
   C. Zu hohe Federrate
   D. Zu starke Low-Speed-Zugstufendämpfung – „Packing“

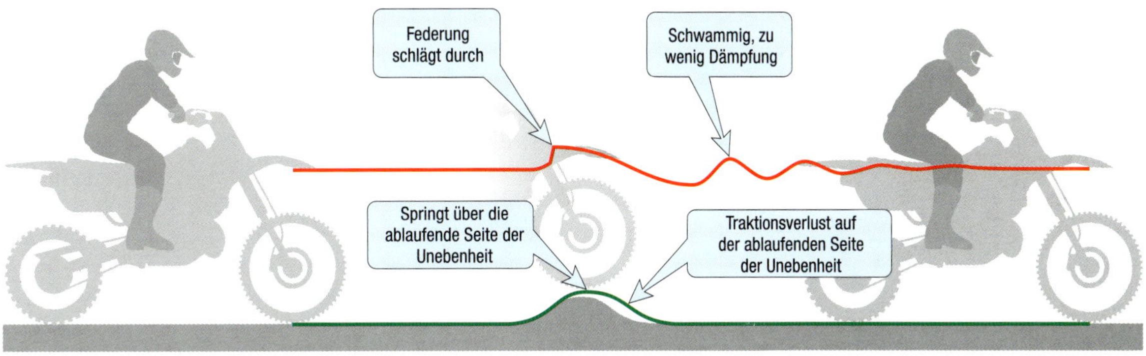

Gabel 1: Gabel schlägt durch, gibt schwammiges Gefühl

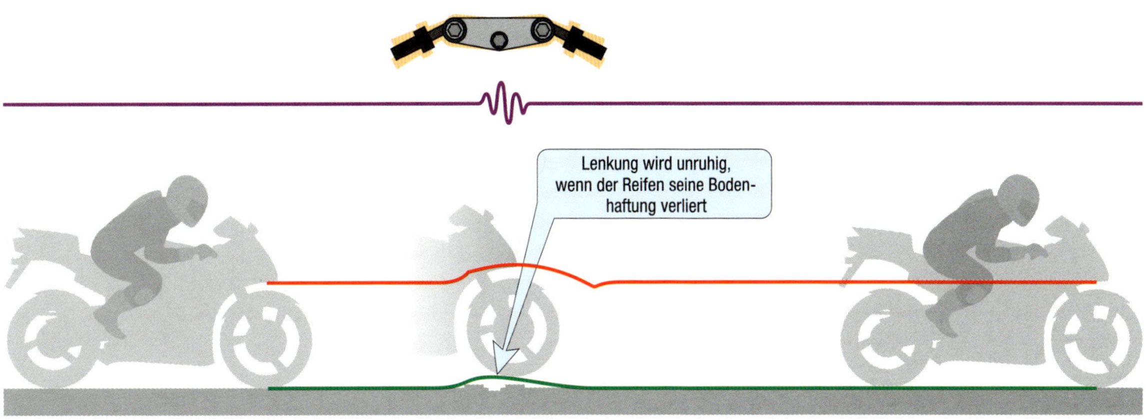

Gabel 2: Gabel zu hart

E. Zu viel Öl in der Gabel
F. Zu hohes Losbrechmoment (siehe auch 9)

3. ***Mangelnde Traktion***
   A. Reifen oder Mischung ungeeignet
   B. Luftdruck in Reifen zu hoch
   C. Luftdruck in Reifen viel zu niedrig
   D. Zu viel Low-Speed-Zugstufendämpfung
   E. Zu viel Low-Speed-Druckstufendämpfung
   F. Nicht genügend Low-Speed-Zugstufendämpfung
   G. Nicht genügend Low-Speed-Druckstufendämpfung
   H. Zu wenig Gewicht auf dem Vorderrad
      1. Schwinge zu kurz
      2. Hinterachse zu weit vorgeschoben
      3. Sitzposition zu weit hinten
      4. Lenker zu hoch oder zu weit hinten
   I. Nachlauf zu gering (Gehen Sie zu 5)

4. ***Lenkt nicht ein***
   Achtung: Dieses Gabel-Symptom wird mit am häufigsten falsch verstanden oder falsch diagnostiziert. Oft genug handelt es sich eher um ein Problem der Fahrwerksgeometrie als eines der Abstimmung – auch wenn es Überschneidungen zwischen beiden gibt. In 99 Prozent der Fälle senkt der Fahrer oder Fahrwerkstechniker die Front ab (durch Durchschieben der Gabelholme in den Gabelbrücken) und hofft, so die Lösung zu finden. Das verrät eine von zwei typischen Denkweisen: Entweder versucht er, mehr Gewicht auf das Vorderrad zu bekommen oder er tut dies, um den Nachlauf zu verringern. Aber: Bringen tiefere Lenkerenden mehr Gewicht auf das Vorderrad? Ja, durchaus – aber längst nicht so viel, dass der Unterschied spürbar wird. Diese falsche Annahme ist absolut weit verbreitet. Was das Verringern des Nachlaufs angeht: Dies wird gemacht, wenn die Lenkerstummel sich nur schwer bewegen lassen. Hat man auf der anderen Seite einen Traktionsverlust, würde man entgegengesetzt vorgehen, indem man den Nachlauf vergrößert. Denn ein Mehr an Nachlauf bringt normalerweise auch einen Zugewinn an Traktion (Grip). Also beginnen Sie am besten, indem Sie die folgenden Fragen stellen:
   Lässt sich der Lenker leicht oder schwer bewegen?
   Lässt er sich leicht bewegen, gehen Sie zu 3 (mangelnde Traktion) und dann zu 5.
   Bewegt er sich schwer, gehen Sie zu 6 (zuviel Kraft benötigt).
   A. Reifen zu breit oder mit zu niedrigem Querschnitt, Felge zu breit.
   B. Sitzposition – nicht genug Gewicht auf dem Vorderrad
      1. Sitzposition zu niedrig
      2. Lenker zu hoch montiert
   C. Fahrstil (Nicht immer ist das Motorrad schuld!)
      1. Fahrer versteht nicht, wie das Lenken durch Gegenimpuls funktioniert
      2. Fahrer belastet das Vorderrad nicht
      3. Fahrer hält die Ellbogen unten – klappt im Gelände nicht
      4. Fahrer hält die Ellbogen hoch – klappt auf der Rennstrecke nicht
      5. Fahrer sitzt zu weit hinten – schlecht im Gelände und auf Asphalt
      6. Mittelachse des Fahrers neben Mittelachse des Motorrades – schlecht auf Asphalt
      7. Fahrer lenkt mit beiden Armen (es kommt nur auf den kurveninneren Arm an)
      8. Fahrer visiert nicht den Kurvenausgang an
      9. Beim Fahren mit Sozius – Sozius lehnt sich nicht mit in die Kurve
      10. Beim Fahren mit Sozius – Schwerpunkt zu weit hinten
      11. Beim Fahren mit Gepäck – Schwerpunkt zu weit hinten
   D. Zu langer Radstand

5. ***Motorrad drängt nach außen*** *(Lenker leicht zu bewegen, aber Motorrad lenkt nicht ein, wenig Traktion).* ***Lenkung fühlt sich „lose“ an, „Power Steering“*** *(Begriff aus der Flat-Track-Szene).*

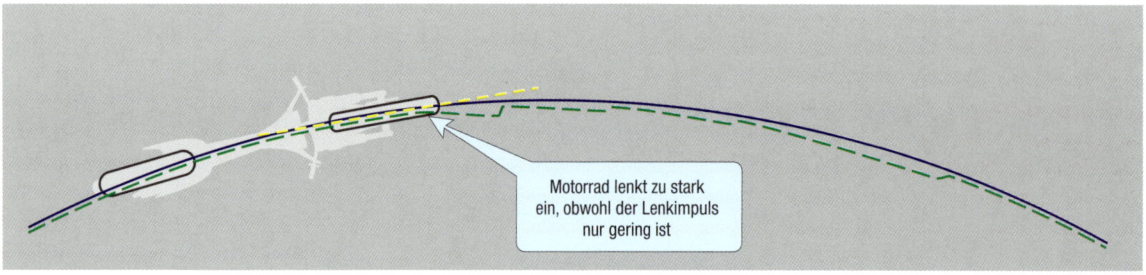

Gabel 5.1: Motorrad kippt in die Kurve

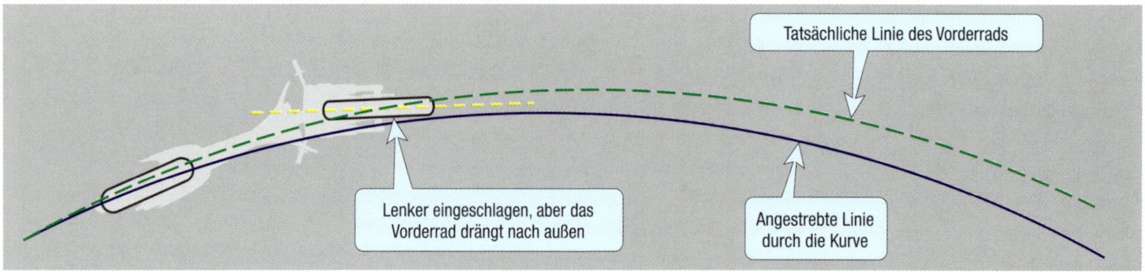

Gabel 5.2: Motorrad drängt nach außen

Chattering beim Kurveneingang, Motorrad drängt in Kurvenmitte und -ausgang nach außen, kippt (lenkt zu schnell ein – nicht genügend Nachlauf, aber nicht im selben Umfang wie beim Drängen nach außen). Achtung: Dies ist normalerweise ein Problem der Fahrwerksgeometrie – Nachlauf zu gering

A. Frontpartie im Vergleich zum Heck zu tief
B. Front anheben (durch Durchschieben der Gabelholme in den Gabelbrücken)
C. Heck absenken
D. Federrate der Gabel zu weich
E. Gabelfedern nicht genügend vorgespannt
F. Low-Speed-Zugstufendämpfung zu hoch, dadurch „Packing"
G. Zu wenig Low-Speed-Druckstufendämpfung
H. Vergrößern oder verlagern Sie den Einstellbereich der Druckstufendämpfung oder verwenden Sie härtere Shims
I. Verwenden Sie ein einstufiges Shimpaket anstelle eines zweistufigen (nur für Gelände)
J. Alles, was die Heckpartie höher im Vergleich zur Frontpartie bringt

6. *Zu viel Kraft fürs Bewegen der Lenkerenden benötigt, jede Menge Traktion, fährt die Kurve nicht aus*

Achtung: Dies ist ein Problem der Fahrwerksgeometrie – zu viel Nachlauf

A. Frontpartie beim Fahren im Vergleich zum Heck zu hoch
B. Absenken der Front (durch Durchschieben der Gabelholme in den Gabelbrücken)
C. Federvorspannung in der Gabel zu hoch
D. Federrate zu hart
E. Zu wenig Bodenfreiheit hinten
F. Luftpumpe – erneuern Sie die Dichtringe
G. Alles, was die Frontpartie im Vergleich zum Heck tiefer bringt
H. Low-Speed-Druckstufendämpfung zu hoch
I. Lenker zu schmal, unkomfortable Sitzposition
J. Losbrechmoment der Gabel zu hoch (Gehen Sie zu 9)

7. *Eintauchen beim Bremsen (Dauerzustand)*

A. Liegt in der Natur der Telegabel! Nur bei Achsschenkelkonstruktionen (oder Telelever) taucht die Front nicht ein oder kann sogar hochkommen
B. Beim Bremsen wird das Eintauchen allein durch die Gabelfedern bestimmt (Federrate, Vorspannung und in gewissem Umfang auch Luftpolster), nicht durch die Dämpfung
C. Lenkkopfwinkel zu flach (nach Chopper-Art)
D. Gabelfedern zu weich

Achtung: Die Dämpfung beeinflusst die Geschwindigkeit des Eintauchens und ist verantwortlich für zu schnelles Eintauchen („Overshooting"), hat aber keine Auswirkungen auf den Grad des Eintauchens in einem angemessenen Zeitraum.

E. Zu viel Bodenfreiheit hinten
   1. Zu hoch eingestellt
   2. Zu viel Federvorspannung hinten

8. *„Loses" Gefühl*

A. Zu wenig Low-Speed-Zugstufendämpfung
B. Zu wenig High-Speed-Zugstufendämpfung – reagiert nur auf große Unebenheiten
C. Zu wenig Druckstufendämpfung
D. Federrate zu weich
E. Lenkkopflager lose oder verschlissen
F. Schwingenlager oder -umlenkung lose oder verschlissen
G. Luftdruck zu niedrig oder viel zu hoch
H. Verwindungen in Gabel, Fahrwerk oder Schwinge
I. Gabelöl zu alt
J. Verschlissene Lagerung der Dämpferstange (typisch bei KYB-Gabeln von vor 1996)
K. Verschlissener Zugstufenkolbenring – sehr selten

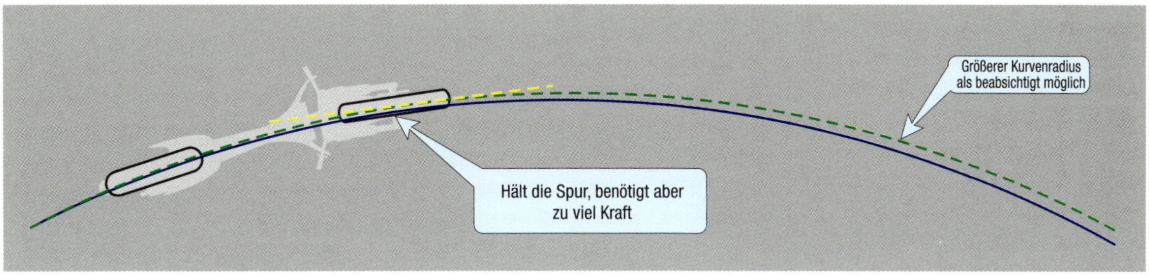

Gabel 6: Zu viel Kraft benötigt beim Bewegen des Lenkers

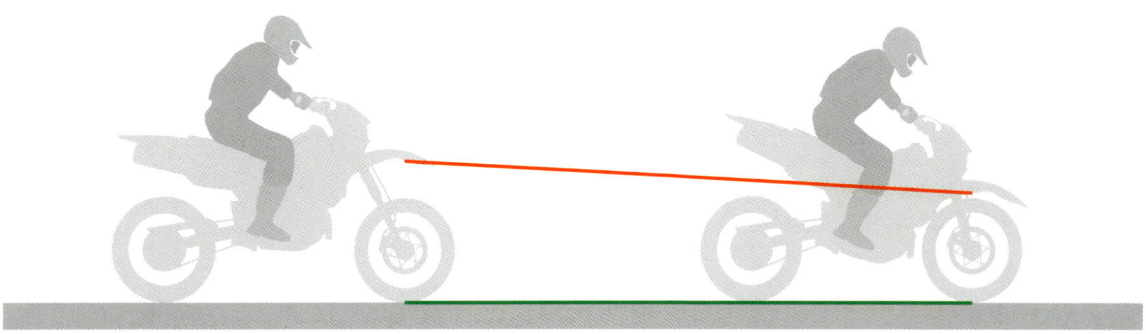

Gabel 7: Zu starkes Eintauchen der Gabel

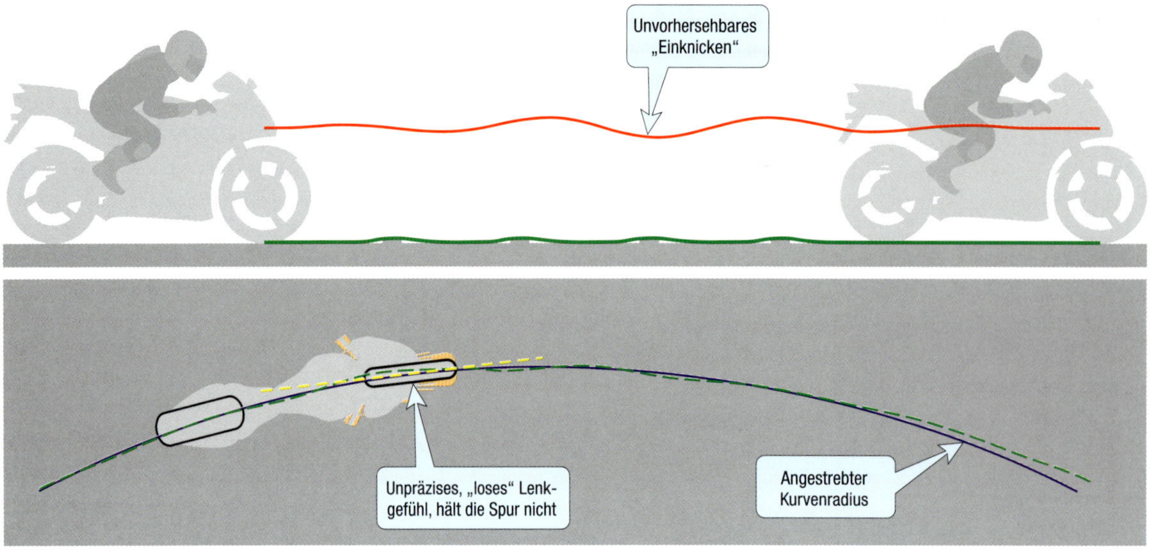

Gabel 8: Ungenaues Gefühl für die Vorderhand

9. *Zu hohes Losbrechmoment der Gabel*

A. Gabelholme verlaufen von vorne gesehen nicht parallel (gespreizt oder geknickt) – Achsklemmung nicht zentriert (passiert oft)
B. Verbogene Gabelbrücke(n)
C. Verbogenene Gabelholme
D. Krumme Vorderradachse
E. Beschädigte Gleitrohroberfläche
F. Upside-Down-Gabel mit schlechten Buchsen
G. Verschlissene Gabelholmbeschichtung
H. Luftpumpe – wechseln Sie die Dichtringe, insbesondere im Bereich der oberen Gabelbrücke
I. Schlecht eingepasste oder schlecht konstruierte (Nachrüstteile) Gabeldichtringe
J. Schlecht oder nicht eingefettete Dichtringe
K. Minderwertiges Gabelöl
L. Schlechte oder schlecht eingepasste Gabeljochkonstruktion (bei Right Side-Up-Gabeln)
M. Gabelbrücken zu fest geklemmt – bei USD-Gabeln
N. Gabelholme von unterschiedlicher Länge
O. Nicht eingepasste Gabel (bei Doppelkammergabeln)
P. Buchsen verschlissen oder beschädigt
Q. Metalleinschluss in den Buchsen
   1. Halteringe für Federvorspannung sitzen nicht richtig – bei USD-Gabeln
   2. Aus Aluminium gefertigte Halteringe für Federvorspannung
   3. Feder-Distanzring aus Stahl direkt an Aluminium-Gabelkappe
   4. Anschlagpuffer muss entgratet werden – KYB-Gabeln bis 1995
   5. Gabelkappe(n) bei der Montage verkantet – Gewinde reparieren, wenn möglich
R. Dämpferstangenbuchse zu fest
S Federführung schabt am Gabelfederinneren / Herstellungsfehler oder Führung durch langen Aufenthalt im Gabelöl aufgequollen – bei USD-Gabeln
T. Gabelfederdurchmesser zu groß – der Umfang der Gabelfeder nimmt beim Einfedern zu, die Gabelfeder kann sich im Gabelholm verklemmen

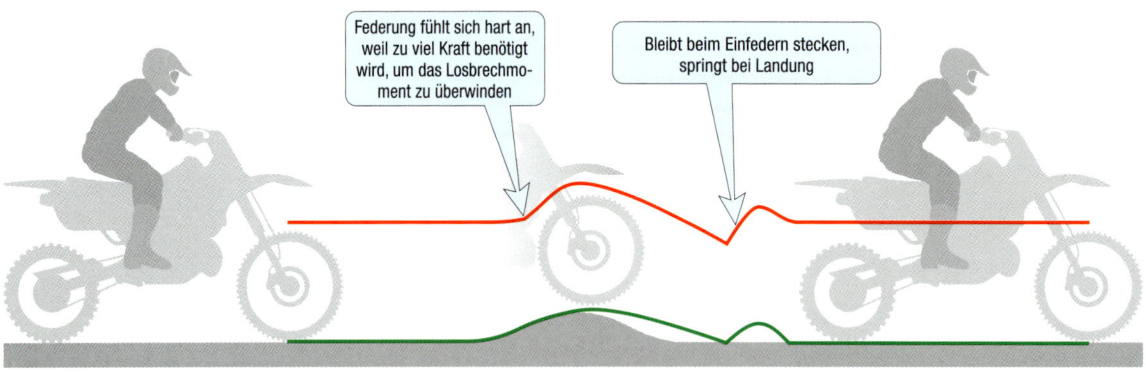

Gabel 9: Gabel mit zu hohem Losbrechmoment

10. *Lenkerpendeln*

A. Krummes Fahrwerk – verzogen oder nicht in der Spur
B. Räder nicht in der Spur – Kettenspannermarkierungen nicht beachtet
C. Verwindungen in Gabel, Fahrwerk oder Schwinge
D. Lenkkopflager lose oder ausgeschlagen
E. Nicht genügend Nachlauf – zu geringer Selbstzentrierungseffekt
F. Zu viel Nachlauf – das Rad geht beim Zentrieren über die Spur hinaus und korrigiert sich dann abrupt wieder in Gegenrichtung
G. Zu viel Gabelöl (Straßenbetrieb) – Lenkerschlagen beim Bremsen
H. Mechanismus des Anschlagdämpfers arbeitet zu lang oder setzt abrupt ein (Straßenbetrieb) –Lenkerschlagen bei starkem Bremsen
I. Low-Speed-Zugstufendämpfung zu gering
J. Zu viel Zugstufendämpfung
K. Zu viel High-Speed-Zugstufendämpfung – prallt bei Unebenheiten zurück
L. Falscher Luftdruck
M. Reifentyp oder -mischung ungeeignet
N. Reifen nicht richtig montiert, beschädigte Felge, möglicherweise Wicklung im Reifen nicht gerade
O. Nicht ausgewuchtetes Rad – Felge hat einen Schlag
P. Verzogene Bremsscheibe – Lenkerschlagen beim Bremsen
Q. Mit der Gabel verbundene Lenkerverkleidung aerodynamisch nicht ausbalanciert
R. Jedwede Art aerodynamischen Ungleichgewichts
S. Alles, was die Frontpartie im Vergleich zum Heck niedriger macht, verringert den Nachlauf
T. Zu hohes Losbrechmoment – gehen Sie zu 9.
U. Weitere Lösungsmöglichkeiten:
   1. Lenkungsdämpfer – wir empfehlen den von Scott Performance
   2. Ziehen Sie das Lenkkopflager fester, so dass es ganz leicht schleift – das ist der Lenkungsdämpfer des kleinen Mannes…

11. *Chattering – schnelle Auf- und Abbewegung des Rades*

Achtung: Hierbei handelt es sich um ein Problem, das bei zusammenkommenden Vibrationen auftritt, wenn die Frequenz der anregenden Vibrationen mit der natürlichen Frequenz der gefederten Masseneinheit übereinstimmt. Es wird oft mit Lenkerpendeln verwechselt und kann auch zu diesem führen.

A. Siehe 5 (drängt zum Kurvenaußenrand, zu wenig Nachlauf)
B. Zu wenig Zugstufendämpfung
C. Zu wenig Druckstufendämpfung
D. Ändern Sie die Frequenz durch Federn mit weicherer oder härterer Federrate – am besten beginnen Sie mit einer härteren
E. Zu viel Druckstufendämpfung
F. Zu viel Zugstufendämpfung
G. Falscher Reifendruck

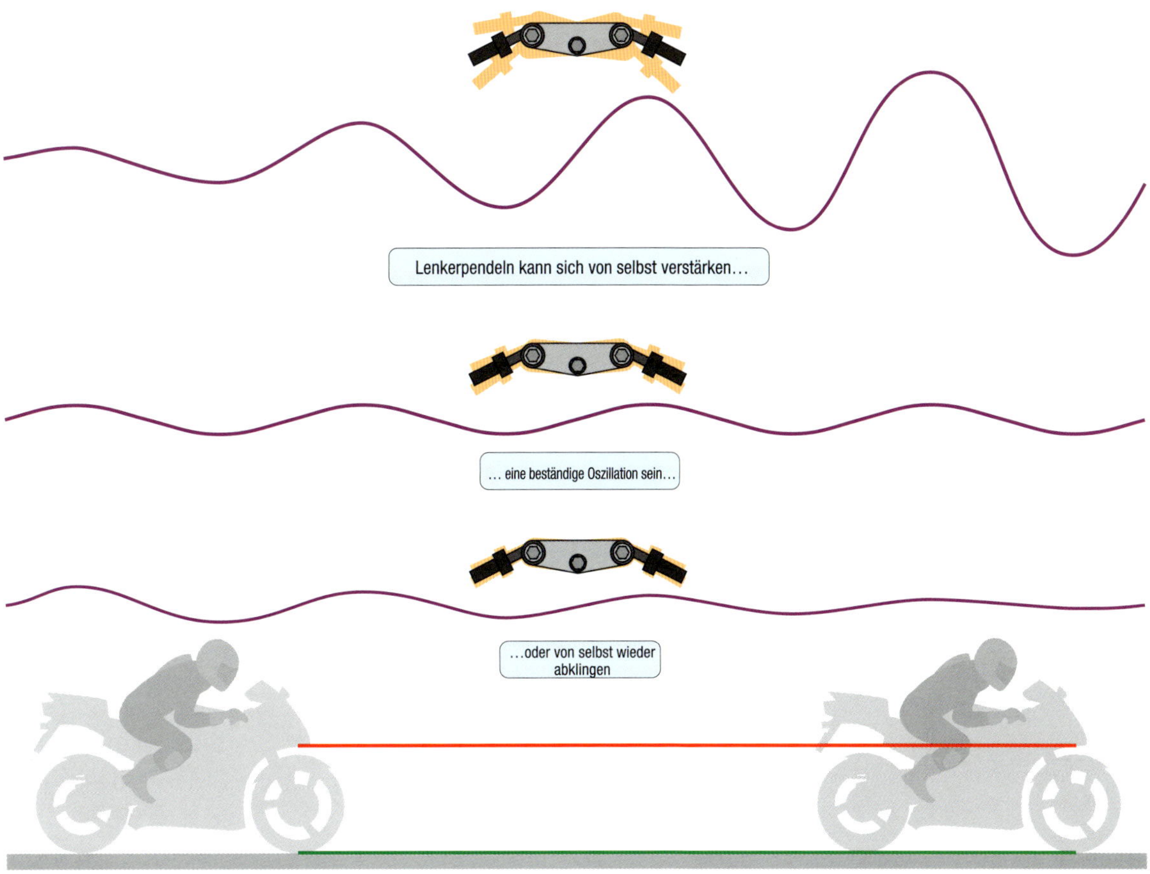

Gabel 10: Lenkerpendeln

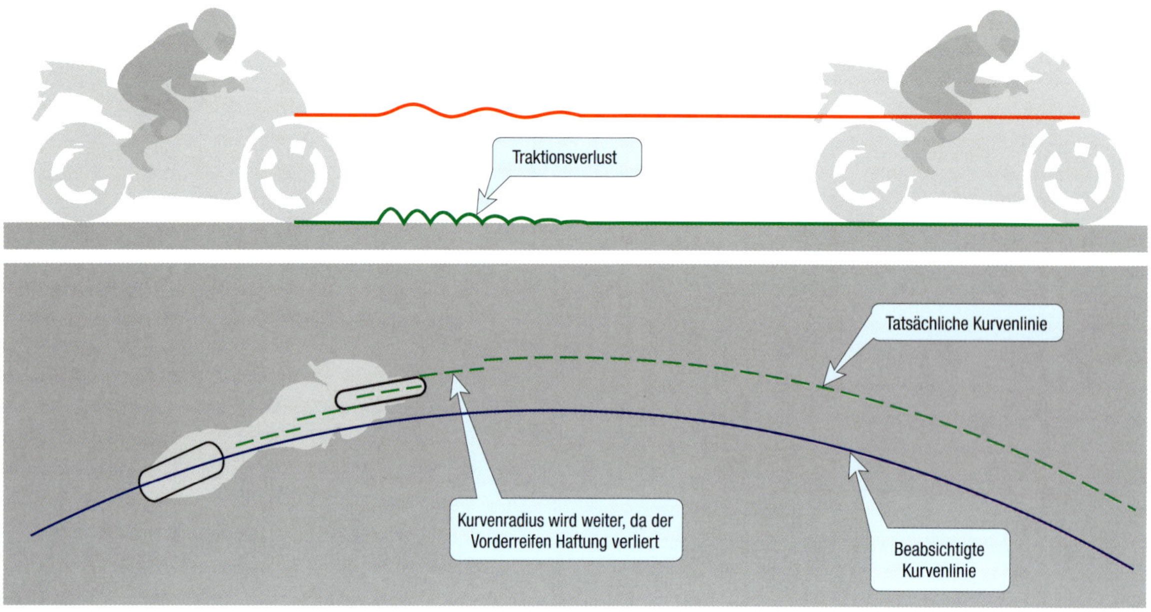

Gabel 11: Chattering

H. Reifenkonstruktion
I. Verwindungen in Fahrwerk oder Schwinge
J. Ändern Sie die Vorspannung – dadurch ändert sich die Höhe des Druckmittelpunkts
K. Zu hohes Losbrechmoment der Gabel (Gehen Sie zu 9).

12. *Prallt bei der Landung nach Sprüngen zurück*

A. Schlägt nachhaltig durch, verspannt den Rahmen und prallt heftig zurück (siehe 1, Durchschlagen)
B. Zu wenig High-Speed-Zugstufendämpfung
C. Zu wenig Low-Speed-Zugstufendämpfung

13. *Versetzt bei Kontakt mit kantigen Unebenheiten, Wurzeln, Felsbrocken, Dehnfugen, eckigen Vertiefungen, Asphaltnägel*

A. Zu viel High-Speed-Druckstufendämpfung – ändern Sie entweder das Shimpaket oder den Bohrungsquerschnitt im Dämpferkolben
B. Federrate zu hart
C. Zu viel Federvorspannung
D. Zu viel Low-Speed-Druckstufendämpfung
E. Zu viel Low-Speed-Zugstufendämpfung
F. Viel zu weiche Abstimmung, schweres Durchschlagen
G. Zu hohes Losbrechmoment der Gabel – gehen Sie zu 9.

14. *Leckende Dichtungen*

A. Zu alte Dichtringe
B. Beschädigte Holme
C. Verschlissene Buchsen
D. Verformte Gabelholme
E. Montagefehler
F. Gabelholme zu weich
G. Zuviel Bremsstaub (bei Sintermetallbelägen)

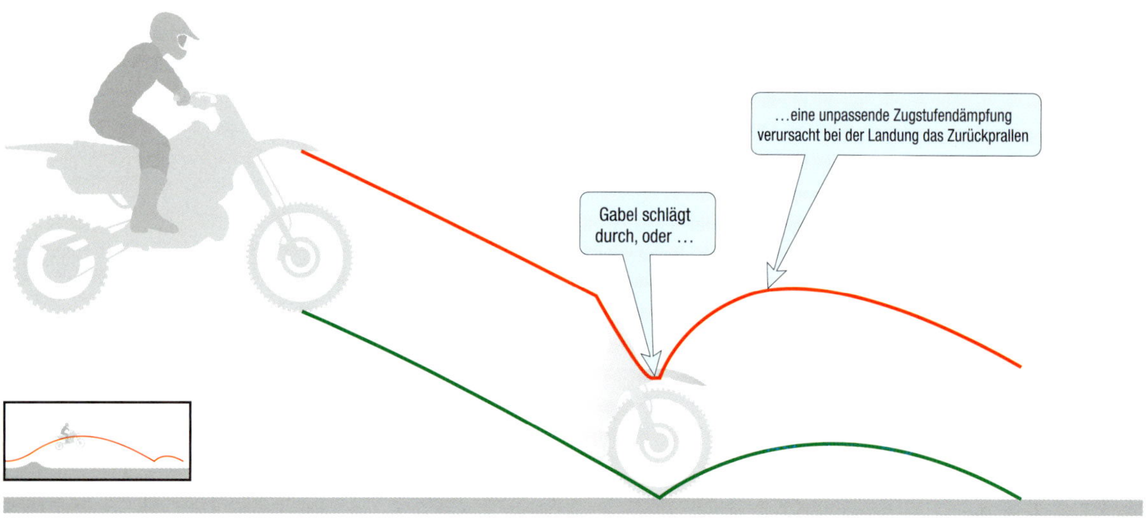

Gabel 12: Frontpartie prallt bei der Landung zurück

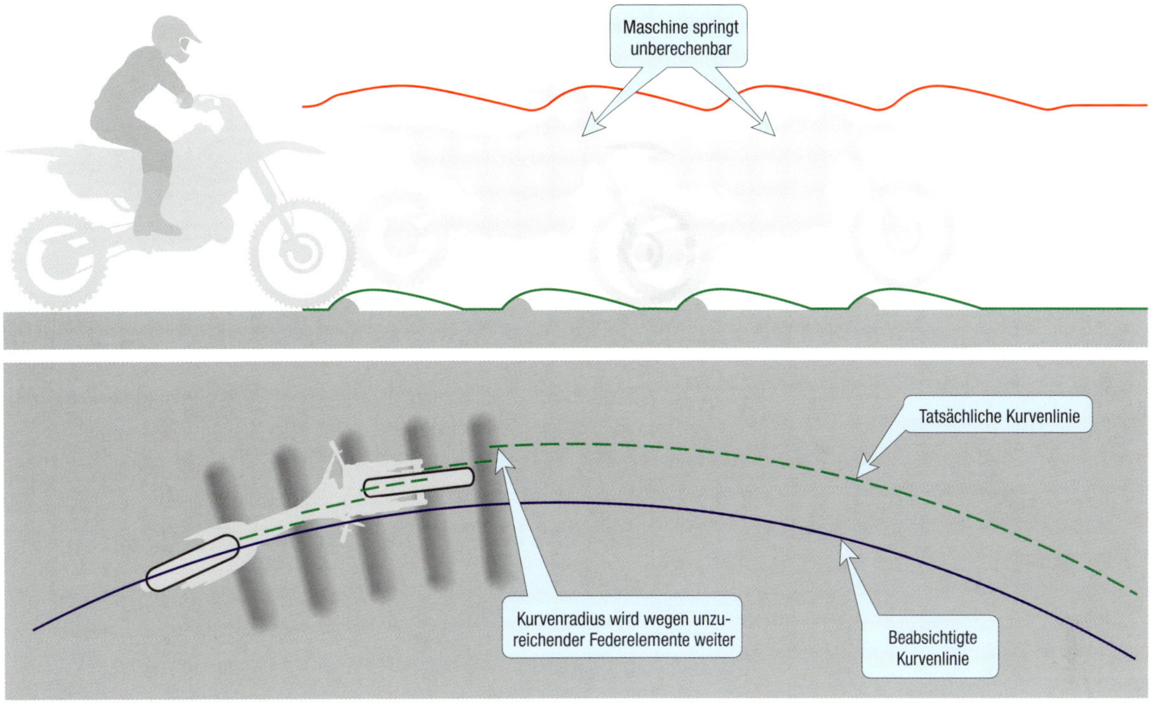

Gabel 13: Motorrad springt unvorhersehbar

15. ***Verschlissener Vorderreifen – Straßenrennsport***

A. Aufgerissene Reifenkanten
   1. Falscher Luftdruck
   2. Siehe 5 – Fahrwerksgeometrie mit zu geringem Nachlauf

B. Verschleiß in Reifenmitte
   1. Zu hoher Luftdruck
   2. Chattering vorn
   3. Reifen nicht ausgewuchtet
   4. Zu steife Gabel
   5. Falsch eingestelltes Lenkkopflager
   6. Zu wenig Kurven oder zu schnelles Geradeausfahren auf Ihrem Weg zur Arbeit – zu viele Dragstrip-Einlagen auf der Strecke zu Ihrer Stammkneipe

Stoßdämpfer

1. ***Heck keilt aus***

Achtung: Dieses Symptom wird bei Geländebikes am häufigsten falsch diagnostiziert. Normalerweise wird eine zu geringe Zugstufendämpfung für die Ursache gehalten, aber fast immer liegt die Ursache entweder in einer viel zu harten oder viel zu weichen Abstimmung

Auskeilen / 1 – Zu harte Abstimmung
   1. Zu viel High-Speed-Druckstufendämpfung
   2. Federrate zu hart
   3. Low-Speed-Druckstufendämpfung viel zu schwach
   4. Zu viel (nicht zu wenig) Zugstufendämpfung
   5. Umlenkhebelei verschlissen, zu fest oder ungeschmiert
   6. Zu hoher Reifenluftdruck
   7. Viel zu hohe Federvorspannung
   8. Zu hohes Losbrechmoment (siehe 8)

Auskeilen / 2 – zu weiche Abstimmung
   Gravierendes Durchschlagen (siehe 2, schlägt durch)

2. ***Heck schlägt durch***

A. Zu wenig Low-Speed-Druckstufendämpfung
B. Zu wenig High-Speed-Druckstufendämpfung (bei der Landung)
C. Federrate zu weich
D. Zu viel statischer Negativfederweg
E. Verschlissener Dämpferkolben-Dichtring, Kolbenring oder Dämpferkolben
F. Hydraulikflüssigkeit im Dämpfer zu alt oder von Hause aus zu schlecht (Niedriger Viskositäts-Index führt zu nachlassender Wirkung, wenn der Stoßdämpfer sich aufheizt)
G. Defekter Simmerring
H. Stickstoffdruck zu niedrig, Kavitation
I. Undichter Stickstoffbalg (üblicherweise verursacht durch defekten Simmerring)
J. Verformte oder verbogene Shims

3. ***Motorrad schwänzelt mit dem Heck – im Gelände***

Zu stellende Fragen:
   1. Arbeitet die Federung unwillig / springt oder versetzt das Motorrad? Zu hart
   2. Schlägt die Federung leicht durch? Zu weich
   3. Bei einem Buckel oder im Waschbrett? Trifft dies im Waschbrett auf, kann es sich um ein Zugstufen-Problem handeln. Zu viel Zugstufendämpfung („Packing" insbesondere bei einer Abfolge von Buckeln) oder zu wenig High-Speed-Zugstufendämpfung (unkontrolliertes Ausfedern bei einer Abfolge von Buckeln).

A. Zu viel High-Speed-Druckstufendämpfung – Springen oder Versetzen statt Durchschlagen
B. Zu wenig Low-Speed-Zugstufendämpfung – fühlt sich unpräzise an

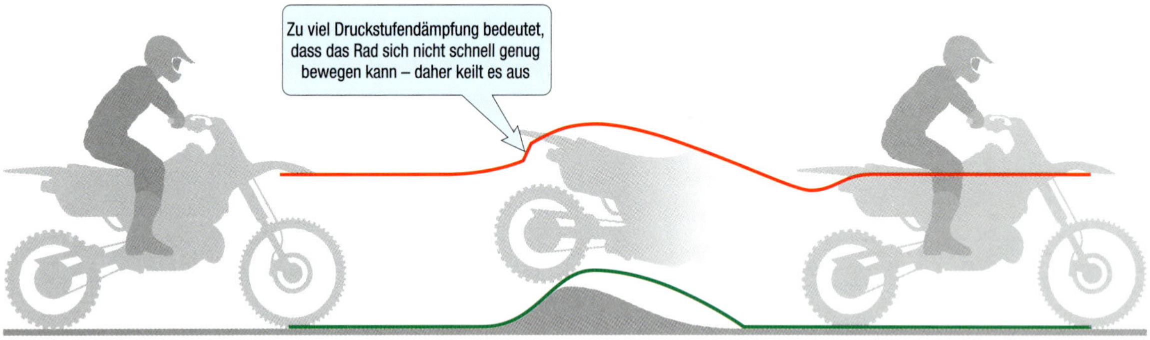

Heck 1: Heck keilt aus

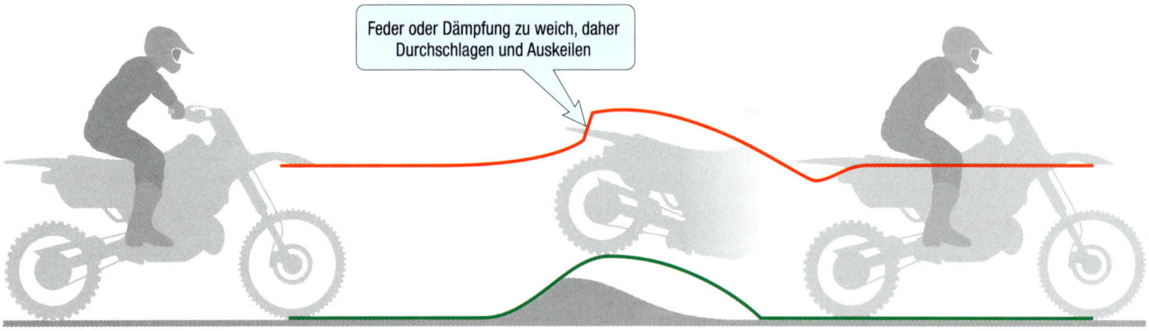

Heck 2: Heck schlägt durch

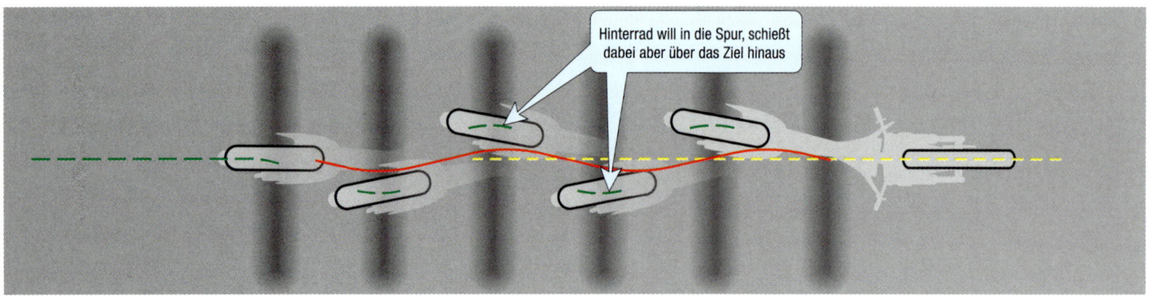

Heck 3: Motorrad schwänzelt mit dem Heck

- C. Zu wenig High-Speed-Zugstufendämpfung – unpräzise bei Buckel-Abfolge
- D. Federrate zu hart – Deflektion
- E. Federrate zu weich – schwammig / schlägt durch
- F. Schweres Durchschlagen
- G. Losbrechmoment zu hoch (siehe 8)

4. *„Loses" Gefühl / Federbein pumpt*

- A. Zu wenig Low-Speed-Zugstufendämpfung
- B. Zu wenig High-Speed-Zugstufendämpfung
- C. Zu wenig Low-Speed-Druckstufendämpfung
- D. Federrate zu weich
- E. Zu wenig Vorspannung

5. *Mangelhafte Traktion*

- A. Zu viel Low-Speed-Zugstufendämpfung (Hauptursache)
- B. Zu viel Low-Speed-Druckstufendämpfung
- C. Zu wenig Low-Speed-Zugstufendämpfung (viel zu wenig)
- D. Zu wenig Low-Speed-Druckstufendämpfung
- E. Reifen-Luftdruck zu hoch
- F. Reifentyp oder -mischung ungeeignet
- G. Alter Reifen
- H Befestigungslager des Federbeins verschlissen (fühlt sich locker an)
- I. Umlenkungslager verschlissen (fühlt sich locker an)
- J. Federrate zu hart
- K. Anlenkwinkel der Schwinge zu klein – Ausfedermoment zu gering
- L. Anlenkwinkel der Schwinge zu groß – Ausfedermoment zu hoch
- M. Federvorspannung zu hoch
- N. Bodenfreiheit hinten zu groß (Einstellung)
- O. Losbrechmoment des Dämpfers zu hoch (siehe 8)

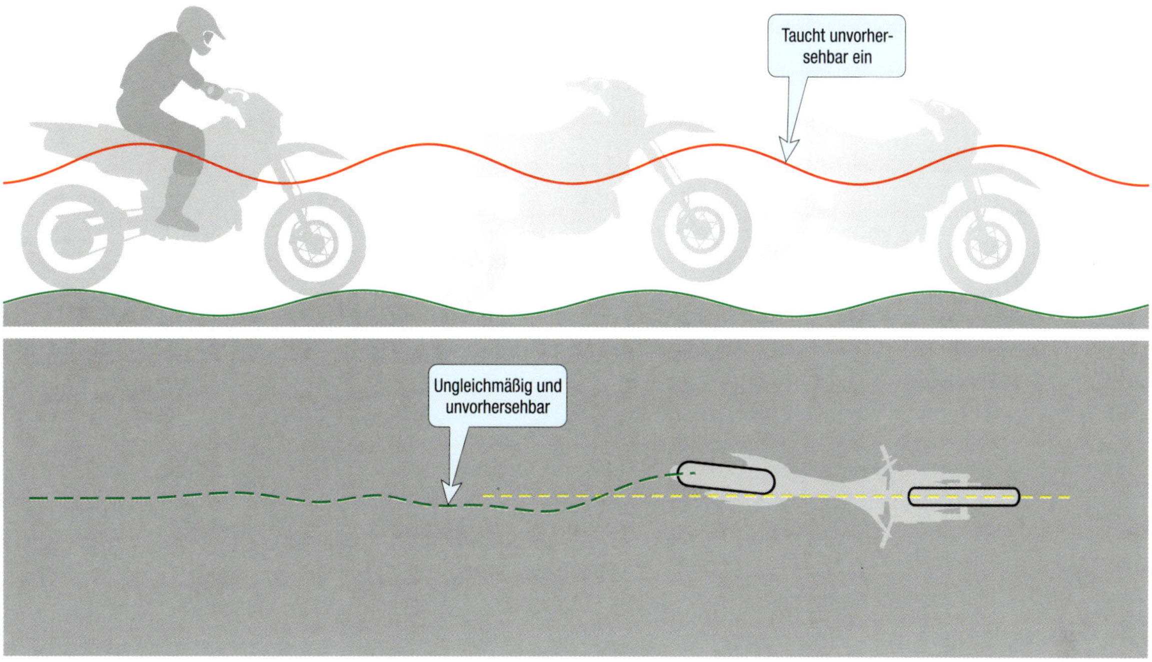

Heck 4: „Loses“ Heck

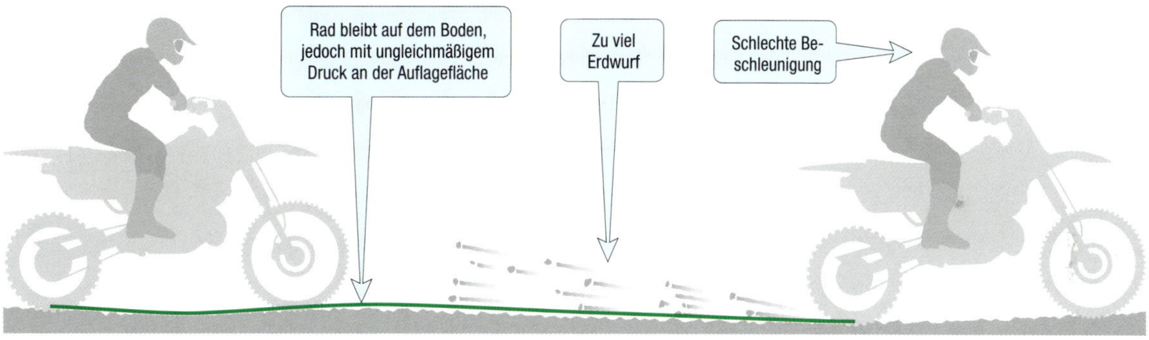

Heck 5: Mangelnde Traktion hinten

6. ***Taucht hinten beim Beschleunigen ein***
   - A. Auslenkwinkel der Schwinge zu gering – Ausfedermoment zu gering
   - B. Feder zu weich
   - C. Federvorspanung zu gering (Negativfederweg zu groß)
   - D. Getriebeausgangsritzel zu klein – Ausfedermoment zu gering
   - E. Kettenrad zu klein – Ausfedermoment zu gering
   - F. Druckstufendämpfung zu weich – das ändert nur die Eintauchgeschwindigkeit, nicht das endgültige Maß des Eintauchens
7. ***Bleibt nicht in der Spur***
   - A. Zu viel Low-Speed-Zugstufendämpfung – schlechte Traktion
   - B. Zu viel High-Speed-Druckstufendämpfung – versetzt bei Unebenheiten mit kantigem Profil
   - C. Zu viel Low-Speed-Druckstufendämpfung – Wegrutschen, mangelnde Traktion
   - D. Chassis nicht in der Spur
   - E. Losbrechmoment der Gabel (siehe 8) oder des Federbeins (siehe 9) zu hoch
8. ***Zu hohes Losbrechmoment***
   - A. Umlenkhebelei nicht gewartet
   - B. Schwingenlagerung nicht gewartet
   - C. Dämpfer-Befestigungsaugen nicht gefettet
   - D. Strebe oder Halteplatte der Bremsen nicht gefettet – vor allem bei klassischen Motorrädern mit Schwimmsattelbremse hinten
   - E. Fehlende oder falsche Lager-Distanzringe
   - F. Verbogene Dämpferstange – passiert normalerweise, wenn man Befestigungsmutter oder -gabel falsch herum montiert
9. ***Federbeinbalg defekt***
   - A. Öl-Undichtigkeit – Dichtring defekt – hervorgerufen durch Schäden oder Pitting an der Dämpferstange, verschlissene Hartchrom-Beschichtung oder zu alte Dichtung
   - B. Federbein kürzlich falsch – mit viel zu wenig Öl – zusammengebaut

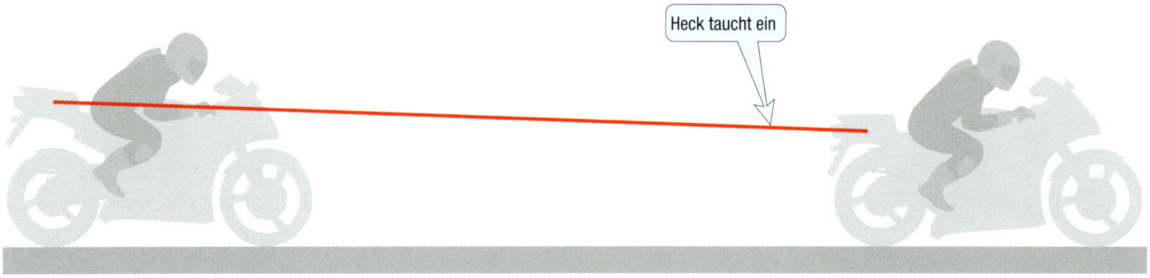

Heck 6: Heck taucht ein

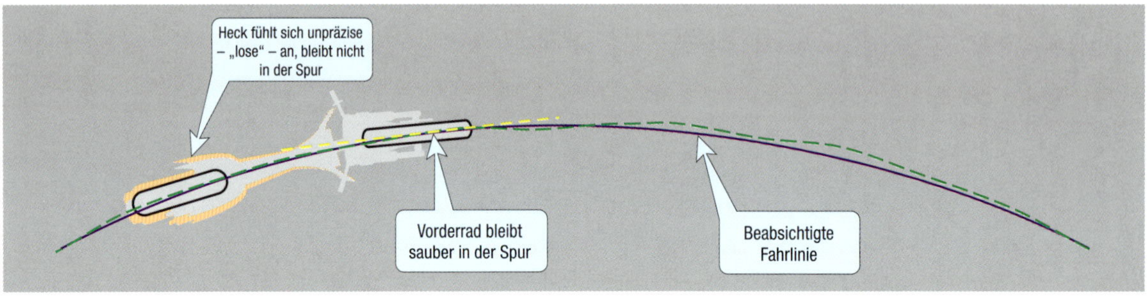

Heck 7: Hinterrad hält die Spur nicht

WIE MAN TESTET

Zunächst einmal vorneweg: Es gibt keine für jeden Fahrer perfekte Abstimmung. Dazu spielen zu viele Variablen mit hinein und sind die Fahrergeschmäcker zu unterschiedlich. Auch deswegen ist es wichtig zu testen. Wenn Sie die Prozedur strikt einhalten und immer das Protokollblatt am Ende dieses Abschnitts verwenden, wird es Ihnen sicher gelingen, die Abstimmung Ihres Motorrades deutlich zu verbessern.

Bleiben Sie an Trainings- wie Renntagen bei dieser Prozedur. Je mehr Sie auf die Details achten, um so genauer werden Sie wissen, in welche Richtung Sie bei einem anderen Thema gehen müssen. Denken Sie daran, dass Sie Ihr Motorrad um so besser abstimmen, je besser das Team aus Fahrer(n) und Technikern(n) ist und zusammenspielt. Je besser Ihr Verhältnis und Ihre Kommunikation sind, um so effektiver werden Sie sein. Wenn Sie in der unglücklichen Situation sind, Fahrer und Techniker in einer Person zu sein, bleiben Sie dennoch bei dieser Prozedur und seien Sie immer offen und achtsam.

Hier eine Schlüsselfrage: Wenn etwas verändert wird, fühlt der Fahrer, um wie viel Prozent etwas verändert wurde? In anderen Worten: Wenn Sie eine um 0,5 kg/mm andere Federrate verwenden – ist das dann viel oder wenig? Die richtige Antwort auf diese Frage ist erheblich für eine richtige Abstimmungsarbeit, gleich ob es sich um Federung, Dämpfung und natürlich auch Reibung handelt. Die Antwort muss lauten: Der Fahrer spürt nicht nur die Veränderung, sondern auch, um wie viel Prozent sich etwas verändert hat. Wenn die ursprüngliche Federrate 5 kg/mm betrug, dann sind 0,5 kg/mm schon zehn Prozent, und das ist durchaus spürbar. Wenn die ursprüngliche Federrate 15 kg/mm betrug, würde eine Veränderung um 0,5 kg/mm nur drei Prozent ausmachen, und da kann es schon sein, dass der Fahrer den Unterschied nicht spürt. Studien zeigen, dass Menschen Veränderungen unter 10 Prozent nicht wirklich fühlen können. Aber ich habe auch schon mit Fahrern gearbeitet, die einen Unterschied von 5 Prozent bemerkten. Deswegen ist es wichtig, immer Veränderungen in einer Größenordnung vorzunehmen, die der Fahrer auch registrieren kann. Eine zu kleine Änderung ist wertlos und verwirrt nur.

Eine alte Faustregel besagt, dass bei einer guten Abstimmung die Federung zumindest einmal pro Runde auf Block gehen sollte. Dieser Ansicht bin ich überhaupt nicht. Nehmen wir an, Sie haben eine perfekte Abstimmung für Ihre Moto-Cross-Hausstrecke und Sie gehen dann auf eine Strecke, die viel ebener ist. Normalerweise würden Sie die Abstimmung weicher machen, bis zu dem Punkt, wo sie sich schwammig, vielleicht unkontrollierbar anfühlt, mit starkem Eintauchen an der Front und am Heck. Andererseits mögen manche Fahrer eine Abstimmung, bei der das Heck ganz sacht auf Block geht, sagen wir 5 bis 10mal pro Runde. Das Schlüsselwort hier ist „ganz sacht". Normalerweise lasse ich den Fahrern ein gewisses Polster und achte absolut darauf, dass nie Metall auf Metall kommt.

Im Straßensport ist es üblich, dass fast der ganze Federweg der Gabel beim Bremsen draufgeht. Ich achte aber darauf, dass nie Metall auf Metall kommt und dass nie der Anschlagdämpfer ausgebaut wird. Wenn man es tut, bleibt kein Platz mehr für Irrtümer – bis hin zu dem Punkt, an dem man die Kontrolle über das Vorderrad verliert und stürzt. Das Heck hingegen bewegt sich im Vergleich zur Gabel erheblich weniger. Bei einer guten Abstimmung an der Hinterhand wird auf den meisten Strecken längst nicht der komplette Federweg benötigt.

1. Vermerken Sie die Werte Ihrer Ausgangs-Abstimmung auf dem Protokollblatt, bevor Sie zur Strecke fahren.
2. Beginnen Sie mit der Federrate, die auf der Race-Tech-Website für das Produkt oder in der „Digital Valving Search" angegeben werden. Prüfen und korrigieren Sie gegebenenfalls den Negativfederweg, den freien Negativfederweg und prüfen Sie

den Bereich des Losbrechmoments. Beseitigen Sie Reibung so gut wie möglich.
3. Besprechen Sie mit dem Fahrer die Testprozedur vor dem Losfahren oder auf dem Weg zur Rennstrecke.
4. Ein Vergleich mit dem Vorjahresmotorrad ist oft hilfreich.
5. Wenn Sie an der Strecke angekommen sind, lassen sie den Fahrer erst einmal zwei zehnminütige Warm Ups fahren, ohne sich um die Abstimmung zu kümmern. Erst mal geht es nur um Spaß und Entspannung.
6. Bei Testfahrten im Gelände sollte man solange zuwarten, bis die Strecke einen Test überhaupt lohnt. Solange die Strecke noch relativ glatt ist, gibt sie für eine Abstimmung nichts her. Wenn der Fahrer dennoch los will, ist das O.K., aber treffen Sie jetzt noch keine Entscheidungen hinsichtlich der Abstimmung.
7. Wenn die Strecke soweit ist, bitten Sie den Fahrer, erst einmal zwei oder drei Runden mit 90 Prozent zu fahren. Dabei soll er immer dieselbe Linie verwenden und darauf achten, was die Federelemente tun. An der Rennstrecke sollten Reifenwärmer verwendet werden.
8. Notieren Sie in Ihrem Testprotokoll die Aussagen des Fahrers zum Verhalten der Federelemente. Fragen Sie ihn, ob vorne oder hinten mehr zu tun ist und beginnen Sie dann dort, wo es am meisten gebraucht wird.
9. Nehmen Sie immer nur eine Veränderung vor. Das ist eine Grundregel, die die meisten Fahrwerkstuner kennen – und zu schnell vergessen.
10. Sagen Sie dem Fahrer auf keinen Fall, welche Veränderungen Sie vorgenommen haben. Tun Sie es dennoch, können Sie sicher sein, dass dies Auswirkungen auf die Ergebnisse hat.
11. Beginnen Sie mit den Änderungen, die Sie von außen vornehmen können. Versuchen Sie, das Problem mit den Einstellern einzugrenzen. Aber denken Sie auch daran, dass die meisten Einsteller (vor allem die Druckstufeneinsteller an serienmäßigen Federbeinen) nicht sehr viel Wirkung haben.
12. Schreiben Sie alle Änderungen und Kommentare in das Testprotokoll. In diesem Stadium brauchen Sie noch nicht die exakte Abstimmung festzuhalten – nur die Veränderungen. Für die Feinabstimmung können Rundenzeiten hilfreich sein. Doch es macht keinen Sinn, sich darauf zu verlassen – zu viele Faktoren sind im Spiel: Streckenauslastung, Fahrbahnzustand, Wetterbedingungen und nicht zuletzt auch die Kondition des Fahrers.
13. Lassen Sie den Fahrer nach jeder Änderung zwei, drei Runden fahren, nicht mehr. Sonst kann es vorkommen, dass der Fahrer nicht mehr spontan seinen Eindruck wiedergibt, sondern sich seine Aussagen zurechtlegt.
14. Beobachten Sie das Motorrad auf der Strecke, notieren Sie, wie sich Räder und Fahrwerk bewegen. Die Räder sollten sich ziemlich schnell auf- und abbewegen, während das Fahrwerk seinen Level halten sollte. Bei Geländemotorrädern mag es hilfreich sein, die Seitendeckel abzunehmen, um besser zu sehen, was die Federelemente tun. Im Gelände sollten Sie auf den Erdwurf achten: Je mehr Erdwurf, um so mehr Traktion geht verloren. Achten Sie auf das Motorgeräusch, vor allem, wenn der Fahrer über Buckel fährt. Je gleichmäßiger die Drehzahl ist, um so geringer kommt es zu Springen oder Versetzen.
15. Wenn der Fahrer zurückkommt, fragen Sie ihn „Wie war es?". Machen Sie ihm klar, dass eine Verbesserung in einem Bereich nicht ausschließt, dass etwas anderes schlechter geworden ist. Erklären Sie ihm, dass die Veränderung vielleicht nicht so groß war, dass er sie spüren konnte. Vermeiden Sie, mit Ihren Fragen des Gespräch zu lenken – das könnte zu falschen Aussagen führen.
16. Wenn Sie nach einer Checkliste arbeiten möchten, so können Sie – im Gelände – zum Beispiel nach dieser vorgehen:
Wie war es mit
   - Durchschlagen?
   - Buckeln mit eckigem Querschnitt?
   - Weichheit oder Härte?
   - Traktion?
   - Spurhalten auf der Geraden?
   - subjektiver Fahrzeugbeherrschung?
17. Holen sie sich Ihre Rückmeldung zu den Symptomen, nicht den Ursachen. Wenn der Fahrer von sich aus ein Verhalten beschreibt und die Ursache dazu nennt, fragen Sie ihn höflich, warum dies seiner Meinung nach verändert werden sollte. Was genau tut das Motorrad? Wo tut es das?
18. Wenn der Fahrer darauf keine Antwort geben kann, gehen Sie zur alten Einstellung zurück (manchmal wird das Problem so sehr schnell offenkundig).
19. Versuchen Sie so gut wie möglich, sich die Dämpferstangengeschwindigkeit vorzustellen, bei der das Problem auftritt. Ist es ein High-Speed- oder ein Low-Speed-Problem? Wenn Sie an den Shims etwas verändern, ändern sie auch diesen Teil der Dämpfungskurve (Hier ist DataRecording natürlich sehr hilfreich).
20. Machen Sie eine Gegenprobe mit einer älteren Aussage des Fahrers, um zu sehen, ob seine Rückmeldung stimmig ist. Sagen Sie dem Fahrer nicht, dass Sie das tun.
21. Beim letzten Test des Tages fassen Sie sich ein Herz und schicken Sie den Fahrer noch einmal mit der Abstimmung 'raus, mit der Sie angefangen haben. So unterziehen Sie Ihre Arbeit einer Gegenprobe.

Achtung: Nehmen Sie nicht alles zu ernst. Glauben Sie Ihren Augen und Ohren nicht. Trauen Sie sich, Fehler zu machen. Aber vor allem: Haben Sie Spaß!

Kapitel 7

Werkzeuge und Ausrüstung für Arbeiten am Fahrwerk

Es gibt da ein altes Sprichwort: Der Mechaniker ist nur so gut wie sein Werkzeug. Nun, so ganz wörtlich muss man das sicher nicht nehmen, etwas Wahres dran ist allerdings schon. Ohne die richtigen Werkzeuge, die richtige Ausrüstung und einen ordentlichen Arbeitsplatz geht's nun mal nicht. Der Einsatz der richtigen Werkzeuge ist quasi lebenswichtig, will man ordentliche Arbeit abliefern, ohne Teile zu beschädigen. Wer professionell an Federelementen arbeiten will, kommt um eine vernünftige Werkzeugausstattung nicht herum, erst so wird das Unternehmen überhaupt profitabel.

Startpunkt ist wie immer der Arbeitsplatz selbst – ganz unabhängig davon, ob der sich in einer Werkstatt, in einer einfachen Garage oder sogar in einem fahrbaren Untersatz befindet. Man braucht auf alle Fälle einen gut beleuchteten, auch gut belüfteten Arbeitsplatz, der Raum genug bietet, um eine komplettes Motorrad unterbringen zu können.

Richten Sie Ihren Arbeitsplatz mit Regalen ein, auf denen man Teile lagern kann, für Sachen, die gerade in Arbeit sind, und nicht gleich fertig gestellt werden können und so weiter. Sie werden Schränke brauchen für Chemikalien, für Öle, einen Teile-Wascher, einen Luft-Kompressor, Luftleitungen, Bohrmaschine und natürlich eine stabile Werkbank in der richtigen Höhe, um bequem arbeiten zu können.

Die meisten Sachen, die man so braucht, gibt's im örtlichen Werkzeugladen – abhängig vom eigenen Budget kann man sich auch so Manches selber bauen.

Dieser Scherenheber bewährt sich vor allem bei schweren Motorrädern mit flacher Ölwanne.

Dieser Frontständer hebt das Motorrad unter dem Steuerkopf, so kann leicht an der Gabel gearbeitet werden.

Dieser hydraulische Heber ist deutlich stabiler als der oben gezeigte Scherenheber, braucht aber auch mehr Platz.

So, einen Werkraum haben wir jetzt also. Um Motorräder zerlegen zu können, brauchen wir aber mindestens noch ein paar ordentliche Ständer, denn so ein Motorrad kann eine ganz schön wackelige Angelegenheit werden, wenn es nicht auf vernünftigen Ständern steht.

Geländemotorräder sind dabei vergleichsweise einfach zu händeln, denn sie wiegen wenig, und es gibt auf dem Markt eine ganze Reihe von Zentralständern, auf denen so ein Crosser so gut steht, dass man gleichzeitig an Vorder- und Hinterradaufhängung arbeiten kann.

Straßenmotorräder stellen da eine durchaus größere Herausforderung dar, sie sind schwerer, sind häufig verkleidet. Es gibt auf dem Markt aber verschiedene Frontständer, die unter die Gabelbrücke greifen und so den Ausbau von Vorderrad und Gabel ermöglichen. Für den Ausbau des hinteren Federbeins kann man sich oft mit Dreibeinen behelfen, die unter den Fußrasten platziert werden und so erst den Ausbau der oder der hinteren Federbeine möglich machen. Es kann sich hier lohnen, für häufig vorkommende Modelle spezielle Ständer zu bauen, auf denen das Motorrad 100-prozentig sicher steht.

Urspünglich war dieser Halter von Park-Tool für das Arbeiten an Fahrrädern gedacht. Aber für die Arbeit an Gabelholmen eignet er sich ebenfalls sehr.

Es gibt im Werkszeughandel auch kleine Werkstattkräne, an denen man das komplette Motorrad aufhängen kann, so dass gleichzeitiges Arbeiten an vorderer und hinterer Federung möglich wird. Diese Vorgehensweise ist vergleichsweise sicher, denn nichts ist ärgerlicher – und teurer – als wenn das Motorrad zwar hinterher ein Top-Fahrwerk, aber eine zerkratzte Verkleidung hat.

Wenn man dann erst mal die Federelemente aus dem Motorrad ausgebaut hat und es an die Optimierung gehen soll, dann sind erstklassige Werkzeuge unerlässlich. Wir brauchen qualitativ gute Stecknüsse, Inbus-Schlüssel, Sechskantschlüssel – keine billige Importware, bitte, denn die Kundschaft wird durch untaugliches Werkzeug entstandene und auch noch so kleine Schäden an Federbein und Gabel kaum tolerieren. Und für den späteren Zusammenbau sind Drehmomentschlüssel ein Muss!

Mit qualitativ hochwertigen Ratschen-Schlüsseln kann man wegen der feineren Abstimmung der Ratsche selbst auch an räumlich begrenzten Stellen noch sauber arbeiten. Für viele Gabelverschlusskappen braucht man spezielle Schlüssel des Herstellers, will man die oft aus vergleichsweise weichem Aluminium gefertigten Kappen nicht beim Öffnen beschädigen. Für viele japanische Gabeln braucht man eine spezielle Federpresse, um die Gabel oben öffnen zu können. Und für die Demontage der Feder vom hinteren Dämpfer geht's in der Regel ohne spezielle Federpresse für die verschiedenen Feder-Durchmesser auch nicht. Beides sind extrem wichtige Werkzeuge, denn nichts ist gefährlicher als eine durch die Werkstatt fliegende Feder.

Auf der Werkbank brauchen wir einen oder mehrere Schraubstöcke – einen mit Kunststoffbacken, einen mit Aluminiumbacken, in die wir Federbeine, Gabeln oder Kleinteile einspannen können, ohne die empfindlichen Oberflächen zu beschädigen. Denn das würde später zum Beispiel die Dichtungen ruinieren.

Um Kolbenstangen oder Cartridges zu halten, sollte man allerdings nie den Schraubstock benutzen. Für diese Arbeiten bieten die Hersteller der Federelemente spezielle Halter an, die solchen Kolbenstangen zum Beispiel sauber und fest halten, ohne die Oberflächen zu beschädigen. Von Park Tools zum Beispiel gibt's eine Art Greifer, der auf der Werkbank verschraubt wird und sehr gut dazu geeignet ist, eine Gabel in verschiedenen Positionen zu halten, was die Arbeit durchaus erleichtern kann.

Stickstoff-Schlauch: Dieser stellt die Verbindung zwischen dem Druckregler an der Flasche und dem Füllwerkzeug her.

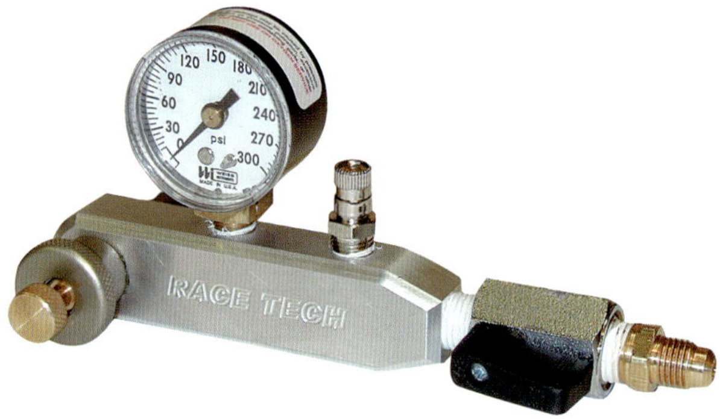

Druckminderer speziell für Stickstoff.

Für die bei Straßenmotorrädern üblichen Cartridge-Gabeln braucht man zudem diverse Cartridge-Werkzeuge, mit deren Hilfe man die Cartridges innerhalb der Gabelrohre lösen und wieder festziehen kann. Zum Entlüften der Cartridges benötigt man häufig ein Werkzeug, mit dem man die Kolbenstange auf- und abbewegen kann, meist eine einfache Aluminium-Stange mit passendem Innengewinde.

Um die Luftkammer in der Gabel einzustellen, gibt es diverse Möglichkeiten. Die preiswerteste Variante ist ein einfaches Aluminumrohr mit aufgestecktem Schlauch und normaler Injektionspritze aus der Apotheke auf der anderen Seite, mit deren Hilfe sich der Ölstand in der Gabel leicht auf das gewünschte Niveau einstellen lässt. Für die Montage der Simmerringe einer Gabel braucht man außerdem einen ganzen Satz von Eintreibe-Werkzeugen, passend zu den unterschiedlichen Durchmessern der Gabel-Simmerringe.

Wichtig bei jeder Arbeit an Federelementen ist die vorherige Säuberung. Hier gibt es verschiedene Möglichkeiten, von denen die Reinigung per Ultraschall die mit Abstand umweltfreundlichste, beste – aber auch teuerste ist. Von verschiedenen

Ein typisches Füllwerkzeug, mit dessen Hilfe Stoßdämpfer mit Stickstoff befüllt werden. Das Manometer sitzt direkt am Werkzeug und ist so leichter abzulesen als das an der Flasche.

Eintreibe-Werkzeuge für die Gabelsimmeringe in verschiedenen Durchmessern. Die geteilte Version eignet sich für konventionelle und Upside-Down-Gabeln.

Mit diesem Werkzeug bestimmt man das Ölniveau in der Gabel.

Unternehmen gibt es zudem Teilewascher, die die Reinigungsflüssigkeit – nachdem sie verschmutzt ist – austauschen und umweltgerecht wieder aufbereiten.

Für die Arbeit an Stoßdämpfern braucht man die Möglichkeit, die Dämpfer nach dem Service wieder mit Stickstoff zu befüllen. Stickstoff gibt's in Flaschen im Werkzeughandel, wichtig ist eine dazu passende Füllarmatur speziell für Stickstoff – die für Druckluft funktioniert hier nicht –, und dann ein für das jeweilige Federbein passendes Füllwerkzeug. Das besteht bei Öhlins-

Nadel fürs Stickstoff-Füllwerkzeug: Wird gebraucht bei Dämpfern mit selbstversiegelndem Gummi-Ventil (Öhlins).

Mit diesem Werkzeug lässt sich die Kappe des Ausgleichsbehälters abziehen. Wird auf das Schrader-Ventil aufgeschraubt.

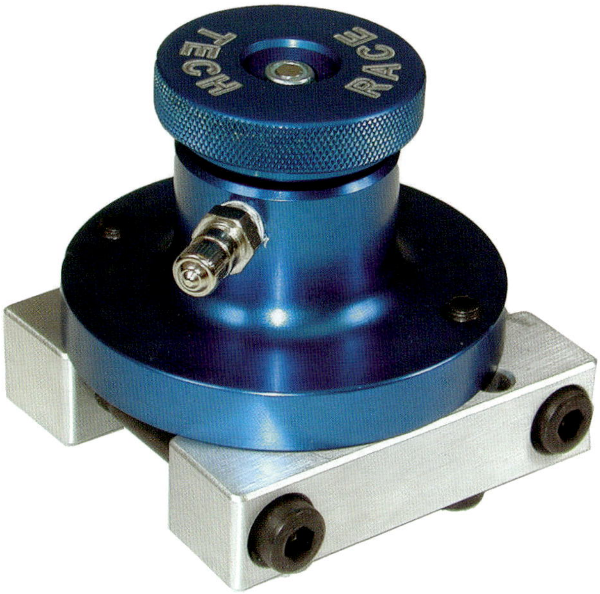

Dieses Werkzeug wird auf alle WP-Dämpfer mit separatem Ausgleichsbehälter aufgeklemmt.

Werkzeug zum Entfernen der Sicherungsringe.

Mit diesen Werkzeugen lässt sich der Dichtkopf von Federbeinen leicht entfernen und einsetzen.

Federbeinen zum Beispiel aus einer Art Injektionsnadel, während andere Hersteller eher auf Schrader-Ventile setzen, wie sie zum Beispiel auch bei Mountain-Bikes üblich sind.

Notwendig beim Stoßdämpfer-Service ist meist auch noch ein spezielles Werkzeug, mit dem man den Deckel vom Ausgleichsbehälter ziehen kann. Und vorher benötigt man zudem noch ein Werkzeug, um den Sprengring, der den Deckel hält, zu entfernen. Hier gibt es spezielle Werkzeuge, es tut aber häufig auch ein speziell zugeschliffenes Küchenmesser. Diese Werkzeuge braucht man zudem, um den Sprengring über dem Dichtkopf zu entfernen.

Einige Federbeine kommen mit einer Staubkappe über dem Dichtkopf, die verschraubt wird. Auch hier benötigt man spezielle, herstellerspezifische Werkzeuge, um diese Kappen ohne Bearbeitungsspuren entfernen zu können. Für Öhlins-Gabeln und -Stoßdämpfer gibt's noch eine ganze Reihe weiterer Werkzeuge, die mehr oder weniger Sinn machen und die teilweise speziell für ein bestimmtes Öhlins-Produkt gebraucht werden.

Nach jedem Service an Federbein oder Gabel wird man nicht umhin kommen, die Federvorspannung und die Klicks einzustellen. Das ist bei eingebautem Federbein manchmal ein Ding der Unmöglichkeit, aber auch hier gibt's Werkzeuge, mit denen man die beiden Vorspannringe noch erreichen kann.

Beim Service oder Tuning an Gabel und Federbein nie vergessen, alle Einstellungen und Settings zu dokumentieren. Eine Kopie sollte dabei an den Kunden gehen, eine gehört ins eigene Archiv. Man weiß ja nie, ob man die gleiche Arbeit noch einmal machen muss!

Diese Übersicht ist einigermaßen vollständig, mit den erwähnten Werkzeugen kann man auf alle Fälle mal beginnen. Erfahrungsgemäß werden mit der Zeit immer weitere Werkzeuge hinzu kommen. Werkzeug kann man nie zuviel haben, logisch, dass man sein eigenes Budget dabei immer im Auge behalten sollte. Und bitte pfleglich mit allen Werkzeugen umgehen, immer schön aufgeräumt halten, und möglichst nix an Freunde und Bekannte verleihen.

Am Beginn jedes Abschnitts des nächsten Kapitels kann man eine Liste aller Werkzeuge finden, die für den beschriebenen Arbeitsschritt jeweils nötig sind.

Rollmaßband zur Bestimmung des Negativ-Federwegs.

Die Pinne dieses Werkzeugs haben eine spezielle Form, die verhindert, dass die Stifte beim Arbeiten aus den Löchern rutschen.

Dieses Werkzeug braucht man, um das Druckstufenventil von KTM WP PDS-Dämpfern zu entfernen.

Diese Federpresse kann man sowohl draußen an der Rennstrecke als auch in der Werkstatt gut gebrauchen.

Werkzeug für die Nutmuttern zur Einstellung der Federvorspannung – beschädigt die empfindlichen Muttern nicht.

Kapitel 8
Abteilung Fahrwerk-Service

WERKZEUG-, ZEIT- UND KNOW-HOW-BEDARF

Die Arbeit an Federelementen unterscheidet sich stark, was den Bedarf an Werkzeug, an Zeit und an eigenen Fähigkeiten angeht. Recht häufig werden Spezialwerkzeuge benötigt – die man natürlich vor dem Beginn der Arbeit besorgen muss, um sicher zu stellen, dass man nicht mitten in der Arbeit aufhören muss, um Werkzeuge zu besorgen. Außerdem sollte man stets ein vernünftiges Service-Handbuch des Herstellers des jeweiligen Federelements parat haben, in dem die Verschleißgrenzen, die Anzugsdrehmomente und andere wichtige Details zu finden sind. Dieses Kapitel hier ist nur dazu gedacht, einen generellen Überblick über die verschiedenen Arbeiten zu geben, es ersetzt nicht ein aktuelles Service-Handbuch einer speziellen Gabel oder eines speziellen Dämpfers.

Die abgebildeten Fotos dienen der Illustration dessen, was einen beim Zerlegen des jeweiligen Werkstücks erwarten wird. Die benötigte Arbeitszeit und die Schwierigkeit der Arbeit unterscheiden sich selbstverständlich stark und hängen natürlich auch von den eigenen Fähigkeiten ab. Unsere Schwierigkeitsratings sind daher auch nur als Anhaltspunkt zu verstehen. Und immer im Hinterkopf behalten: Die Qualität der Werkszeuge bestimmt stark auch die Schwierigkeit bei den verschiedenen Arbeitsschritten. Spezialwerkzeuge sind sicher von Nöten – also vorausplanen, bevor man mit der Arbeit beginnt. Und vor dem Ausbau der Federelemente aus dem Motorrad sicherstellen, dass es auf ordentlichen Ständern steht, während man daran arbeitet.

Gebraucht wird außerdem noch eine Auswahl an Chemikalien – Bremsreiniger, Fett, Sprayöl. Außerdem natürlich auch Entsorgungsmöglichkeiten für all das.

Schwierigkeitsgrade (angezeigt durch die Anzahl der Schraubenschlüssel)

- **# 1 Niedrig:** Es sind nur geringe Anforderungen ans Werkzeug erforderlich, ein Handbuch vom Motorrad selbst, dieses Buch hier und eine Installationsanweisung vom Hersteller des Federelements genügen. Normale Schrauberkenntnisse reichen.
- **# 2 Mittel:** Es werden ein paar besondere Fähigkeiten und Werkzeuge verlangt. Wiederum die Betriebsanleitung des Motorrads selbst, dieses Buch hier und eine Installationsanleitung vom Federelement selbst. Man sollte keine Angst vor ungewohnten Arbeiten haben, für den ersten Versuch braucht man meist Unterstützung von mit diesen Arbeiten erfahrenen Leuten.
- **# 3 Fortgeschritten:** Es werden besondere Fähigkeiten, spezielle Werkzeuge und die Vertrautheit mit speziellen Arbeitsvorgängen verlangt. Ohne eine vernünftige Ausbildung an diesen Produkten geht's zumindest beim ersten Versuch nicht.

Zeitbedarf:

- **A:** Mindestzeit zwischen zwei und drei Stunden bei einem gewissen Maß an Erfahrung, drei bis sechs Stunden für unerfahrene Schrauber.
- **B:** Zeitbedarf zwischen vier und fünf Stunden für erfahrene Schrauber, zwischen fünf und acht Stunden beim ersten Versuch.
- **C:** Großer Zeitbedarf – mindestens fünf bis sechs Stunden auch für erfahrene Schrauber, sechs bis neun Stunden beim ersten Mal.

Werkzeuge:

Normales Handwerkzeug, Messschieber, Maßband, Maulschlüssel von acht bis 19 Millimetern, ¼-Zoll-Ratsche mit Nüssen von sechs bis 14 Millimetern, ½-Zoll-Ratsche mit Nüssen von zehn bis 27 Millimetern, Inbusschlüssel – T-Schlüssel – von drei bis zehn Millimetern, diverse Schraubendreher, Feilen, Kunststoffhammer, diverse Seegerringzangen

Spezial-Werkzeug:

Liste findet man am Anfang jedes Projekt-Kapitels

Sonstiges:

Ständer fürs Motorrad, Näheres auch im jeweiligen Kapitel

Außerdem:

Bremsenreiniger, Sprühöl, Fett, spezielles Suspension-Öl in verschiedenen Viskositäten, mittelfestes und hochfestes Loctite, Papiertücher, Schmirgelpapier, Altöl-Tonne.

PROJEKT 1

Konventionelle Telegabel

Schwierig-keitsgrad:

Zeitbedarf: A

Werkzeuge: Normales Handwerkzeug, Einschlagwerkzeug für Simmering, Werkzeug zum Einstellen der Luftkammer, Halter für Kolbenstange, Ständer fürs Motorrad

Konventionelle Telegabeln gibt's auch noch bei aktuellen Motorrädern, sind aber deutlich häufiger bei klassischen Straßen- und Geländemotorrädern zu finden. Bei ihnen findet man das Gleitrohr – verchromt – oben, das Tauchrohr unten. Die Arbeit an ihnen ist einfach und sie können durch den Einsatz von Gold Valve Cartridge Emulatoren deutlich verbessert werden. Die größte Schwierigkeit stellt meist die untere Verschlussschraube dar – hier kommt man um den Einsatz eines Schlagschraubers kaum herum. Für einige Versionen braucht man zudem eine Seegerringzange, um den Sicherungsring für dem Simmerring entfernen zu können.

Service Tipp: Wenn die untere Verschlussschraube durchdreht, ohne dass sie sich löst, hilft es oft, das Gleitrohr ganz nach oben zu ziehen, während man versucht, mit dem Schlagschrauber die Verschlussschraube zu lösen. Oder man presst die Tragfeder stark gegen die Innenseite des Gleitrohrs. Hilft beides nicht, kommt man um die Anschaffung eines Werkzeugs, dass die Kolbenstange arretiert, nicht herum.

Demontage

1

Das Gleitrohr in einen Schraubstock mit Kunststoffbacken spannen, die Verschlusskappe lösen, dabei darauf achten, sie ständig nach unten zu pressen, damit sie sich wegen des Federdrucks nicht schlagartig lösen kann. Bei manchen Motorrädern steht die Schraube unter enormem Federdruck, was das Lösen nicht ganz ungefährlich macht.

2

Wenn die Verschlusskappe festsitzen sollte, hilft es häufig, die Kappe leicht mit einem Kunststoffhammer zu bearbeiten. Dabei darauf achten, dass man die Verschlusskappe nicht beschädigt.

3

Um die Federvorspannung bei einer konventionellen Gabel zu ermitteln, misst man bei ganz herausgezogenem Gleitrohr den Abstand zwischen dem oberen Ende des Gleitrohres und dem unteren Abschluss der Verschlusskappe – dort, wo die Dichtung sitzt.

4

Alle Teile aus dem Gleitrohr entnehmen – im gezeigten Fall handelt es sich um eine Unterlegscheibe, den Spacer, eine weitere Unterlegscheibe und die Feder.

5

Den Sicherungsring über dem Simmerring entfernen.

6

Jetzt die untere Verschlussschraube mit einem Schlagschrauber lösen – dabei das Gleitrohr kräftig noch oben ziehen. Sollte die Schraube durchdrehen, die Feder, den Spacer und die Verschlusskappe erneut montieren; sollte das auch nichts nützen, braucht man ein Werkzeug, das die Kolbenstange hält.

7

Sollte die Verschlussschraube festsitzen, helfen oft leichte Schläge mit einem Kunststoffhammer, um das Gewinde zu lösen.

8

Die Verschlussschraube entfernen.

9

Das Gabelöl herauslaufen lassen und fachgerecht entsorgen.

10

Simmering und Gleitlager entfernen, indem man kraftvoll am Gleitrohr zieht. Dazu sicherstellen, dass das Tauchrohr fest im Schraubstock eingespannt ist.

11

Das Dämpferrohr und die Top-Out-Feder entnehmen, indem man das Rohr umdreht.

12

Die Bodenhülse entfernen – sie sitzt auf der Dämpferstange, kann aber unter Umständen auch noch relativ fest im Tauchrohr sitzen.

13

Die Lager und den Simmering vom Gleitrohr abnehmen.

14

Die Gleitlager nimmt man vom Rohr, indem man sie am Schlitz mit dem Fingernagel aufspreizt, hier kann auch ein flacher Schraubendreher zum Einsatz kommen.

15

Jetzt kann man die Lager inspizieren: Sind die Lager frei von Einlagerungen, haben sich Grate gebildet? Ist die Teflon-Schicht verschlissen, bitte auch die Gleitrohre auf eventuelle Grate, Kratzer, etc. kontrollieren. Sind da Spuren zu sehen, die Gleitrohre ersetzen. Im kleinen Bild der Vergleich zwischen einem neuen und einem extrem verschlissenen Lager.

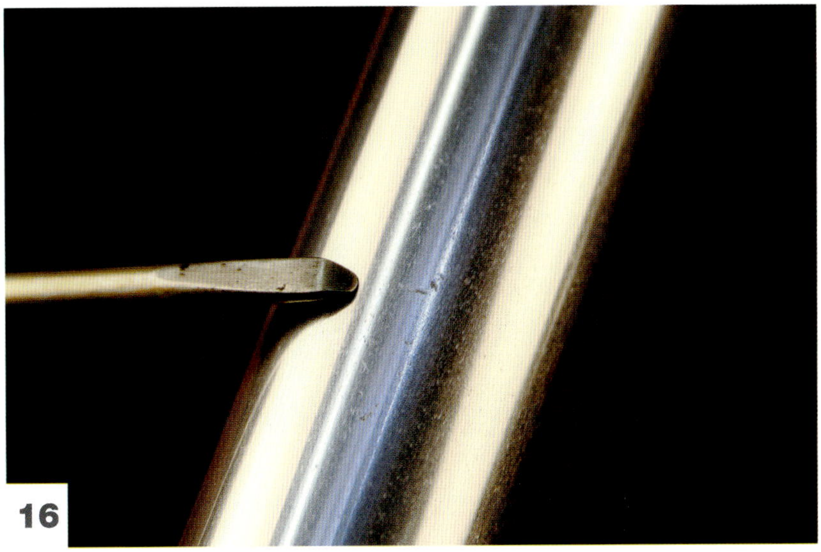

16

Die Gleitrohre auf Beschädigungen – Steinschlag – kontrollieren. Kleinere Kratzer kann man auspolieren, bei größeren muss das Rohr getauscht werden.

17

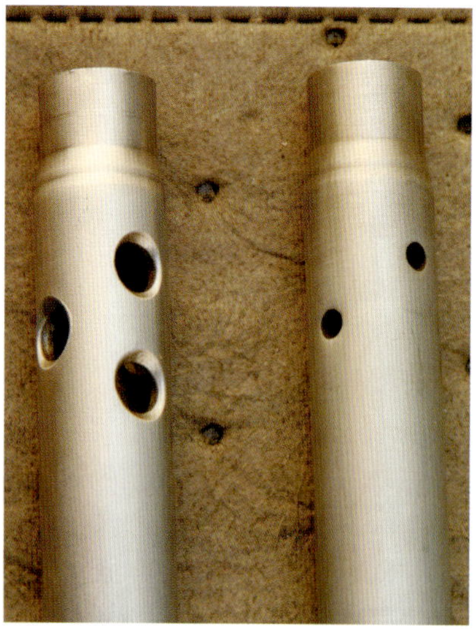

Soll ein Race Tech Gold Valve Cartridge Emulator installiert werden, muss man die Druckstufen-Bohrungen nach Anleitung aufbohren. Im rechten Bild der Vergleich zwischen aufgebohrtem und originalem Teil.

Montage

18

Ein neues Innenlager installieren.

19–20

Die Top-Out-Feder auf der Dämpferstange montieren und beides in das Gleitrohr einfügen.

Die Bodenhülse auf der Dämpferstange montieren.

Das Innenrohr in das Tauchrohr schieben.

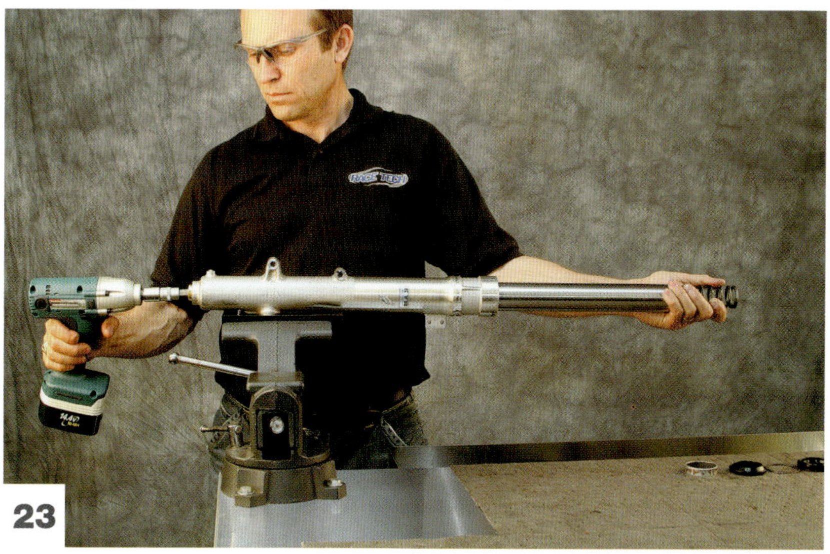

Die Bodenschraube mit dem Dämpferrohr nach Hersteller-Angaben verschrauben. Wenn die Dämpferstange mitdreht, die Verschlusskappe montieren und somit die Feder vorspannen.

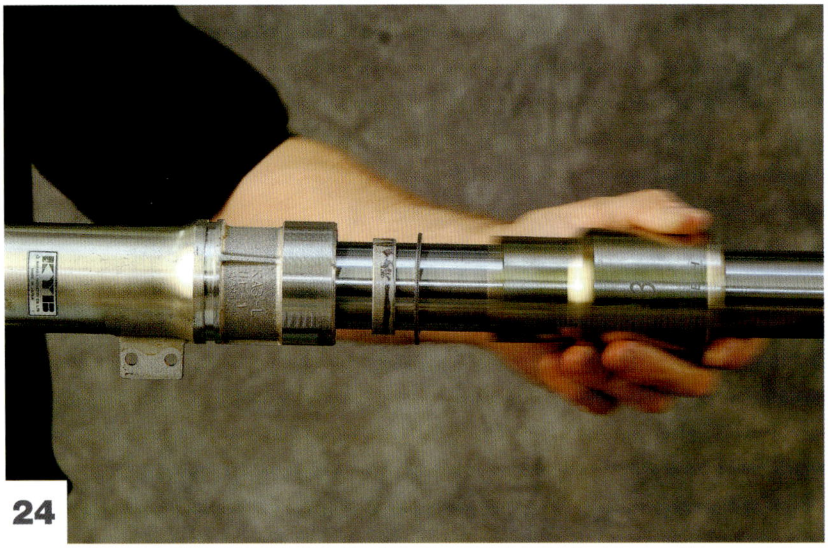

Das obere Lager und den neuen Dichtring mit einem entsprechenden Werkzeug montieren.

Den Dichtring fetten – den Dichtring sollte man bei jedem Gabelservice tauschen.

Wenn man den Dichtring über das Gleitrohr schiebt, ein Stück Plastiktüte verwenden, um den Simmerring vor den scharfen Kanten des Gleitrohres zu schützen.

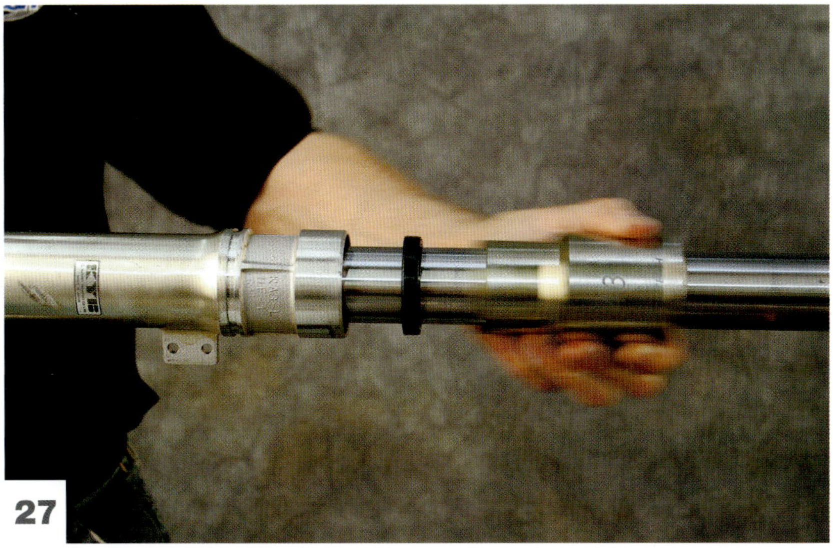

27

Den Dichtring mit dem entsprechenden Werkzeug einsetzen.

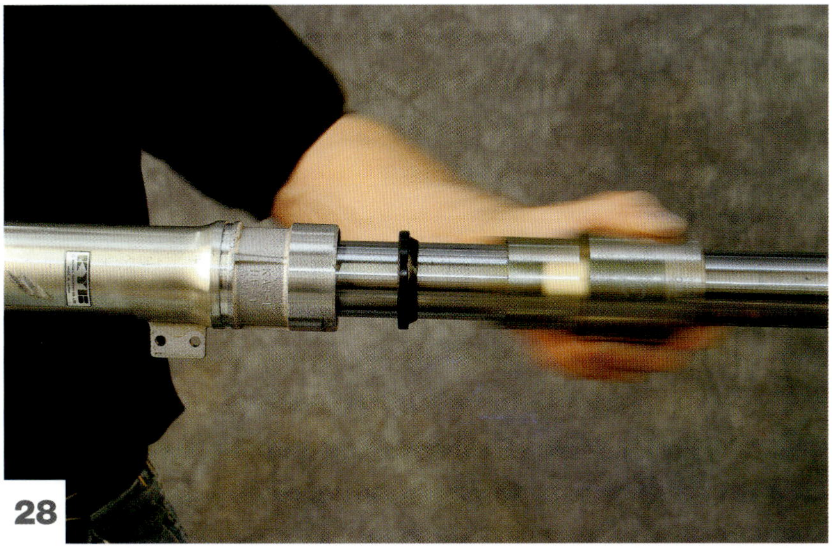

28

Nach dem Dichtring auch die Staubkappe fixieren. Bei manchen Modellen gibt's zwischen Dichtring und Staubkappe noch einen Sicherungsring.

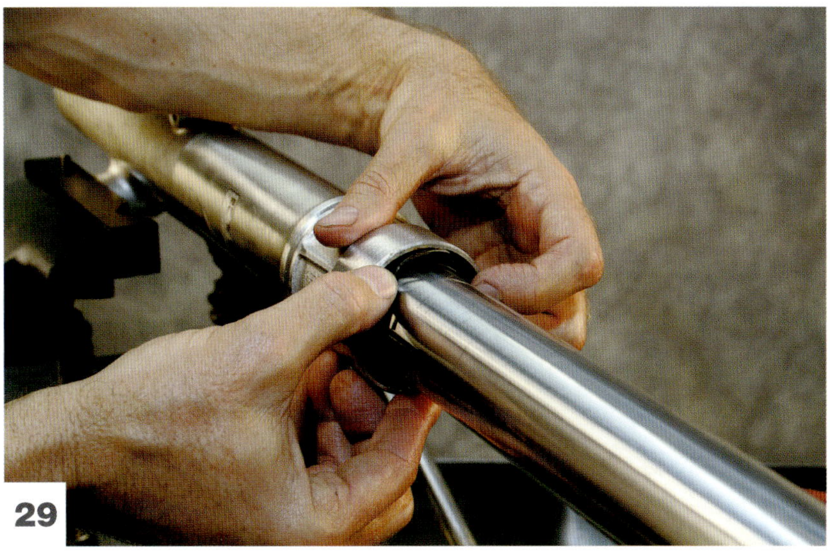

29

Den Sicherungsring installieren.

30

Den Gold Valve Cartridge Emulator einsetzen. Im linken Bild erkennt man verschiedene Emulatoren für eine ganze Anzahl verschiedener Gabeln. Sicherstellen, dass die Emulatoren richtig sitzen. Viele dieser Emulatoren haben einen Kolbenring, der die Leistungsfähigkeit dieser Gabeln deutlich verbessert.

31

Feder, Unterlegscheiben und Spacer montieren. Die Verschlusskappe auf die obere Unterlegscheibe aufsetzen.

32

Federvorspannung prüfen: Die Distanz zwischen Gleitrohr-Oberkante und Dichtfläche des Verschlussstopfens messen. In diesem Beispiel hier beträgt die Vorspannung aktuell 38 mm, für das spezielle Motorradmodell allerdings hätten wir gerne eine Vorspannung von nur zehn Millimetern, so dass wir die Vorspannhülse um 28 mm kürzen werden.

33

Die Vorspannhülse für die korrekte Vorspannung kürzen. Sicherstellen, dass der Schnitt rechtwinklig erfolgt. Sollte ein Emulator montiert worden sein, kompensiert diese Maßnahme die Höhe dieses Bauteils.

34

Feder und Spacer wieder entfernen, Gabelöl auffüllen.

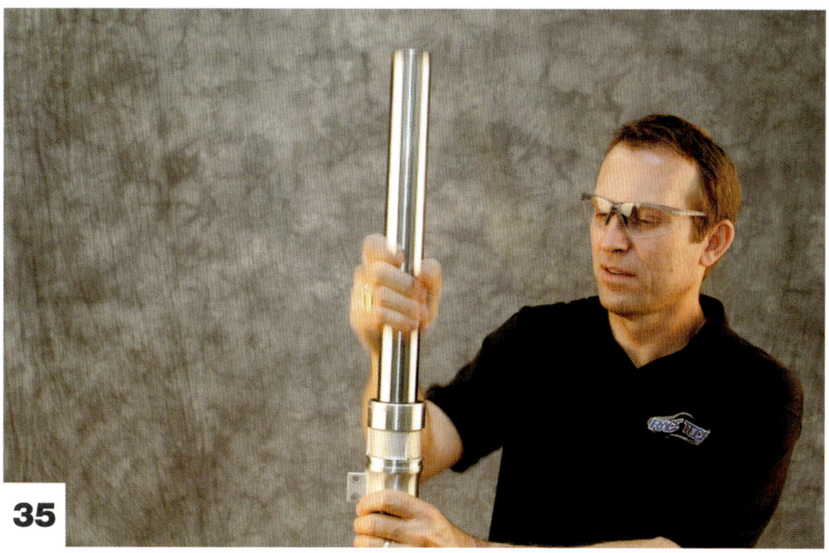

35

Gabel entlüften, indem man die Rohre auf- und abbewegt. Sicherstellen, dass sich mehr Flüssigkeit als nötig im Rohr befindet.

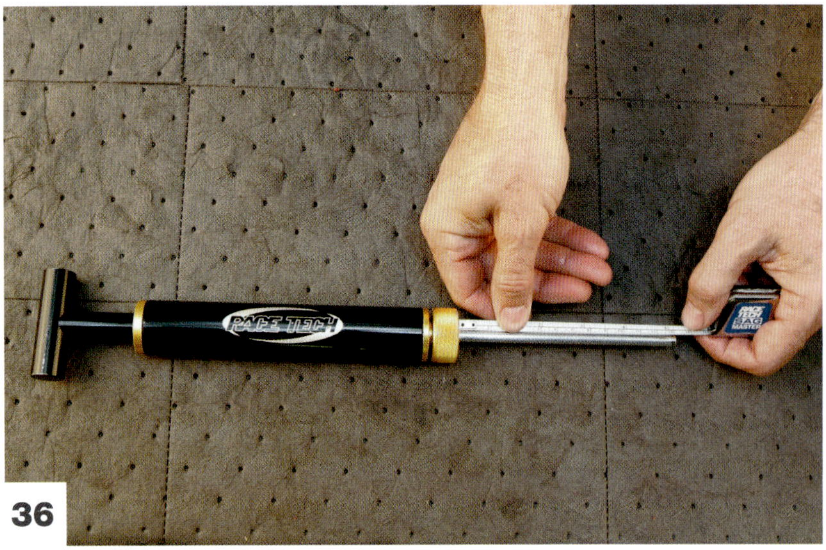

36

Die Gabelölpumpe so einstellen, dass das gewünschte Ölniveau erreicht wird.

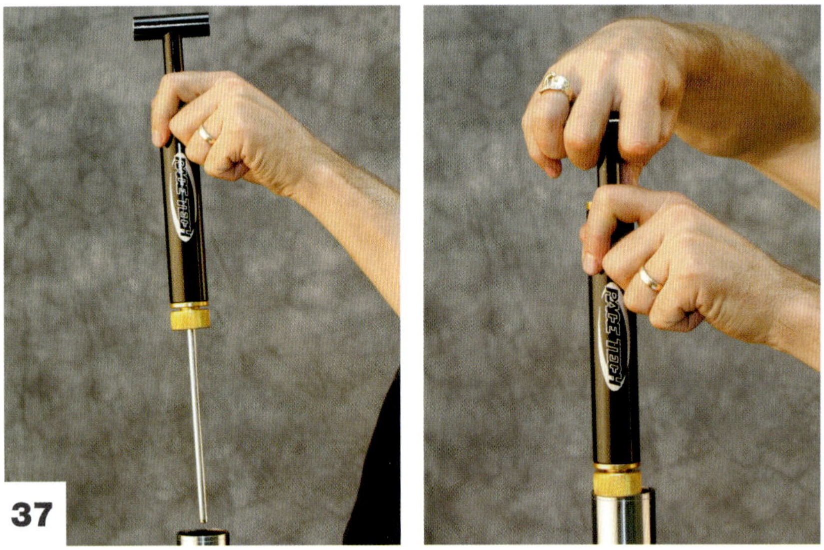

37

Wird ein Emulator benutzt, diesen einsetzen, bevor man das Ölniveau einstellt. Die Gabelrohre ganz zusammenschieben und das überflüssige Öl absaugen.

38

Die Verschlusskappe montieren und nach Herstellerangaben festziehen.

PROJEKT 2
Cartridge-Gabel mit Gold-Valve-Installation

Schwierigkeitsgrad:

Zeitbedarf: B

Werkzeuge: Normales Handwerkzeug, Einschlagwerkzeug für Simmerring, Werkzeug zum Einstellen der Luftkammer, Halter für Kolbenstange, Federspanner für Cartridge-Gabeln, Cartridge-Halter, Ständer fürs Motorrad

Cartridge-Gabeln kommen bei den meisten aktuellen Sportmotorrädern zum Einsatz, aber auch bei einigen Cruisern und Tourern, bei Mini-Bikes und auch bei Crossern der Baujahre zwischen 1980 und 1990. Cartridge-Gabeln gibt's sowohl in konventioneller Bauweise als auch Upside-Down. Service an diesen Gabeln bedingt den Einsatz von deutlich mehr speziellen Werkzeugen. Es kann leicht zu Beschädigungen von teuren inneren Komponenten kommen, die meisten Sportmotorräder kommen mit recht hoher Federvorspannung daher – aufpassen, dass man sich an den scharfen Vorspannhülsen nicht verletzt. Am besten einen Federvorspanner speziell für Cartridgegabeln verwenden.

Service Tipp: Bei Upside-Down-Gabel müssen die Dichtringe über die scharfen Kanten der Lagersitze geschoben werden, was einen neuen Simmerring blitzschnell ruinieren kann. Am besten die Lagersitze mit einer Plastikfolie oder einem stabilen Klebeband abdecken. Fett benutzen.

Demontage

1

Die Zugstufen-Einsteller ganz öffnen.

2

Die Verschlusskappe mit ein paar Schlägen mit einem Kunststoffhammer „erweichen" – nicht unbedingt nötig, kann bei älteren Gabeln aber helfen, die Kappe zu lösen.

3

Die Verschlusskappe lösen, bei konventionellen Gabeln Druck auf die Verschlusskappe ausüben, damit sie nicht vom Federdruck einer eventuell vorhandenen Top-Out-Feder aus den letzten Gewindegängen gerissen wird.

4

Die Federvorspanner in einen Schraubstock klemmen, die Gabel im Vorspanner befestigen, indem man die Klemmschrauben in die Öffnungen des Spacers einführt.

5

Die Feder mit Hilfe des Vorspannwerkzeugs vorspannen, bis die Schrauben am oberen Ende des Außenrohrs aufsitzen.

6

Halter für die Kolbenstange montieren. Es kann dazu nötig sein, die Verschlusskappe nach oben zu ziehen.

7

Die Kontermutter unterhalb der Verschlusskappe lösen.

Die Verschlusskappe herunternehmen.

Zugstufen-Einsteller herausziehen.

Die Vorspannung vom Federvorspanner lösen.

Das Vorspannwerkzeug entfernen.

Spacer und Feder entnehmen.

Öl auslaufen lassen.

14

Die untere Schraube, die die Cartridge hält, entfernen. Eventuell einen Cartridge-Halter benutzen.

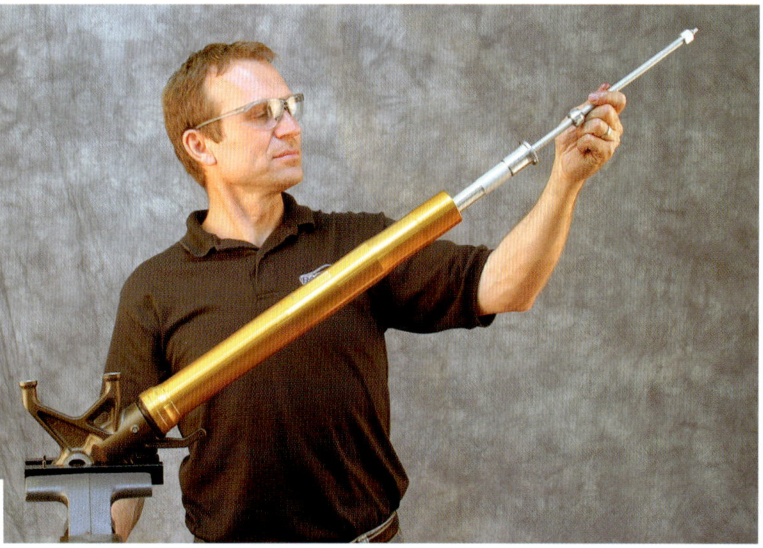
15

Die Cartridge herausnehmen.

16

Das Aussenrohr abziehen. Das hier gezeigte Modell hat zwei Außenlager, die meisten Gabeln, speziell die vor 2003 gebauten, verfügen aber über ein Außen- und ein Innenlager, das Außenrohr muss hier mit „sanfter“ Gewalt abgezogen werden. Wenn sich das Außenrohr nicht einfach so abziehen lässt, Staubkappe und Sicherungsring entfernen und das Innenrohr mit einem kräftigen Ruck aus dem Außenrohr ziehen. Manchmal hilft hier auch der Einsatz einer Heißluftpistole.

Das Innenrohr auf Steinschlag oder sonstige Beschädigungen kontrollieren.

Die Staubkappe entfernen.

Den Sicherungsring entfernen.

20

Bei Gabeln mit zwei Aussenlagern bleibt der Dichtring im Außenrohr – diesen jetzt mit Hilfe eines stumpfen Werkzeugs heraushebeln. Aufpassen, dass man nicht das teure Außenrohr beschädigt.

21

Eventuell noch die Zugstufen-Einstellstange entfernen.

22

Die Cartridge mit Hilfe spezieller Adapter in den Schraubstock einspannen und das Bodenventil lösen. Bei einigen Modellen wird es mit Hilfe eines Sprengrings gehalten, in diesem Fall das Bodenventil hineindrücken, bis man den Sprengring entfernen kann. Jetzt kann man die Druckstufenseite entfernen.

23

Sitzt das Bodenventil fest, sollte man das Ende der Cartridge erwärmen oder halt mit leichten Hammerschlägen versuchen, das Ventil zu lösen.

24

Das Druckstufenventil im Schraubstock einspannen, bei den meisten Originalgabeln ist das Ende des Gewindes verpresst, so dass man die Mutter nicht einfach lösen kann. In diesem Fall das Gewinde bis auf die Mutter herunterfeilen.

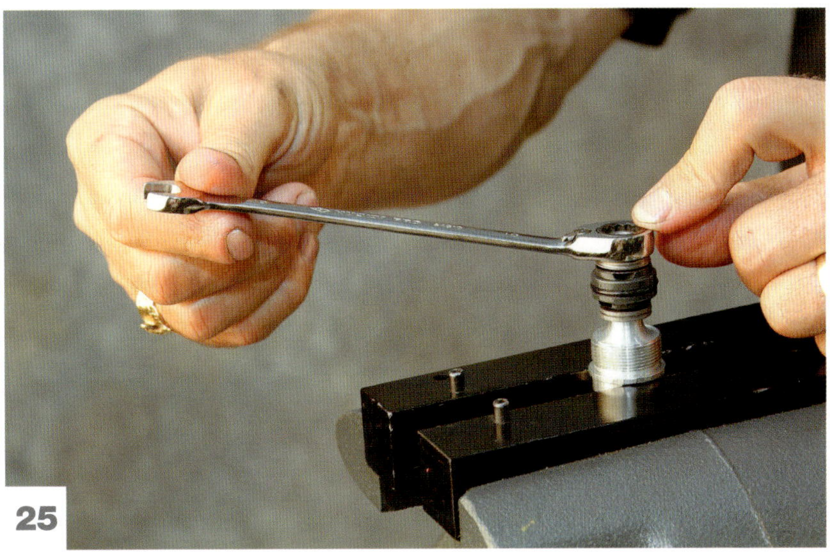

25

Jetzt die Mutter lösen.

26

Jetzt die komplette Druckstufeneinheit herunterfädeln – am besten auf einen Schweissdraht.

27

Alle Bauteile der Druckstufenseite mit Bremsreiniger reinigen.

28

Das befeilte Gewinde mit Druckluft ausblasen.

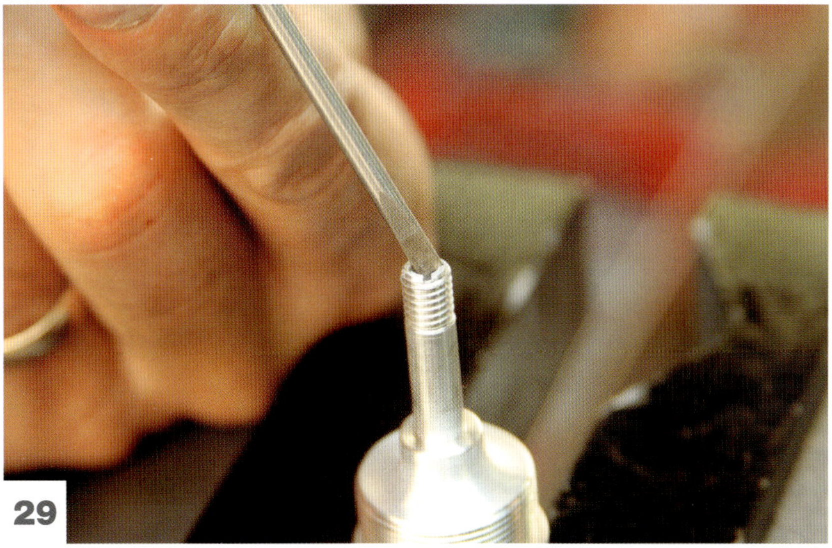

Sicherstellen, dass die Bohrung des Druckstufenhalters sauber ist.

Das Gewinde des Druckstufenhalters leicht beifeilen.

Die Oberfläche des Druckstufenkolbens kann man auf 600er-Sandpapier abziehen, damit sich wieder eine gut dichtende Oberfläche ergibt. Aber Achtung: Nicht alle Dämpferkolben haben auch so eine komplett flache Dichtfläche, diese dann bitte nicht abziehen.

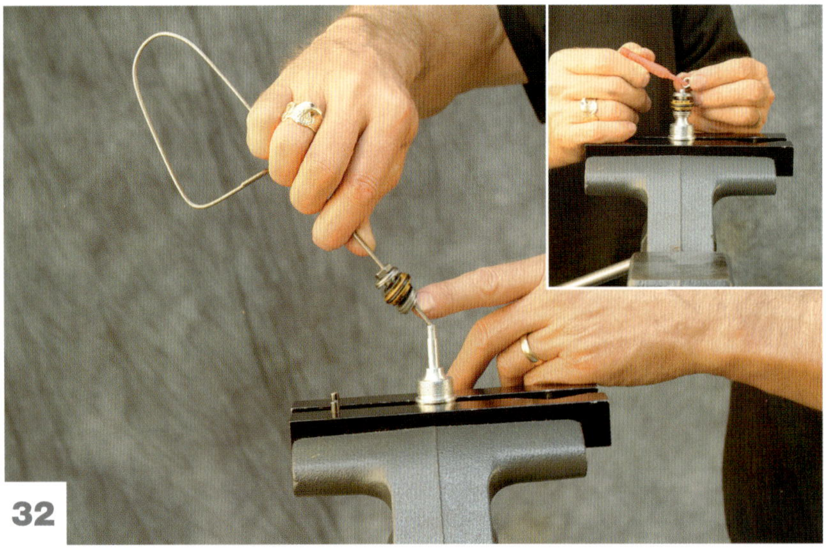

Soll jetzt ein Gold Valve Kit installiert werden, den Anweisungen in der Einbauanleitung folgen. Bei der Mutter mittelfestes Loctite benutzen, das Einwegventil auf Freigängigkeit prüfen.

So prüft man das Einwegventil auf Freigängigkeit.

Die Mutter auf dem Druckstufenhalter festziehen.

Den Deckel der Cartridge erhitzen, um eventuell vorhandene Gewindesicherung zu lösen.

Oder mit leichten Hammerschlägen das Gewinde des Cartridge-Deckels lockern. Bei manchen Gabeln ist der Cartridge-Verschluss auch durch Schlagmarken gegen Lösen gesichert, hier hilft es nur, die Schlagmarken auszubohren, um den Cartridge-Deckel lösen zu können.

Bei Gabeln mit sogenannten Hydrostopps muss man – um Zugang zu den Zugstufeneinheiten zu bekommen – die Verschlusskappe der Cartridge unbedingt abnehmen. Bei Gabeln, die ohne Hydrostopp auskommen, reicht es, die Kolbenstange in Richtung Druckstufe aus der Cartridge herauszuschieben.

38

Das Gewinde über der Mutter auf der Zugstufeneinheit überfeilen.

39

Die Mutter auf der Zugstufeneinheit entfernen.

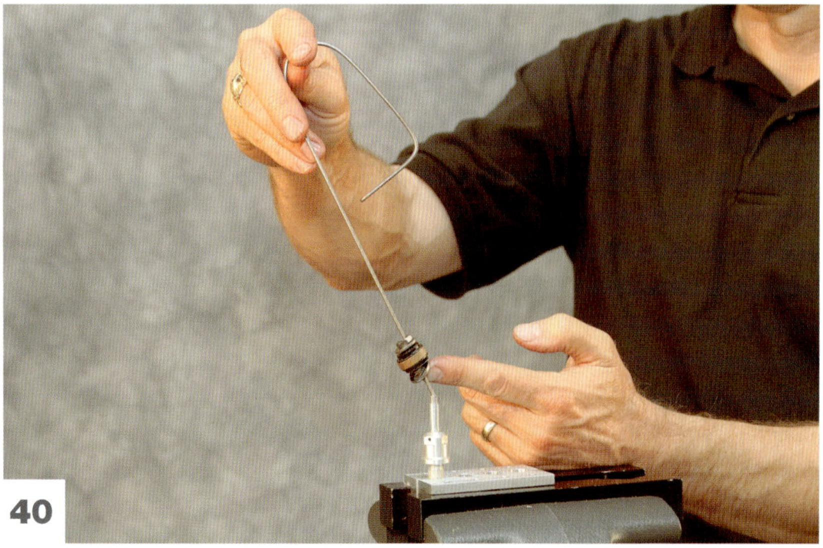

40

Das komplette Zugstufenpaket entfernen.

41

Alle Bauteile der Zugstufeneinheit säubern.

42

Das Ende des Gewindes auf dem Zugstufenhalter leicht beifeilen.

43

Die Bohrung im Zugstufenhalter ausblasen.

Den Zugstufenkolben auf 600er-Schleifpapier glätten.

Die geglättete Dichtfläche des Zugstufenkolbens.

Montage

Wird ein Rebound Gold Valve Kit installiert, auch hier den Anweisungen in der Anleitung folgen.

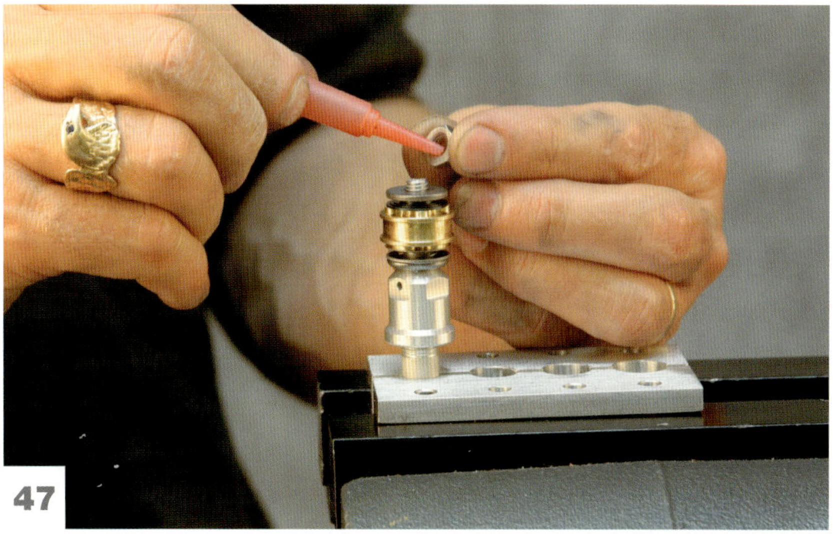

47

Sicherstellen, dass das Gewinde sauber ist. Die Mutter auf dem Zugstufenhalter mit einem Tropfen Loctite sichern. Nicht zuviel verwenden, ansonsten kann das Loctite die Funktion der Zugstufenseite beeinflussen.

48

Die Funktion des Einwegventils überprüfen.

49

Die Mutter festziehen.

50

Das Gewinde des Cartridgedeckels überprüfen, etwas Loctite aufbringen.

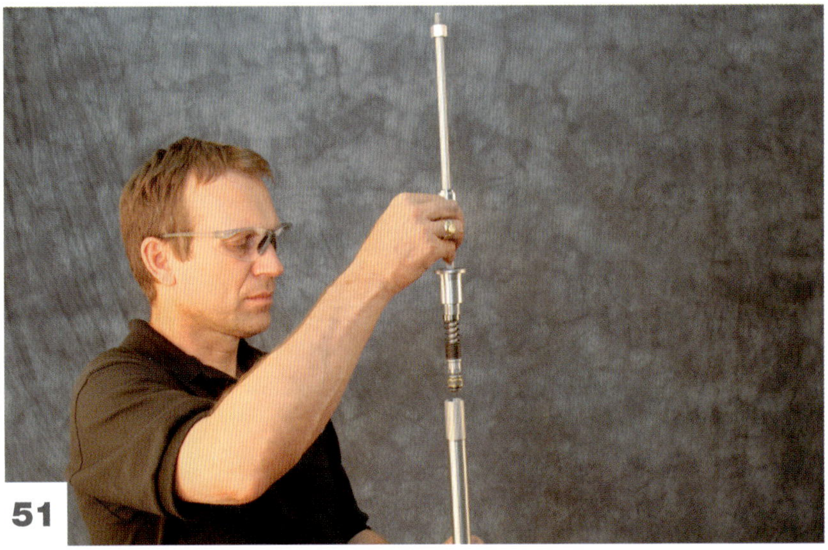

51

Die Kolbenstange in die Cartridge einführen.

52

Die Verschlusskappe festziehen.

53

Die Druckstufeneinheit auf der anderen Seite der Cartridge montieren – eventuell auch hier Loctite benutzen.

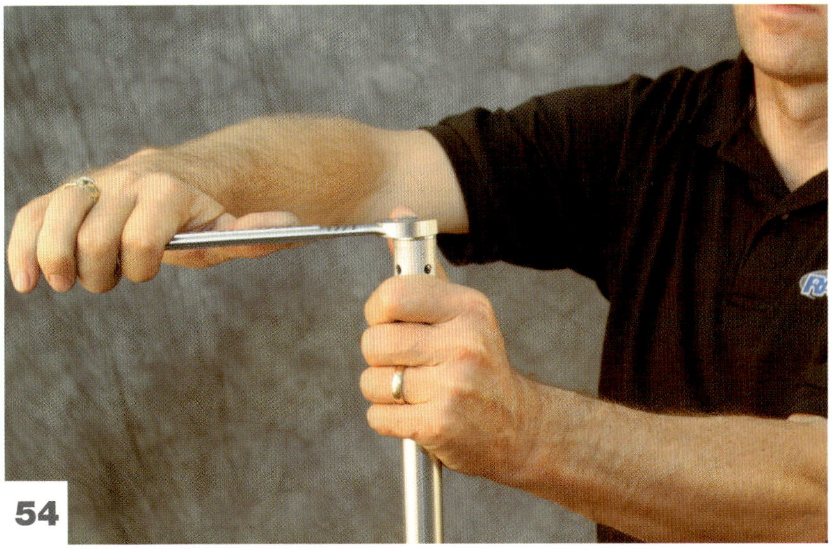

54

Das Druckstufenventil festziehen.

55

Versuchsweise die Vorspannhülse und die Topcap montieren. Den Einsteller für die Vorspannung ganz herausdrehen und die entspannte Länge zwischen Cartridge und Vorspannhülse messen. Siehe auch im Kapitel 2 – Federn.

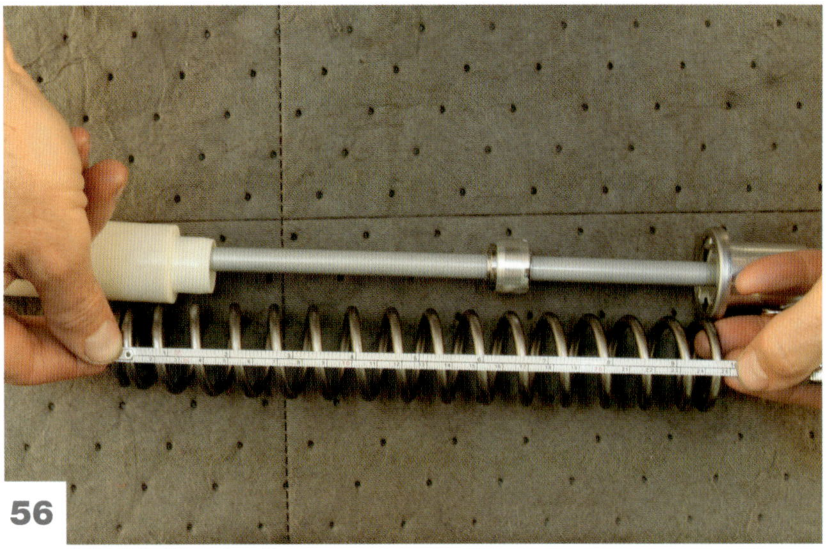

56

Die freie Länge der verwendeten Feder messen, die Differenz des Wertes oben und die freie Federlänge ergibt die minimale Vorspannung.

57

Man kann die minimale Vorspannung auch einfach auf diese Weise messen.

58

Den Dichtring einfetten.

Dichtring und Staubkappe auf dem Gleitrohr montieren, Achtung bei Gabeln mit innen liegenden Lagern und entsprechend scharfen Lagersitzen auf dem Gleitrohr.

Sicherungsclip und Unterlegscheibe montieren.

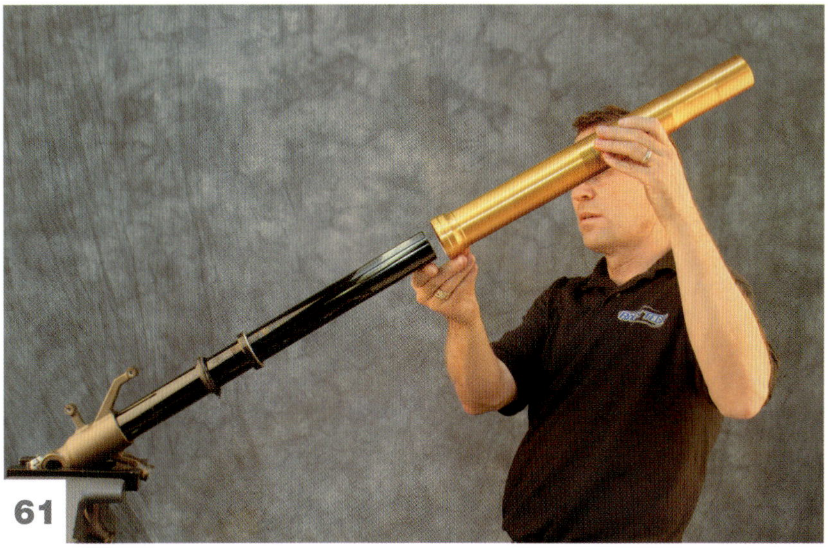

Außenrohr übers Innenrohr schieben.

62

Dichtring mit dem Eintreibewerkzeug montieren.

63

Den Sicherungsring mit Hilfe eines Schraubendrehers installieren.

64

Die Staubkappe anbringen.

65

Die Cartridge einsetzen.

66

Die Bodenschraube eindrehen.

67

Die Bodenschraube anziehen, eventuell mit einem Cartrigde-Halter gegenhalten.

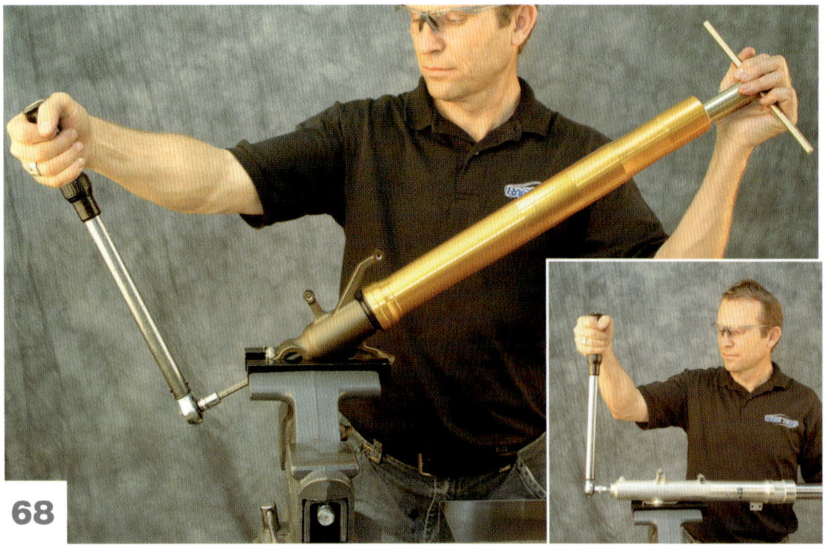

68

Das richtige Drehmoment aufbringen.

69

Gabelöl der korrekten Viskosität einfüllen.

70

Tipp: Man kann das Entlüften beschleunigen, indem man mit der flachen Hand das obere Ende der Gabel verschließt, während man die Rohre auseinander zieht. Der entstehende Unterdruck zwingt das Öl in die Cartridge. Danach die Dämpferstange auf- und abbewegen, bis keine Luft mehr spürbar ist.

71

Den Zugstufeneinsteller in die Kolbenstange einführen.

72

Das Außenrohr ganz nach unten schieben, die Luftkammer einstellen, indem das überflüssige Öl abgesaugt wird.

73

Feder, Spacer und Unterlegscheibe anbringen, Kolbenstangen-Zieher montieren.

74

Gabelholm in den Vorspanner einspannen, vorspannen, bis die beiden Schrauben vom Vorspannwerkzeug auf dem Außenrohr aufliegen.

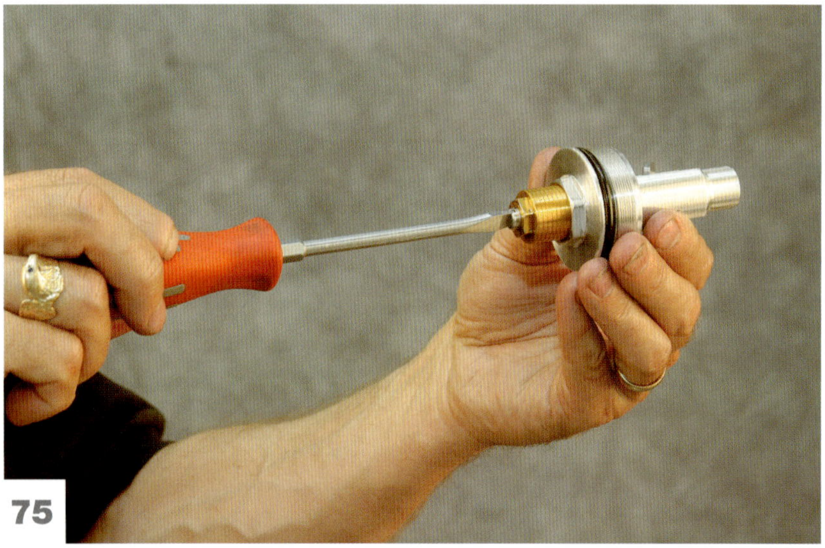

75

Zugstufen-Einstellung justieren: Es gibt drei Typen. Die beiden ersten kommen am häufigsten vor. Bei beiden muss die Verschlusskappe auf der Kolbenstange justiert werden. Bei einem Typ kann man den Zugstufen-Einsteller bis an einen Anschlag eindrehen, beim anderen wird er sich ohne Anschlag immer weiter hineindrehen lassen, bis er schließlich nach innen herausfällt. Zunächst den Einsteller ganz herausdrehen, dann für beide Gabelholme gleich etwa sieben Umdrehungen zudrehen. Jetzt die Verschlusskappe aufschrauben bis ein Anschlag spürbar ist.

76

Loctite am Gewinde aufbringen.

77

Beim Aufsetzen der Verschlusskappe spürt man, wenn die Zugstufennadel auf dem Sitz aufsetzt, jetzt die Kontermutter festziehen. Anschließend die Zugstufen-Einstellschraube wieder öffnen.

78

Kontermutter auf das korrekte Anzugmoment bringen.

79

Die Verschlusskappe ebenfalls auf das korrekte Anzugmoment bringen.

80

Die Zugstufe nach Vorgabe in der Einbauanleitung einstellen.

81

Die Druckstufe nach Vorgabe einstellen. Gezählt werden die Klicks immer von der ganz geschlossenen Stellung aus.

82

Aufkleber präzise anbringen.

83

Fertig für den Einsatz.

PROJEKT 3
Closed-Cartridge-Gabel

Schwierigkeitsgrad: 3 von 3 Schraubenschlüsseln

Zeitbedarf: C

Werkzeuge: Normales Handwerkzeug, Einschlagwerkzeug für Simmerring, Werkzeug zum Einstellen der Luftkammer, Halter für Kolbenstange, Federspanner für Cartridge-Gabeln, Cartridge-Halter, Stickstoff-Füllgerät, Ständer fürs Motorrad

Closed-Cartridge-Gabeln gibt's seit einiger Zeit in einigen Moto-Cross-Modellen, aber auch die Superbike- und MotoGP-Gabeln von Öhlins oder K-Tech arbeiten nach diesem Prinzip. Service an diesen Gabeln bedarf großer Sorgfalt, eines guten Know-how und einer umfangreichen Werkzeug-Ausstattung.

Service Tipp: Soll an einer solchen Gabel nur der Dichtring getauscht werden, kann die eigentliche Cartridge unangetastet bleiben. Es reicht, die eigentliche Cartridge von außen auf Funktion und eventuelle Undichtigkeiten zu überprüfen.

Demontage

1

Die Druckstufen-Einheit mit einem speziellen Schlüssel lösen.

Die Verschlusskappe nur lösen, nicht abnehmen.

Das Gabelöl auslaufen lassen.

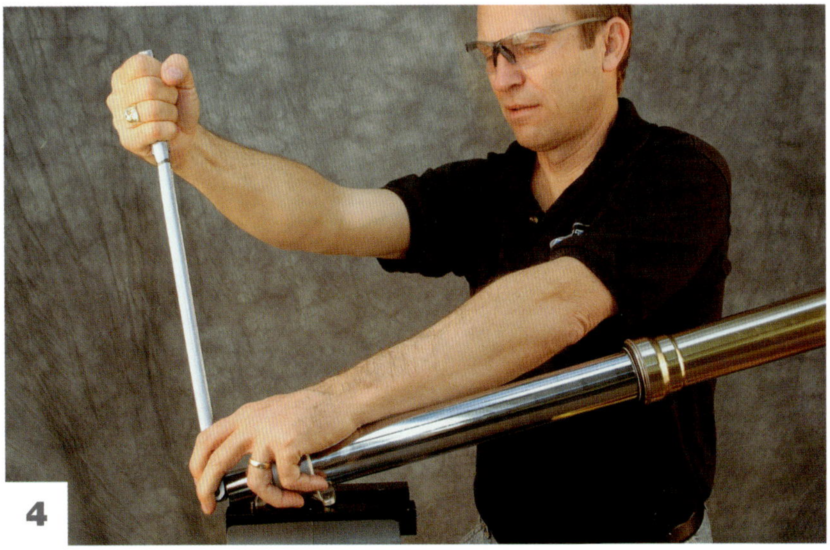

Die Verschraubung am unteren Ende der Gabel lösen, zum Klemmen der Gabel die solideste Stelle des Tauchrohres auswählen.

5

Das Außenrohr runterdrücken und ein spezielles Haltewerkzeug für die Kolbenstange montieren – am besten eines aus Kunststoff, um die Kolbenstange nicht zu beschädigen.

6

Die Kontermutter lösen.

7

Die Schraube aus der Kolbenstange entfernen.

8

Nahaufnahme der Kolbenstange.

9

Die Stange zur Zugstufeneinstellung entfernen.

10

Die Gabel wieder zusammendrücken und das Haltewerkzeug entfernen.

Die Cartridge oben entnehmen.

Äußere Inspektion der Cartridge auf Verschleiß oder Schäden.

Drückt man die Cartridge ganz zusammen, sollte sie von selbst wieder seidig ausfedern. Tut es das nicht, könnte das Ölniveau in der Cartridge zu niedrig sein, etwa auf Grund einer Undichtigkeit.

Die Feder aus der Gabel entfernen.

Die Staubkappe vorsichtig entfernen.

Den Sicherungsring des Dichtrings entfernen.

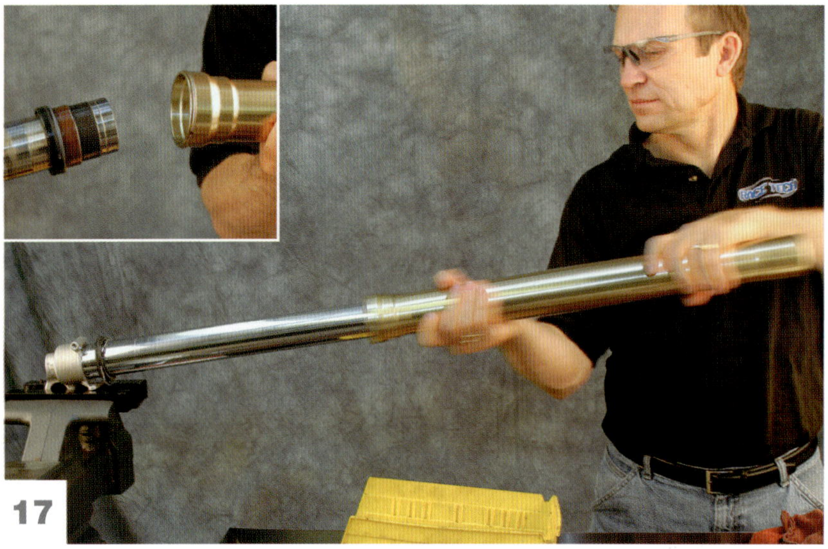

17

Die beiden Rohre kräftig auseinander ziehen.

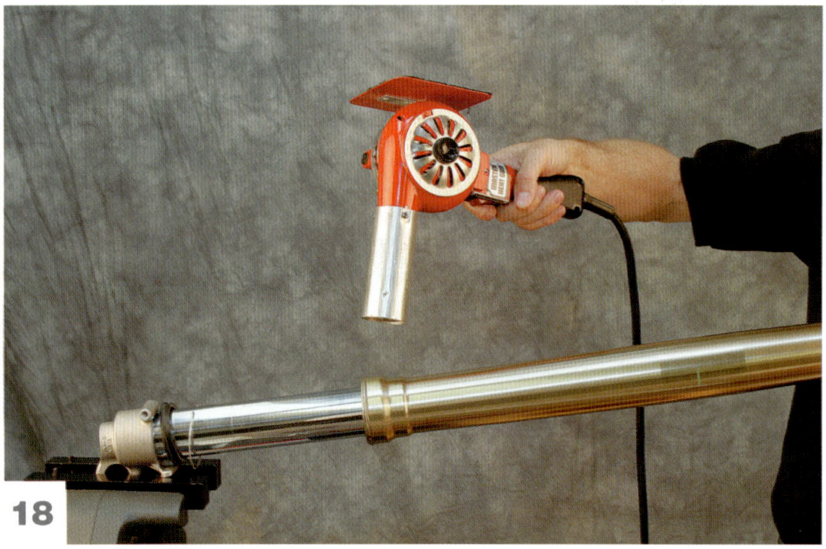

18

Tipp: Die Region rund um Dichtring und Lager erhitzen, wenn die beiden Holme nicht leicht auseinander gehen.

19

Bei einigen Gabeln kann man bei der Demontage Beschädigungen an den Teflonringen fast nicht vermeiden. Neue montieren.

Eine andere Möglichkeit ist, die Gabel mit gebrauchtem Öl zu füllen, sie herumzudrehen, die Staubkappe und den Sicherungsring zu entfernen und mit einer hydraulischen Presse den Dichtring herauszudrücken.

20

Die inneren Lager entfernt man, indem man den Lagerspalt mit einem kleinen Schraubendreher oder gar dem Fingernagel öffnet.

21

Lager und Distanzscheiben entfernen.

Sollen die Lager nicht ersetzt werden, sollte man die scharfen Kanten der Gleitrohre mit Klebestreifen schützen.

Die Lager auf Verschleiß und offensichtliche Beschädigungen prüfen.

Das Gleitrohr auf Beschädigungen durch Steinschlag oder Ähnliches prüfen.

23

Auch das Innere der Außenrohre sollte inspiziert werden, Taschenlampe und Spiegel benutzen.

24

Die gesamte Cartridge vorsichtig in einen Schraubstock spannen und die Druckstufeneinheit lösen.

25

Die Kolbenstange hineindrücken, um Zugang zur Druckstufeneinheit zu bekommen.

26

Die Druckstufeneinheit entfernen.

27

Öl aus der Cartridge entleeren.

28

Den überstehenden Teil des Gewindes über der Mutter auf der Druckstufeneinheit abfeilen.

Die Mutter der Druckstufeneinheit entfernen.

Die Druckstufenbauteile entfernen.

Das Ende des Gewindes beifeilen.

32

Die Bohrung in der Druckstufeneinheit ausblasen.

33

Soll die Vorspannfeder oder die Dichtung des Trennkolbens getauscht werden, muss das Reservoir zerlegt werden. Mit einem speziellen Werkzeug klemmt man die Achse fest, um den Druckstufenhalter entfernen zu können.

34

Zerlegen von Reservoir und Vorspannfeder. Prüfen auf Verschleiß. Einige Modelle mit Aluminium-Achsen haben ziemliche Verschleißprobleme.

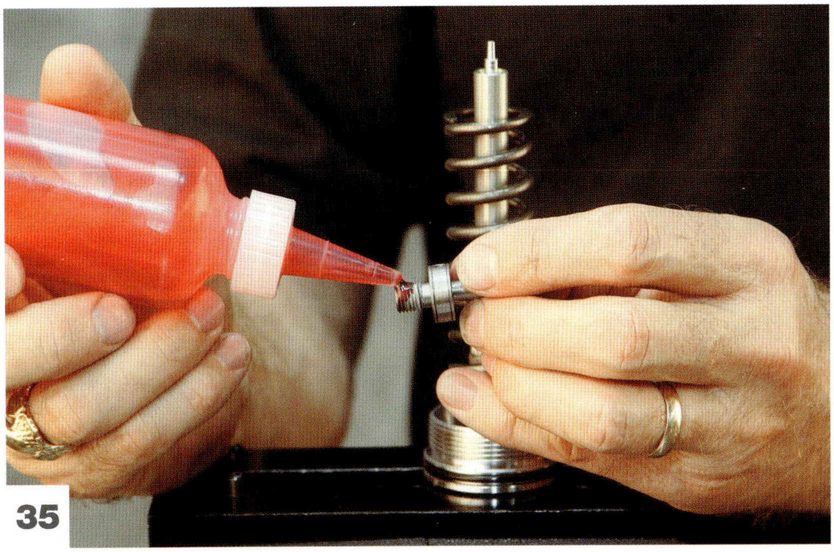

35

Ein bisschen rotes Loctite an das Gewinde des Halters.

36

Installation der Vorspannfeder, des Trennkolbens und des Druckstufenhalters.

37

Die Druckstufeneinheit wird mit Bremsenreiniger gesäubert.

Der Kolben wird auf einer Glasplatte und 320er-Sandpapier abgezogen.

Vorher

Auf halbem Wege mit noch unebener Oberfläche

Fertig

MONTAGE DRUCKSTUFENKOLBEN

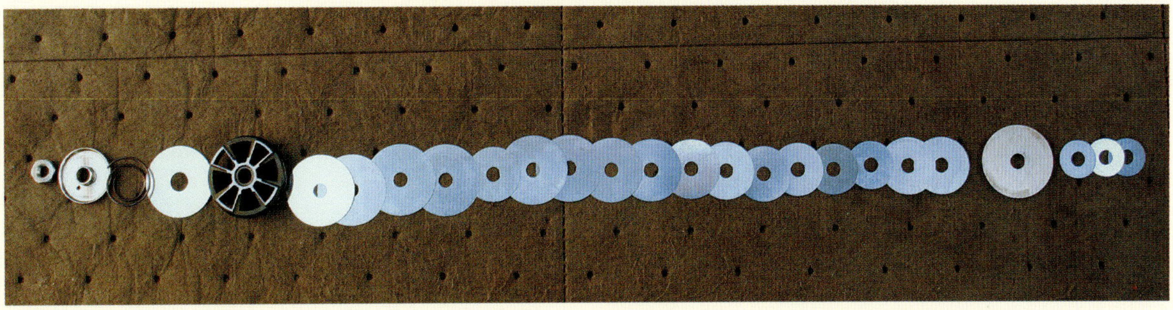

Die Standard-Druckstufen-Shims in Einbau-Reifenfolge.

G2-R Druckstufen-Ventil

G2-R-Kolben mit Nachfüll-Öffnungen an der Seite.

G2-R-Kolben im Vergleich zum Standard-Teil

39

Planen der Basis-Platte.

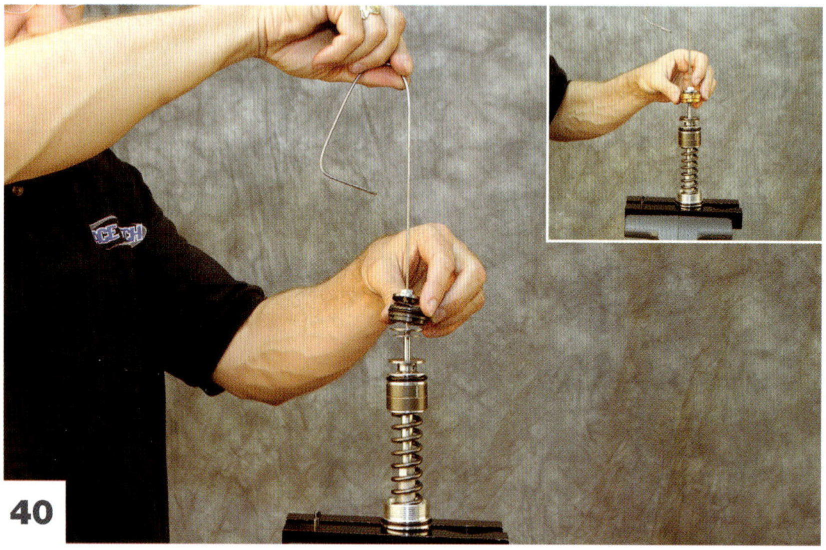

40

Installation der Druckstufeneinheit auf der G2-R-Einheit.

41

Einen Tropfen rotes Loctite auf die Mutter.

EINSTELLUNG DER PAKET-HÖHE

Die Pakethöhe so einstellen, dass die Mutter komplett greift und das Paket korrekt hält.

Zu kurzes Paket mit dem G2-R

Korrekte Pakethöhe

Zu kurzes Paket mit Standard-Bestückung

Korrekte Pakethöhe

42

Das Einwegventil prüfen.

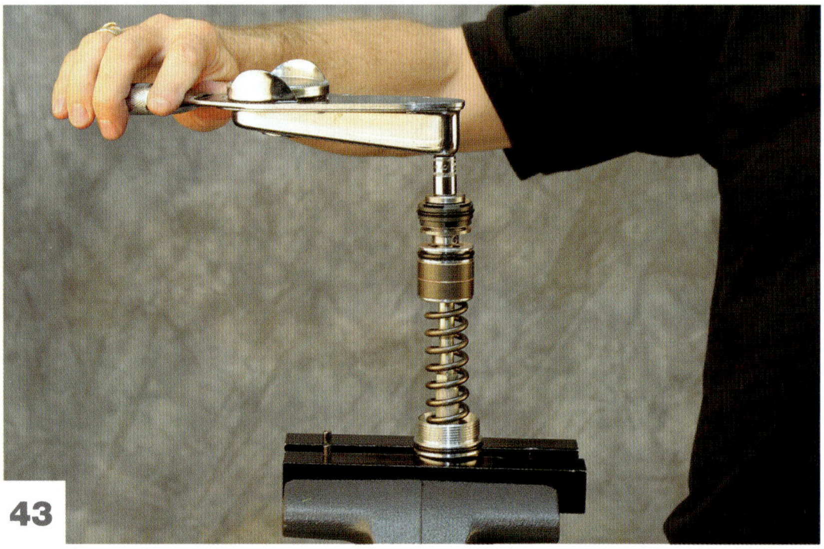

43

Die Mutter mit dem korrekten Drehmoment anziehen.

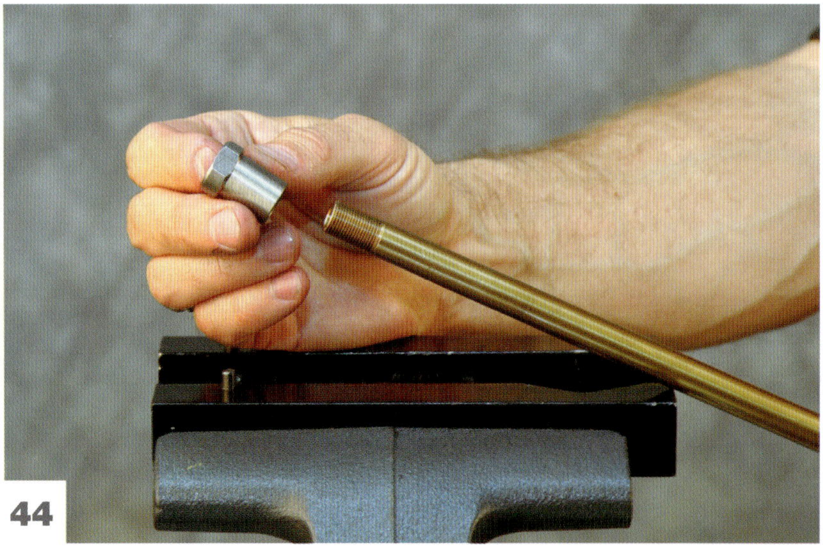

44

Weiteres Zerlegen der Cartridge – die Kontermutter entfernen.

Bei Showa-Gabeln mit 12-mm-Kolbenstange kann diese rasiermesserscharf sein, was die Dichtung schnell beschädigen kann. Mit feiner Feile entgraten.

Das Gewinde gut einfetten, damit es leicht durch die Dichtung gleitet, wenn man es von der Cartridge entfernt.

Die Kolbenstange durch die Dichtung drücken.

Die Zugstufen-Einheit in den Schraubstock klemmen und das Gewinde über der Mutter beifeilen.

Die Mutter entfernen.

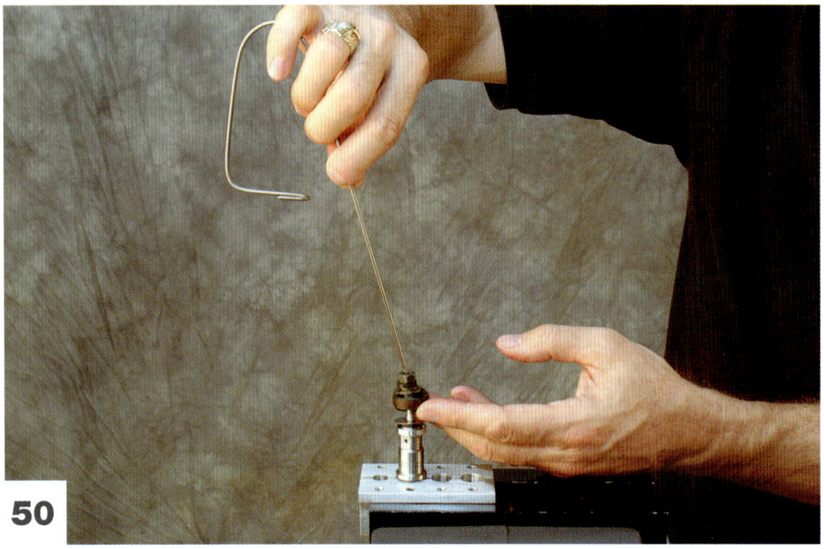

Alle Zugstufenbauteile entfernen.

51

Das Gewinde vom Halter beifeilen.

52

Die Bohrung im Halter ausblasen.

53

Die Zugstufenstange auf Verschleiß und andere Beschädigungen prüfen.

ZUGSTUFENEINHEIT

Die Zugstufen-Shims und Kolben in Einbaureihenfolge.

Jeder Kolben hat zwei unterschiedliche Seiten. Der Kolben zur Linken zeigt die Seite vom Einwegventil, die rechte Kolben die Seite für die Zugstufen-Shims.

54

Auch den Zugstufenkolben auf 320er-Papier abziehen.

55

Mit dem Fingernagel kann man eingelagertes Material entfernen.

56

Alle Zugstufenteile reinigen.

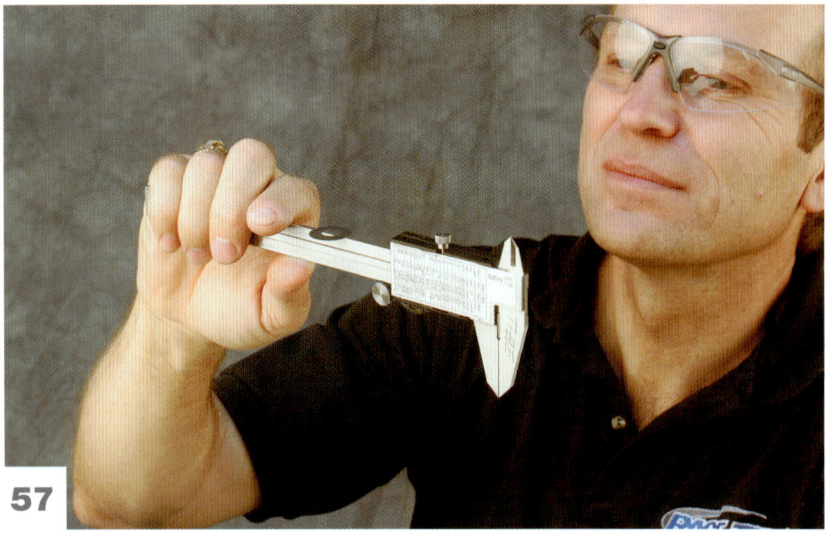

57

Jeden Shim auf Verformung prüfen.

Montage

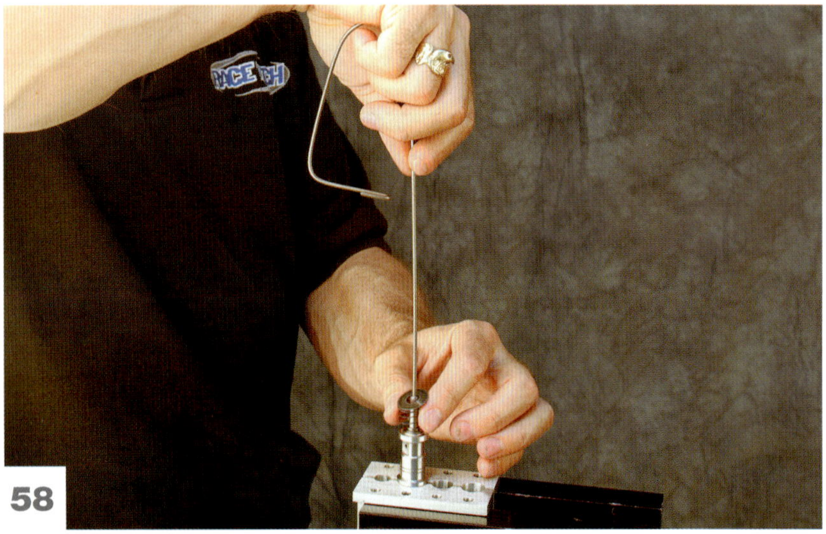

58

Das Einwegventil wird auf dem Zugstufenhalter montiert.

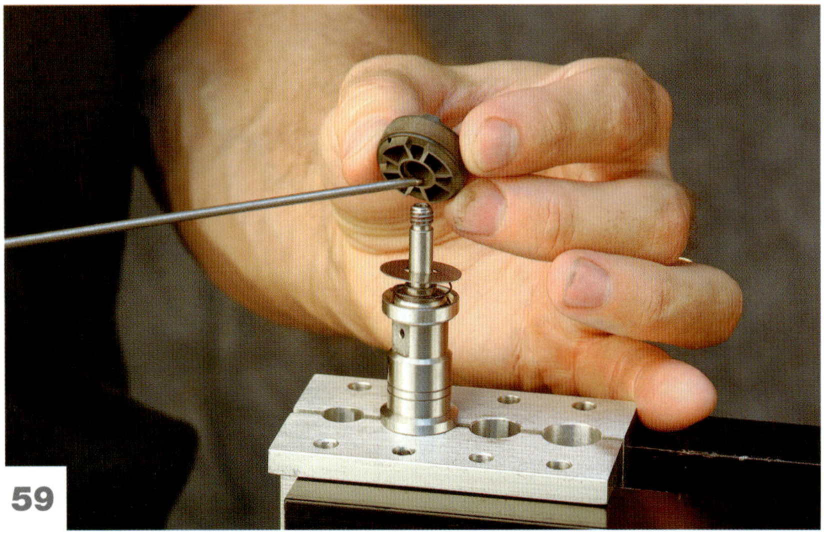

59

Den Zugstufenkolben mit der geplanten Seite nach unten montieren.

Montage der Zugstufen-Shims.

Sicherstellen, dass die Höhe des Zugstufenpakets stimmt.

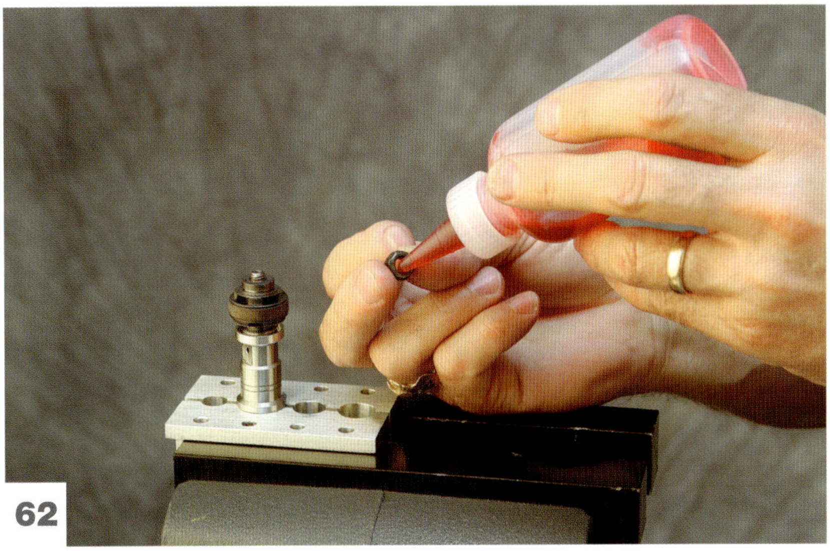

Einen kleinen Tropfen Loctite an die Mutter.

63

Das Einwegventil auf Freigängigkeit prüfen.

64

Die Mutter mit dem angegebenen Drehmoment festziehen.

65

Das Gewinde auf der Kolbenstange mit Fett einstreichen.

66

Die Kolbenstange in die Cartridge einführen.

67

Die Kolbenstange schnell durch die Dichtung drücken.

68

Mit Gabelöl auffüllen.

69

Die Cartridge entlüften, dazu die Kolbenstange auf und ab bewegen, langsam, damit es vor allem auf der Druckstufenseite nicht zu Kavitation kommt.

70

Die Kontermutter für die Kolbenstange ersetzen und das Ölniveau mit dem gängigen Werkzeug einstellen.

71

Überflüssiges Öl wird später bei der Montage entfernt.

72

Die Druckstufeneinheit montieren.

73

Die Druckstufeneinheit hinunterdrücken und festziehen. Dazu braucht es ein bisschen Kraft – meist, weil zuviel Öl drin ist und zudem die Vorspannfeder gespannt werden muss. Die Kontermutter auf der Zugstufenstange montieren.

74

Das Ölniveau stellt man ein, indem man die Cartridge komplett zusammendrückt. Der Trennkolben kommt so lange nach oben, bis der Kolben nicht mehr dichtet, weil er eine verschlankte Stelle an der Kolbenstange erreicht hat. Überflüssiges Öl fließt am Trennkolben vorbei.

75

Achtung: Überflüssiges Öl kann auch durch die Entlüftungsbohrungen austreten.

76

Druck wegnehmen – die Kolbenstange sollte selbstständig komplett ausfedern.

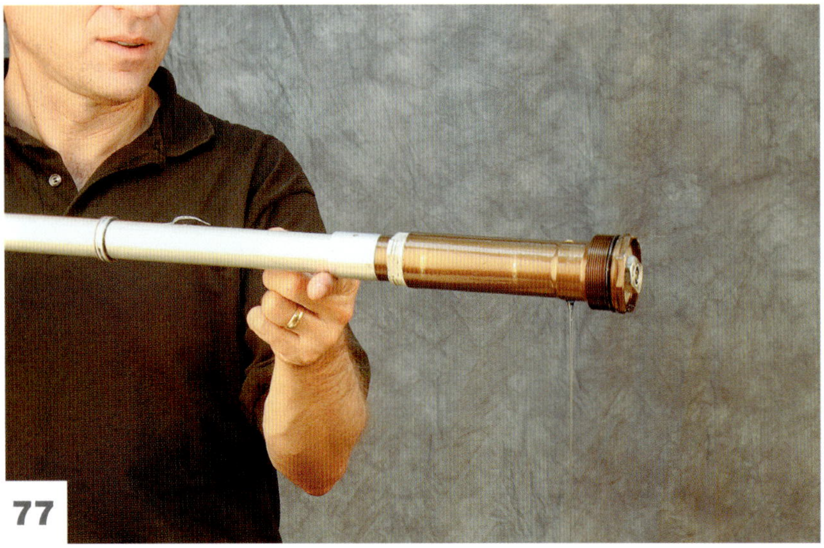

77

Überflüssiges Öl ausgießen.

78

Dichtring und Staubkappe fetten.

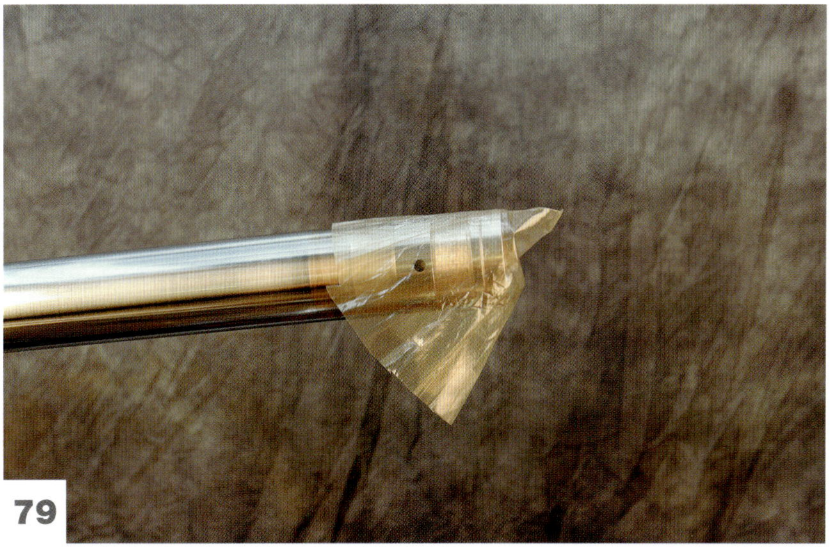

79

Mit Klebeband oder Plastikfolie schützt man den Dichtring vor den scharfen Kanten auf dem Gleitrohr.

80

Dichtring und Staubkappe über diesen Plastikschutz schieben.

Unterlegscheibe und Lager montieren. Die Unterlegscheibe hat meist eine scharfe Kante, diese bitte in Richtung Lager ausrichten.

Das innere Lager an seinen Sitz montieren.

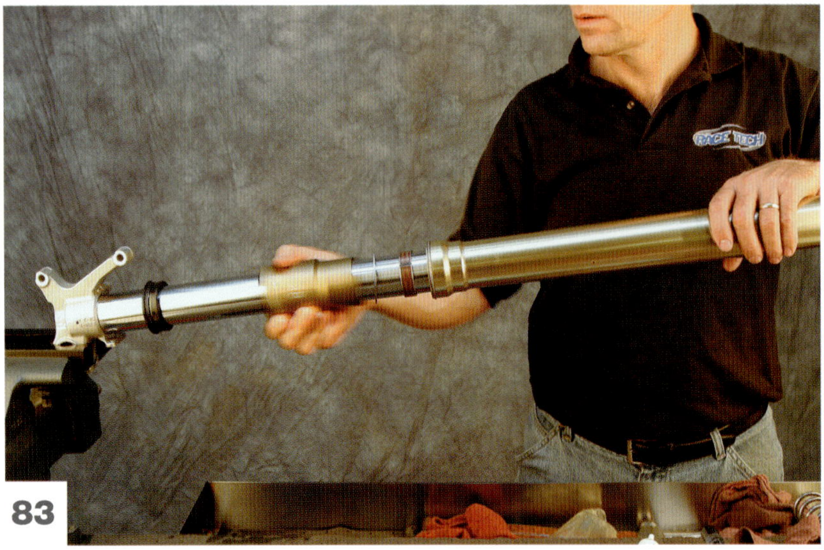

Das innere Lager mit dem Simmerringwerkzeug montieren.

Den Dichtring ebenfalls mit dem Simmerringwerkzeug einsetzen.

Den Sicherungsring montieren.

Den Clip in der Nut fixieren.

87

Zum Schluss die Staubkappe montieren.

88

Den D-förmigen Zugstufen-Einsteller einsetzen und drehen bis er in seinem Gegenstück einrastet.

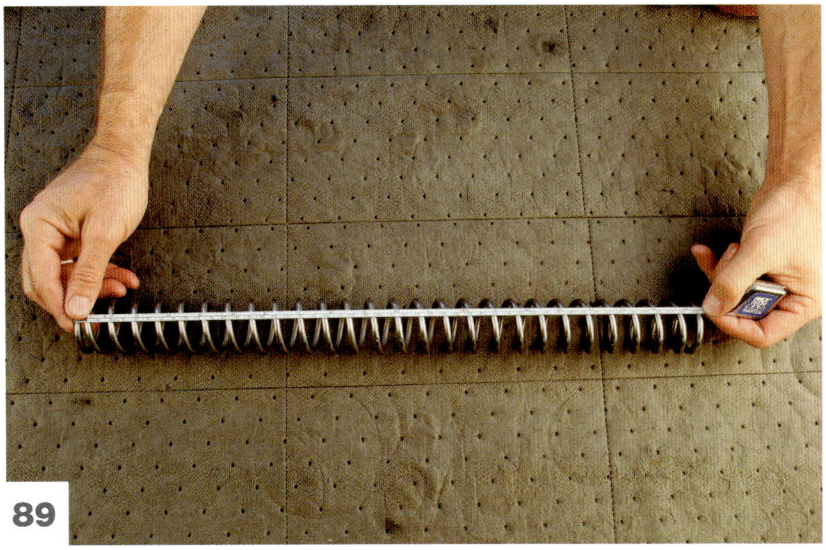

89

Während der Montage müssen wir die Federvorspannung berechnen. Messung der freien Federlänge.

90

Cartridge in die Feder schieben und beides in das Gabelrohr einführen.

91

Der nächste Schritt beim Bestimmen der Vorspannung: Messung zwischen dem Außenrohr und einem leicht zu identifizierbaren Punkt an der Cartridge. Dieser Messwert wird verwendet, wenn die Bodenschraube installiert wird.

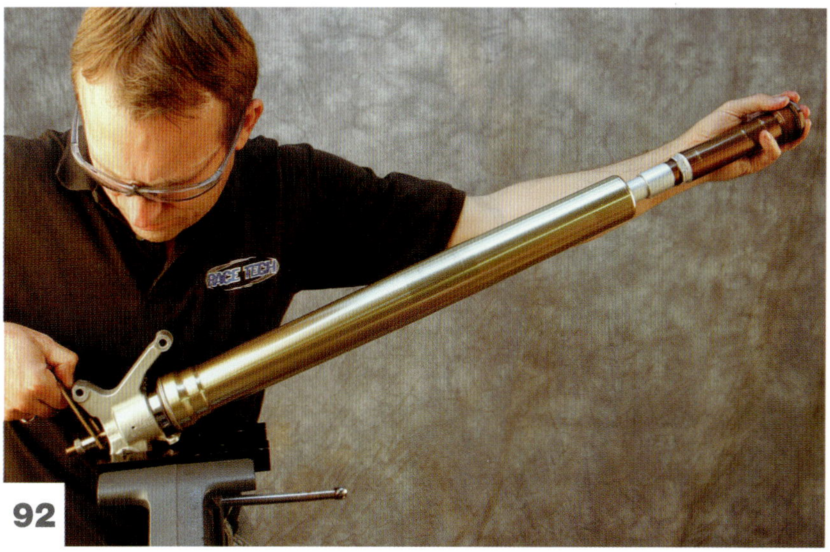

92

Die Feder zusammendrücken und den Kolbenstangenhalter einsetzen.

Einen Tropfen Loctite aufs Gewinde der Kolbenstange.

Den Zugstufen-Einsteller einsetzen. Mit einem kleinen Schraubendreher die Schraube fixieren, während man den Einsteller dreht.

Die Kontermutter festziehen.

Die Gabel zusammendrücken und das Haltwerkzeug entfernen.

Einen Tropfen Loctite auf den Einsteller.

Den Einsteller mit dem vorgeschriebenen Drehmoment anziehen.

99

Letzter Schritt in Sachen Federvorspannung: Da wir jetzt die Cartridge fixiert haben, ist die Feder auf die vorgesehene Länge vorgespannt worden. Noch einmal zwischen den von eben noch bekannten Punkten messen, die Differenz zwischen den beiden Messungen ergibt die Vorspannung.

100

Ölmenge mit einem Messbecher messen, da wir bei diesen Gabeln nicht das Luftpolster wie gewohnt messen können.

101

Das Öl in den Gabelholm einfüllen, Messbecher komplett leeren.

Verschlusskappe festziehen.

Die Druckstufe auf den vorgeschriebenen Wert entgegen dem Uhrzeigersinn einstellen.

Die Zugstufen ebenfalls im Gegen-Uhrzeigersinn einstellen.

Und die neuen Aufkleber nicht vergessen!

PROJEKT 4

Emulsions-Dämpfer

Schwierig-keitsgrad:

Zeitbedarf: A

Werkzeuge: Normales Handwerkzeug, Federpresse, Kolbenstangen-Halter, Dichtkopf-Werkzeuge, Stickstoff-Füllgerät, Motorrad-Ständer

Emulsionsdämpfer kann man praktisch an jedem Motorrad-Typ finden – ebenso an Quads. Typischerweise kommen sie bei allen Oldtimern zum Einsatz, aber auch noch an einigen modernen Motorrädern. Die Arbeit an diesen Dämpfern ist vergleichsweise einfach, muss man sich doch nicht mit der Einstellung von Trennkolben und Ähnlichem herumärgern.

Service Tipp: Auch die Lager in den Endaugen wollen genau in Augenschein genommen werden. Gummilager lösen sich mit der Zeit auf, was sich schließlich in einem etwas indifferenten Fahrverhalten äußern kann. Gleitlager wiederum können festgehen, was dem Fahrverhalten ebenfalls nicht zuträglich ist. Also, nicht vergessen!

1

Die Feder herunternehmen und den Druck mit Hilfe einer speziellen Stickstoffnadel ablassen. Es gibt auch Dämpfer mit Schrader-(Fahrrad-)Ventilen.

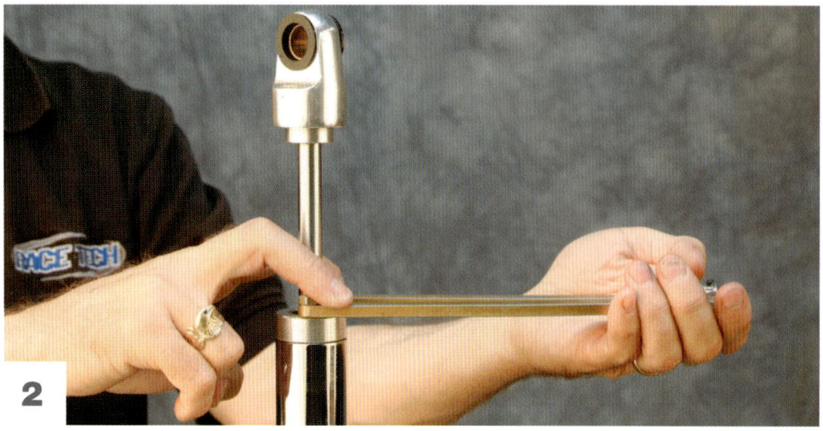

2

Den Dichtkopf lösen – es gibt Modelle mit geschraubtem Dichtkopf und solche, an denen der Dichtkopf mit einem Seegerring gehalten wird.

3

Die Dämpferstange mit dem Kolben aus dem Gehäuse ziehen.

4

Die Dämpferflüssigkeit ausgießen.

5

Alle Teile reinigen, eventuell Kolbenring und Dichtungen ersetzen und Dämpfergehäuse mit frischem Öl der richtigen Spezifikation füllen.

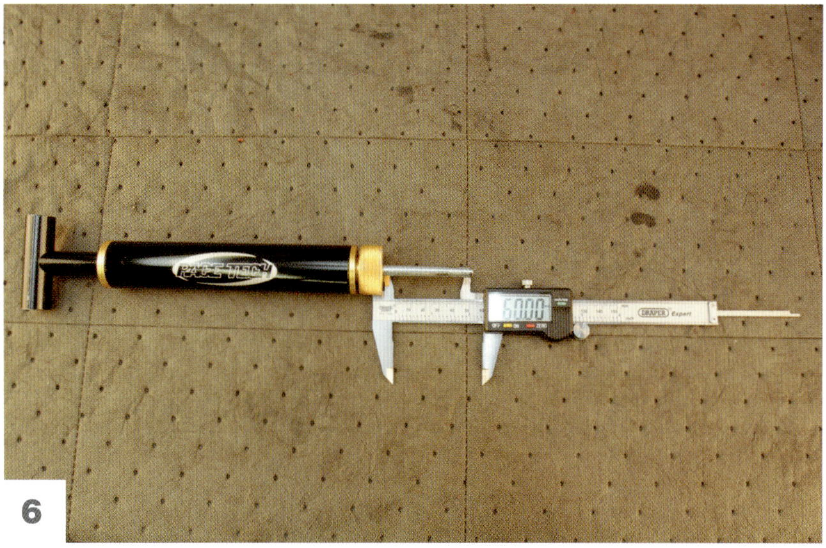

6

Ölniveau mit dem gleichen Werkzeug einstellen, das wir auch bei den Gabeln verwenden.

7

Die Einstellung des Ölniveaus ist wichtig, da das Luftvolumen über dem Öl größer sein muss als jenes, das durch die eintauchende Kolbenstange verdrängt wird.

8

Kolben und -Stange ins Gehäuse einführen.

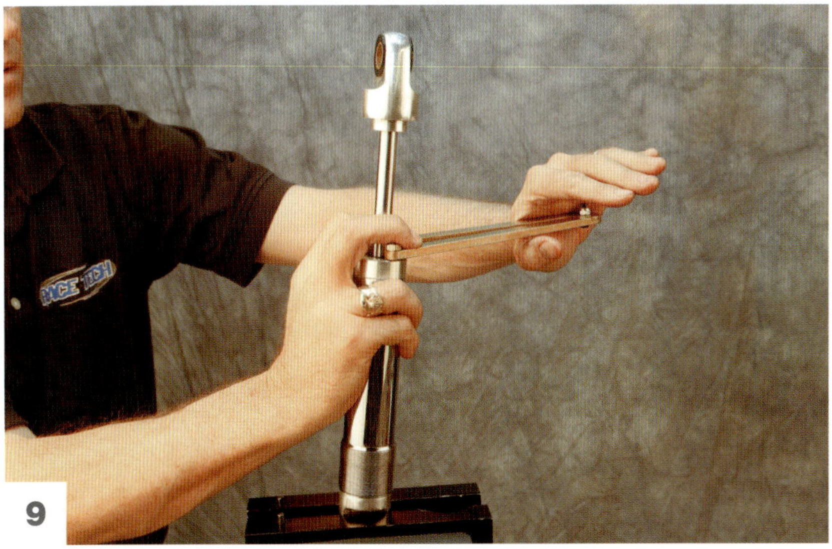

9

Den Dichtkopf anbringen und fixieren.

10

Den Dämpfer mit Stickstoff füllen.

11

Zusammendrücken – der Dämpfer sollte selbstständig und komplett ausfedern.

PROJEKT 5
Gasdruck-Dämpfer mit externem Reservoir

Schwierigkeitsgrad: 🔧🔧

Zeitbedarf: C

Werkzeuge: Normales Handwerkzeug, Federpresse, Kolbenstangen-Halter, Dichtkopf-Werkzeuge, Werkzeug für Trennkolben-Einstellung, Stickstoff-Füllgerät, Motorrad-Ständer

Dämpfer mit externem Reservoir gibt's an praktisch allen modernen Motorrädern und Quads. Im Reservoir finden wir entweder eine Gummiblase oder einen Trennkolben, der Öl- und Gasfüllung trennt.

Service Tipp: Dämpfer mit Aluminium-Gehäusen verschleißen häufig dort, wo der Kolben auf- und abgeht, mit der Folge, dass sich Metallabrieb im Öl wiederfindet. Man könnte die Aluminium-Gehäuse wieder neu anodisieren lassen. Auch die Anschlüsse und Dichtungen bei den Leitungen zu externen Reservoirs nicht außer Acht lassen.

Demontage

1

Das obere Endauge in einen Schraubstock einspannen - ohne es zu beschädigen. Das gesamte Dämpfer-Setting vor der Demontage notieren.

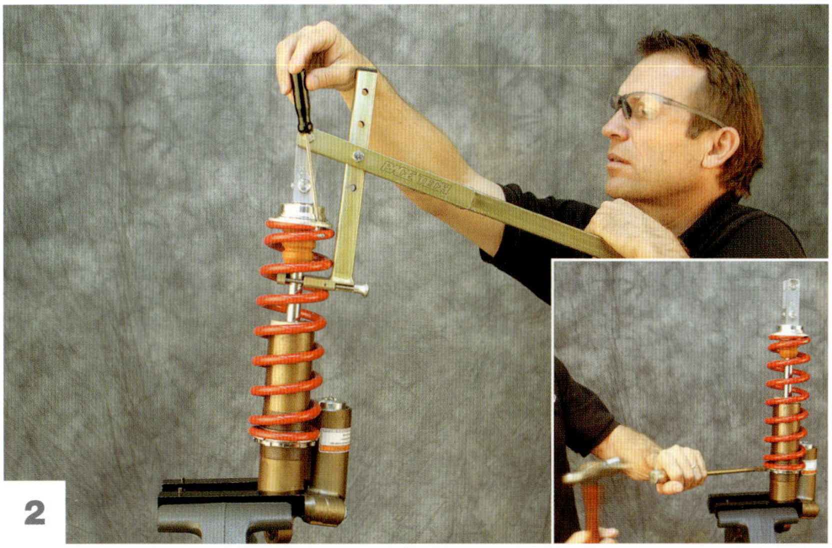

2

Mit einer Federpresse die Feder komprimieren.

3

Federclip entnehmen.

4

Federteller und Feder entfernen.

5

Dämpfer komplett zusammendrücken: Er sollte selbstständig und vollständig wieder ausfedern. Wenn nicht, dann ist entweder die Schaftdichtung, die Gummiblase im Ausgleichsbehälter oder ein defekter Kolbenring die Ursache.

6

Den Druck aus dem Reservoir ablassen, Ventil entfernen.

7

Den Deckel des Reservoir mit leichten Hammerschlägen lösen, Deckel nach unten drücken.

8

Sicherungsclip entfernen.

9

Deckel des Reservoir mit passendem Werkzeug entfernen.

10

Die Kappe auf dem Dämpfergehäuse lockern – einige Modelle verfügen über geschraubte Kappen, die meisten sind gepresst.

11

Dichtkopf herunterdrücken, um den Sicherungsring entfernen zu können.

12

Sicherungsring entfernen.

13

Die gesamte Kolbenstange samt Kolben aus dem Gehäuse ziehen.

14

Öl ausgießen.

15

Das Gewinde über der Mutter auf der Kolbenstange bis zur Mutter herunterfeilen – nicht bei Öhlins- oder WP-Dämpfern.

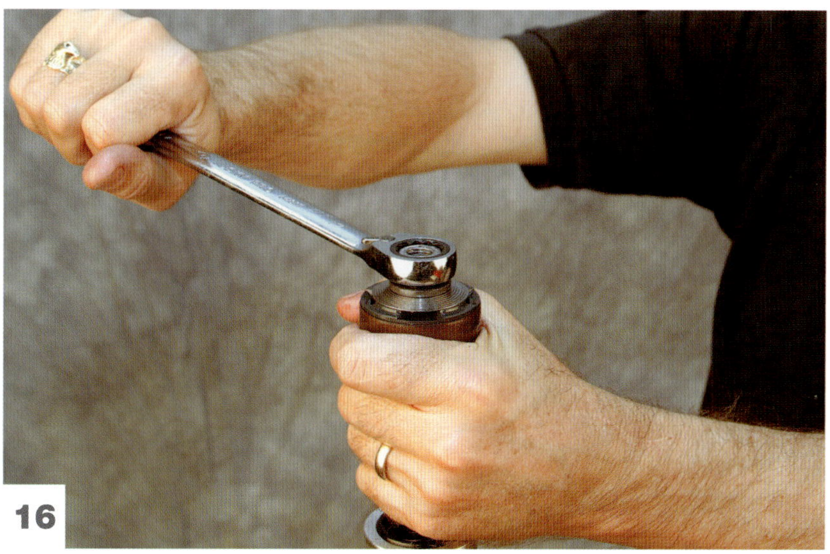

16

Die Mutter entfernen.

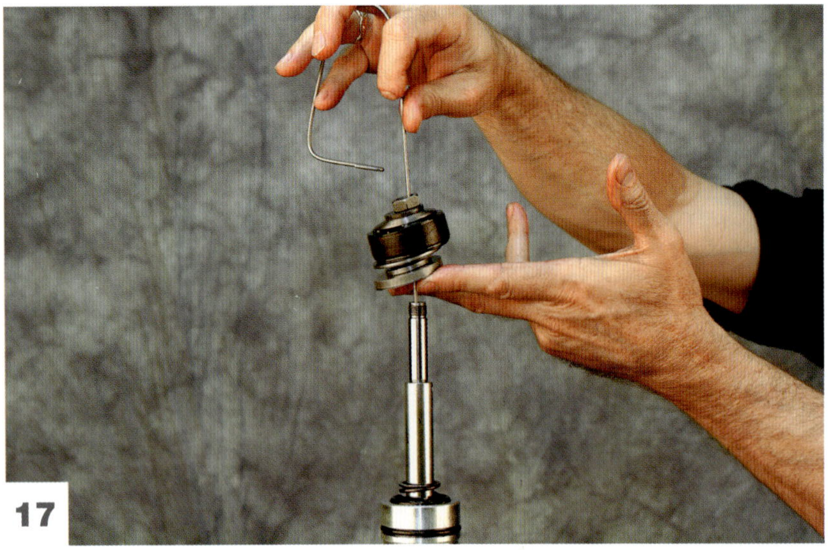
17

Die gesamte Einheit herunternehmen.

18

Das Ende der Dämpferstange entgraten.

19

Eventuell mit Drahtbürste nacharbeiten.

20

Druckluft durch die Bohrungen blasen, um die Kolbenstange zu reinigen.

21

Sauberes Gewinde

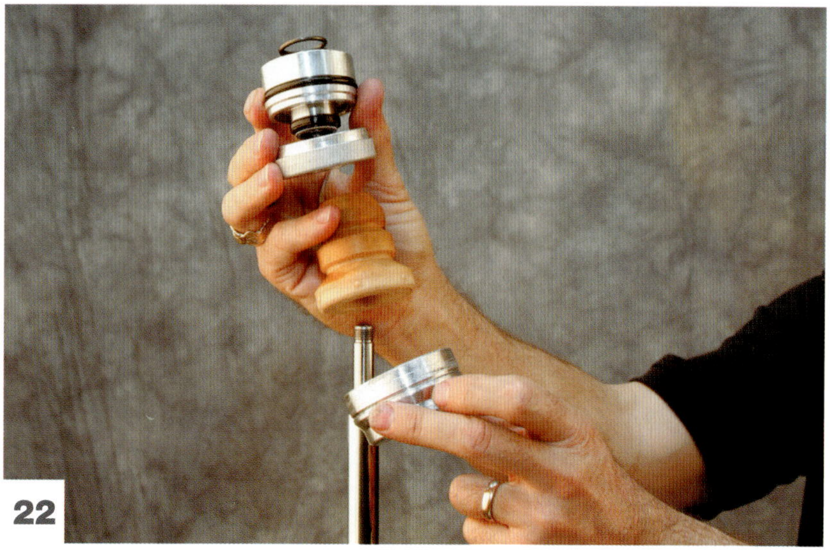

22

Dichtkopf, Deckel und Anschlaggummi abnehmen.

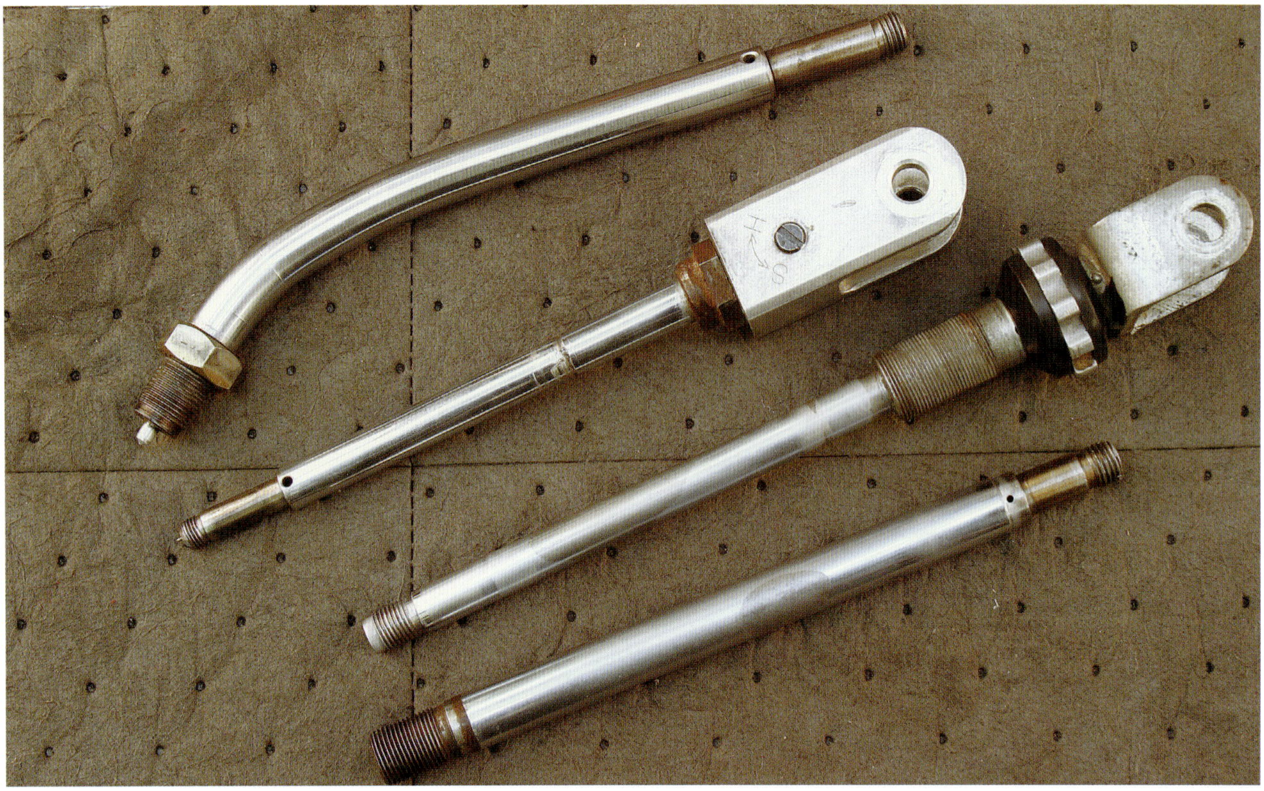

Ruhmeshalle zerstörter Kolbenstangen.

Die Anschlaggummis sind billig, aber wichtig. Nur der ganz rechte ist noch zu verwenden.

23

Die Kolbenstange wird mit 500er-Sandpapier poliert.

24

Wenn der Dämpfer eine Top-Out-Feder hat, wird diese jetzt entnommen.

25

Den inneren Anschlaggummi entfernen.

ABTEILUNG FAHRWERK-SERVICE

26

Viele Dämpfer verfügen gar nicht über einen internen Anschlag.

27

Den Dichtring entfernen.

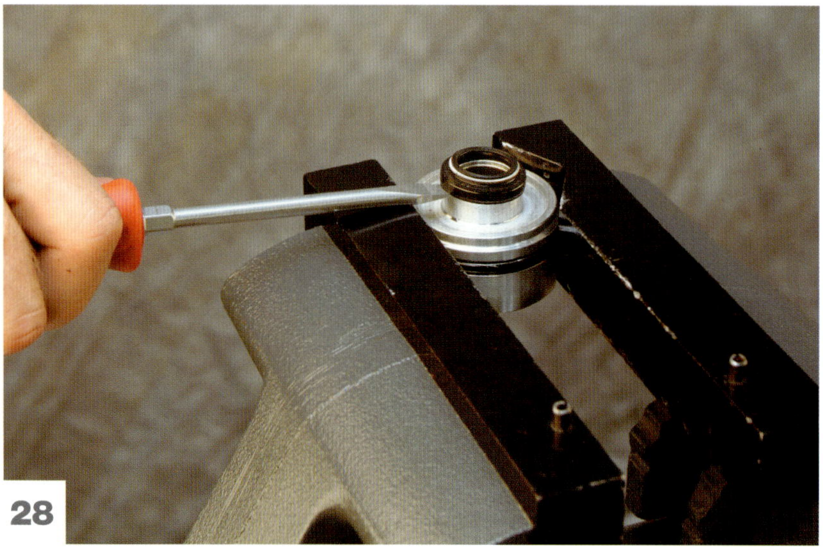

28

Auch die äußere Staubkappe entfernen.

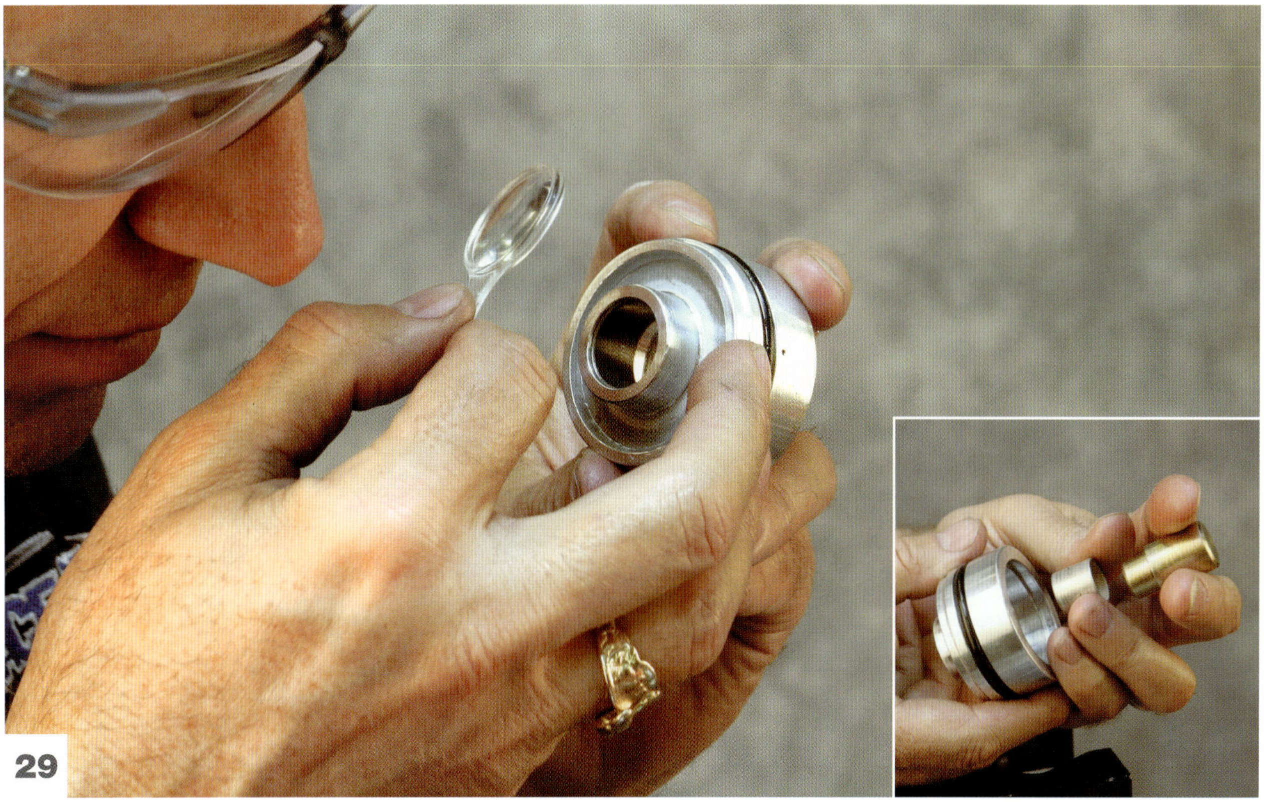

29

Die Lauffläche des Dichtkopfes sollte gecheckt werden, die Lager – oder auch der komplette Dichtkopf – können ersetzt werden.

Dieses Foto zeigt einen kompletten, aber zerlegten Dichtkopf.

Montage

30

Die Staubkappe wird mit einem speziellen Werkzeug angebracht.

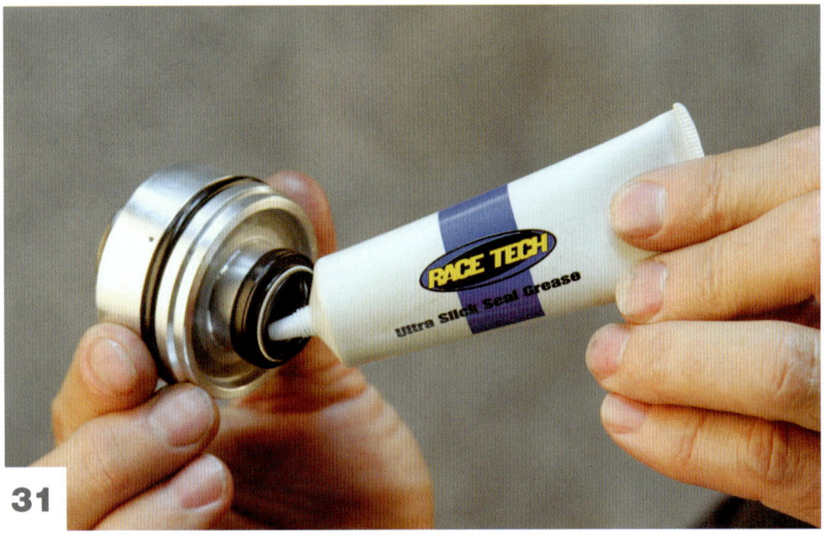

31

Den Dichtring fetten.

32

Den Dichtkopf mit Hilfe eines speziellen Kunststoffschutzes installieren.

33

Kolben und Shims werden gereinigt.

34

Die Grundplatte auf 280er-Sandpapier abziehen.

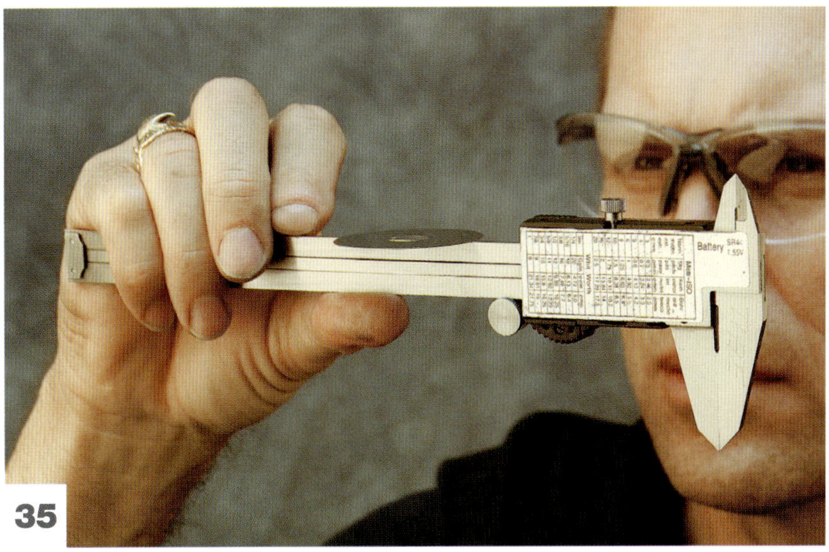

35

Alle Shims sollten auf Biegung oder sonstigen Verschleiß geprüft werden.

Installation des Shim-Pakets auf der Druckstufenseite.

Den Kolben sollte man auf beiden Seiten abziehen. Die Öffnungen für die Druckstufenseite sind größer als die für die Zugstufenseite.

Kolben einbauen, Zugstufen-Shims obenauf.

Auch die Zugstufen-Abschlussplatte abziehen.

Ein bisschen Loctite auf die Mutter.

Die Pakethöhe kontrollieren, die Mutter mit dem vorgeschriebenen Drehmoment anziehen.

Öl in den Ausgleichsbehälter füllen.

Montage der Gummiblase auf den Deckel des Ausgleichsbehälters.

Im Ausgleichsbehälter sollte soviel Öl sein, dass es beim Einführen der Gummiblase überläuft.

45

Den Deckel soweit runterdrücken, bis man die Nut für den Sprengring erkennen kann.

46

Den Sprengring wieder montieren.

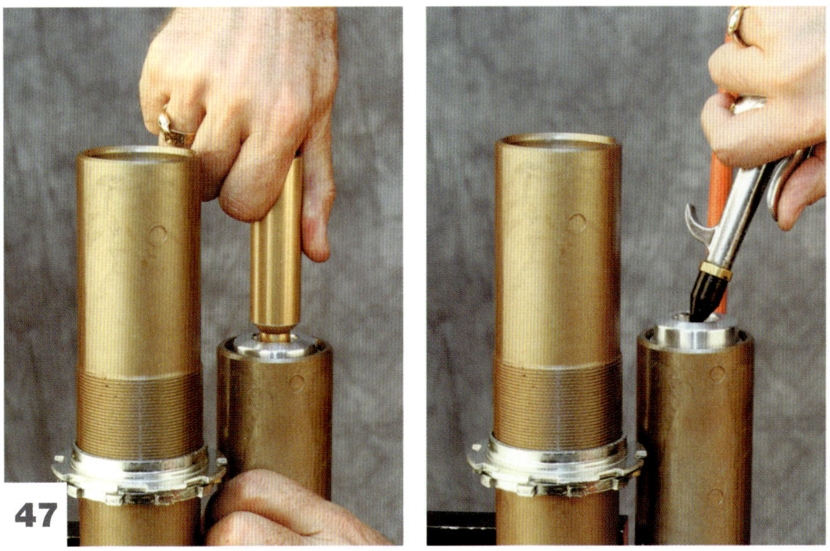

47

Den Deckel des Reservoirs mit einem speziellen Werkzeug – je nach Dämpfer-Hersteller – gegen den Sprengring zurückziehen.

Das Dämpfergehäuse mit Öl füllen – bis zirka 50 Millimeter unter den oberen Rand.

Die Kolbenstange samt Kolben in das Dämpfergehäuse einführen.

Öl bis auf zehn Millimeter unterhalb der Oberkante auffüllen.

51

Kolbenstange vorsichtig nach oben bewegen und kraftvoll wieder nach unten drücken.

Tipp: Mit leichten Hammerschlägen öffnen die Shims auf der Druckstufenseite leichter, die Luftblasen entweichen nach oben.

52

Nach dem Entlüften das Dämpfergehäuse bis oben hin mit Öl füllen.

Den Dichtkopf herunterdrücken, bis der O-Ring dichtet.

Jetzt den Ausgleichsbehälter entlüften.

Den Dichtkopf hinunterdrücken, bis die Nut für den Sicherungsring sichtbar wird. Alternativ zu dieser Methode kann man auch eine Vakuum-Füllmaschine benutzen, die aber recht teuer in der Anschaffung ist. Mit einer solchen Füllmaschine kann der Dämpfer „trocken" montiert werden.

Den Sicherungsring in die Nut einsetzen.

Das Reservoir leicht unter Druck setzen.

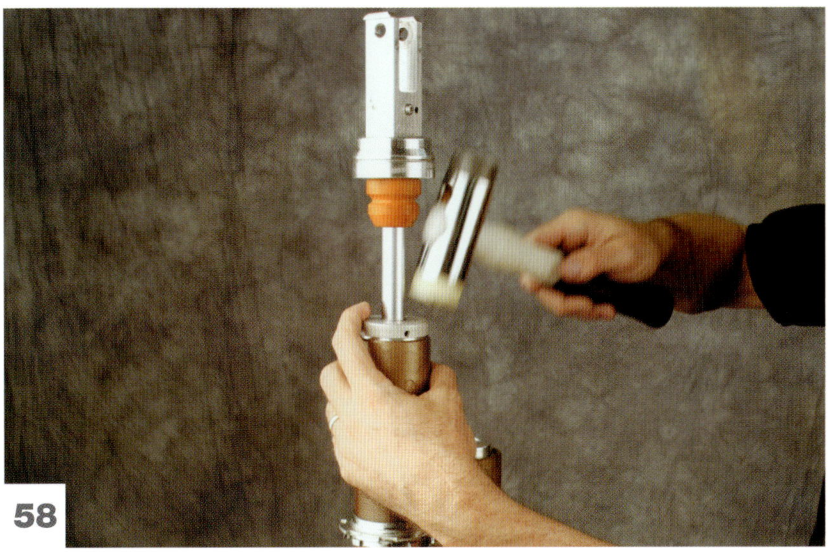

Den Deckel über dem Dichtkopf wieder einsetzen.

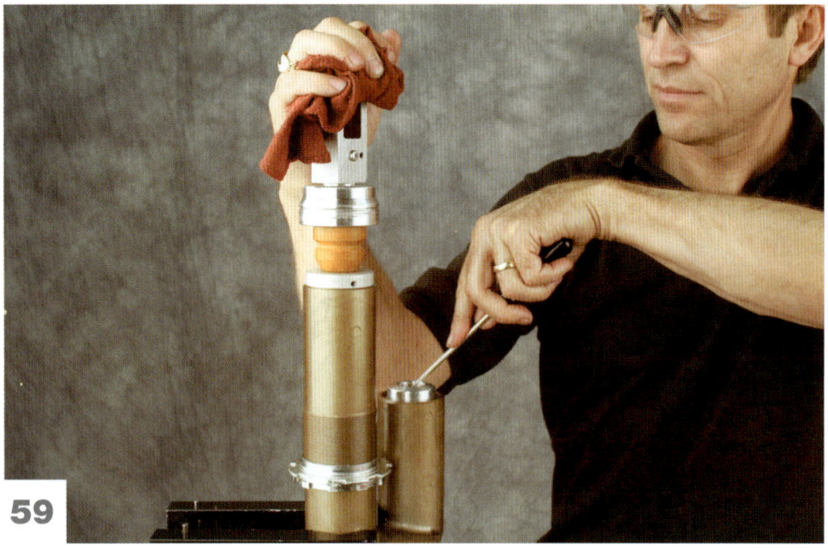

59

Den Dämpfer zusammendrücken und den Ausgleichsbehälter entlüften.

60

Den Ausgleichsbehälter wieder mit Stickstoff befüllen.

61

Bis zum korrekten Fülldruck füllen.

62

Den Dämpfer einfedern. Die Kolbenstange sollte bis zum Endanschlag selbstständig ausfedern. Wenn nicht, muss der Füllvorgang wiederholt werden.

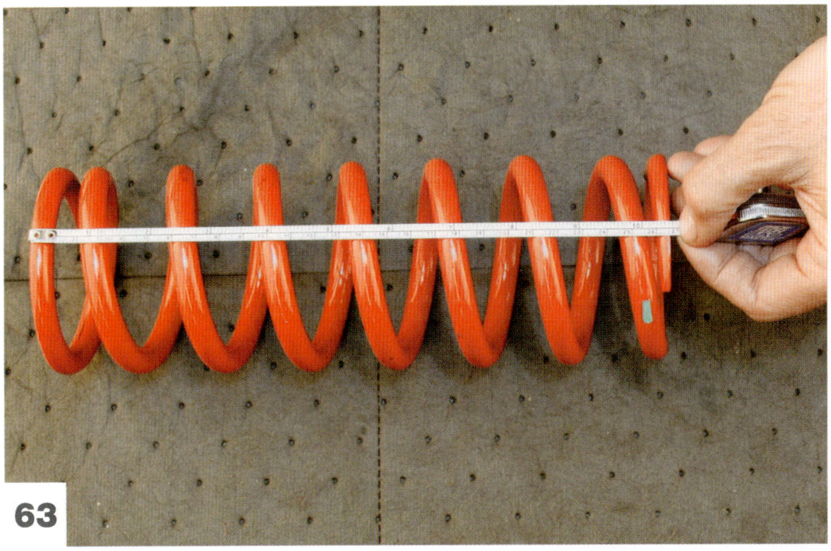

63

Messung der freien Federlänge.

64

Feder, Federteller und Sicherungsring einbauen.

65

Die gewünschte Federlänge einstellen.

66

Die beiden Rändelmuttern kontern.

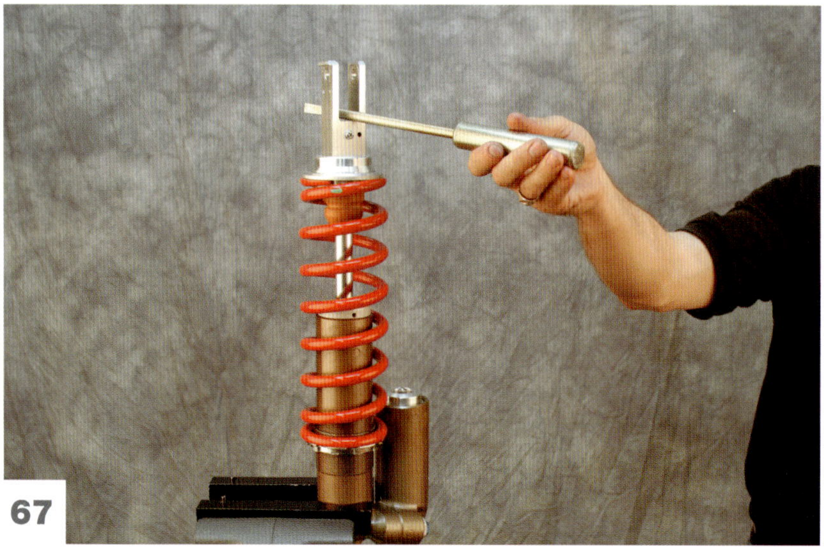

67

Die Endaugen parallel ausrichten.

68

Druckstufe und Zugstufe auf die gewünschten Werte stellen.

69

Aufkleber nicht vergessen!

PROJEKT 6
WP-PDS-Dämpfer

Schwierig-keitsgrad: 🔧🔧🔧

Zeitbedarf: C

Werkzeuge: Normales Handwerkzeug, Federpresse, Kolbenstangen-Halter, Dichtkopf-Werkzeuge, Werkzeug für Trennkolben-Einstellung, Stickstoff-Füllgerät, Motorrad-Ständer

PDS-Shocks – Progressiv Damping Shocks – gibt's von WP und auch von Öhlins. Verbaut werden sie meist an Offroad-Modellen. Sie zeichnen sich dadurch aus, dass sich ihre Dämpfung verstärkt, je weiter sie einfedern. Der normale Service sieht genauso aus wie bei normalen Gasdruck-Dämpfern, es sei denn, man möchte die Druckstufen-Nadel entfernen oder tauschen. Wir werden deshalb nur jene Dinge zeigen, die für diese Konstruktion einzigartig sind.

Service Tipp: Es wird eigentlich nie nötig, die Druckstufen-Nadel zu tauschen, es sein denn, man möchte sie gegen ein modifiziertes Exemplar tauschen.

Demontage

1

WP-PDS-Kolbenstange im Vergleich zu einem normalen System (links). Beim PDS-System findet man zwei Kolben.

Man beachte den Innendurchmesser der PDS-Kolbenstange. Die gezeigte Nadel verschließt die Kolbenstange, wenn sie das Ende des Federwegs erreicht.

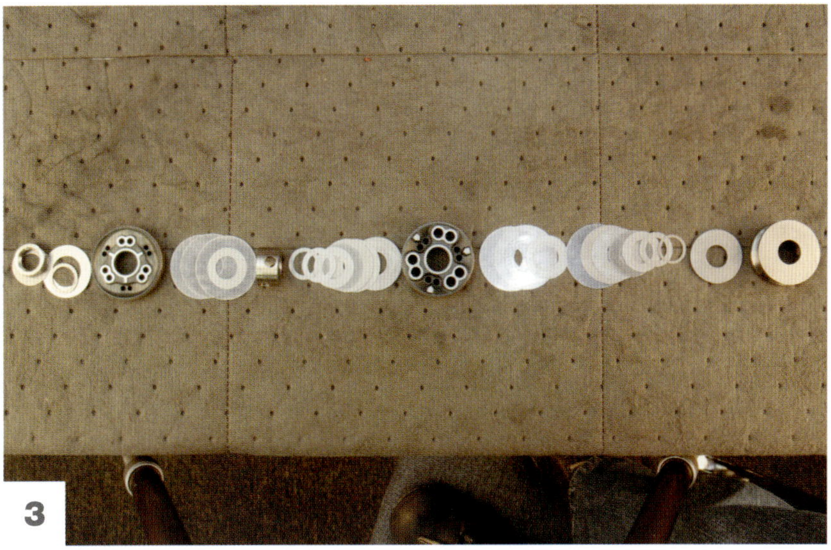

Die PDS-Bausteine im Detail.

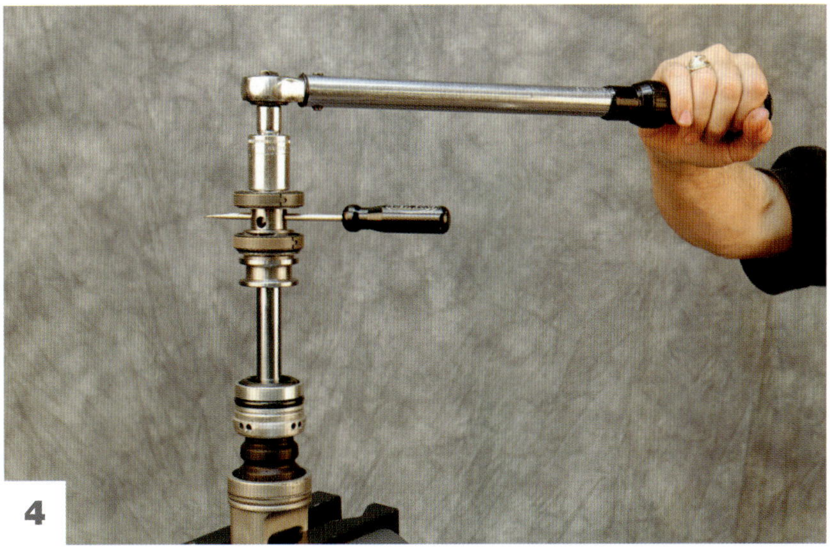

Wenn das PDS-System wieder montiert wird, muss man darauf achten, dass die Bohrungen in der Außenhülse mit denen auf der Kolbenstange fluchten.

5

Für den Tausch der Druckstufennadel kann man das hier gezeigte Werkzeug verwenden.

6

Dies sind die serienmäßigen Bauteile des Nadelsystems.

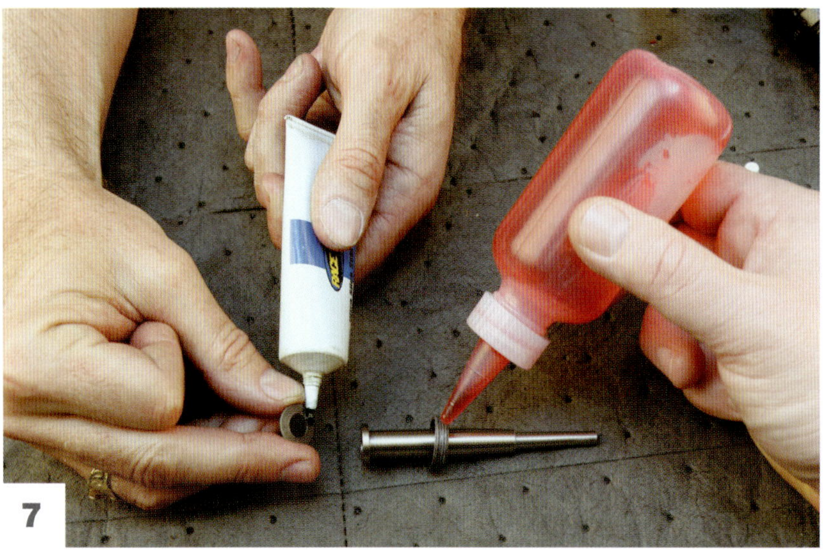

7

Im Gegensatz dazu die Race Tech Nadel. Ein bisschen Loctite vor der Montage an den Überwurf und ein wenig Fett an die Scheibe. Das Fett hält die Scheibe vorläufig am Ende der Nadel fest.

8

Die Nadel ins Werkzeug einsetzen.

9

Das Werkzeug mit der gesamten Nadel-Baugruppe in den Dämpfer einführen und festziehen.

10

Den Deckel vom Reservoir abnehmen.

11

Zwei Möglichkeiten, den Kolben aus dem Reservoir zu bekommen: Entweder einen kleinen Schraubenzieher durch die Entlüftungsbohrung stecken oder den Kolben mit einem Werkzeug ziehen, das in das Innengewinde des Kolbens passt.

Montage

12

Für die Montage des Trennkolbens gibt man zunächst ein 0,12 mm langes Fühlerlehrenband in den Ausgleichsbehälter, das das obenliegende Gewinde abdeckt, da dies ansonsten beim Einführen des Kolbens den Kolbenring immer zurückhält. Danach mit Öl auffüllen.

13

Jetzt den Kolben einführen.

14

Den Kolben ganz herunterdrücken.

15

Die Luft aus dem Reservoir herausdrücken, den Dämpfer dazu herumdrehen: So lässt sich die Luft herausdrücken.

16

Den Dämpfer mit Öl füllen, dabei leicht schräg halten, damit das Reservoir unterhalb des eigentlichen Gehäuses liegt.

17

Das Gehäuse bis zu einer Höhe von 40 Millimetern mit Öl füllen.

18

Ein bisschen Fett an den O-Ring vor der Montage des Deckels am Ausgleichsbehälter geben.

19

Für die WP-PDS-Dämpfer gibt's ein spezielles Füllwerkzeug, ohne das man den Dämpfer nicht mit Stickstoff befüllen kann.

20

Das Reservoir mit zirka drei Bar.

21

Den Dämpfer jetzt mit Öl bis zu einer Höhe von 40 Millimeter unter dem oberen Rand füllen.

22

Den Dämpfer-Kolben einführen.

23

Den Kolben kräftig und schnell nach unten drücken.

24

Tipp: Mit leichten Hammerschlägen öffnen sich die Druckstufen-Shims leichter, die unter dem Kolben hängende Luft entweicht besser.

25

Bis oben hin mit Öl auffüllen.

26

Den Dichtkopf montieren, dabei gleichzeitig den Druck am Ausgleichsbehälter wieder ablassen.

27

Den Sicherungsring montieren.

28

Den Dämpfer mit Stickstoff füllen. Hersteller-Angabe beachten.

29

Die Inbusschraube am Ausgleichsbehälter mit Hilfe des Werkzeugs festziehen.

30

Die Abdeckung über dem Dichtkopf montieren.

31

Es gibt zwei Alternativen zum Race Tech- oder WP-Original-Füllwerkzeug: Einmal das links gezeigte Teil, das die originale Inbusschraube ersetzt und mit einer normalen Stickstoffnadel gefüllt werden kann, oder eine alternative Reservoir-Kappe mit Schrader-(Fahrrad-)Ventil.

32

Diese beiden Bilder zeigen die Stellung des Trennkolbens vor und nach der Installation des Dichtkopfes. Der Trennkolben justiert sich mit dem Einbau des Dichtkopfes automatisch.

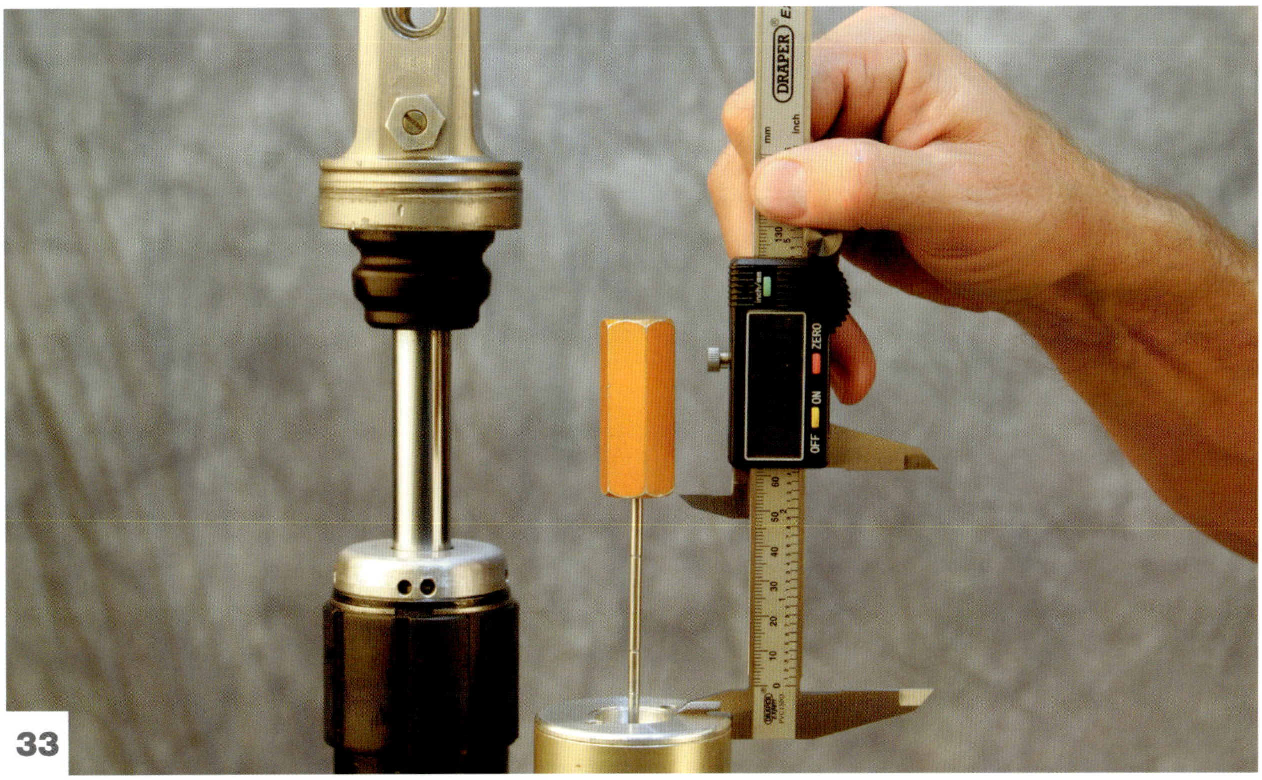

33

Die Höhe des Trennkolbens noch einmal überprüfen.

Anhang 1

TIEFERLEGEN

Aus mehreren Gründen kann es sinnvoll sein, ein Motorrad tiefer zu legen: Um die Sitzhöhe zu verringern, damit die Fahrerfüße besser auf den Boden kommen, um einer Wheelie-Neigung entgegenzuwirken (z.B. beim Dragracing), um ein Motorrad für einen anderen Einsatzzweck umzubauen (z.B. Supermoto-Umbau eines Crossers) oder einfach, um die Geometrie zu ändern.

Bei manchen Motorrädern reicht es schon, spezielle Distanzhülsen in Gabel oder Federbein zu verwenden. Aber die Angelegenheit kann auch ganz schön aufwändig werden – mit dem Ändern oder Austauschen von Federn oder spezieller Anfertigung von Teilen.

Grundsätzlich lassen sich alle Motorräder tieferlegen, deren Federelemente zerlegbar sind. Insbesondere an älteren oder sehr einfachen Motorrädern ist dies nicht immer der Fall, insbesondere, was die Federbeine angeht. Aber es gibt auch Gabeln mit versiegelter Cartridge.

In einigen Fällen besteht die Lösung darin, spezielle Stoßdämpfer mit weniger Federweg anzufertigen. Aber auch über Änderungen im Inneren lassen sich Stoßdämpfer verkürzen. Letztlich aber läuft ein Tieferlegen immer darauf hinaus, Gabel und Federbein zu kürzen. Zugleich heißt dies aber auch, dass der Umbau wieder rückgängig gemacht werden kann.

Allgemein gilt, dass, wenn man ein Motorrad tieferlegt, dies an Vorder- und Hinterhand im selben Umfang geschehen sollte. G.M.D. Computrack ist eine gute Adresse, um die richtige Fahrwerksgeometrie herauszufinden. Am besten lässt man bei der Gelegenheit gleich dazu das Fahrwerk vermessen.

Um ein Motorrad so abzusenken, dass Fahrer oder Fahrerin mit beiden Füssen den Boden erreichen, empfehle ich für den Anfang ein Absenken um 25 Millimeter. Immer wieder äußern Fahrer sich überrascht darüber, wie viel Unterschied eine so kleine Änderung schon bringt. Der Grund dafür, dass man erst einmal nicht weiter gehen sollte, liegt darin, dass Boden- wie Schräglagenfreiheit darunter noch nicht erheblich leiden, und auch die Reduzierung des Federwegs wird immer problematischer, je mehr man das Motorrad absenkt.

Wenn der Fahrer hingegen bereit ist, in all diesen Punkten Kompromisse einzugehen, kann eine Tieferlegung auch sehr viel größer ausfallen. Das absolute Limit liegt natürlich bei dem Wert, an dem die Federelemente im Normalzustand voll eingefedert sind. Auch sollte man sich im Klaren darüber sei, dass komplett neue (anstatt geänderte) Federn um so nötiger werden, je mehr man ein Motorrad tieferlegt.

Einige Motorräder sind schon serienmäßig tiefergelegt. Hier sollte man prüfen, ob man tatsächlich noch tiefer gehen will, denn Boden- und Schräglagenfreiheit sind beides wichtige Punkte in Sachen Fahrsicherheit.

Als nächstes möchte ich ausdrücklich betonen, dass ich kein Absenken über die Umlenkung empfehle! Auf diese Art und Weise wird der Federweg nicht reduziert, und dass heißt, dass das Rad beim Einfedern in Kontakt mit dem Schutzblech geraten kann. In einem solchen Fall kann ein Rad sich nicht mehr drehen, und die wahrscheinliche nächste Folge ist dann ein Sturz.

In einigen Fällen ist es möglich, die Umlenkung zu ändern – immer dann, wenn auch der Federweg, beispielsweise über eine externe Federwegbegrenzung, gekappt wird. Aber sobald man einen Dämpfer ohnehin zerlegt, macht es Sinn, die Tieferlegung nur über die Innereien vorzunehmen und die Umlenkung unangetastet zu lassen.

Wenn Sie einen Dämpfer um 5 Millimeter kürzen, sollten Sie sich immer vor Augen führen, dass Sie damit das Heck nicht um denselben Wert absenken. Der Grund hierfür liegt im Übersetzungsverhältnis der Umlenkung. Die meisten modernen Geländemaschinen heute arbeiten mit einem Übersetzungsverhältnis zwischen 3,1 : 1 und 4 :1. Bei einem Übersetzungsverhältnis von 3,1 bringt also ein 3-Millimeter-Spacer auf der Kolbenstange, der den Ausfederweg und damit das Federbein um 3 Millimeter verkürzt, ein um 9,3 Millimeter abgesenktes Heck.

Um herauszufinden, wie stark ein solcher Spacer sein sollte, gibt es ein relativ einfaches Verfahren. Bauen Sie die Feder aus und schieben Sie den Anschlagdämpfer so weit, bis er die Endkappe des Federbeingehäuses erreicht. Dann federn sie das Heck soweit ein, wie Sie es haben möchten – damit verschieben Sie zugleich den Anschlagdämpfer.

An dem Weg, den der Anschlagdämpfer zurückgelegt hat, können Sie nun exakt sehen, welche Stärke der Spacer haben sollte, den Sie brauchen. Wenn Sie ihn einbauen, sollten Sie darauf achten, dass der Ölfluss zum Low-Speed-Zugstufen-Einsteller nicht unterbunden wird. Fertige Anschlagdämpfer gibt es zu kaufen, meistens in 2 und 3 Millimeter Stärke, so dass man durch den Einbau mehrerer Spacer die gewünschte Stärke selbst bestimmen kann. Wenn Sie einen Spacer selbst anfertigen wollen, kann er natürlich auch aus einem Stück bestehen.

Um Gabel oder Feder zu verkürzen, kann es auch nötig sein, kürzere Federn zu verwenden. Wenn eine Gabel beispielsweise nicht über einen Feder-Distanzring verfügt oder die Distanzringe für die Vorspannung nicht weit genug zurückgenommen werden können, um die gewünschte Vorspannung zu erhalten, dann brauchen Sie kürzere Federn.

Wenn ein Fahrer die serienmäßige Federkraft haben möchte, dann muss die Federrate entsprechend geändert werden. So errechnen Sie die richtige Federrate: Multiplizieren Sie die Ausgangsfederrate mit dem Ausgangsfederweg und dividieren Sie diesen Wert durch den neuen Federweg: $k2 = k1 \times (d1/d2)$. Wie die richtige Federrate ausfallen sollte, hängt vom Geschmack des Fahrers ab – viele Fahrer ziehen eine weichere Feder vor.

Wenn Sie den Federweg verkürzen, sollten Sie auch bedenken, dass dann die Druckstufe nicht mehr so effektiv gegen ein Durchschlagen wirkt. Das heißt einfach, dass mehr Druckstufendämpfung gebraucht wird, damit ein Durchschlagen genauso effektiv wie zuvor unterbunden wird. Das macht eine Abstimmung natürlich härter – doch das wollen viele Fahrer nicht. Wenn das gekürzte Federbein für den Straßenbetrieb gedacht ist, wird sich das jedoch kaum in einer verstärkten Neigung zum Durchschlagen auswirken.

Wenn man einen 450er-Crosser in ein Rennmotorrad für den Straßenrennsport umbaut, muss man sowohl den Federweg kürzen als auch die Durchschlagbegrenzer verändern. Der Anschlagbegrenzer muss also verkürzt und verschoben werden. Weil aber nicht nur die Federraten verändert werden, sondern auch die Fahrwerksgeometrie ganz anders ausgelegt wird, ist dies ein Job, an den man nur einen Experten lassen sollte.

Geht es allein darum, dass Fahrerin oder Fahrer mit beiden Füßen auf den Boden kommen wollen, ist der Weg aber viel einfacher und komplikationsloser. Sowohl bei Straßen- wie auch Geländemotorrädern lässt sich die Sitzbank entweder abpolstern oder umformen. Das kostet auch um Einiges weniger. Auch die Breite der Sitzbank sollte hierbei berücksichtigt werden: Je breiter eine Sitzbank ist, um so schlechter erreicht man mit den Füßen den Boden. Wenn man so dem Ziel – oder Boden – näher kommt, Ist dies wahrscheinlich die beste Lösung.

Anhang 2

SCHWINGENLÄNGE

Betrachten wir als nächstes den Zusammenhang zwischen Schwingenlänge und Federrate. Dies ist die Gleichung hierzu:

$(L2/L1)^2 \times K1 \times K2$.

Dabei ist:
L1: Die Länge der Serien-Schwinge
L2: Die Länge der modifizierten Schwinge
K1: Die richtige Federrate für die Länge der Serienschwinge
K2: Die richtige Federrate für die Länge der modifizierten Schwinge

Es ist durchaus üblich, Motorrädern für manche Einsatzzwecke eine längere Schwinge zu verpassen: Dragracing, Hillclimbing, Fahren im Sand und so einiges mehr. Aber wenn man die Hinterachse nach hinten schiebt (oder auch schon, wenn man die Übersetzung ändert), verändern sich zahlreiche andere Dinge. Als erstes vergrößert sich das durch die Umlenkung erzeugte Hebelverhältnis (hier definiert als Radstand dividiert durch Federbeinhub). Das wiederum bedeutet, dass die effektive Federrate der Hinterradfederung reduziert wird.

Tuner denken in diesem Zusammenhang meistens an die Federrate des Federbeins. Aber wenn man die Feder an einem Federbein wechselt, ist dies nur eine Art, die Federrate der Hinterradfederung zu verändern – und diese definieren wir als Federrate dividiert durch das Übersetzungsverhältnis der Hebelumlenkung. Um bei Verwendung einer längeren Schwinge dieselbe Federrate an der Hinterradfederung beizubehalten, muss die Federrate des Federbeins erhöht werden. Die oben gezeigte Formel hilft dabei, die nötige Veränderung der Federrate zu errechnen.

An dieser Stelle sei darauf hingewiesen, dass K1 zwar die korrekte Federrate für die Serienschwinge ist, jedoch nicht zwangsläufig auch die Serien-Federrate sein muss.

Wenn man die Schwinge verlängert, wächst auch der Federweg. Hierbei handelt es sich um ein lineares Verhältnis – dass heißt: Wenn man die Länge der Schwinge verdoppelt, verdoppelt sich damit auch der Federweg. Das bedeutet aber auch, dass eine Rückkehr zum Ausgangs-Federweg nur über die Verkürzung des Federhubs des Dämpfers führt. Dies kann auf zweierlei Arten geschehen: Über Spacer auf der Kolbenstange, die das vollständige Ausfedern verhindern oder externe Spacer zwischen Anschlagdämpfer und Federbeinauge. Die zweite Methode vergrößert die Länge nach dem Einfedern.

Im Falle einer längeren oder verlängerten Schwinge ist eine Kombination aus beiden Methoden der sinnvollste Weg. Der Grund dafür liegt darin, dass die Schwingenlänge Auswirkungen auf die Bodenfreiheit an der Front und am Heck hat. Bei einer Zunahme der Schwingenlänge und positivem Ausfederwinkel (der Schwingendrehpunkt befindet sich oberhalb der Hinterachse) wächst die Bodenfreiheit am Heck. Wenn aber das Heck so hoch sein soll wie zuvor, muss das Federbein kürzer sein. Um wie viel es kürzer sein muss, wird definiert durch das Übersetzungsverhältnis der Umlenkung.

Wenn der Ausfederwinkel der Schwinge negativ wird, wenn das Heck schon beinahe durchschlägt, dann wird eine längere Schwinge beim Durchschlagen zu einer geringeren Bodenfreiheit führen. Damit wird auch der Abstand zwischen Reifen und Schutzblech bzw. Kotflügel kleiner und somit auch eine Berührung zwischen beiden wahrscheinlicher. Das kann dazu führen, dass das Rad sich nicht mehr dreht und der Fahrer vom Motorrad geschleudert wird.

Die Lösung besteht hier darin, den Anschlag beim Einfedern zu verschieben, indem man die Einfederlänge des Federbeins durch einen externen Spacer zwischen Anschlagdämpfer und Federbeinauge begrenzt.

Die mit dieser Formel errechnete Federrate wird dieselbe Kraft am Hinterrad erzeugen wie beim Serien-Federweg. Das heißt: Wenn man den Hub des Federbeines verringert, um damit ein Ansteigen des Übersetzungsverhältnisses zu kompensieren und dann am Ende den ursprünglichen Federweg hat, dann hätte man auch beim Einfedern bis zum Anschlag dieselbe Federkraft.

Denken Sie daran, dass ein Vergrößern des Übersetzungsverhältnisses durch eine längere Schwinge mehr Dämpfung braucht. Hierfür gibt es zwei Gründe. Erstens: Eine größere Hebelwirkung braucht auch mehr Dämpfung (genauso wie eine größere Federrate). Zweitens: Bei gleichbleibender Geschwindigkeit des Hinterrades arbeitet auch das Federbein langsamer. Die geringere Geschwindigkeit des Dämpferkolbens führt aber dazu, dass die Dämpfung sich verringert, obwohl eigentlich mehr Dämpfung benötigt würde. Das ändert man am besten durch andere Shims im Federbein.

Durch eine Verlängerung der Schwinge verringert sich auch das Einfederverhalten. Mehr Einzelheiten hierzu finden Sie im Geometrie-Kapitel.

Bei einigen Umbauten geht die Verlängerung der Schwinge einher mit einem gesamten Tieferlegen des Motorrades. Wenn man sich dafür entscheidet, sollte man jedoch ein paar grundsätzliche Überlegungen anstellen. Ich halte nichts von einem Tieferlegen über die Umlenkung, weil dies zu Problemen mit der Bodenfreiheit oder zu durch Kotflügel oder Schutzblech blockierten Rädern führen kann.

Anhang 3

GLOSSAR

Achsversatz (auch Achs-Offset)
Abstand zwischen der Mittelachse der Gabel und Mittelachse der Vorderradachse (am häufigsten im Geländebereich verwendet).

Anodisieren (auch Eloxieren)
Eine Form des Beschichtens von Aluminium, entweder kosmetischer Natur – wie beim farbigen Anodisieren – oder funktionaler Natur – wie beim Hart-Eloxieren.

Anschlag-Dämpfer
Dämpfereinheit aus Gummi oder Urethan – weit verbreitet in Federbeinen, wo sie als Puffer dient, wenn beim Einfedern der komplette Federweg aufgebraucht wird. Der Puffer arbeitet im Prinzip wie eine zweite Feder parallel zur Hauptfeder und erhöht so die Gesamt-Federkraft. Aufgrund des verwendeten Materials funktionieren sie nach einer gewissen Zeit nicht mehr einwandfrei und sollten ausgewechselt werden.

Anschlag-Konus
Hydraulisches Hilfsmittel, das den Widerstand der Dämpfung erhöhen soll, bevor das Federelement durchschlägt.

Anti-High-Side-Feder
Lange weiche Top-Out-Feder, die insbesondere in für den Straßenrennsport gebauten Federbeinen anstelle eines Top-Out-Anschlagdämpfers verwendet wird. Wurde von Öhlins entwickelt.

Anti-Dive-System
Mechanisches oder hydraulisches System, das das Eintauchen der Gabel beim Anbremsen verringern soll. Hydraulische Anti-Dive-Systeme unterscheiden sich in ihrer Konstruktion, aber bei allen wird die Dämpfungs-Druckstufe beim Bremsen erhöht. Aktiviert werden sie zumeist durch auf den Radzylinder einwirkende Bremskraft oder einen Druckanstieg in den Bremsleitungen. Anti-Dive war bei Motorrädern in den 80er Jahren sehr populär, kommt aber heute seltener zum Einsatz, da es die Gabel insbesondere auf Unebenheiten mit eckigem Querschnitt verhärtet. Bei Drucklegung dieses Buch wird die Honda Gold Wing noch serienmäßig damit ausgeliefert.

Ausgleichsbehälter
Teil eines Stoßdämpfers (auch extern), in dem eine Membrane oder ein Kolben das Öl von dem komprimierbaren Gas trennt. Als Gas wird in der Regel unter hohem Druck komprimierter Stickstoff verwendet. Dieses Prinzip ermöglicht, dass die Kolbenstange im Dämpfer das Öl bewegt – denn komprimieren lässt es sich nicht.

Ausgleichsbehälter mit Kolben
Eine Form des Ausgleichsbehälters, in dem Flüssigkeit und Gas durch einen schwimmenden Kolben getrennt gehalten werden.

Äußere Gleitbuchse
Innen teflonbeschichtete Buchse (Hülse), die am oberen Ende des Standrohrs unterhalb des Simmerrings montiert wird.

Bladder
Ausgleichsbehälter in Form eines Balges, in dem Flüssigkeit und Stickstoff durch eine flexible Membrane getrennt werden.

Bleed
Freie Öffnungsbohrung, durch die Flüssigkeit leicht, aber mit geringer Geschwindigkeit hindurchfließen kann.

Bohröffnung
Öffnung in Federbeinen und Cartridge-Gabel, durch die Öl fließt. Je nach Querschnitt wird hierdurch in Zweirohrgabeln die Dämpfkraft im Quadrat der Dämpfgeschwindigkeit erzeugt. In anderen Worten: Wenn sich die Dämpfgeschwindigkeit verdoppelt, wachsen die Dämpfkräfte im Quadrat der Geschwindigkeit (damit um ein Vierfaches). Dies ist zugleich der progressivste Typus von Dämpfung in einfachen Gabeln und Federbeinen.

Bündiges Shimpaket
Bei dieser Variante eines Shimpakets haben alle Shims mit Ausnahme des (im Durchmesser kleineren) Übergangs- oder Halteshims denselben Durchmesser.

Cartridge-Gabel
Moderne Gabelkonstruktion, aufwändiger als die Zweirohrgabel, die mit aus Shims zusammengesetzten Kolben arbeitet. Je nach Grad des Ein- oder Ausfederns geben die Shims nach. Das erlaubt den Herstellern, die Dämpfungskurve weniger progressiv ansteigen zu lassen als bei einer Zwei-Rohr-Gabel. Achtung: Schlecht konstruierte Cartridge-Gabeln haben eine ähnliche Dämpfungskurve wie Zweirohr-Gabeln. Ursprünglich von Showa gebaut, wird die Bezeichnung gelegentlich ebenfalls für Gabeln ähnlicher Bauweise anderer Hersteller benutzt.

Check valve
Siehe Rückschlagventil

Clamping shim
Siehe Halte-Shim

Crossover-Shim (auch Übergangs-Shim)
Bei einem zweistufigen Shimpaket wird so der kleine Übergangs-Shim bezeichnet, der den Low-Speed-Shimstack vom High-Speed-Shimstack trennt.

Dämpfer
Siehe Federbein

Dämpferstange (auch Kolbenstange)
Hauptbauteil in einem Federbein. An einem Ende befinden sich Kolben und Shims, am anderen das Befestigungsauge. Die Dämpferstange ist üblicherweise aus Haltbarkeitsgründen hartverchromt.

Dämpfung
Dämpfung verwandelt mechanische Energie in Wärme, indem sie einer Flüssigkeit einen Widerstand entgegensetzt, den diese überwinden muss. Die Dämpfung wird erzeugt, indem das Öl durch Bohrungsöffnungen oder komplexere Ventilsysteme geleitet wird. Größe und Gestalt der Kanäle und Ventile sowie die Viskosität der Flüssigkeit bestimmen, wie stark die Dämpfung ist. Wieviel Dämpfung erzeugt wird, hängt davon ab, mit welcher Geschwindigkeit die Federelemente ein- oder ausfedern.

Dämpfungskreislauf
Physikalischer Verlaufspfad für Dämpfungsflüssigkeit, über den Widerstand erzeugt wird. In einem Federbein oder einer Cartridge-Gabel finden sich fünf und mehr Kreisläufe für die Druckstufe und drei und mehr für die Zugstufe. Die Wirkungen, die in jedem Pfad erzeugt werden, überschneiden sich in aller Regel. Das verschafft Flexibilität beim Einstellen, macht diese aber manchmal auch etwas unübersichtlich.

Dämpferkolben
Das Ventil, auf dem die Shims aufgebaut werden. Es wird an seinem Außenumfang mit einem Kolbenring oder O-Ring abgedichtet. Der Kolbenring besteht üblicherweise aus einem Teflon-Material, wenn der Kolben sich in einer Kammer auf- und abbewegt (wie bei einem Federbein oder dem Zugstufenkolben in einer Cartridge-Gabel). Bei einem Druckstufen-Kolben in einer Cartridge-Gabel ist dieser stationär und wird daher mit einem O-Ring abgedichtet.

Dämpferstangen-Gabel (auch Zweirohr-Gabel)
Einfachste Gabelkonstruktion, auch „Zweirohr-Gabel" genannt. Im Grunde genommen handelt es sich dabei um ein Rohr mit Löchern darin, über die Zug- und Druckstufendämpfung erzeugt werden. Das physikalische Grundprinzip, dass Dämpfung erzeugt wird, indem eine Flüssigkeit durch Öffnungen gedrückt wird, führt hier zu einer sehr progressiven Dämpfungskurve. Durchschlagen und harte Federung sind daher für diese Gabeln typisch.

De Carbon-Dämpfer
Unter Hochdruck befüllter Stoßdämpfer, wie er 1953 von Christian Bourcier de Carbon erfunden wurde. Er arbeitet mit einem schwimmenden Kolben, der das Öl von einem unter Hochdruck stehenden Gas (üblicherweise Stickstoff) trennt. Dadurch soll Kavitation beim High-Speed-Dämpfungsvorgang vermieden werden. Heute wird der Name „de Carbon"-Dämpfer generell für alle Federbeine verwendet, in denen Öl und Stickstoff durch einen Kolben oder eine Membrane voneinander getrennt werden.

Delta-Ventil
Gabelventil zum Nachrüsten, das Race Tech anbietet. Es wird insbesondere im Gelände eingesetzt und erlaubt es, Low-Speed- und High-Speed-Druckstufendämpfung getrennt einzustellen.

DLC
Kurzform für Kohlenstaubbeschichtung, hergeleitet aus „Diamond like Carbon".

Dreistufige Progression (siehe zweistufige Progression).
Funktioniert wie das zweistufige Prinzip mit dem Unterschied, dass nicht zwei, sondern drei Federhärten verwendet werden. Üblicherweise werden hierzu die drei Federn aufeinandergesetzt.

Dreistufiges Shimpaket
Ein solches Shimpaket ist ähnlich aufgebaut wie ein zweistufiges Shimpaket, unterscheidet sich jedoch dadurch, dass zwei Übergangs-Shims verwendet werden. Damit hat man jeweils ein Shimpaket für High-Speed, Mid-Speed und Low-Speed.

Druckstufe
Bewegung der Federelemente, wenn das Rad auf eine Unebenheit trifft und dadurch einfedert. Kann auch als „Kompression" bezeichnet werden.

Druckstufeneinheit
Die vollständige hydraulische Einheit, über die der Ölstrom beim Einfedern kontrolliert wird.

Druckstufen-Dämpfung
Der Dämpfungsvorgang, der beim Einfedern erzeugt wird. Weil Dämpfung stark geschwindigkeitsabhängig ist, wird in aller Regel differenziert zwischen Low-Speed- und High-Speed-Druckstufendämpfung.

Durchschlagen
Aufbrauchen des vollständigen Federwegs bis zum Anschlag.

Dynamische Reibung
Reibung, die durch Bewegung zwischen zwei Flächen entsteht.

Einbaulänge
Die Länge einer Feder in eingebautem, nicht eingefedertem Zustand. Die freie Länge minus Vorspannung ergibt die Einbaulänge.

Einsteller (auch Klicker)
Externe Einsteller für die Dämpfung. Mit ihnen werden üblicherweise Low-Speed-Zugstufendämpfung oder Low-Speed-Druckstufendämpfung an Gabeln eingestellt. An Federbeinen bzw. Stoßdämpfern dienen sie in der Regel zum Einstellen von Low-Speed-Zugstufe und High-Speed-Druckstufe. Das Einstellen geschieht entweder mit (zu zählenden) Klicks (zumeist Viertel-Umdrehung) oder stufenlos. In diesem Fall müssen die Umdrehungen gezählt werden, um die die Einsteller hinein- oder herausgedreht werden.

Einstufiges Shimpaket
Ein einstufiges Shimpaket besteht aus bündigen oder konusförmigen übereinander angeordneten Shims mit einem Halteshim am Ende.

Eintauchen
Das Einfedern der Gabel beim Anbremsen. Bei zahlreichen alternativen, mechanischen Vorderradaufhängungen wird das Eintauchen mechanisch unterbunden. Der Begriff wird in der Regel dann verwendet, wenn das Einfedern zu stark ist.

Emulator
Siehe Gold Valve Cartridge Emulator.

Emulsion
Mischung aus Öl und Luft. Emulsions-Dämpfer weisen weder einen Kolben noch eine Membran zwischen Flüssigkeit und Stickstoff auf. Solche Dämpfer sind günstiger in der Herstellung als solche mit einem Ausgleichsbehälter. Sie neigen zum Aufschäumen und sind nicht für hohe Belastungen, wie sie im Wettbewerb auftreten, geeignet.

Feder
Mechanische Einheit, die Energie speichert, wenn ihre Form verändert wird. In der Regel hat sie die Form einer Spirale, aber sie kann auch blattförmig sein. Federn werden typischerweise aus Chromsiliziumstahl hergestellt, aber auch Titan- und Kohlefaserfedern sind anzutreffen. Auch Luft kann als Feder verwendet werden. Federn sind positionsabhängig und speichern Energie.

Federbein
Hydro-mechanische Konstruktion, in der Flüssigkeit Widerstand erzeugt. Der Schlüssel liegt darin, dass die Dämpfkraft geschwindigkeitsabhängig ist. Die kinetische Energie wird in Wärme umgewandelt.

Federbeingehäuse
Äußerer Zylinder eines Federbeins. Er besteht normalerweise aus Stahl oder Aluminium.

Federbeinumlenkung
Kombination von mechanischen Hebeln, die den Hebel verändert, mit dem das Rad auf das Federbein wirkt.

Federrate
Härte einer Feder (siehe auch: zweistufig, linear und progressiv), grafisch dargestellt durch die Form der Durchbiegungskurve.
K = _F /_ D
K: Mittlere Federrate (gemessen in Kilogramm/Millimeter oder Pfund/Zoll)
_F: Kraftveränderung (in Newton, Kilogramm oder Pfund) zwischen zwei Messpunkten
_D: Hubveränderung (in Millimetern oder Zoll) zwischen zwei Messpunkten

Freie Länge
Die Länge einer vollständig entspannten Feder (nicht in der Gabel eingebaut, nicht unter Druck stehend).

Freier Negativfederweg
Der Federweg, den das Motorrad durch sein eigenes Gewicht (ohne Fahrer) beansprucht. Wenn der statische Negativfederweg korrekt, der freie Negativfederweg jedoch zu groß ist, ist die Feder zu hart (nicht zu weich).

Gabelbuchse
Reibungsarme, krafttragende Hülse. Moderne Gabelbuchsen bestehen aus bronzebeschichtetem Stahl und sind mit einer Teflon-Schutzschicht versehen. In den meisten Gabeln kommen zwei Buchsen pro Holm zum Einsatz. Frühe Telegabeln verfügten nicht über solche Buchsen und waren daher noch reibungsempfindlicher als heutige Gabeln.

Gabelversatz
Der Abstand zwischen der Mittellinie durch das Steuerkopfrohr und der Vorderachse, im rechten Winkel zur Lenkachse gemessen. Je größer der Versatz ist, um so größer ist bei gleichbleibender Rahmengeometrie der Nachlauf. Der Gabelversatz wird üblicherweise in Millimetern gemessen.

Gefedertes Gewicht (auch gefederte Massen)
Gewicht des Motorrades oberhalb der Feder, einschließlich eines Teils des Gewichts der Feder.

Gewichtsverteilung
Normalerweise die Verteilung des Gewichtes auf Vorder- und Hinterrad. Sie kann in beladenem oder unbeladenem Zustand (mit oder ohne

Fahrer) gemessen und angegeben werden. Es gibt auch eine Verteilung der gefederten Massen, mit der die dynamische Reaktion von Fahrzeugen errechnet wird.

Gold Valve
Hochleistungs-Kolben für Gabeln oder Federbeine, hergestellt von Race Tech.

Gold Valve Cartridge Emulator
Nachrüstventil für Zweirohr-Gabeln, das dieser die Druckstufen-Dämpfungskurve wie bei einer Cartridge-Gabel verleiht.

Grundplatte
Starker Teller- oder Zwischenring, auf dem ein Shimpaket aufgebaut wird.

Grundventil (auch base valve)
Die Druckstufen-Dämpfungs-Einheit bei Cartridge-Gabeln oder an älteren Zweirohr-Gabeln.

Härte
Unkomfortables Holpern in Gabel oder Federbein, das beim Einfedern auftritt. Es kann durch unterschiedliche Faktoren verursacht werden, so etwa durch zuviel High-Speed-Druckstufendämpfung, zuviel Reibung, zuviel Low-Speed-Zugstufendämpfung, die zu „Packing" führt, zu harte Federrate, zuviel Federvorspannung, verklemmende Gabelholme, zuviel Reibung, schlechtes Hydrauliköl in der Gabel oder schlechter Zustand der Hebelumlenkung. Auch Durchschlagen kann die Ursache sein.

Halte-Shim (auch clamping shim)
Der unterste Shim in einem Shimstapel. Er liegt am weitesten entfernt von dem Kolben und am nächsten an der Grundplatte. Alle Shims verbiegen sich über den Halte-Shim.

Harteloxieren (auch Hart-Anodisieren)
Elektrochemischer Prozess, in dem eine sehr harte Aluminium-Oxid-Beschichtung auf Aluminium aufgetragen wird. Die Beschichtung trägt um ebensoviel auf wie sie in das zu beschichtende Material eindringt. Eine Beschichtung von 0,002" ist damit 0,001" dick und dringt um 0,001" in das Material ein. Auch farbiges Eloxieren ist möglich.

High-Speed-Druckstufendämpfung
Dämpfung der Einfederbewegung bei schnellen vertikalen Bewegungen des Rades. Dies ist der Fall, wenn das Rad – insbesondere mit hoher Geschwindigkeit – auf Unebenheiten mit eckigem Querschnitt trifft oder in Schlaglöcher oder Spurrillen ebensolcher Form gerät, bei erhabenen Fahrbahnmarkierungen und Bahnübergängen.

High-Speed-Zugstufendämpfung
Dämpfung der Ausfederbewegung insbesondere bei schnellen vertikalen Radbewegungen. Weil die Kraft, die das Federelement auseinanderdrückt, vor allem von der Feder herrührt, wirkt die High-Speed-Zugstufe vor allem beim Ausfedern über einen großen Teil des Federwegs, zum Beispiel wenn das Rad bei hoher Geschwindigkeit in eine Senke oder Rinne gerät. Natürlich beeinflussen Kettenkräfte und Geländebeschaffenheit auch die Schnelligkeit des Ein- und Ausfederns – es besteht also nicht nur ein Zusammenhang mit dem beanspruchten Federweg.

Hydraulik-Flüssigkeit
Wird in Gabeln und Federbeinen für zwei Zwecke gebraucht: Um Dämpfung zu erzeugen, wenn sie durch Öffnungen oder Ventile gedrückt wird, und um zu schmieren. Viskosität und Viskositätsindex sind hier relevante Kriterien. Achtung: Öl lässt sich nicht komprimieren (oder in nur so geringem Maß, dass es für unsere Diskussion unerheblich ist).

Innere Gleitbuchse
Innen teflonbeschichtete Buchse (Hülse), die um die verchromte Lauffläche des Gleitrohrs montiert wird.

Kavitation
Als Kavitation wird die Blasenbildung in einer Flüssigkeit aufgrund von Druckverlust bezeichnet (insbesondere in einem Bereich, in dem der Druck der Flüssigkeit unter den ihres Dampfdruckes fällt). Das Phänomen ist dasselbe wie bei kochendem Wasser – mit dem Unterschied, dass nicht die Hitze zu-, sondern der Druck abnimmt. Kavitation führt zu Dämpfungseinbussen sowohl im Druck- wie auch Zugstufenbereich.

Kicking
Eindeutig zu hartes Fahrwerk, das bei großen Schlaglöchern oder großen Dehnfugen mit zum „Auskeilen" (Versetzen) des Hinterrades führt. Damit ist alles, was ein Fahrwerk zu hart macht, der eigentliche Auslöser – insbesondere zuviel High-Speed-Druckstufendämpfung und/oder Reibung sowie heftiges Durchschlagen.

Kohlenstaubbeschichtung
Extrem harte Oberflächenbeschichtung mit extrem niedrigen Reibungskoeffizienten. Wird normalerweise eingesetzt an Gabel-Gleitrohren und Dämpferstangen. Kurzform: „DLC".

Kolbendichtring
Dichtring unter dem Kolbenring, der die Spannung gegen die Innenwand des Federelements aufrechterhält.

Kolbenring
Dichtring an einem Federbeinkolben oder einem Zugstufenkolben in einer Cartridge-Gabel. Kolbenringe bestehen normalerweise aus einer Teflon-Legierung oder aus teflonbeschichtetem Stahl. Sie werden wie Kolbenringe in einem Motor benötigt, da in einem Federelement ebenso hohe Drücke herrschen können wie in einem Motor.

Kolbenstange (auch Dämpferstange)
Die Kolbenstange (oder Dämpferstange) in einer Cartridge-Gabel ist mit der Gabelkappe verbunden und trägt in der Regel an ihrem Ende den Zugstufenkolben.

Konusförmiges Ventilpaket
Hier sind die Shims so angeordnet, dass sie immer kleiner im Durchmesser werden, je weiter sie entfernt sind vom Kolbenboden. Damit will man bleibende Verformungen bei den Shims vermeiden.

Lenkerschlagen
Starkes und schnelles Hin- und Herschwingen (Oszillieren) des Lenkers bzw. der Lenkerenden). Lenkerschlagen kann durch mehrere Faktoren hervorgerufen werden – zum Beispiel durch einen verbogenen

Rahmen oder nicht in der Spur laufenden Räder, zu wenig Nachlauf, unterdämpfte Zugstufe, überdämpfte High-Speed-Druckstufe, alles, was zu Verklemmungen führt, mangelnde Steifigkeit in Rahmen oder Schwinge.

Lenkkopfwinkel
Der Winkel zwischen Lenkkopf (Lenkachse) und der Horizontalen. Bei einem gegebenen Versatz erhöht sich der Nachlauf bei flacherem Lenkkopfwinkel. Heute wird überwiegend einheitlich der Lenkkopfwinkel zur Horizontalen definiert. Ein obsoletes, insbesondere in den USA verwendetes Pendant ist „rake“, der den Winkel zur Vertikalen definiert.

Linear
Gerade (nicht unbedingt horizontal) verlaufende Linie.

Low-Speed-Druckstufendämpfung
Dämpfung der Einfederbewegung bei geringen Radgeschwindigkeiten, beispielsweise beim Durchfahren einer Senke oder Rinne oder (in der Gabel) beim Anbremsen, insbesondere bei geringer Geschwindigkeit.

Low-Speed-Zugstufendämpfung
Dämpfung der Ausfederbewegung bei langsamen vertikalen Radgeschwindigkeiten. Weil die Kraft, die das Federelement auseinanderdrückt, vor allem von der Feder herrührt, wirkt die Low-Speed-Zugstufendämpfung insbesondere bei geringen Radbewegungen.

Losbrechkraft
Die Kraft, die benötigt wird, um statische Reibung in dynamische Reibung übergehen zu lassen.

Mittragendes Element
Bestandteil eines Systems, das unter Last steht. Der Ausdruck wird am häufigsten im Zusammenhang mit einem Motor verwendet, der struktureller, belasteter Bestandteil eines Fahrwerks ist – wie beispielsweise bei den meisten Ducati.

Nachlauf
Konstruktionsbedingtes Rückstellmoment der Vorderradaufhängung. Gemessen wird der Abstand zwischen zwei definierten Punkten. Der erste ist der Schnittpunkt aus einer gedachten Linie durch die Lenkachse und dem Boden. Der zweite ist der Mittelpunkt der Reifenaufstandsfläche des Vorderrades. Der Nachlauf wird üblicherweise in Millimetern gemessen.

Negativfederweg
Siehe Statischer Negativfederweg.

Nitrogen (auch Stickstoff)
Träges Gas, das dazu verwendet wird, Dämpfer unter Druck zu halten, um so Kavitation auszuschließen. Neben Nitrogen kann auch beispielsweise Argon eingesetzt werden.

Normale Kraft
Im rechten Winkel zu einer Oberfläche wirkende Kraft.

Ölpegel
Um die Ölmenge in einem Gabelholm zu bestimmen, kann nicht nur das Volumen, sondern auch der Ölpegel gemessen werden. Der Ölstand wirkt sich auf die Kraft aus, die das Luftpolster dem Einfedern der Gabel entgegensetzt. Gemessen wird der Abstand zwischen oberem Holmende und der Öloberfläche bei eingefederter Gabel, üblicherweise ohne Feder.

Offset (auch Versatz)
Englischsprachige, im Deutschen übliche Bezeichnung für Versatz und damit den Abstand zwischen zwei Mittellachsen. Der Offset kann über einen Versatz in den Gabelbrücken oder durch eine nach vorn verschobene Vorderachse erzielt werden; der gesamte Versatz ist der Wert aus der Kombination von beidem.

Offset-Gabel
Insbesondere im Geländesport verwendete Gabelkonstruktion, bei der die Radachse nicht durch die Mittelachse der Gabel geführt wird.

Packing
Bei einer schnellen Abfolge von Fahrbahnunebenheiten federn Gabel oder Federbein nicht schnell genug wieder aus, um die folgende Unebenheit vollständig schlucken zu können. Es steht daher nur ein eingeschränkter Federweg zur Verfügung. Ursache ist zumeist ein Zuviel an Low-Speed-Zugstufendämpfung.

Pogoing
Unkontrolliertes Ausfedern.

Progressiv
Wird in der Regel im Zusammenhang mit Federraten, Umlenkverhältnis oder Dämpfungskurven verwendet. Wenn Federweg oder Dämpfgeschwindigkeit wachsen, erhöht sich die daraus ergebende Kraft zunächst langsam, dann aber immer schneller.

Rake
Siehe Lenkkopfwinkel.

Reibung
Mechanischer Gleitwiderstand. Reibung wandelt kinetische Energie in Wärme um. Ihre Magnitude wird nach folgender Formel berechnet:
$F = \mu \times F_n$. Dabei ist

F: die Reibungskraft

μ: der Reibungskoeffizient (abhängig davon, welche Materialien sich berühren. Gummi auf Stahl hat beispielsweise einen höheren Reibungskoeffizienten als Stahl auf Stahl).

F_n: die normale Kraft (die Kraft, die lotrecht zwischen den sich berührenden Oberflächen entsteht).

Rising Rate
Ansteigende Geschwindigkeit, normalerweise in Verbindung mit einem Umlenkverhältnis bzw. in seiner grafischen Darstellung in einer Kurve verwendet.

Rückschlagventil (auch check valve)
Ein Einbahn-Ventil, das sich in eine Richtung leicht öffnet, in die andere Richtung jedoch grundsätzlich verschlossen bleibt.

Schwerpunkt
Der Ort, an dem die vollständige Masse eines Körpers durch eine einzelne Kraft, die auf diesen Ort wirkt, repräsentiert werden kann.

Shim
Dünner, aus Stahl gefertigter Distanzring, wie er in der Dämpfung eingesetzt wird, um hydraulischen Widerstand zu erzeugen. Eine Kombination von Shims in unterschiedlichen Stärken und Durchmessern wird auf dem Dämpferkolben übereinander geschichtet, um die erwünschte Dämpfungskurve zu erhalten.

Shimpaket (auch Shim stack)
Kombination von Shims zur Steuerung der Druck- oder Zugstufendämpfung. Diese können aus Untersystemen zusammengesetzt sein wie Low-Speed-Druckstufe, Mid-Speed-Druckstufe, High-Speed-Druckstufe, Low-Speed-Zugstufe und High-Speed-Zugstufe. Der Aufbau kann ein-, zwei- oder dreistufig sein, konusförmig oder bündig.

Shim stack
Siehe Shimpaket

Statischer Negativfederweg
Das Maß, um das sich das Motorrad mit Fahrer in vollständiger Fahrerbekleidung in Fahrposition absenkt.

Statische Reibung
Reibung ohne Bewegung zwischen zwei Oberflächen. Normalerweise ist die statische Reibung höher als die dynamische Reibung – auch wenn bei minimalem Schlupf die größte Reibung festzustellen sein kann.

Stiktion
Siehe auch Statische Reibung.

Swapping (siehe Pogoing)
Für den Fahrer beunruhigendes Phänomen, bei dem das Heck des Motorrad vor- und zurückschwingt. Es kann von mehreren Ursachen außer von Federung und Dämpfung rühren, so etwa von mangelnder Steifigkeit von Schwinge oder Rahmen, zu niedrigem Reifendruck, ausserhalb der Spur laufenden Rädern. Zu hohe High-Speed-Druckstufe oder Federrate sowie eine stark unterdämpfte Zugstufe sind mögliche Ursachen.

Tatsächlicher Nachlauf
Konstruktionsbedingtes Rückstellmoment der Vorderradaufhängung. Gemessen wird in Millimetern der Abstand, der sich im rechten Winkel zwischen der gedachten Verlängerung der Lenkachse und dem Mittelpunkt der Reifenaufstandsfläche ergibt. Anders als der (reguläre) Nachlauf wird der tatsächliche Nachlauf nicht am Boden gemessen.

Teflon®
Reibungsarmes Trocken-Schmiermittel von DuPont, auch PTFE oder Polytetrafluorethylen genannt.

Titannitrit
Extrem harte Beschichtung, die normalerweise für stark strapazierte Werkzeuge verwandt wird. Kann aber auch in Micron-Stärke zur Hartverchromung von Gabel-Gleitrohren oder Dämpferstangen verwandt werden, um die Reibung zu reduzieren. Eine Titannitritbeschichtung von Aluminium ist nicht möglich.

Top Out
Wenn Gabel oder Dämpfer bis zum Ende des Federwegs entspannt werden. Das kann passieren, wenn ein Rad in der Luft ist, aber auch beim Herausbeschleunigen in einer Folge von Kurven, wenn das Motorrad von einer Schräglage in die andere geworfen wird. Auch eine zu stark vorgespannte Feder kann die Ursache sein, beispielsweise dann, wenn eine zu weiche Feder zuviel Vorspannung für den korrekten Negativfederweg benötigt. Zuviel Zugstufendämpfung kann das Problem verbergen.

Top-Out-Feder
Spiralfeder, die normalerweise in Gabeln und einigen wenigen Federbeinen eingesetzt wird, um die Energie aufzunehmen, wenn Gabel oder Federbein vollständig ausgefedert werden.

Top-Out-Puffer
Aus Gummi oder Urethan bestehender Puffer, der die Energie aufnimmt, wenn ein Federbein vollständig ausgefedert wird.

Top-Out-Ventil
Hydraulischer Top-Out-Puffer.

Übergangs-Shim
Siehe Crossover-Shim

Umlenkverhältnis
Spezifizierung des Hebels zwischen Rad und Federbein. Es bezeichnet nicht nur das Verhältnis zwischen der Bewegung des Rades zu der des Federbeins, sondern auch das Verhältnis der auf das Federbein einwirkenden Kraft zu der auf das Rad einwirkenden Kraft. Je höher das Verhältnis ist, um so weniger bewegt sich der Dämpfer bei gleichbleibender Radbewegung. Dies erfordert mehr Dämpfung und härtere Federraten. (Achtung: Das Umlenkverhältnis kann auch das Verhältnis von Dämpferhub zur Radbewegung definieren.)

Umlenkungs-Kurve
Grafische Darstellung dessen, wie sich die Hebelwirkung je nach Radbewegung verändert. Diese Veränderung wird durch die mechanische Hebelumlenkung bewirkt. In der Regel verringert sich der Wert der Hebelwirkung, je mehr Federweg beansprucht wird und um so mehr Feder und Dämpfung dagegenwirken.

Unbeladener Negativfederweg
Siehe Freier Negativfederweg

Ungefedertes Gewicht (auch ungefederte Massen)
Das Gewicht des Fahrwerks, das sich zusammen mit den Rädern auf- und abbewegt. Hierzu gehören alle Bauteile unterhalb der Federn: Räder, Achse, Bremse, Teile der Feder sowie ein Teil der Schwinge. Effektiverweise wird die Schwinge aufgrund des Schwingendrehpunkts als rotationales Massenträgheitsmoment berechnet.

Vorspannung
Mit diesem Begriff lassen sich sowohl Länge als auch Druck bezeichnen. In der Motorradindustrie wird er zumeist benutzt, um die Länge der Vorspannung zu auszudrücken.

Vorspannungs-Einsteller
Methode, die Druckstufe von außen einzustellen. Dies kann über Stufen, ein Gewinde oder hydraulisch geschehen. Hydraulische Vorspannungs-Einsteller an Federbeinen ermöglichen eine Einstellungs-Fernbedienung. Wenn ein Vorspannungs-Einsteller vollständig zurück-

genommen ist, muss die Vorspannung nicht zwingend gleich Null sein. Insbesondere bei Gabeln besteht auch bei der Minimum-Einstellung weiterhin eine Basis-Vorspannung.

Vorspannungskraft
Die Kraft, mit der eine Feder in ihrer jeweiligen Einstellung vorgespannt ist.

Vorspannungslänge
Der Wert, um den eine Feder in eingebautem Zustand ohne Last eingefedert ist.

Vorspannungs-Spacer
Abstandshülse aus dünnem Stahl- oder Aluminiumrohr, die zwischen Feder und Gabelkappe zur Bestimmung der Vorspannung eingesetzt wird. Hersteller von Nachrüstfedern liefern ihre Federn oft mit PVC-Abstandhülsen aus, was keine Einschränkungen mit sich bringt, solange deren Enden flach ausgeführt sind und Dichtringe aus Stahl an beiden Enden der Hülse unterlegt werden.

Ventilsystem
Das mechanische System, das Dämpfung erzeugt. Dieses kann aus einer Kombination von Bohrungsöffnungen, Kanälen, Shims, Federn, Rückschlagventilen usw. bestehen.

Viskosität
Der Fließwiderstand bzw. die Dicke einer Flüssigkeit. Sie muss bei einer festgelegten Temperatur gemessen werden, da die Dicke von der jeweiligen Temperatur abhängig ist. Zu der Versuchsausstattung gehört eine festgelegte Menge des Öls, das auf eine spezifische Temperatur gebracht wird. Das Öl fließt dann durch eine Öffnung festgelegter Größe, dabei wird die Zeit gemessen. Je länger die Flüssigkeit braucht, um durch die Öffnung zu fließen, um so dicker ist das Öl. Bezeichnungen wie SAE 20, SAE 30 usw. bezeichnen nicht exakt die Viskosität, sondern einen Bereich.

Viskositäts-Index
Eine Zahl, die bezeichnet, in welchem Umfang eine Flüssigkeit sich bei Erhitzen verdünnt. Je höher die Zahl, um so höher ist die Temperaturstabilität. Eine mineralbasierte Flüssigkeit hat typischerweise einen Viskositätsindex (VI) von 100. Auch Gabelöl liegt im Bereich von 100. Eine hochwertige Hydraulikflüssigkeit für Stoßdämpfer hat einen VI von 200, kann aber auch den Wert von 400 überschreiten.

Zugstufe
Bewegung der Federelemente beim Ausfedern.

Zugstufen-Dämpfung
Der Dämpfungsvorgang, der beim Ausfedern erzeugt wird. Weil Dämpfung stark geschwindigkeitsabhängig ist, wird in aller Regel differenziert zwischen Low-Speed- und High-Speed-Zugstufendämpfung.

Zugstufenkolben
Anderer Begriff für Dämpferstange in einer Cartridge-Gabel.

Zwei-Rohr-Gabel
Siehe Dämpferstangen-Gabel

Zweirohr-Stoßdämpfer
Stoßdämpfer-Bauweise, die im Aufbau vergleichbar ist mit einer Cartridge-Gabel. Die Luftkammer befindet sich zwischen dem Dämpfergehäuse und dem Äußeren der Cartridge. Hierbei handelt es sich um den heute im Automobilbau am weitesten verbreiteten Stoßdämpfertyp.

Zweistufige Progression
Bezeichnet normalerweise eine Feder, die zum Teil eng, zum anderen Teil mit mehr Abstand gewickelte Federn aufweist. Wenn die Feder komprimiert wird, gehen die engen Windungen „auf Block" (die Wicklungen berühren sich untereinander). Dadurch wird die effektiv zur Verfügung stehende Zahl von Wicklungen reduziert, die Federrate wird härter. Daraus resultiert eine Feder mit zwei Stufen. Dasselbe Resultat kann erzielt werden, in dem zwei Federn übereinander eingebaut werden.

Zweistufiges Shimpaket
Ein solches Shimpaket arbeitet mit einem Crossover- oder Übergangs-Shim. Dieser ist kleiner im Durchmesser ausgeführt, so dass die Low-Speed-Shims sich über ihn verbiegen können. Dies ermöglicht, dass das Low-Speed-Shimpaket sich als erstes öffnet. Somit gelangt das Öl zeitversetzt zu dem High-Speed-Shimpaket. Die Gesamthärte eines solchen Shimpakets ergibt sich aus der Addition der Härte beider Shimpakete.

Zwischen-Ventil
Zusätzlicher Druckstufen-Kreislauf, das insbesondere im Geländesport an die Stelle des Rückschlagventils (check valve) der Zugstufe tritt. Übertriebener Einsatz kann zu Härte und Kavitation führen.

Zylinderventil
Zusätzlicher Druckstufen-Dämpfungs-Kreislauf oberhalb der eigentlichen Cartridge, zu finden an zwischen 1998 und 2004 mit KYB-Gabeln ausgerüsteten Geländemotorrädern, insbesondere YZ und CR 125.

Anhang 4

TEST-PROTOKOLL

TAG	STRECKE
MOTORRAD	BEDINGUNGEN
FAHRER	WETTER
GEWICHT/NIVEAU	TEMPERATUR
TUNER	HÖHE Ü.M.

Vorne

	TEST 1	TEST 2	TEST 3	TEST 4	TEST 5
Federrate (kg/mm – n/mm)					
Vorspannung (mm)					
Freier Negativfederweg					
Statischer Negativfederweg					
Losbrechzone (mm)					
Öl/Viskosität					
Ölstand (mm)					
Low-Speed-Druckstufe (Klicks/ Umdrehungen)					
High-Speed-Druckstufe (Klicks/ Umdrehungen)					
Zugstufe (Klicks/Umdrehungen)					
Gabellänge +/- (mm)					
Reifentyp/Mischung					
Reifengröße					
Luftdruck heiss/kalt					

RUNDENZEITEN

FAHRERBEMERKUNGEN

TEST-PROTOKOLL

TAG	STRECKE
MOTORRAD	BEDINGUNGEN
FAHRER	WETTER
GEWICHT/NIVEAU	TEMPERATUR
TUNER	HÖHE Ü.M.

HINTEN

	TEST 1	TEST 2	TEST 3	TEST 4	TEST 5
Federrate (kg/mm – n/mm)					
Vorspannung (mm)					
Freier Negativfederweg					
Statischer Negativfederweg					
Losbrechzone (mm)					
Öl/Viskosität					
Ölstand (mm)					
Low-Speed-Druckstufe (Klicks/ Umdrehungen)					
High-Speed-Druckstufe (Klicks/ Umdrehungen)					
Zugstufe (Klicks/Umdrehungen)					
Gabellänge +/- (mm)					
Reifentyp/Mischung					
Reifengröße					
Luftdruck heiss/kalt					

RUNDENZEITEN

FAHRERBEMERKUNGEN
